地球物理测井学

第九卷 油气井射孔【上册】

陈 锋 付代轩 郭 鹏 等编著

石油工业出版社

内 容 提 要

本书对油气井射孔进行了全面系统的介绍,内容包括射孔技术的基本原理、射孔技术的发展、射孔器材的主要种类及设计制造、射孔器材的检验技术、射孔器材安全技术与要求等。

本书适合油气井射孔从业者阅读,也可作为高等院校相关专业的教学参考书。

图书在版编目(CIP)数据

地球物理测井学.第九卷.油气井射孔.上册/陈锋等编著.-- 北京:石油工业出版社,2025.1
ISBN 978-7-5183-6607-1

Ⅰ.P631.8;TE257

中国国家版本馆 CIP 数据核字第 2024SB1986 号

责任编辑:陈子丹
责任校对:罗彩霞
装帧设计:李　欣　周　彦

出版发行:石油工业出版社
　　　　　(北京安定门外安华里2区1号　100011)
　　　　　网　　址:www.petropub.com
　　　　　编辑部:(010)64523841　图书营销中心:(010)64523633
经　　销:全国新华书店
印　　刷:北京中石油彩色印刷有限责任公司

2025年1月第1版　2025年1月第1次印刷
787×1092毫米　开本:1/16　印张:18.25
字数:432千字

定价:150.00元

(如出现印装质量问题,我社图书营销中心负责调换)
版权所有,翻印必究

《地球物理测井学》

编 委 会

主　编：李　宁

副主编：焦方正　何江川　江同文　卢　涛　李国欣　窦立荣
　　　　雷　平　金明权　吴柏志

委　员：（按姓氏笔画排序）

王　兵　王才志　王克文　王泽丹　王贵文　王雪松
石玉江　田中元　刘向君　江如意　汤　彬　苏学斌
李　军　李安宗　李俊军　杨立强　肖立志　肖承文
宋　永　张　锋　陈　宝　陈　锋　武宏亮　范宜仁
尚　捷　周　军　庞奇伟　胡启月　胡英杰　袁　超
高　杰　郭海敏　赫志兵　谭茂金

《油气井射孔（上册）》
编 写 组

主　任： 陈　锋

副组长： 付代轩　郭　鹏　罗宏伟　李东传

成　员： 唐　凯　雷新华　任国辉　雷　震　吴焕龙　陈纪伟
　　　　　向　旭　潘文强　杨清勇　周隆基　李妍僖　王　宇
　　　　　付浩然　扈　勇　向　闪　卓毓波　李险峰　王海东
　　　　　周伏虎　陈泽宇　曹振斌　柏中秋　陈奕君　荆立英
　　　　　金　冶　赵金龙　李　彦

序

经过中国测井界学人的共同努力，总计 14 卷 26 个分册的《地球物理测井学》终于问世了！这不仅是对推动测井学科进步做出的重大贡献，更是对测井先哲未竟事业和治学精神的赓续与弘扬。

地球物理测井是石油工业十大学科之一，被誉为洞察地下油气藏的"眼睛"。地球物理测井诞生于 1927 年。1939 年，翁文波院士在中国大陆首次成功测井，开创了我国的测井事业，成为中国测井第一人。但长期以来，由于地球物理测井一直被称为"测井技术"，应有的学术地位没有得到充分体现，因而大大影响了测井学科的高质量发展。令人尊敬的测井前辈谭廷栋先生是喊出"测井学"的第一人。谭先生一生投身测井，60 岁后更是为测井学正名而大声疾呼。这里之所以用"正名"而不用"倡导"或其他，是因为谭先生从来就认为测井是一门"学"，而不只是一门"技术"。他多次提到，"Reservoir Geophysics"（矿场地球物理学）一词中有"学"，在 20 世纪 50 年代翻译时出了问题，才变成了现在这个"技术"的叫法。谭先生还多次由衷感激地提到中国石油勘探开发研究院秦同洛教授，说他在国家科委确定石油工业十大学科的会议上能仗义执言："如果集声电核于一身的测井都不是学，石油上还有哪个敢说自己是学？"测井入选石油工业十大学科后，谭先生更是逢人便说、遇会便讲此中原委，且声情并茂、手舞足蹈，令与会者为之动容。于是，在他的亲自带领下，经过测井界同仁一起努力，1998 年第一部《测井学》终于问世了，这是测井发展史上的一个重要里程碑。从 1939 年到 1998 年，历经 60 年姗姗来迟的这部《测井学》了却了谭先生最大的一桩心愿。两年后，他安详地阖上了双眼……当时参加先生追悼会的超过了 300 人，除了在京院所和有关司局的领导外，各大油田测井公司的主要负责同志差不多都到了。大家共同追思这位杰出的地球物理测井学家。我代表谭先生培养的所有硕士、博士毕业生题挽联一副："测井学先哲英灵永存，悼我师晚辈再写春秋。"

作为翁文波院士和谭廷栋先生的学生，我不仅忠实地继承了导师的遗志，尽全力推动测井学的发展，而且还努力从中国测井行业战略发展的高度出发，大力倡导"学科大发展，方有大作为"的理念。我认为，只有从国家、人民群众和专业人士这三个层面的需求出发撰写出版三类图书，即大百科全书、科普图书和专业著作，才能全方位确立、展现并提升测井学科的学术地位。于是，我从 2015 年起，用 6 年时间牵头遴选编撰测井条目，使地球物理测井第一次以一个完整学科定位写入《中国大百科全书》；从 2020 年起，我用 3 年时间组织编写出版了大型科普丛书《走进石油（第二版）》之测井分册《洞察地下油气藏：石油地球物理测井》，同时走进中国科技馆大讲堂，以《万米特深地球物理测井：一项极具挑战的"反向探月"工程》为题，向全国观众普及测井知识；从 2021 年起，我领衔担任主编，带领全国测井界知名专家学者精心编著这部《地球物理测井学》，旨在进一步提升测井学科的影响力。

令人骄傲和兴奋的是，在中国石油、中国石化、中国海油、延长石油、相关高校和科研院所各路专家学者的通力合作下，《地球物理测井学》如期面世了！这套书系统阐述了 90 多年来测井学科发展的理论技术成果，系统总结了各类测井方法在油气勘探开发实践中的应用效果。正如中国石油勘探开发研究院窦立荣院长所说："此次李宁院士领衔主编的《地球物理测井学》不仅保留和传承了 1998 年版《测井学》专著的经典内容，更重要的是立足当前非常规油气和深地深海等复杂油气藏测井理论技术挑战，融入了 30 年来我国测井领域取得的最新理论技术成果和海外推广应用的成功案例，必将为推动我国测井学科发展、技术进步和行业壮大产生重大而深远的影响。"

这套书的第一大特点是论述系统全面、内容丰富详实，涵盖了从测井解释、测井软件、测井装备、电法测井、声波测井、核测井、核磁共振测井、工程测井、油气井射孔、生产测井、测井岩石物理、测井地质应用、测井人工智能到测井简史等测井学科的各个分支。正因如此，我国测井界百余位知名教授、长江学者和现场技术专家都参与其中。著作内容的系统、全面还体现在首次将测井简史作为测井学不可或缺的一部分，分两册单独成卷。我国自主研制的渗透率测井仪原型机于 2024 年 3 月 3 日在华北油田任 91 井测试成功，即将在深地塔科 1 井实施世界首次万米特深井渗透率测井作业，一举实现从 0 到 1 的重大技术突破，为百年地球物理测井史再添辉煌一笔。

这套书的第二大特点是突出学术性，尤其强调对学科基础理论的阐述，特别是首次引入了中国学者导出的理论公式和提出的方法原理，不但丰富发展了测井基本理论，而且有助于推动建立中国在国际地球物理学界的地位和声望。例如，一直以来石油院校教材中测井饱和度计算的经典内容是美国学者阿奇提出的经验公式，以及翻译照搬苏联教材中的分层各向均匀体积模型，而在这套书中介绍的饱和度一般形式（通解方程），则是由中国学者针对复杂岩性给出的非均质各向异性模型导出，并详细证明了以往教材中的那些公式都是一般形式在给定条件下的特例（均为通解方程的特解）；又如，过去测井数据处理的主要方法和工业软件都是国外引进的，而现在《测井软件》一卷的核心内容则是中国学者提出的广义测井曲线理论和中国科研团队研发的目前装机量最大、年处理井数最多的大型国产测井工业处理软件 CIFLog。

这套书的第三大特点是首次把每一测井分支领域的理论方法、技术系列和现场应用以卷为单位有机统一起来。根据统一的顶层设计，每卷的第一分册论述该卷所涉及的测井细分领域的理论基础，用作高校教材，其读者主要是在校大学生和研究生等；第二分册论述该细分领域的技术方法，其读者主要是工程师和做毕业论文的研究生及博士后研究人员等；第三或第四分册提供该细分领域理论技术的典型应用实例，其读者主要是现场工程技术人员和现场实习的高校毕业生等。以第一卷《测井解释》为例，它的第一至第四分册分别为《测井解释：理论方法》《测井解释：储层评价》《测井解释：国内实例》《测井解释：国外实例》。作为一个分支领域的理论基础，每卷的第一分册相对独立和完备，应在较长时间内保持稳定；而它之后的各分册则应经常再版更新，及时补充最新的技术进展和最新的现场应用成果。

这套书的第四大特点是首创用微信扫描书中测井图件的二维码，就能在 CIFLog 测井软件中立即打开这幅测井图件并对其进行修改和二次处理。通过这一功能，学生可以看到处理相应井的方法、公式和参数，观摩学习并掌握要领；老师可以更方便地备课；现场工程技术人员可以参考所用方法，方便改写添加自己的处理公式和参数，从而大大缩短调整处理方案的时间，节省精力。同时，利用 CIFLog 智能助手，可以通过输入一段描述文字，快速推荐书中的相关案例图件。

总之，《地球物理测井学》定位明确，编写起点高，是目前国内地球物理测井领域最具理论性、系统性、创新性和权威性的一部著作。即便从国际测井发展史上来看，能集中如此多的行业专家学者精心编著这样大体量的学科专著也是绝无仅有的。2024 年，这套书入选国家出版基金资助项目，这在中国测井界也是第一次。衷心希望广大读者能够从中获益。

最后，特别感谢中国石油天然气集团有限公司原副总经理焦方正教授、中国石油科技管理部两任总经理匡立春教授和江同文教授在这套书出版立项过程中给予的鼎力支持。特别感谢中国石油勘探开发研究院各位领导、专家给予的全力协助与配合。

中国工程院院士

2024 年 12 月　于北京海淀

《地球物理测井学》分卷册目录

卷次	分册名	卷次	分册名
第一卷	测井解释：理论方法	第六卷	核测井（上册）
	测井解释：储层评价		核测井（下册）
	测井解释：国内实例	第七卷	核磁共振测井
	测井解释：国外实例	第八卷	工程测井
第二卷	测井软件（上册）	第九卷	油气井射孔（上册）
	测井软件（中册）		油气井射孔（下册）
	测井软件（下册）	第十卷	生产测井（上册）
第三卷	测井装备（上册）		生产测井（下册）
	测井装备（下册）	第十一卷	测井岩石物理
第四卷	电法测井（上册）	第十二卷	测井地质应用
	电法测井（下册）	第十三卷	测井人工智能
第五卷	声波测井（上册）	第十四卷	测井简史：国内油气
	声波测井（下册）		测井简史：固体矿产

前 言

利用机械、化学或者其他能量在井筒中建立油气井与地层之间的有效沟通通道的过程称为射孔。射孔直接影响油气井产出，被誉为油气勘探开发的"临门一脚"。20 世纪 20 年代开始，国外采用炸药爆破、子弹和鱼雷等射孔方式来实现油气生产。1946 年，美国 Welex 公司把聚能装药这种军工技术应用于石油开采，开发出最早的聚能射孔器。聚能射孔器的出现是射孔技术的一次革命。由于其效率高、成本低、穿透能力强，得到了广泛的应用和迅速发展，为射孔完井工艺技术的发展提供了强有力的技术支持。60 年代末至 70 年代初，美国国家科学基金会（NSF）资助了一项庞大的研究计划，寻求一种高效的切割破岩方法，提出并试验了 25 种新方法，包括电火花、激光、火焰、等离子体、电化学、高压水射流等，部分新方法也在油气井中应用，但是聚能射孔至今仍然是最广泛应用的油气井射孔技术，全球占比超过 90%。

聚能射孔是将射孔器下至油气井目的层位，射孔弹爆炸后，在高能炸药爆轰波作用下，药型罩发生压垮变形，在轴线上发生高速碰撞，形成一股高速向前的金属射流，依次射穿套管、固井水泥环进入地层，在地层与井筒之间重新建立可靠、有效的流体流动通道，以满足水力压裂、注聚物等注入地层及油气流出的需要，进而强有力支撑油气藏的高效开发。70 多年来，尤其是最近 10 年，国内外聚能射孔技术取得了快速发展，提高了射孔效率，增强了射孔的安全性和可靠性，射孔的作用也发生了转变，已不再是获得油气产能的直接手段，而是加砂压裂或酸化压裂等增产措施的一个前置环节。射孔为压裂酸化服务是射孔技术发展的必由之路。随着"深、低、海、非、老"等复杂油气藏勘探开发的深入，射孔也面临更多更复杂的问题，射孔发展之路也会更加广阔。本书旨在总结射孔器材及射孔技术领域的先进成果和发展经验，适应现代化高层次射孔科技人才的培养需求，助力国内射孔器材、射孔技术的研发，形成具有我国特色的射孔技术理论与实践相结合的知识体系。

本书共七章。第一章介绍射孔技术的科学内涵、国内外射孔技术的漫长发展历史及其技术发展方向，由陈锋、罗宏伟、付代轩、雷新华等编写。第二章介绍爆炸现象及其特征、炸药的定义与分类、炸药爆炸基础理论、炸药起爆与感度、炸药爆炸性能及参数、油气井火药理论，由罗宏伟、王宇、向旭、任国辉、李彦等编写。第三章介绍聚能效应形成、聚能粉末药型罩形成的射流特性、射流拉伸与断裂过程，阐述影响聚能效应的因素，由郭鹏、罗宏伟、杨清勇、任国辉等编写。第四章和第五章介绍聚能射孔器，起爆类、传爆类和增效类器材的作用原理与结构，阐述射孔器的设计和制造，由陈锋、唐凯、雷新华、付代轩、雷震、扈勇、吴焕龙、潘文强、陈纪伟、向闪、卓毓波、王宇、付浩然等编写。第六章介绍射孔器材检验技术，由李险峰、王海东、李东传、陈泽宇、曹振斌、柏中秋、陈奕君、荆立英、金冶、郭鹏、周隆基等编写。第七章从射孔器材安全要素出发，介绍射孔器火工品制造、储存、运输、销毁到现场作业等环节的安全要求和措施，由吴焕龙、陈纪伟、向旭、雷新华、李妍僖、赵金龙等编写。陈锋、付代轩、郭鹏负责全书统稿，唐凯、郭鹏、周伏虎等对全书内容进行了审查。本书以实际应用为出发点，在阐述爆炸现象、炸药爆炸基本理论、聚能效应、金属射流形成与侵彻理论的基础上，系统总结油气井射孔器原理、种类、制造工艺等。

在本书编写过程中，袁吉诚、王志信、安涛等专家给予悉心指导并提出宝贵修改意见和建议。谨向他们表示衷心感谢！

由于笔者水平有限，加之可供参考的资料较少，书中不足在所难免，敬请批评指正！

目　录

第一章　绪论 ··· 1
　　第一节　射孔技术的科学内涵 ··· 1
　　第二节　国内射孔技术发展简史 ·· 4
　　第三节　射孔技术发展趋势 ··· 12

第二章　炸药爆炸理论 ··· 17
　　第一节　爆炸现象及其特征 ··· 17
　　第二节　炸药的定义与分类 ··· 20
　　第三节　炸药的性能与基本参数 ······································· 23
　　第四节　炸药的起爆与感度 ··· 28
　　第五节　爆轰波的经典理论 ··· 36
　　第六节　油气井用火药理论 ··· 41

第三章　聚能效应 ·· 51
　　第一节　聚能现象 ··· 51
　　第二节　聚能射流形成理论 ··· 57
　　第三节　聚能射流的拉伸与断裂 ······································· 79
　　第四节　聚能射流侵彻理论 ··· 87
　　第五节　粉末药型罩形成的射流特性 ································ 97
　　第六节　聚能射流实验技术 ··· 103

第四章　射孔器材 ·· 113
　　第一节　射孔器材分类 ··· 113
　　第二节　射孔弹和射孔枪 ·· 117

第三节　起爆类、传爆类器材 …………………………………………………… 125

　　第四节　复合射孔器 ………………………………………………………………… 150

第五章　射孔器设计与制造 …………………………………………………………… 160

　　第一节　射孔器设计原则 …………………………………………………………… 160

　　第二节　射孔弹设计 ………………………………………………………………… 162

　　第三节　射孔枪设计 ………………………………………………………………… 180

　　第四节　射孔器制造技术 …………………………………………………………… 190

第六章　射孔器材检验技术 …………………………………………………………… 207

　　第一节　聚能射孔器检验技术 ……………………………………………………… 207

　　第二节　起爆类、传爆类器材检验技术 …………………………………………… 240

　　第三节　增效类器材检验技术 ……………………………………………………… 252

第七章　射孔安全技术 ………………………………………………………………… 257

　　第一节　射孔器材安全要素分析 …………………………………………………… 257

　　第二节　射孔弹制造安全技术 ……………………………………………………… 260

　　第三节　其他爆炸物品制造安全技术 ……………………………………………… 263

　　第四节　射孔器材储存要求 ………………………………………………………… 269

　　第五节　射孔器材运输要求 ………………………………………………………… 271

　　第六节　现场使用作业安全要求和措施 …………………………………………… 272

　　第七节　射孔器材销毁要求与方法 ………………………………………………… 274

参考文献 …………………………………………………………………………………… 277

第一章　绪　　论

射孔作业是石油钻井行业的关键环节之一，经过理论和实践验证，其在油气开采及提高油气井产量方面发挥着重要作用。目前，射孔技术一般可分为以下几类：一是以提高油气产能为重点的高效射孔，如聚能射孔、复合射孔等，该类射孔技术重点关注如何高效打通地下油气通道，从而提高油井产能，目前正朝着大爆量、超深穿透、多级火药、气体压裂增效的方向发展；二是以保护储层、提高射孔完井效果为重点的射孔技术，主要包括负压射孔、动态负压射孔、超正压射孔和定向射孔；三是以提高作业效率为重点的一体化作业流程，包括以提高测试结果可靠性为目的的射孔与测试结合、射孔与酸化结合、射孔与压裂结合；四是以提高作业安全和效率为目标的作业流程，包括管柱安全设计、作业优化设计、智能导向射孔、射孔监测诊断。射孔技术的开发及相应的作业工艺改变了原有的单纯通过射孔打开套管的采收方式，为油田高效开发增添了新的技术途径。

进入 21 世纪，随着勘探开发的不断深入和产层保护技术的发展，油气井井况趋于复杂，超深井、大位移水平井、欠平衡井等特殊井类的出现对射孔工艺技术提出了更高的要求。针对复杂井况条件，形成了以超深井射孔技术、水平井射孔技术、井口带压射孔技术、高酸性气井射孔技术、老井再射孔技术、锚定式射孔、过油管射孔技术、爬行器射孔工艺技术等特色射孔技术，这些技术能满足地质和工程两方面的需求，并在现场应用中取得较好的作业效果。归纳起来，总体有射孔安全技术、射孔器技术、射孔工艺技术、射孔实验检测技术、特殊施工工艺技术 5 大技术工艺系列。

第一节　射孔技术的科学内涵

石油和天然气一般都深埋在地下的岩层中，通过物探和钻井方法确定并找到含油气层位。在石油开采的早期，人们一般用钻井机钻至含油层，让地层中的油气通过井壁渗入到井中，再通过抽油泵抽上来，但是这样的油井容易塌陷，而且由于石油的黏度很大，渗透速率较低，当油层压力不大时出油率很低。为了有效地开发油气资源，防止油井塌陷，目前世界各国在钻开油气层井段后一般采用水泥固结套管的方法，即在钻井作业之后沿井壁放入无缝钢管做的套管，在套管和井壁之间灌入水泥以固定套管（图 1-1-1），即完井作业，使井筒和地层胶结牢固，保证井筒坚固持久。完井作业后封堵了油气层，导致石油无法渗入到井中，需要设法把油井和油层沟通（图 1-1-2），这就是射孔技术出现的缘由。因此，射孔技术是利用机械、化学或者其他方式在井筒中建立油气井与地层的有效沟通通道的技术。

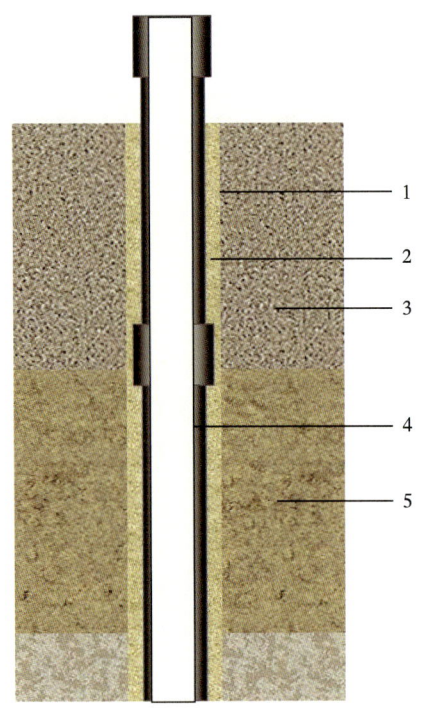
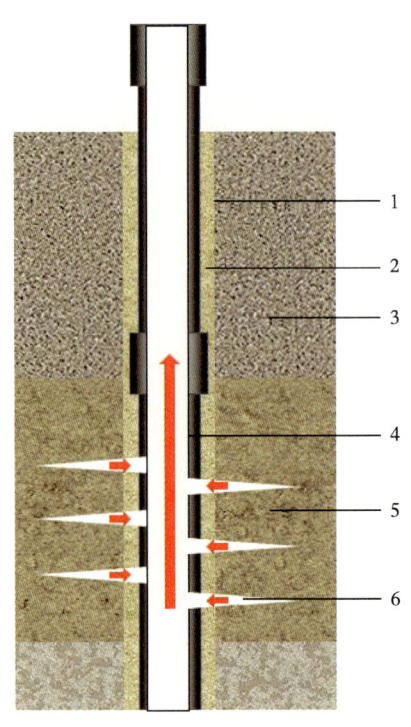

图 1-1-1　油气井结构示意图
1—井筒；2—固井水泥环；3—盖层；
4—套管；5—油气储层

图 1-1-2　射孔技术原理示意图
1—井筒；2—固井水泥环；3—盖层；4—套管；
5—油气储层；6—射孔孔眼

最初的射孔方法，是用一个机械刀片在套管上旋转钻孔（图 1-1-3），机械切孔器用钻杆下井，然后打开切刀，当切刀绕销钉旋转时，靠钻杆的上提力切入套管壁，这种穿孔法速度慢、成本高，水泥环厚度超过 25mm 时效果不佳。后来，完井工程师采用简单的爆破法（图 1-1-4）把井下油层段的套筒和固井水泥环炸开，这样虽然沟通了油层，但也炸坏了套管，对采油很不利。1926 年，Sid Mine 首先发明了子弹式射孔方法（图 1-1-5），并于 1932 年首次在美国加利福尼亚 Montebello 油田一口 800m 深的井对油井套管进行射孔作业，用了 8 天时间，下井 11 次，共发射 80 枚子弹。这一射孔方法成功地解决了油气井内储层与井筒之间形成有控制的液体流通道问题。子弹式射孔方法虽比机械切孔方法进一步，但子弹射孔器的动能小，穿深有限，且子弹会留在射孔孔道内，产油量还是不高。1946 年，美国 Welex 公司把聚能装药这种军工技术应用于石油开采，开发出最早的聚能射孔器，1946 年首次在裸眼井中射孔，1948 年在密西西比两口套管井中射孔。20 世纪 60 年代，水力喷砂射孔技术在国外逐渐成熟，美国、苏联等国家相继用该技术在准备进行水力压裂的地层、聚能射孔效率不高并且地质和技术条件复杂的地层进行射孔。水力喷砂射孔技术是将带石英砂的高速、高压液体经过喷嘴时形成高速射流，冲击套管、水泥环和地层，连续不断地切割形成孔眼。2003 年，美国开展了光纤激光射孔技术研究，并完成了原理验证。相比于水力喷砂射孔技术、光纤激光射孔技术，聚能射孔技术具有效率高、成本低、穿透能力强的优势，目前仍然是应用最为广泛的射孔技术，全世界约 90% 的油气井使用聚能射孔技术进行射孔作业。因此，本书将以聚能射孔技术作为主要内容进行介绍。

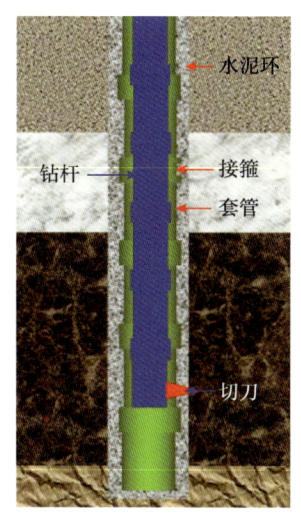 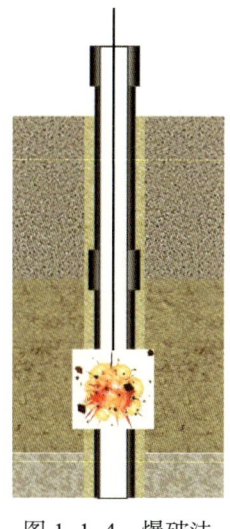 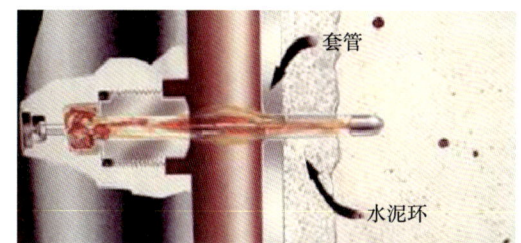

图 1-1-3　机械切割　　　图 1-1-4　爆破法　　　图 1-1-5　子弹式射孔技术
　　器射孔示意图　　　　　　原理示意图　　　　　　　原理示意图

　　射孔技术按照技术分类，可分为射孔器技术、射孔工艺技术、射孔检测技术、射孔安全技术、工程复杂射孔技术、射孔仪器和射孔优化设计技术等。按射孔方式可分为正压射孔技术和负压射孔技术，射孔时井筒内液柱压力大于地层压力为正压射孔技术，井筒内液柱压力小于地层压力为负压射孔技术。射孔技术按传输方式又可以分为钢丝输送射孔技术、电缆输送射孔技术和油管输送射孔技术。2000 年以后，随着页岩油气、致密气等非常规油气勘探开发及分段压裂技术需求，人们又研究出电缆输送泵送射孔技术。

　　聚能射孔技术是"定位测井""火工技术""机械设计与制造"三门专业的综合，此外还涉及石油地质、粉末冶金、爆炸力学、流体力学、油藏工程等多专业的学科知识，所以，射孔技术是一门综合性比较强的石油工程技术。随着人们对油气开发、对射孔认识和需求不断提升，射孔技术从 20 世纪 30 年代使用简单的技术打开油气通道，到现在以改造油气层、提高油气产能为目的，并与多种井筒条件相配套的工艺技术需求，射孔技术的内容越来越丰富。

　　聚能射孔器是聚能射孔技术的核心内容和关键装置，主要包括火工品和机械品。火工品是指在外界能量刺激下能够发生爆炸，并实现预定功能的元件，包括聚能射孔弹、导爆索、传爆管、电雷管、撞击雷管、延时火药、复合火药、桥塞火药等。机械品主要包括射孔枪、接头、枪尾、减振器等。

　　现代射孔技术不再是简单地从服务目录中选择射孔器和射孔工艺对套管进行射孔作业，还与提高产能的其他服务密不可分，如压裂、酸化、控砂和防砂等。射孔后形成的射孔孔道，不仅为油气提供流动通道，还为注水、注气、注酸、水力压裂、胶结差和未胶结地层中控砂等提供注入通道，射孔技术已发展成为油气完井工程的重要环节。

　　随着国内外油气藏开发类型的不断丰富，油田开发难度不断增大，对油气勘探开发配套技术提出更高要求，射孔技术已经由一种单一的完井方法转变成为油气藏开发过程中的重要环节。在保护储层、提高产能和作业效率、改善非常规油气田开发效果、恢复老油田产能、延长油田开采寿命、最大化挖潜剩余油气、提高油田最终采收率等方面发挥着越来越重要的作用。随着未来油气开发领域的不断开拓，射孔技术也会面临更多、更复杂的问题，射孔技术的发展之路也会更加广阔。

第二节　国内射孔技术发展简史

在世界油气开采史上，大多数国家初始阶段都使用过子弹式射孔，后来使用喷砂射孔、聚能式射孔等多项射孔技术。由于子弹式射孔和喷砂射孔穿孔深度较浅且时效较低，逐步被聚能射孔取代。目前世界各油田普遍使用的是聚能射孔技术。

我国射孔技术经过漫长的发展逐渐走向成熟，由最初的机械式射孔到后来的子弹射孔器再到聚能射孔器。1955 年到 1957 年，我国成功研制出聚能射孔弹；1966 年研制出 6721 型无枪身聚能射孔弹；20 世纪 80 年代以后，射孔弹和射孔器生产技术又有了长足进步，实现产品的自主开发，基本满足了油田开发需求。2000 年以后，随着非常规油气资源的深入开发，对射孔的要求越来越高，世界各国油田服务企业均加大深穿透聚能射孔技术的研究攻关力度，射孔器的平均穿透深度得到大幅增加，最具代表性的型号是美国 GEO Dynamics 公司研制的 4039RaZor HMX 射孔弹，对混凝土靶平均穿透深度可达 1600mm 左右；美国 Owen 研发的射孔弹，对混凝土靶的平均穿透深度可达 1340mm 左右。2014 年我国四川射孔弹厂研制的 127 型射孔弹平均穿透深度 1730mm，与 20 世纪 90 年代相比增加了一倍以上，国内产品性能已经接近国际先进水平。2017 年四川射孔弹厂、大庆射孔弹厂射孔弹平均穿透深度超过 2000mm。2023 年四川射孔弹厂 127 型射孔弹平均穿透深度突破 2600mm，创造穿深新纪录。2022 年，超深穿透 127 型射孔弹 API 注册穿深达到 2258mm，2023 年 127 型超深穿透射孔弹注册穿深达到 2662mm，同年，超高温超高压射孔器材耐温耐压达到 245MPa/260℃/72h。

聚能射孔弹形成射流穿入岩层时，对孔道周围岩层有强烈的压实作用，形成压实带，降低岩层的渗透性；弹片、碎屑等堵塞孔道影响油气的流出，这是聚能射孔在为油气提供流动通道的同时产生的负面作用。准确地控制射孔深度位置是射孔作业的关键环节。要射开的油层深度是在裸眼完井测井资料解释时确定的。要确保在固井后的套管内进行射孔作业，施工作业深度与裸眼测井的深度一致。目前采用在同一口井中，裸眼井中完井所测的自然伽马曲线与固井后在套管井中的自然伽马（或中子伽马）曲线之间进行深度对比，以固井后所测的套管的磁接箍曲线作为电缆输送射孔深度的依据，为射孔施工提供准确的深度。根据校正的接箍深度与射孔时实测接箍深度进行比较，将射孔器与油层的位置对应，达到控制深度的目的。射孔器与油层的深度如何对应准确呢？这是射孔施工中控制深度的关键技术。这一问题直到 20 世纪 60 年代 GSQ-652 型跟踪射孔取心仪的研制和应用才得以解决，结束了人工丈量电缆射孔的历史。这项成果是我国射孔技术创新的起点和亮点。后来随着电子技术的发展，国内相继研发并广泛应用了 SQ-691 型等数控射孔取心仪等多种型号的仪器。在深度控制精度方面都有新的提高，但基本原理是相同的。1969 年至 1988 年，由西安石油勘探仪器总厂生产的 SQ-691 型射孔仪共生产 300 余套；1988 年至 2003 年共生产 SSGC 型数控型射孔仪 193 套。2006 年至 2013 年，中国石油集团测井有限公司以分级射孔地面控制系统、桥塞及配套井下工具等为主，研发分级点火地面系统 SSMP。2020 年，集成化射孔地面系统 SK8000S、多功能射孔地面系统 MIPS 相继投入使用，实现射孔地面系统升级换代并开发射孔设计优化与作业监测软件。两款地面系统都集成了页岩气开发所需的各项功能并可进行扩展，实现射孔采集、校深定位、分级点火、泵送监控等功能于一体。

火工品使用安全是射孔作业最核心的要素，我国石化企业持续加强射孔技术安全管理与研发攻关，切实保障本质安全。1998 年，胜利油田测井公司成功研制的 SLAS-9700 型油气井射孔多级自控型安全起爆装置，采用分离式与压控式相结合的方法隔离起爆通道，避免了地面误爆风险，该成果获北京国际发明展览会金奖和国家经贸委安全科学技术进步奖三等奖；1999 年，为消除油管输送射孔溜磴钻造成的误射孔和误操作产生的地面爆炸风险，成功研制自动解锁式起爆装置；随后研制内置压力保险型油井用安全起爆器切割短节，成功应用于爆炸切割、爆炸松扣、电缆桥塞等施工作业。

随着计算机技术的广泛应用，国内多家测井单位开始推广和研发自动化程度更高、深度控制更精准的多型号、多种类数控射孔取心仪和射孔起爆检测设备，有力保证了射孔器能效。1999 年，中原油田测井公司研制 DF-IV 数控射孔取心仪并投入应用，全面实现射孔取心地面系统数控化。2003 年胜利油田测井公司研制并装备 VCT2000S 型、SL-3000S 型、VCT-2000BX 型数控射孔取心地面系统；同年，河南油田测井公司研制射孔深度自动校正系统；2009 年，研制投棒输电射孔（DEBP）技术及安全自控系统，解决油管输送射孔施工的安全问题；2012 年，研制只在强电流脉冲作用下才能起爆，不受静电、射频和电脉冲等影响的 EFI 安全电雷管和油气井无起爆药安全点火系统；2013 年，研制 CPS2013 型数控射孔便携仪；2015 年至 2020 年，编写 SY 5436—2016《井筒作业用民用爆炸物品安全规范》和《陆上石油天然气安全开采规范（测井、射孔）》。2022 年，江汉油田测录井分公司编写完成中国石油化工集团有限公司标准 Q/SH 15573003—2022《牵引器射孔作业技术规范》。

纵观历史，我国发现石油天然气是很早的，但早期石油天然气开采规模很小，钻井深度也比较浅，完井工艺采用裸眼完井和筛管完井，工效很低，油井寿命较短。新中国成立之前，我国的石油射孔技术是个空白。新中国成立后，我国的射孔技术大致可分为探索起步、引进消化、快速进步、创新发展四个阶段。（中国石油测井简史编委会，2022）

一、探索起步

新中国成立后，王曰才在玉门油田参与了首次射孔作业。后来，在苏联专家的帮助下，1952 年玉门油矿组建了中国第一支包含 6 名成员的射孔队，队长杜有名。1952 年在老君庙首次使用苏联生产的ПП-6 型和ППХ-4 型射孔器成功完成了射孔试油任务。ПП-6 型和ППХ-4 型射孔器都是利用火药燃气高压推进子弹穿透套管。ПП-6 型和ППХ-4 型射孔器分别有 3~4 个弹道和火药室为一节，每三节组成一个整体，所以又称 9 孔和 12 孔射孔器。ПП-6 型射孔器最大能穿透 10~15mm 厚的钢板（套管），能穿透 100~110mm 厚的水泥，适合壁厚 8~10mm 的 5~6in 套管内射孔，一次只能射开 0.6~0.7m 油层。ППХ-4 型射孔器最大能穿透 15~20mm 的钢板（套管），能穿透 120~140mm 厚的水泥，适合在壁厚 10~12mm 的 6in 以上套管内射孔，一次只能射开

0.85~1m 的油层。

TΠK（子母弹）是一种特别的子弹，子弹里面装有炸药，底部装有小型冲击雷管，外面装有一个防水的紫铜垫圈。子母弹靠火药能穿透套管进入地层，弹底部的冲击雷管被猛击后而起爆，引起弹头内部炸药的爆炸，使周围的地层受到猛烈冲击破坏，被震松或震开裂缝，就此降低了油、气、水向井内流动的阻力。TΠK-22 型射孔器最大能穿透 20mm 厚的钢管，TΠK-37 型最大能穿透 35mm 厚的钢管，这两种射孔器都能穿透 150mm 厚的水泥。

1953 年，宝鸡石油机械厂仿制成功的 TTX-4 型射孔枪投入批量生产，代替了苏制产品。子弹式射孔器最早起源于 20 世纪 30 年代，其优点是射孔后不破裂套管，射孔孔眼规整；缺点是穿孔浅。由于当时国产低碳素钢热处理工艺不过关，做成的子弹时常射不穿油井套管，有时子弹卡在套管或射孔枪上，只好进行打捞作业。子弹式射孔在我国一直沿用到 20 世纪 50 年代末 60 年代初，油井子弹式射孔早在 1927 年问世，我国使用晚了 25 年。

1956 年石油工业部派谭延栋等人到苏联、罗马尼亚进行技术考察，将聚能射孔技术引入到国内。在第五机械工业部（五机部）的大力支持下，重庆 152 厂（江陵机械厂）于 1956 年开始仿制苏联和罗马尼亚式聚能射孔器并进行试验工作。1957 年生产出仿苏联 ΠK-103 型的 57-103 型有枪身射孔器，装枪穿 45# 钢靶深 55mm，穿孔孔径 10mm，耐温 90℃，耐压 40MPa。1958 年仿苏联 ΠKP 型射孔器生产出的 58-65 型和 58-40 型两种无枪身射孔弹，58-65 型射孔弹穿 45# 钢靶深 75mm，穿孔孔径 10mm，耐温 85℃，耐压 25MPa；58-40 型射孔弹穿 45# 钢靶深 56mm，穿孔孔径 7mm，耐温 80℃，耐压 14MPa。三种射孔器在玉门、克拉玛依、青海等油田推广使用，射孔后油井产量明显比子弹式射孔器提高。由于射孔弹喷孔和枪头处引火电路的密封方式落后，使用成功率偏低，一次下井最多射开 2.5m，最高孔密度 10 孔/m。57-103 射孔器枪体一般可以重复使用 10~15 次（与井的深度有关）。57-103 型射孔器一直沿用到 20 世纪 80 年代，58-65 型射孔弹和 58-40 型射孔弹 由于成本低、工效高，用电缆钢丝做炮架，射孔弹直接裸露在压井液中。这种射孔方式在大庆油田初期曾大量使用，在一次处理事故中，拔出油井套管，发现射孔后造成套管开裂长达 430mm。为了检验射孔的质量，大庆油田于 1963 年建成一口射孔专用模拟试验井（东八 -4 井），在这口井上对 57-103 型、58-65 型和 58-40 型三种射孔器模拟射孔进行了大量的对比试验，实验表明 58-65 型无枪身弹用两方向和四方向射孔，射孔套管裂缝率分别达到 94% 和 80%，最大裂缝长 1180mm，58-40 型无枪身射孔弹射孔后套管开裂程序较好于 58-65 型弹射孔情况，57-103 型有枪身射孔器射孔后对 J-55 钢 7.72mm 厚的套管没有出现过一次开裂。1964 年，石油工业部提出在全国各油田禁止使用 58-65 型射孔弹并将库存的 58-65 型射孔弹全部报废销毁的要求。1973 年，在大庆射孔弹厂建立检验用模拟试验井，模拟大庆油田 1000m 左右油层条件，射孔器打套管靶检验穿孔性能及对枪、套管的损害情况，形成了射孔器模拟井检测技术及套管模拟井检测技术。

1957 年，我国仿制苏联的 58-65 型、58-40 型无枪身射孔弹和 57-103 型有枪身射孔弹，仿制的 58-65 型射孔弹沿用了 7 年时间，57-103 型射孔弹一直使用到 20 世纪 80 年代，近 30 年没有大的改变。为了检验穿孔性能，选用稳定性好、易于加工的钢材作为试验靶体。当时 57-103 型有枪身射孔弹装枪打钢靶穿孔深度 55mm，穿孔孔径

10mm。在此基础上，逐渐发展成射孔弹地面打钢靶检测技术，目前仍广泛应用于射孔弹生产厂家产品质量控制、油田现场射孔弹产品验收检验中。

这一时期，射孔枪、射孔弹、电缆绞车等器材全套照搬仿制苏联的技术，基本射孔技术处于规模小、简易的仿造阶段。为了解决钢靶材质与井下实际油层差别大、实验结果可参考性差、模拟井实验结果无法给出穿孔深度等问题，研究形成了早期的地面条件下混凝土靶检测技术，使用剖开的套管平放在长方形混凝土中模拟部分套管和地层，为射孔弹研制技术人员提供更详细的穿孔性能参数。射孔施工没有专用设备，使用AKC51型测井绞车，配备CПY型射孔仪器面板，射孔时通过仪器面板进行点火起爆，随后相继发展了CПY-3000型绞车的射孔仪器面板和国产53型射孔仪器面板。施工时采用人工丈量电缆的方法确定射孔的深度，精度低、工作量大。

二、引进消化

大庆、胜利等大型油田的相继发现，使我国石油工业得到了快速发展。为了满足石油工业大发展的需求，需要尽快开发新的射孔器材。1964年，胜利油田电测站组建了射孔弹实验室（后来的射孔弹厂），成功研制文胜二型无枪身射孔弹。这种射孔弹的炸药柱没有弹壳保护，下井时用泡沫塑料包扎后固定在钢筋架体上。对45#钢靶，穿孔深度为55~60mm，耐压16MPa。同年，应用了定位射孔技术，根据磁定位器信号的变化确定标准套管接箍的位置，较为准确地计算接箍与油层的距离，大大减少了丈量电缆的工作量，提高了射孔深度的精度。1965年石油工业部决定在大庆建立射孔弹研究室，1968年8月成立射孔弹厂，同年在第五机械工业部763厂的帮助下研制成功文革一号无枪身射孔弹，穿45#钢靶深度65mm，穿孔孔径10mm，使用温度65℃，耐压20MPa；1969年大庆射孔弹厂试制成功69-1型聚氯乙烯软管导爆索，用于无枪身射孔弹的传爆；1970年底，受石油工业部委派，陆大卫等人在大庆油田试验井经反复试验，确定一次下井使用60发射孔弹，可以确保大庆油田射孔后分层开采的需要。1970年四川石油管理局井下作业处成立射孔弹筹建组，1971年组建射孔弹试制组，1972年改为射孔弹制造组，研制出火炬一型和二型玻璃壳无枪身射孔弹，1984年成立四川石油管理局射孔弹厂。1970年西安石油勘探仪器总厂在陕西礼泉建立了射孔弹车间，1978年和204所（西安兵器工业204研究所）合作研制成功耐热一号炸药（聚黑-10G3）和SWD-型链杆式铝合金无枪身射孔弹。

我国射孔弹的研制虽然在当时取得了一些可喜成果，但仍然处于初级阶段，整体技术水平较低，不能满足我国快速发展的油田勘探开发需求，与国外先进技术相差甚远。

1977年，石油工业部组织以胜利油田为基地，引进美国德莱赛·阿特拉斯公司的五种无枪身铝合金射孔弹、三种有枪身射孔弹和两种切割弹。石油工业部科技司组织了西安石油勘探仪器总厂五分厂射孔弹车间、大庆射孔弹厂、胜利射孔弹厂、四川射孔弹厂和第五机械工业部204所（西安兵器工业204研究所燃烧爆破工程公司）、213所（西安应用物理化学研究所）和52所（内蒙古金属材料研究所）等单位联合对引进的射孔器材进行系统解剖、测绘、分析和试验，发现引进的带钢外壳装药合压方法和无杵堵粉罩技术的优点在于提高了射孔弹质量的稳定性、射孔孔道的流动特性。通过对引进产品的解剖、测绘、分析和试验，积累了丰富的技术资料，开阔了思路。尽管如此，由于当时各油田正处在开发时期，对射孔对套管及油层的损害没有足够认识，国内带外壳装药的工艺技术推迟了5年才在研制中出现，粉末罩的推广应用推迟了几乎10年。这一技术西方国家早在20世纪50年代至60年代就用于生产，我国晚了近30年。1979年，大庆射孔弹厂的GF-2型和胜利油田射孔弹厂的仿制麦克落两种无枪身过油管射孔弹通过了现场试验，为我国推广过油管技术创造了条件。

通过派人员出国学习考察及引进技术，科研工作者们看到了差距，同时迫于油田的需求，射孔器材的研发引起了领导的高度重视。1977年，燃料化学工业部与第五机械工业部在四川联合召开了第一次射孔器材科研攻关协作会。

1978年，石油工业部从美国吉尔哈特、欧文公司引进了8种射孔器，其中有枪身的3种、无枪身的5种，均为直径为51mm的过油管射孔器。过油管射孔是一项新的射孔技术，射孔前先把油管下放到射孔井上部，引用清水或其他轻质射孔液替代井筒内的钻井液，抽去部分井筒液体。射孔时射孔器通过井口防喷盒、油管及其下端的喇叭口下放到射孔目的层，在平衡压力或欠平衡压力条件下射孔。其优点是减少了射孔时对油气层的污染，对提高油井产能有利，工效高、成本低；其缺点是枪型及弹型较小，穿孔较浅。同年，石油工业部和第五机械工业部在西安联合召开了第二次射孔器材科研攻关协作会，讨论了深井射孔炸药、雷管、导爆索和射孔弹的攻关方向并落实了研制单位。

1979年，第五机械工业部474厂（辽宁华丰化工厂）试制成功了SW-3型深井油井雷管，第二机械工业部川南机械厂、煤炭部阜新十二厂分别试制成功深井射孔用铅管导爆索。同年，石油工业部和NL集团在北京共同组织了首次中美射孔技术交流会议。

1980年初，石油工业部派出由制造局、大庆油田和西安石油勘探仪器总厂人员组成的射孔技术赴美考察组，先后考察了德莱赛、阿特拉斯、吉尔哈特、欧文和威日伏尔德公司，这次较为全面的考察看到了我国射孔技术与国外先进水平的差距。1984年石油工业部引进美国吉奥·范公司的油管输送射孔器，油管输送射孔实现了真正意义上的对油层的负压差条件下的射孔，克服了过油射孔弹装药少、穿透浅的缺点，为大斜度井射孔、水平井射孔提供了条件。石油工业部勘探局在大港油田举办油管输送式射孔技术培训班，促进了各油田对该技术的推广。当年，石油工业部在大港召开过油管射孔新技术应用座谈会，当时国内各油田累计完成过油管射孔244井次，射孔最大井深4330m。

1987年，大庆射孔弹厂从美国吉尔哈特公司引进APIRP43贝利砂岩射孔流动实验装置，并派人员出国培训，把APIRP43美国石油学会推荐评价油气井射孔器的标准作法引进到国内，使我国的射孔器材评价技术大大推进一步。

1987年至1988年两年间，石油工业部勘探司发文组织大庆、辽河、胜利、中原、大港、四川六个油田21名技术人员对全国各油田使用的25种射孔弹在大庆进行了首次全国射孔弹性能统一测试，检测结果反映出国内生产的大部分射孔弹穿透深度浅，不能满足石油勘探开发的要求。12种过油管射孔弹穿API混凝土靶，最低平均为44.9mm，最高平均为138.2mm。当时，斯伦贝谢公司公布的5g装药的过油管弹，穿混凝土靶平均269mm，国内的13种套管射孔弹穿混凝土靶，最低平均为154mm/6g，最高的是32g装药量YD114型射孔弹平均穿深为308m。其余11个品种平均穿深都在160~180mm之间，当时斯伦贝谢公司15g装药量的33/8m的射孔弹混凝土靶平均穿深为500mm，22.7g药量的101.6mm射孔弹穿混凝土靶平均为609mm，37g装药量的127mm射孔弹平均穿深为726mm，我国生产的射孔弹射孔后堵孔现象严重，穿钢靶的堵孔率最高为95%，穿混凝土靶堵孔率最高为44%，九种铜板聚能罩的过油管弹平均射孔流动效率为0.66，最低的为0.21，经测试粉末罩的过油管弹不堵孔，其平均射孔流动效率0.91。

1989年，中国石油天然气总公司在大庆召开了全国射孔井壁取心工作会，会议讨论了射孔器材配套研究攻关计划，提出了两年内射孔弹穿深达到400mm，五年达到700mm的奋斗目标。

在此期间，胜利油田赖维民等研制的GSQ-651型跟踪射孔取心仪在1980年获国家发明奖，并在朝鲜、阿尔巴尼亚等国使用。在此原理基础上，各油田相继使用了西安石油勘探仪器总厂生产的SQ-691型跟踪取心射孔仪等不同型号的数控射孔仪。大庆射孔弹厂研制的中深井系列射孔器和西安石油勘探仪器总厂、204所联合研制的耐热一号炸药荣获1978年国家科学大会奖。大庆射孔弹厂古广钦起草了SY 5128—86《油气井聚能射孔弹技术条件标准》，陆大卫、王文祥主编出版了《射孔新技术》，牛超群、张玉金主编出版了《油气井完井射孔技术》，西安石油勘探仪器总厂研究所出版了《油井射孔译文集》，刘玉芝主编出版了《油气井射孔井壁取心技术手册》，惠宁利、王秀芝编写出版了《石油工业用爆破技术》，陈益鹏主编《射孔技术译文集》，傅阳朝、刘中振、王西平等翻译出版了美国的W.T贝尔等编写的《射孔》。其他还有王志信、蔡景瑞1984年在《测井技术》上发表的《谈谈射孔对套管的损害及改进措施》等著作和文章。这些著作和文章不仅助推了射孔技术的发展和使用，同时也反映了射孔技术全面快速发展的局面，及当时的水平和生产使用中存在的问题。

三、快速进步

20世纪90年代是我国的射孔技术快速发展阶段。在改革开放的大环境下，在借鉴国外技术的基础上，射孔器材的制造和射孔技术的服务能力空前发展。除原有的大庆射孔弹厂、四川石油局射孔弹厂、西安石油勘探仪器总厂射孔弹分厂、吉林金星配件厂（9214厂）、辽宁双龙石油器材联营公司、河北第二机械厂、山东机械厂、山西新建机械厂之外，又涌现出了西安204所、西安213所和秦川机械厂（804厂）、川南机械厂等。生产的射孔弹达20余种之多，年生产能力为400万~450万发。导爆索生产有大庆射孔弹厂、阜新十二厂、云南燃料二厂、山西阳泉104厂和川南机械厂等。油井起爆器和雷管生产单位有：西安213所、辽宁华丰化工厂和川南机械厂。射孔枪的生产单位有宝鸡石油机械厂及四川、华北、大庆、胜利等各油田自己的射孔枪厂总计约29家。此阶段，炸药研制取得较大进展，西安204所研制了PYX、HNS、TATB为代表的耐高温（250℃/2h）单质炸药和混合炸药；204所研制出以黑索金为主体的R-852（聚黑-16）混合炸药，此药成为使用量最大，使用时间最长的射孔弹用药产品。

1991年，大庆油田和四川石油局共同组团赴美考察油气井导爆索和射孔弹制造工艺技术，美国英森比柯福特公司是油井专用导爆索的生产公司，PYX系列导爆索最高使用温度220℃/48h，最高爆速7500m/s。同年，西安石油勘探仪器总厂射孔弹厂研制的SYZ-41型射孔弹混凝靶穿深达到487mm，大庆射孔弹厂的YD89-1型射孔弹穿深达到455mm，山西新建机器厂的89弹穿深达到402mm。1992年大庆射孔弹厂研制的YD89-3型射孔弹，混凝土靶穿深达到514mm。1994年吉林9214射孔弹厂、四川射孔弹厂、山东机器厂（732厂）、辽宁双龙石油器材联营公司、新疆燎原机械厂的89弹的穿深也相继突破500mm，127型射孔弹都超过780mm的穿透深度。

1995年，中国石油天然气总公司射孔器材质量检测中心从美国哈里伯顿公司全套引进API RP 43（第五版）技术及设备主要有应力条件下射孔及流动测试装置、高温常压下钢靶射孔装置和混凝土靶样块强度测试机等。同时，四川射孔弹厂从美国欧文公司获取了射孔弹自动化生产线的使用权。药型罩制造采用金属粉末施压技术，使射孔弹的品质显著提高。1996年大庆射孔弹厂从美国引进的编织导爆索技术投入批量生产，先后完成了80RDX、80RDXLS等六种型号的导爆索技术开发，导爆索最高爆速（80HMXXHV型）达到7760m/s，最高耐温（80PYX型）达到200℃/2h，大庆射孔弹厂还从哈里伯顿公司引进了射孔弹自动生产线和弹架成型激光切割机。

1992年至1997年，在借鉴API RP 43标准基础上制修订了SY 5462.1~5—1992《油气井聚能射孔弹（器）技术指标检测与综合评价方法》、SY/T 6297—1997《油气井射孔器评价的推荐作法》及产品标准SY/T 5128—1997《油气井聚能射孔器通用技术条件》，促进了国内产品质量持续提升。

1999年，国内大批量使用的射孔器型号及性能为89型射孔弹混凝靶穿深平均460mm，102型射孔器混凝土靶穿深平均500mm，127型射孔弹混凝土靶穿深平均860mm。此外，耐高温和超高温炸药、导爆索的研制也取得新进展。

此阶段，我国已研制出满足油田勘探开发需要的常温、高温、超高温、深穿透系列射孔弹和大孔径射孔弹。研制出高孔密度、大直径及小井眼系列的射孔器百余种。适合低孔隙度、低渗透率油层及稠油开发工艺的每米枪装弹20~40孔，穿深500~1000mm及孔径16~25mm的大孔径高孔密度射孔技术已在各油田大量推广应用。射孔工艺技术在实践中得到了完善和规范。其主要内容有油气井射孔系统安全技术、水平井射孔工艺技术、超正压射孔技术、射孔—测试联作技术、一次管柱分层射孔—测试联作技术、射孔—高能气体压裂复合技术、油管传输射孔分级起爆技术、定方位射孔技术、一次性完井管柱技术、WCP带压作业技术、电缆射孔分级点火射孔技术、射孔—抽油泵联作技术、全通径射孔技术等。大庆石油器材检测中心具有对射孔器、射孔弹、雷管、导爆索及油层套管等六项内容87个技术参数的检测能力。胜利油田建立的高温高压射孔效能实验装置可以模拟在温度200℃、压力80MPa条件下进行单发射孔弹打靶试验，还可以在温度150℃、压力80MPa条件下进行单发或多发射孔弹打靶试验。此外，P—T仪及尾声弹等检测技术也在生产中得到广泛应用，这些都标志着我国射孔技术发展的水平和实力。我国的射孔技术不仅能够满足国内需求，而且已走出国门出口到中东、西亚、南亚和非洲等世界各地。

半个世纪以来，射孔技术在学习中前进，在实践中创新。射孔曾被贬称为"简单"的工艺技术，而今有了长足的发展。其中有胜利、大港等五个油田参与的"防止油（气）层损害的射孔新技术及其推广应用"研究成果获国家科技进步奖二等奖；以89型和127型射孔弹研制为代表的深穿透系列射孔器技术成果被评为中国石油天然气总公司1994年十大科技成果之一；胜利油田研制的"SLAS-9700型油气井射孔多级自控型安全起爆装置"1996年在北京国际发明展览会上荣获金奖，2000年获国家经济贸易委员会安全科学技术进步奖二等奖。

四、创新发展

1998年至2023年，中国石油工业处于高质量发展时期，射孔技术成功实现从打开油气通道到保护油气层再到提升完井效果和效率的转变。国内各研究机构、射孔技术服务公司及制造企业坚持技术创新，针对非常规油气勘探开发热点和超深、超高温、超高压井射孔难点，研发桥射联作、三超井射孔、定向射孔、复合增效射孔等技术，为油气田的油气增效、致密油气的开发及储层改造提供技术支撑。以先锋、庆矛、锐剑等为代表的具有自主知识产权的射孔器材，并实现配套研发、批量制造和规模应用，快速缩短与国外先进技术差距，形成各具特色的射孔器材技术系列，改变中国先进射孔器材长期依赖进口的局面，在国内各油气田增储上产及海外射孔市场开发中发挥重要作用。

1998年，四川石油管理局测井公司研制出适用于127型射孔枪的DP43RDX射孔弹，俗称"1米"弹，并于2002年通过大庆射孔检测中心检测穿深达到1080mm，成为国内127型穿孔深度最深的射孔弹，形成第一代超深穿透射孔弹。2003年，开展4种过油管无枪身器开发，形成43型、51型、54型、63型4种耐高压射孔器，耐压105MPa，其中63型无枪身射孔器穿深445mm。2004年，四川石油射孔器材有限责任公司（原四川石油管理局射孔弹厂）建立API Specification Q1及ISO 9001—2000质量管理体系，并通过美国石油协会认证。同年，为满足海上稠油和出砂油气地层勘探开发需要，开展178型高孔密度大孔径、低碎屑射孔弹研究，2005年8月，经检测穿深556mm，套管穿孔孔径22.6mm，该产品填补国内的空白，大量应用于海上油田，实现该类产品的进口替代。2006年，相继开发出89型、102型、114型、127型大孔径深穿透射孔器4种产品，形成大孔径射孔器的系列化。"十一五"末期至"十三五"初期，川庆钻探测井公司率先开展射孔弹制造"自动化工厂"建设，建成全自动射孔弹生产线，装备能力的提升为新型射孔器的研究创造了条件。2008年，川庆钻探测井公司开展"先锋"超深穿透射孔器研发。2009年，经石油工业油气田射孔器材质量监督检验中心检测，89型射孔器平均穿深956mm，127型射孔器平均穿深1433mm。2012年，研制定型了175MPa/200℃射孔器材，实现国内首次自主研制该类别高温高压射孔器材。2017年，"先锋"超深穿透射孔器在有限装药量条件下实现射孔穿孔深度新突破，经API见证，89型、102型、127型"先锋"超深穿透射孔器API标准混凝土靶穿孔深度分别为1516mm、1651mm、1986mm。自主研制的73型、86型、89型、121型4种175MPa/210℃的射孔器材，解决超深小井眼和8000m油气井射孔技术难题。针对常规水平井射孔器存在水平井不同相位间隙大小导致套管孔径较大偏差，严重影响加砂压裂效果的问题，研发73型、80型、86型、89型、102型、114型和127型共7种等孔径射孔器，套管孔径相对标准偏差控制到6%以内，成为非常规油气地层水平井分簇射孔施工的主打产品。同时开展了一系列射孔器材配套工具研究，设计定型了复合速钻桥塞、全可溶桥塞、速装桥塞坐封工具、双向减振器等装置。2022年，超深穿透127型射孔弹API注册穿深达到2258mm，刷新世界纪录。2023年，127型超深穿透射孔弹注册穿深达到2662mm。同年，超高温超高压射孔器材耐温耐压达到245MPa/260℃/72h。

庆矛系列射孔器材由大庆石油管理局射孔弹厂研制，从1998年开始，先后研发出深穿透系列射孔器配套射孔弹、高孔密度深穿透系列射孔器配套用弹、小井眼系列射孔器配套用弹，平均穿深543mm。1999年，测得102型射孔器平均穿深630mm，127型射孔器平均穿深790mm。2000年10月，庆矛牌特深穿透射孔弹"1米弹"系列研制成功，平均穿深1053mm。2003年10月，140型射孔器平均穿深1385mm；同年，研发形成89型、102型、127型系列一体式复合射孔器和102型、127型2种复合防砂射孔器。2006年，大孔容系列射孔器研制成功，应用后液体注入强度提高44%。2011年，自清洁射孔器研制成功，应用后采液强度提高57%。2014年，经石油工业油气田射孔器材质量监督检验中心检测，89型、102型、127型超深穿透射孔器平均穿深分别为1046mm、1464mm和1522mm。2015年，等孔径射孔器研制成功，该产品使射孔后孔径基本一致，提高了压裂效果，应用后泵压降低11%。2018年，经API见证，火炬系列89型射孔器平均穿深1668mm、102型射孔器平均穿深1805mm、127型射孔器平均穿深2091mm。2023年，测得127型超深穿透射孔器平均穿深2593mm。

  2009年，中国石油开始重点开展射孔地面系统升级和功能扩展，积极研发桥塞及配套工具工艺，先后研发出分级点火地面系统SSMP、井下电子选发开关、复合材料桥塞、低温可溶桥塞等地面系统和系列井下作业工具。2018年，中国石油在四川隆昌建成国内唯一的射孔技术研究实验室，并研究定型等孔径深穿透射孔器、分簇定向和定面射孔器。2019年，研发出模块化分簇射孔器、远程液控插拔式井口快速连接装置，并形成智能泵送工艺，保障深层长水平段水平井泵送施工安全。2020年，集成化射孔地面系统SK8000S、多功能射孔地面系统MIPS相继投入使用，实现射孔地面系统升级换代并开发射孔设计优化与作业监测软件。两款地面系统都集成了页岩气开发所需的各项功能并可进行扩展，实现射孔采集、校深定位、分级点火、泵送监控等功能于一体。

  2016年，石油工业油气田射孔器材质量监督检验中心研究形成了300℃/210MPa条件下射孔器单元射孔检测技术及装置，为超高温深井用射孔器材产品检验和评价提供条件。2017年，"提高在用射孔器产品性能质量检测技术研究与应用"获中国石油天然气集团有限公司科技进步奖二等奖。2018年，完成修订SY/T 6163—2018《油气井用聚能射孔器材性能试验方法》。同年，大庆油田有限责任公司试油试采分公司研究开发了射孔井下穿深检测技术，主要包括液力锚定定位系统和孔深探测系统，井下仪器中电机驱动探针探测孔道深度，为准确测量射孔器在井下的穿孔深度提供一种新思路。2022年，"油气井增效射孔技术研究、检测与应用"获中国石油天然气集团有限公司科技进步奖二等奖。2022年，中油测井"新一代桥射联作射孔技术"取得突破并规模应用，并于2023年入选第二十三届中国石油十大科技进展。

第三节 射孔技术发展趋势

  随着油气田开发不断向深地、深海、低孔隙度低渗透率、非常规油气及老油田挖潜等领域迈进，射孔的作用也在发生变化，但其核心仍然是"提高油气单井产能，提高油气采收率"。射孔技术已不再是承担着构建井筒与地层通道的简单角色，而是实施加砂压裂或酸化压裂等增产措施必须的前置环节。射孔为压裂酸化服务是射孔技术发展的必由之路。未来，射孔器材向高性能、低伤害、高安全性、多复合、精细化方向发展；射孔装备和工具向智能化、模块化、自动化方向推进；射孔技术要更加关注与油藏地质和完井工艺的紧密结合，特别是与完井工具的结合，实现与地质、油藏、压裂等的一体化；射孔评价方法基于真实岩石，与实验室、井下、仿真多种手段系统整合全方位立体评价；聚能射孔向无火药非爆炸类绿色射孔方向发展。

一、射孔基础理论研究发展趋势

未来的射孔技术要根据用户需求，结合油藏条件、地层特性和井筒环境的具体要求，优选射孔器和射孔工艺。因此，实验室测试分析是解决现场工程技术问题的重要组成部分，通过建立真实储层环境开展射孔试验，测试、评价射孔产品和射孔工艺的适用性、先进性，提供最佳技术到现场应用，确保射孔技术的可靠性、操作性、经济性、安全性。

在射孔基础研究方面，斯伦贝谢、哈里伯顿等国际射孔技术服务公司都拥有射孔高级流动实验室，拥有多套压力/温度组合的高温高压试验容器、射孔大物模试验装置、岩心制作与剖切、工业CT扫描成像系统等试验装备，具备天然岩石及人工岩石制作、模拟储层环境射孔性能试验及试验后岩心分析等试验研究能力，并且结合仿真手段、地面试验和井下试验，开展了射孔、压裂、完井等多专业的关联研究，提出并研发了负压射孔、超正压射孔、动态负压射孔及复合射孔等系列射孔新技术。斯伦贝谢公司研发形成了人工岩心样品及天然岩石样品两套射孔物模岩心制备技术，形成了天然岩样选取、绳锯切割、水泥包裹、垂直钻孔取心和传感器掩埋的大尺度岩样制备技术系列，调配制作符合储层的岩石力学特定物性（抗压强度、杨氏模量、渗透率等）的人工岩心样品，有效解决了样品取样和制样等难题。斯伦贝谢、Hunting等国外公司建立了全尺寸射孔地面模拟试验工场，对爬行器输送射孔、电缆泵送作业等进行精确模拟及分析。

因此，射孔技术的发展应以射孔弹地面试验、模拟储层环境射孔试验、射孔孔眼压后评价试验、大物模射孔试验为基础，依托数字孪生技术，建立集多学科、多物理量、多尺度的射孔试验虚拟仿真平台，真实反映射孔产品从设计、试验、制造、现场应用的全生命周期过程，将以往射孔产品只能依靠大量的实物试验获取性能参数的方式，转换成数值仿真、大数据分析等新方法。

二、聚能射孔器的综合性能发展趋势

我国未来的油气开发面临"深、低、海、非、老"等苛刻条件，对聚能射孔器的综合性能提出了更高要求。对于页岩气、煤层气、特低渗透—致密油气等非常规油气，油气井需要采用水力压裂才能获得产能。对于斜井（包括大斜度井）、丛式井、水平井等特殊结构井，有效控制裂缝走向，完善缝网系统是决定单井产量的关键，对于这些油气井，射孔技术应解决的问题是：（1）在井壁上获得更大的流通泄流面积；（2）有效减小储层的破裂压力，降低水力压裂实施难度；（3）科学引导压裂裂缝延伸方向，诱导压裂裂缝与天然裂缝的沟通，完善缝网系统，提高产能。因此，需要研发针对不同井型、井况和油气藏特点的射孔技术，达到提高产能的目的。对于薄差层、含边底水油层、水淹层剩余油等无法实施水力压裂的井，精确定向的超深穿透射孔技术与定向工具相结合的技术研发、与地质状况相结合的能量可控的新型复合射孔技术、可控冲击波—射孔联作射孔技术的研发、针对地层个性化问题的射孔方案制定和优化等也是射孔技术的发展方向。对于深层、超深层，由于井下温度高、压力高，射孔管柱工况复杂，常规射孔器及射孔技术不能满足深井安全、高效的作业需求，需要研发耐压245MPa、耐温260℃/100h的聚能射孔弹、导爆索、传爆管、撞击雷管等火工品，以及超高射孔枪、耐高温高压密封材料等。对于老井增产改造，目前许多老井出现了产能下降，原因比较复杂，有些是原射孔不够完善，有些是地层能量不足，有些是长时采油过程中的固相颗粒和高分子聚集造成的近井带堵塞，如何通过射孔补充或爆燃压裂使这些老井重新恢复产能也是射孔技术需要重点研究方向。

针对上述射孔技术发展方向，研究人员应加大高能炸药应用、聚能射流目标毁伤效应分析、粉末新材料应用与制备等技术攻关，深化射孔弹结构优化、射孔弹压制工艺研究，开展超聚能射孔器、大孔径等孔径射孔器等开发，研发穿深超过2700mm的超深穿透射孔器，且在提高穿孔深度的同时，也要提高套管的穿孔孔径。与国内外高校、科研院所合作，突破超高温主体炸药、起爆药耐温难题，研制定型耐高温起爆器、导爆索、传爆管及射孔弹，形成245MPa/260℃极高温极高压射孔器，解决10000m井深高效射孔难题。

三、绿色射孔技术发展趋势

聚能射孔技术涉及爆炸物品，国家对爆炸物品实行严格准入管控，跨地区射孔作业需要办理爆炸物品使用、运输手续，时效受限，非火工射孔技术代替聚能射孔技术也是未来射孔技术的发展方向。

大功率激光器射孔是目前认为最有可能替代聚能炸药射孔方法的一种创新技术，国外公司从20世纪90年代末期开展激光射孔技术研究，Sameeh I. Batarse等设计了一种大功率激光射孔器，将激光源安装在连续油管作业机的表面，光束通过光纤电缆传送到目标上。该工具的紧凑设计使其适用于任何尺寸小的井筒，并在水平井3048m处完成第一次射孔作业，射孔直径50.8mm，穿孔深度609.6mm。国内的西北大学光子学与光子技术研究所的蒋涛、白杨等开展了岩石的大功率激光射孔研究，进行了多种类型岩石及钢制套的1~6kW大功率激光射孔实验，对不同类型岩石的激光射孔过程的差异性做出了分析。中国石化石油工程技术研究院彭汉修等联合华中科技大学材料学院、中国石油大学（北京）等高校，也开展了岩石的激光射孔工艺研究。研究发现，影响激光射孔工艺的主要参数有激光功率、照射时间和离焦量等，开展大功率激光射孔技术探索研究，以小型化激光器为目标，开展破岩机理等研究，为下一代射孔技术研究奠定理论基础。电动穿孔、切割技术也是射孔技术的发展方向。最初的射孔方法是机械切割器，但穿孔速度慢、成本高，限制了应用。近年来，国内外研发出了多种类型的井下电动穿孔、切割工具，解决了钻完井作业管柱遇卡的一些作业需求。电动穿孔、切割技术是应用电缆将电动穿孔、切割工具下到油管（套管）内指定位置，通过地面指令，上下扶正器将电动穿孔、切割仪分别锚定到管具内壁上，地面发出电动机旋转指令同时刀具伸出，实现对管具的开孔、切割。国外产品主要有贝克休斯公司的机电套切割工具（Electro-Mechanical Pipe Cutter，MPC）、GE公司的井下电动切割工具（Downhole

Electric Cutting Tool）。国内西安正源井像电子科技有限公司等几家公司也研发出电动穿孔、切割工具，在胜利油田、大港油田等进行了试验，取得了一定效果。下一步，还需提升电动穿孔、切割刀具的硬度和强度，针对不同管柱内径及壁厚，进行系列配套工具的研发。

四、射孔器智能化制造技术发展趋势

在射孔器智能制造技术方面，跨国公司如斯伦贝谢公司、欧文石油工具公司都建成了射孔枪自动化生产线、射孔弹自动化生产线，已基本实现射孔弹自动化生产。

射孔器材制造是小众行业，发展相对滞后。当前，射孔器制造企业普遍采用人工操作压机、机床方式生产射孔弹和机械加工品。以四川石油射孔器材有限责任公司为代表的射孔弹制造企业已基本实现全工序自动化，正在稳步推进信息化建设，带动行业安全生产、质量保障、服务水平全面升级。

目前各射孔器材生产厂家都在积极开展技术改造和技术升级工作：射孔弹生产场所按照民爆行业高质量发展要求，生产现场实行无人化、少人化要求；射孔弹在现有工序自动化基础上，建立自动传输系统，对各工序进行联接，实现射孔弹生产全自动化、生产车间无人化生产；射孔枪生产，对标哈里伯顿公司、斯伦贝谢公司，借鉴引进国内外机械加工先进设备和技术，利用数控加工装备、机器人、机械手等先进装备及手段，建立射孔枪及配套生产自动化生产线，来实现射孔枪加工自动化、智能化、信息化。

未来射孔器材制造技术以自动化、信息化为主要手段，主要从以下几方面开展工作：

一是提高本质安全水平。通过开展生产线定员标准提升行动、"工业互联网＋安全生产"专项行动，构建基于工业互联网的安全生产感知、监测、预警、处置和评估体系；建设企业工业互联网平台，加快民爆基础设施数字化改造，提高数据采集能力；推进各类管理、监控信息系统上平台，打通原材料采购、生产、储存、销售等关键环节，推进数据平台化汇聚。

二是提升技术创新能力，加强重点技术攻关。推动以工业机器人、仓储配送系统为重点的智能制造装备及在线实时监测和少（无）人化技术装备研发应用。支持关键数字技术与民爆行业融合技术装备的研发。

三是提升数字化智能化水平。推广智能制造装备、软件、标准和解决方案，推动机器人及智能成套装备在生产线上下料、设备巡检等环节的应用，进一步推进危险岗位机器人替代。探索5G通信与无线射频识别（RFID）等智能传感技术在生产、运输、储存过程控制环节的应用，实现原料制备、制药、装药、包装、装卸车、出入库等全流程数据采集与监控，应用先进控制与实时优化技术提高生产过程自动控制与管理水平。加快人工智能、数字孪生等新技术在设备故障自诊断与预测性维护、质量在线检测和安全动态监控预警等场景的应用。

四是加快实施绿色制造。以节能降耗、清洁生产、清洁能源利用等为重点，加快推进绿色清洁转型。支持产品、工艺技术、装备绿色化改造，加快在线质量检测技术、装备研发应用，减少爆炸性破坏试验。严格落实节能环保法律法规政策，提升重点用能设备效能，开展污水资源化利用和节水工艺提升。减少产品包装数量，采用可降解绿色包装，采用环保技术做好固体废物和不合格品处理，对废旧设备、材料实行统一、专业集中回收处置。有条件的企业使用可再生能源，推动余能利用，提高能源效率。

在射孔器材制造技术中运用 MES（生产管理系统）、WMS（仓储管理系统）、PDM（产品数据管理系统）三大系统，并与 ERP 挂接，实现自动化生产，智能化、信息化管理，并形成射孔器制造自动化、信息化、智能化为一体的数字化生产管理体系，最终建成射孔器材加工"智慧"工厂。

第二章　炸药爆炸理论

油气井射孔离不开火药和炸药，射孔技术的发展史也是与火药和炸药打交道的历史。我国是炸药的发源地。唐朝时期，我国就已经出现了火药（黑色炸药），这是世界上最早的炸药。到了宋代，黑色炸药应用于战争。威力较大的黄色炸药源于瑞典，由瑞典化学家、工程师和实业家诺贝尔发明。此后，各国的科学家们对更高级的炸药的研制从未间断，并取得了可喜的成果。炸药的用途越来越广阔，自炸药发明以来，人们通过对爆炸过程与机理的深入研究和大量的工程实践，掌握了爆炸的一些基本特性和规律，形成了经典的炸药爆炸理论。本章主要归纳总结了炸药爆炸的基本原理，内容包括爆炸现象及爆炸分类、炸药爆炸的三大特征、炸药感度、爆炸过程及其参数计算、爆轰波经典理论等，为油气井射孔工程技术人员提供炸药爆炸相关理论知识。

第一节　爆炸现象及其特征

对于"爆炸"一词人们早已有着很深的认识，爆炸是一种极其迅速的能量释放过程。在这个过程中，物质的内在化学能迅速转变为机械能，通过高压爆轰产物、冲击波及杀伤破片或聚能射流对外界进行破坏，造成人员伤亡、房屋倒塌、设施损坏等，但爆炸现象在国民经济领域尤其是国防建设方面有着重要作用。

一、爆炸现象

爆炸是指在有限的体积内能量发生急剧转化的物理、化学过程，在该变化过程中，伴随着能量的快速转化，物质的内能转化为机械压缩能、光、热辐射等，且使原来的物质或其变化产物、周围介质产生机械运动。大量能量在有限体积内突然释放和急剧转变并在周围介质中迅速出现高压力是爆炸的基本特征。爆炸的一个显著外部特征是由于介质振动而产生音响，本质上是一种快速膨胀的过程。在此膨胀过程中，一般的爆炸都会做机械功，造成附近介质的变形、破坏和移动，这也是爆炸的另一个外部特征。

爆炸过程有两个主要阶段，第一阶段是某种形式的内能转化为强烈的物质压缩能；第二阶段物质由压缩态膨胀，释放压缩能，压缩能转化为机械功，进而引起邻近介质的变形、位移、破坏。

根据引起爆炸的原因和特性，可以将爆炸分为物理爆炸、化学爆炸和核爆炸三类。

物理爆炸：由物质的物理变化造成的爆炸，例如：蒸汽锅炉或高压气瓶的爆炸、闪电、电爆炸、地震、火山爆发、高速撞击、保险丝爆炸、冬季低温造成的输水管爆裂等。由于某种原因锅炉蒸汽管或高压气瓶内压力急剧升高，或者由于腐蚀、其他机械破损致使管壁或容器壁强度下降发生蒸汽管或气瓶爆炸，这种爆炸是由于蒸汽或高压气体的内能突然释放造成的，爆炸发生的原因是物质的物理变化，没有化学变化，因此属于物理爆炸。高速运动的物体猛烈撞击高强度障碍物时，动能迅速转换为热能，如果能量足够大，可使物体气化形成强烈的压缩气体发生物理爆炸。地震是弹性压缩能引起的物理爆炸，上述爆炸发生时能量急剧变化是由物理变化引起的，因而都是物理爆炸。但物理爆炸过程中，也不排除局部或细节上发生化学变化。

化学爆炸：由物质的化学变化或快速化学反应引起的爆炸，化学爆炸过程中化学反应释放的化学能转变为气体压缩能。例如：炸药爆炸、可燃气体或可燃粉尘与空气混合物的爆炸。

核爆炸：由原子核裂变反应或核聚变反应引起的爆炸。例如：原子弹爆炸和氢弹的爆炸，核爆炸在能量和爆炸速度上远大于上述两类爆炸，5kg 铀全部裂变仅需 $0.58\mu s$，释放能量 $1\times10^8 kW\cdot h$，相当于 $1\times10^5 t$ 梯恩梯（TNT）炸药爆炸的能量，因此比炸药爆炸具有更大的破坏力。核爆炸除产生冲击波作用外，同时还产生很强的光和热辐射及各种粒子辐射。密度为 $1.6g/cm^3$ 的 $1\times10^5 t$ TNT 球形装药，装药半径为 77.7m，若爆轰速度为 7000m/s 从球中心起爆，则需要 11ms 的时间爆轰完毕。释放同样的能量，后者所需时间是前者的数万倍。核爆炸在释放能量的数量和速率（功率）上比普通的炸药爆炸要强得多。

二、爆炸三要素

炸药爆炸属于化学爆炸，但是炸药发生化学变化并非都能引起爆炸，炸药爆炸必须具备三个条件，即炸药爆炸三要素：反应的放热性、反应的快速性和生成气态产物。

1. 反应的放热性

炸药爆炸化学反应释放出大量热量是维持爆炸反应继续进行并加速反应的能源，也是对周围介质做功的能量基础，这是爆炸的首要条件。放热使炸药发生分解，使得爆炸过程自动的传播下去，不放热的化学反应不会发生爆炸。

2. 反应的快速性

如果反应只是放热，而反应速率始终缓慢也不会发生爆炸。例如：1kg 的汽油在发动机中燃烧或 1kg 的煤块在空气中缓慢燃烧所需要的时间为数分钟至数十分钟，而 1kg 炸药爆炸仅 $10^{-6}\sim10^{-5}s$，也就是说炸药的爆炸过程要比燃料燃烧过程快数千万倍。可见，炸药爆炸反应的快速性体现了高的功率，即高的能量释放速率。由于爆炸反应速率极其迅速，因而可以近似地认为，爆炸产物来不及膨胀，所释放的能量全部集中在炸药爆炸前所占据的体积内，从而维持一般化学反应所无法达到的高能量密度和高温高压状态，所以炸药爆炸具有巨大的功率和强大的破坏作用。

3. 生成气态产物

炸药爆炸对周围介质的机械效应是通过高温高压气体迅速膨胀做功来实现的。生成的气态产物是热功转换的工质，不生成气态产物则不会发生爆炸。

反应的放热性、快速性和生成气态产物是决定炸药爆炸过程的重要因素，三个条件缺一不可。放热给爆炸变化提供了能源，而快速性是将有限能量集中在较小容积内产生高功率的必要条件，生成气态产物是能量转换的工作介质或者说做功介质。这三个因素又是互相联系的。放热促使炸药和反应产物温度升高，因而反应速率增加，放热速率更快，产物温度急剧升高，结果更多的产物处于气态。

炸药爆炸三要素与炸药爆炸做功能力密切相关，对不同的炸药，放热量的多少、反应速率的快慢及生成气体的量是不同的，因而在爆炸性能上存在着差异。由此，炸药的爆炸现象可以定义为一种高速进行的能自动传播的化学反应过程，在此过程中放出大量的热并生成大量的气体产物。

三、炸药化学变化形式

爆炸并不是炸药唯一的化学变化形式，随着它本身的性质和所处的环境条件的不同，发生化学变化的形式也不同。按化学反应的速率和传播性质，炸药的化学变化形式可分热分解、燃烧、爆炸和爆轰四种。

炸药化学变化的四种基本形式在性质上各不相同，但它们之间存在着紧密的联系，炸药的热分解在一定条件下可以转换为燃烧，而燃烧在一定条件下也可以过渡成爆轰。在不利条件下，炸药的爆轰也可以转变成燃烧和热分解。热分解、燃烧、爆炸和爆轰可以发生如下转换：

$$\text{热分解} \underset{\text{燃烧熄灭}}{\overset{\text{放热量>散热量}}{\longleftrightarrow}} \text{燃烧} \underset{\text{熄爆}}{\overset{\text{燃烧加快}}{\longleftrightarrow}} \text{爆炸} \underset{\text{不稳定爆轰}}{\overset{\text{稳定爆轰}}{\longleftrightarrow}} \text{爆轰}$$

1. 热分解

在常温常压条件下，炸药会进行热分解，是炸药化学变化最低级的反应形式，特点是反应速率缓慢，在炸药内部均匀展开，没有集中的反应区域。对同一种炸药而言，热分解反应速率的快慢受环境温度决定，当温度升高时反应速率就会加快，当温度升高到一定值时，热分解就会转化为燃烧，甚至导致爆炸。不同性质的炸药，热分解速率也不同，炸药的热分解性能反映了炸药的化学安定性，热安定性差的炸药，在较低的温度下就能发生快速热分解。

研究炸药的热分解性质，对于炸药的保存有实际意义，因为炸药在常温下能发生热分解反应，所以在一个库房中储存的炸药不宜过多，堆放不宜过密，应保持通风良好，保持低温，防止库房内温度升高，避免热分解加剧，严防炸药燃烧或爆炸事故发生。由于炸药的热分解必然导致炸药储存一定时间后其爆炸性能下降，因此，超过保质期的炸药必须进行销毁处理。

2. 燃烧

炸药中含有碳、氢等可燃元素，还有燃烧需要的氧元素，在火焰或其他热源作用下，炸药可以燃烧。炸药的燃烧反应是从炸药的某个局部开始，然后沿炸药表面或条形的轴向方向以缓慢的速度传播，通常反应速率只有每秒几厘米到几十厘米，最大不超过每秒数百厘米。燃烧是通过热传导向未反应区传播的，在一定条件下（温度、压力、炸药的物理化学性质和结构），炸药的燃烧过程是稳定的。只要压力、温度不改变，燃烧就不会改变，直到炸药全部烧尽为止。当压力、温度升高时，燃速也明显增大；压力、温度超过某一极限值，燃烧的稳定条件就被破坏，燃烧反应转变为爆轰。炸药在密闭条件下燃烧时，由于产生的气体不易排出，不易散热，压力、温度急剧上升直至爆炸，所以当炸药意外燃烧时不可用砂土覆盖灭火。销毁炸药时，可在露天旷野将炸药铺成松散薄层，点燃后炸药可平静稳定地燃烧，而不致转化成爆炸。值得注意的是，炸药的燃烧会放出大量的有毒气体。

3. 爆炸

爆炸是炸药化学反应的最高形式，其特点就是反应的速率和传播速度极高，可达每秒数米至数千米。爆炸反应从炸药的局部开始，靠冲击波向未反应区迅速传播，无论在密闭环境还敞开条件下，在爆炸点附近，均发生压力、温度的急剧升高，从而导致爆炸点附近介质的碎裂或变形，并伴随激烈的光、声等效应。爆炸的反应速率是不稳定的，若在爆炸过程中遇到不利因素，可能导致爆炸中断，转化为燃烧或热分解。

4. 爆轰

炸药以最大的反应速率稳定传播的过程称为爆轰。炸药的爆轰速度可达每秒数千米。不同的炸药爆轰速度不同，但对于任何一种炸药来说，均有一个固定的爆轰速度值，只要达到爆轰条件，爆轰速度则不会再增加。炸药的爆轰也是从局部开始，靠爆轰波向未反应区传播。爆轰与爆炸无本质区别，只是传播速度不同而已，爆轰过程有稳定爆轰和不稳定爆轰，传播速度不变的爆轰称为稳定爆轰，传播速度变化的爆轰称为不稳定爆轰（即我们平常所称的爆炸）。

第二节 炸药的定义与分类

炸药是利用化学能发生爆炸的含能材料，是一种处于化学亚稳态的材料，在无外界能量刺激（如冲击、振动、加热、加压等）的条件下，或虽有刺激但尚未超过炸药发生爆炸化学反应所需的阈值时，则炸药处于稳定状态；当能量刺激超越阈值时，炸药在刺激点附近形成爆炸，并迅速推进传播到整个材料，在极短时间内（微秒量级）释放出大量的化学能，形成爆炸。目前常用的炸药种类繁多，成分、物理化学性质、爆炸性质等各不相同（孙国祥等，1996）。

一、炸药的定义

炸药是指能够发生化学爆炸的物质，包括化合物（单体炸药）和混合物。狭义上看，炸药是指爆炸做功的主要装药，包括猛炸药和起爆药，主要化学变化形式为爆轰或者说主要利用其爆轰性能。广义上看，火药、烟火剂也属于炸药的范畴，但主要利用其燃烧性能。

炸药具有的特点如下：

（1）高能量密度。单位体积内能量高，如在密度为 $1.6g/cm^3$ 时，TNT 炸药单位体积含能量为 6688kJ/L，汽油和氧气化学计量混合物单位体积含能量为 19.6kJ/L。

（2）强自行活化特性。炸药在外部激发能作用下发生爆炸后，在不需外界补充任何条件和没有外来物质参与的情况下，爆炸反应即能以极快的速度自持进行，并直至反应完毕。

（3）亚稳定性。炸药是危险品，不安全，但具有足够的稳定性。从热分解角度看，除起爆药外，大部分猛炸药的热分解速率低于某些化学肥料及农药，因此在很多情况下炸药不是一触即发的危险品。要想使炸药发生爆炸必须给予一定的外界能量刺激，有实用价值的炸药必须具有足够稳定性，能够承受相当强烈的外界作用而不发生爆炸，过于钝感或者过于敏感的物质都不适合作为炸药。

（4）自供氧特性。炸药的燃烧和爆轰是分子或组成内组分之间的化学反应，不需要外界供给氧。因此当炸药着火时，隔氧法灭火不仅不起作用，反而可能造成燃烧转爆轰，导致更为严重的后果。

二、炸药的分类

1. 按组分分类

按炸药的组分一般分为两大类，即单质炸药和混合炸药。

1）单质炸药

单质炸药是成分单一、由一种物质组成的爆炸化合物，分子中含有氧化性基团和可燃元素。这类炸药是相对不稳定的化学系统，在外界作用下能发生迅速的分解反应，放出大量的热，内部键断裂，组成新的热化学稳定产物。单质炸药的特点是感度高、威力大、性能稳定，但成本较高，民用上使用较少或仅是作为添加剂或敏化剂使用。

单质炸药主要分为以下三类：硝基化合物炸药、硝铵炸药、硝酸酯炸药。

（1）硝基化合物炸药。

硝基化合物炸药分为碳环及杂环两大类，较为常用的是以 TNT 为典型代表的单碳环多硝基化合物。该类炸药的能量和感度大多低于硝酸酯类和硝铵类炸药，但安全性较优，制造工艺成熟，原材料来源广泛且价格低廉，故应用广泛。

（2）硝铵炸药。

硝铵炸药分为氮杂环硝铵、脂肪族硝铵、芳香族硝铵三类，较为常用的是以 RDX、HMX 为代表的氮杂环硝铵。其感度和安全性介于硝基化合物炸药和硝酸酯炸药之间，具有良好的综合性能和较高的能量，且原料来源丰富，制造工艺日趋成熟，故应用场合逐渐增加。

（3）硝酸酯炸药。

硝酸酯炸药主要有 PETN、乙二醇二硝酸酯（GDN）等类型，其做功能力较强，但安全性较差，感度较高，多用作发射药与固体推进剂。

2）混合炸药

混合炸药是由两种或两种以上独立的化学成分构成的爆炸物质。混合炸药弥补了单质炸药在品种、成型工艺、原材料来源和价格方面的不足，具有较大选择性和适应性，扩大了炸药的应用范围。同时为了改善炸药的爆炸性能、安全性能、机械力学性能及抗高温性能等，会在炸药中要加入某些附加物。混合炸药的特点是价格便宜，但威力和感度较低，原材料来源较广，可以大量生产。

混合炸药主要分为军用混合炸药和民用混合炸药。

（1）军用混合炸药。

指用于军事目的的混合炸药。其特点是能量水平高、安定性和相容性好、感度适中、理化和力学性能良好、低易损性等。军用混合炸药按组分可分为铵梯炸药、熔铸炸药、高聚物黏结炸药、含金属粉炸药、燃料—空气炸药等。

（2）民用混合炸药。

指用于工农业目的的混合炸药，也称为工业炸药。其特点为足够的能量水平、安全性、实用性和经济性。民用混合炸药按组分可分为胶质炸药、铵梯炸药、铵油炸药、浆状炸药、水胶炸药、乳化炸药、液氧炸药等。

2. 按用途分类

炸药按用途分可分为起爆药、猛炸药、火药和推进剂四类。

1）起爆药

起爆药是一类在较弱的初始冲能作用下，即轻微的外界刺激（如机械、热、火焰）下就能发生爆炸，且爆炸速度在很短的时间内能增至最大，易于由燃烧转为爆轰的炸药。起爆药对机械作用比较敏感，且从点火到稳定爆轰在毫米量级的距离完成，但将其装在一个金属壳体内却相当安全。因此，起爆药主要用于装填雷管或其他起爆装置，用来引起其他炸药发生爆炸变化。工程上和军事上用其装填各种起爆器材和点火装置，例如工程雷管、火帽（用以起爆猛炸药、点燃火药）等。

由于起爆药在一个爆炸装置中最先发生爆炸，因此也称为初级炸药、主发炸药或第一炸药。目前，常见的起爆药有叠氮化铅[$Pb(N_3)_2$]、雷汞[$Hg(CNO)_2$]、三硝基间苯二酚铅（即史蒂酚酸铅）[$C_6H(NO)_3O_2Pb$]、二硝基重氮酚[$C_6H_2(NO_2)_2ON_2$]等。

2）猛炸药

猛炸药具有较低的感度和较大的做功能力。与起爆药相比，猛炸药要稳定得多，且威力更大。猛炸药只有在外界相当大的能量作用下才能激起化学变化，一般通过起爆药起爆，所以又称为次发炸药。

根据其感度较低和做功能力大的特点，军事上，常用于装填弹丸和作为传爆药使用，弹丸中常用TNT或TNT与黑索金为主的混合炸药，传爆药中常用以太安、黑索金、奥克托金为主体，加入黏合剂造粒改性后的混合炸药；民用上，常用硝酸铵炸药、铵油炸药及乳化炸药等。

3）火药

火药是指能在无外界助燃剂参与下，能迅速而有规律地燃烧，产生大量高温气体，用于抛射弹丸、推进导弹系统，或完成其他特殊任务的混合药。

常用的火药有黑火药、单基药（以硝化棉为主体的火药）和双基药（以硝化甘油和硝化棉为主体的火药）。

4）推进剂

推进剂是一类在燃烧时能迅速产生大量高温气体的化学物质，可用来发射枪炮的弹丸、火箭和导弹等发射体。推进剂与炸药、燃料相似，都能通过燃烧提供能量；但燃烧时的条件不同，燃料燃烧时需要有空气和氧气助燃，而推进剂和炸药则不需要。

推进剂具有下列特性：（1）比冲量高；（2）密度大；（3）燃烧产物的气体（或蒸气）分子量小、离解度小、无毒、无烟、无腐蚀性，不含有凝聚态物质；（4）火焰温度不应过高，以免烧蚀喷管；（5）应有较宽的温度适应范围；（6）点火容易，燃烧稳定，燃速可调范围大。（7）物理化学安定性良好，能长期储存；（8）机械感度小，生产、加工、运输及使用中安全可靠；（9）经济成本低、原料来源丰富；（10）若为固体推进剂，还应该有良好的力学性质，有较大的抗拉强度和延伸率。

三、常用单质炸药

1. 常用单质起爆药

（1）叠氮化铅（Lead Azide）：$Pb(N_3)_2$；起爆性能高，爆轰成长好，耐高温性能好，是优质的军工类起爆药，目前在大量使用。

（2）雷汞（Mercury Fulminate）：$Hg(CNO)_2$；性能不稳定，目前几乎处于淘汰状态。

（3）史蒂酚酸铅（或收敛酸铅）（Lead Styphnate or Lead Trinitroresorcinate）：又称三硝基间苯二酚铅，$C_6H(NO)_3O_2Pb$；性能不太好，目前几乎处于淘汰状态。

（4）二硝基重氮酚：DDNP，$C_6H_2(NO_2)_2ON_2$；性能较好，耐高温性能较差，目前在民品上使用。

2. 常用的猛炸药

（1）黑索金（Hexogen）：RDX，环三亚甲基三硝胺，$(CH_2N\text{-}NO_2)_3$；各种性能均较好，目前在军民中大量使用，是石油行业的主力用药。

（2）奥克托金（Octogen）：HMX，环四亚甲基四硝胺，$(CH_2N\text{-}NO_2)_4$；性能优于RDX，特别是耐高温性能，是军工、航天、石油行业的主力用药。

（3）2,2′,4,4′,6,6′-六硝基芪（HNS）：一种性能优越的耐热低感炸药，外观为黄色结晶，不溶于水，在温度 -193~225℃ 范围内均能可靠地起爆，机械感度高，抗辐射性能良好，耐热性好，广泛用于航天、TNT 熔铸炸药改性添加剂和各种军、民用耐热爆破器材中。

（4）2,6-双（苦氨基）-3,5-二硝基吡啶（PYX）：一种综合性能较好的耐热单质炸药，耐热性和爆炸能量大于 HNS，加入高聚物黏结剂之后，具有安定性好和爆轰性能好、耐热和易加工成型等多方面极为显著的特点。

（5）太安（恩）：PETN，季戊四醇（赤丁醇）四硝酸酯，$C_5H_8(ONO_2)_4$。

（6）特屈儿（Tetryl）：2,4,6-三硝基苯甲硝胺或四硝基甲苯胺，$(NO_2)_3C_6H_2N(NO_2)CH_3$；

（7）硝化甘油（Nitroglycerin）：NG，丙三醇三硝酸酯，$C_3H_5(ONO_2)_3$。

（8）梯恩梯（Trinitrotoluene）：TNT，三硝基甲苯，$C_6H_2(NO_2)_3CH_3$；国际标准炸药，目前使用较少，主要是耐温性能较差。

第三节　炸药的性能与基本参数

随着科学技术和经济建设的发展，炸药已成为一种特殊的能源，其用途日益广泛，不仅消耗量逐年增加，而且对炸药的性能提出了新的要求。在制造炸药产品、改进炸药品种的过程中，只有通过性能的研究和测试，才能提供充分的数据，说明炸药的引爆和爆轰性能是否满足使用要求，说明在生产、运输、储存和使用过程中是否安全可靠。研究炸药的性能对推动炸药品种和使用的发展、确保产品制造质量，起着极其重要的作用。

炸药的性能，一是取决于它的组成和结构，二是取决于它的加工工艺，三是取决于它的装药状态和使用条件。各种不同的炸药及使用领域，对性能有不同的要求。

一、炸药的密度

密度是炸药，特别是实际使用的装药形式炸药的一个很重要的性质。机械力学性能、爆炸性能和起爆传爆性能等均与密度有密切的关系。

1. 理论密度

对于爆炸化合物，理论密度指炸药纯物质的晶体密度，或称最大密度。对于爆炸混合物，理论密度则取决于组成该混合炸药各原料的密度。定义混合炸药的理论密度等于各组分体积分数乘各自密度的加权平均值，其表达式为：

$$\rho_{\mathrm{T}} = \frac{\sum m_i}{\sum V_i} = \frac{\sum V_i \rho_i}{\sum m_i / \rho_i} \quad (2\text{-}3\text{-}1)$$

式中：ρ_{T} 为炸药的理论密度，g/cm³；m_i 为第 i 组分的质量，g；V_i 为第 i 组分的体积，cm³；ρ_i 为第 i 组分的理论（或最大）密度，g/cm³。

炸药的理论密度是指理论上炸药可能达到的最大装药密度。实际的炸药装药密度，不论采用何种装药工艺，均小于理论密度。

2. 实际装药密度和空隙率

炸药装药中总存在一定的空隙，空隙率可由下式定义：

$$\varepsilon = (1 - \rho_0 / \rho_{\mathrm{T}}) \times 100\% \quad (2\text{-}3\text{-}2)$$

而装药的实际密度可由下式求得：

$$\rho_0 = \frac{\sum m_i}{V} = \frac{\sum m_i}{\sum V_i}(1-\varepsilon) = \rho_{\mathrm{T}}(1-\varepsilon) \quad (2\text{-}3\text{-}3)$$

式中：ρ_0 为装药的实际密度，g/cm³；ε 为空隙率，%；V 为装药的实际体积，cm³。

炸药的实际密度除取决于炸药品种外，还与加工工艺和装药条件有关，主要是各固体组分的颗粒度及粒度分布、颗粒形式、表面情况、装药工艺及条件、附加物的作用及其他措施。例如，对于模压装药炸药，密度与装药条件有关，加载压力是首要因素；但在一定加载压力作用下，炸药的可塑性、流动性就起决定的作用，而这些往往受温度、颗粒情况、附加物等因素影响。表 2-3-1 列出了几种炸药的装药密度随加载压力而变化的情况（孙国祥等，2002）。

表 2-3-1　装药密度与加载压力的关系（室温）

装药密度	加载压力（kg/cm²）			
	1000	1500	2000	2500
钝化黑索金装药密度（g/cm³）	1.650	1.672	1.681	1.684
某高分子黏结炸药装药密度（g/cm³）	1.681	1.712	1.722	1.725
钝黑铝炸药装药密度（g/cm³）	1.699	1.76	1.77	1.78

由表 2-3-1 可见，装药密度随加载压力增大而增加，最后分别趋近于五种炸药的理论密度 1.7224g/cm³、1.780g/cm³、1.850g/cm³。

某高分子黏结炸药在 2000kg/cm² 加载压力的模压条件下，药柱密度随药温变化的情况见表 2-3-2，随温度的升高，药柱密度也会相应上升。

表 2-3-2 药柱密度与药温的关系

参数	压药温度（℃）				
	20	40	50	60	70
装药密度（g/cm³）	1.7135	1.7224	1.7240	1.7246	1.7318

对于铸药炸药，熔融组分在冷却凝固过程中，晶核形成和晶体生长速度应有适当控制。精细结晶可以获得较高密度，而粗大结晶只能得到较小密度。其中固体组分的颗粒规正、表面圆滑、粒度及其级配合理，加入表面活性剂和晶形改性剂，以及采用真空浇铸、加压或振动凝固等措施时，均有利于提高装药密度。例如，黑索金/TNT65/35 混合炸药，用普通浇铸法装药密度为 1.658g/cm³，用振动浇铸法密度为 1.689g/cm³，而用真空振动浇铸法装药时，密度可达 1.730g/cm³，此时的空隙率仅为 1.13%。

对于主要用于军事目的的混合炸药装药，在知道它们的理论密度和实际密度后，为了判断装药的质量，也可以对炸药的成型性能进行评价，常用比值来标志压装炸药的压性。

与此相反，对于某些工业炸药或特种炸药，为了提高起爆感度或者降低爆轰性能参数，常通过向炸药内引入气体的办法来降低密度，例如在乳化炸药、浆状炸药、泡沫炸药内加入微气泡。

二、炸药的爆速

炸药的爆速是重要的爆轰参数之一，也是重要性能指标。爆速是目前能准确测量的爆轰参数，而且它与其他性能，如爆轰压、猛度等密切相关，因此爆速是衡量炸药爆炸能力的重要指标之一。对爆速的研究和测试是炸药爆炸理论的重要内容。

炸药爆轰过程是爆轰波沿炸药装药一层一层地进行自动传播的过程。从本质上讲，爆轰波就是沿炸药传播的强冲击波。爆轰波与一般冲击波的区别，主要在于爆轰波传播时炸药受到高温高压作用而产生高速爆轰化学反应，放出巨大能量，放出的部分能量又支持爆轰波对下一层未反应的炸药进行强烈冲击压缩，因而爆轰波可以不衰减地稳定地传播下去。在一定条件下，爆轰波以一定的速度进行传播。爆轰波在炸药中传播的速度叫做爆轰速度，简称爆速，其单位是 m/s。

一般所说的爆速，就是在稳定条件下的爆速。相关文献中给出的爆速实测值，均为在一定条件下炸药稳定爆轰的爆速值。

单体炸药、猛炸药混合物炸药和某些混合炸药的爆速有较大的差异。由于单体炸药、猛炸药混合物炸药的极限直径较小，在一般使用条件下，其爆轰大多处于理想爆轰的状态，爆速的数值除装药密度之外，主要取决于炸药本身的结构和性质。对于混合炸药，特别是由较大比例的惰性添加剂组成的混合炸药，以及绝大部分工业炸药，它们的极限直径和临界直径都较大。在一般使用条件下，炸药装药或药包的直径大多处于极限直径以下、临界直径以上的范围。炸药的爆轰处于非理想爆轰状态，所以其爆速的影响因素比单体炸药要复杂得多。

在炸药爆轰参数的计算中，爆速和爆压是最重要的两个特性参数。炸药学界除应用发展起来的状态的确方程和计算机技术对爆轰性能进行理论上全面和准确的计算外，还总结、研究了许多计算爆速和爆压的经验和半经验方法。

1. Kamlet 公式

Kamlet 等（1968）根据 BKW Ruby 代码的计算结果和炸药爆速实验数据的分析，归纳出计算炸药爆速和爆压的简易经验公式。Kamlet 认为炸药的爆速可以简化地归结为以下四个参数的关系式，即单位质量炸药的爆轰气体产物的摩尔数、爆轰气体产物的平均摩尔质量、爆轰反应的化学能（爆热）和装药密度。前三个参数直接取决于炸药的爆炸反应，炸药的爆炸反应是一个很复杂的反应，本章虽已对不同氧平衡的炸药提出了一些经验估算方法，但每种方法均有很大局限性，只能进行近似估算。Kamlet 等人的进一步研究表明，虽然这三个参数均随着爆炸反应式的不同而有很大变化，但使用不同方法确定的反应式进行计算时，爆热高时气态产物的物质的量就小，爆热低时气态产物的物质的量就大，即爆炸反应式对这三个参数的综合影响是不敏感的，称这种现象为缓冲平衡。Kamlet 提出的计算炸药爆速的经验公式是：

$$D = 0.7062 \varphi^{1/2}(1+1.30\rho) \quad (2\text{-}3\text{-}4)$$

其中：
$$\varphi = NM^{1/2}Q^{1/2}$$

式中：φ 为密度为 ρ 时炸药的爆速，km/s；ρ 为炸药装药密度，g/cm³；N 为每克炸药爆轰时生成气态产物的物质的量，mol/g；M 为气体爆轰产物的平均摩尔质量，g/mol；Q 为每克炸药的爆炸化学能，即单位质量的最大爆热，J/g。

在确定 N、M、Q 时，假设爆炸反应按最大放热原则（H_2O—CO_2 平衡）进行，即碳、氢、氧、氮炸药爆炸时，全部氮生成氮气，全部氢生成水，剩余的氧使碳生成二氧化碳；如氧不足以使全部碳氧化，则多余的碳以固体炭形式存在；如全部碳氧化后仍有氧剩余，则以氧气的形式存在。对于 $C_aH_bO_cN_d$ 炸药的 N、M、Q 的计算可按表 2-3-3 进行。

表 2-3-3 N、M、Q 的计算方法

参数	炸药组分条件		
	$c = 2a \geqslant 0.5b$	$2a+0.5b>c>0.5b$	$0.5b>c$
N（mol/g）	$\dfrac{b+2c+2d}{4Mr}$	$\dfrac{b+2c+2d}{4Mr}$	$\dfrac{b+d}{2Mr}$
M（g/mol）	$\dfrac{4Mr}{b+2c+2d}$	$\dfrac{56d+88c+8b}{b+2c+2d}$	$\dfrac{2d+28d+32c}{b+d}$
Q（kJ/g）	$\dfrac{120.9b+196.8a+\Delta H_f^0}{Mr}$	$\dfrac{120.9b+196.8(c-0.5b)+\Delta H_f^0}{Mr}$	$\dfrac{241.8c+\Delta H_f^0}{Mr}$

注：Mr 为炸药的摩尔质量；ΔH_f^0 为炸药的标准生成焓，kJ/mol；a、b、c、d 为 C、H、O、N 的原子个数。

Kamlet 公式适用于装药密度大于 1.0g/cm³ 的碳、氢、氧、氮元素组成的炸药，爆速计算值与实验测试值之差一般不大于 2%，但对于太安、硝基胍等及其混合炸药的计算

误差较大。

2. 氮当量和修正氮当量公式

计算炸药爆速的氮当量公式是我国炸药工作者国遇贤于是1964年提出的，表达式如下：

$$D = 1.8\sum N + 1.160(\rho - 1)\sum N \qquad (2\text{-}3\text{-}5)$$

式中：D 为炸药的爆速，km/s；ρ 为炸药装药密度，g/cm³；$\sum N$ 为炸药的氮当量。

国遇贤认为，炸药的爆速除与装药密度有关外，还与爆轰产物的组成密切相关，为此可将爆速表示为产物组成与密度的函数。在爆轰产物中，取氮气对爆速的贡献为1，其他爆轰产物的贡献与氮气相比较的系数称为氮当量系数，取值见表 2-3-4。

表 2-3-4　爆轰产物的氮当量系数

爆轰产物	N_2	H_2O	CO	CO_2	O_2	C	HF	CF_4	H_2	Cl_2
氮当量系数	1	0.54	0.78	1.35	0.5	0.15	0.577	1.507	0.290	0.876

三、炸药的爆轰压

与爆速一样，炸药的爆轰压也是重要的爆轰参数之一，是炸药的重要性能指标。爆轰压力常简称爆压。爆压的简化计算方法如下：

根据爆轰理论，应用质量、动量和能量守恒方程，并应用C—J理论（爆轰波理论）、爆轰产物的状态方程，可以通过理论方法计算得到凝聚炸药的爆压及其他爆轰参数。采用经验的或半经验的状态方程，加上现代计算机技术可以得到较为精确的解，然而计算时需要使用大型电子计算机编制相当复杂的计算程序。为此在工程设计和应用方面，往往采用经验公式对炸药的爆压进行估算，使过程相对简单，而计算结果具有一定的精确度，能满足工程设计和应用方面的要求。

Kamlet 公式除在本章已经介绍的用于爆速经验计算外，还可用于爆压的计算。根据大量计算结果，采用 Kamlet 公式得到的计算值与实际测量值之间的相对偏差，大部分在 5% 以内，因而适合于工程计算。Kamlet 爆压经验公式为：

$$p_d = 7.617 \times 10^8 \varphi \rho^2 \qquad (2\text{-}3\text{-}6)$$

其中：

$$\varphi = NM^{1/2}Q^{1/2}$$

式中：p_d 为炸药的 C—J 爆压，Pa；ρ 为装药密度，g/cm³。

用 Kamlet 爆压经验公式计算的几种常用炸药的爆压与实测值的比较见表 2-3-5。

表 2-3-5　用 Kamlet 爆压经验公式计算的爆压

炸药名称	ϕ	装药密度（g/cm³）	p_d 计算值（10^{10}Pa）	p_d 测定值（10^{10}Pa）	相对误差（%）
TNT	9.896	1.634	2.012	1.908	+5.2
黑索金	13.877	1.765	3.293	3.263	+0.9

续表

炸药名称	ϕ	装药密度（g/cm³）	p_d 计算值（10^{10}Pa）	p_d 测定值（10^{10}Pa）	相对误差（%）
TNT/黑索金 40/60	12.285	1.718	2.783	2.915	-4.6
特屈儿	11.483	1.714	2.565	2.679	-4.4
太安[①]	13.932	1.575	3.175	3.005	+5.7

① 大约含 3% 的惰性附加剂。

必须指出，用 Kamlet 爆压经验公式计算 C、H、O、N 炸药的爆压时，装药密度应大于 1.0g/cm³，对于临界直径很小的高密度炸药，其计算值更为准确。

第四节 炸药的起爆与感度

炸药在热、光、电、机械、冲击波、辐射能等外界能量作用下可激发爆炸，那么外界作用是怎样激发炸药的？其化学物理过程的本质是怎样的？这是炸药起爆理论应该回答的问题。本节主要介绍炸药在外界作用下的起爆机理。

一、炸药的起爆与原因

1. 起爆方式

炸药具有爆炸性能。在通常情况下，爆药能处于相对的稳定状态，不会自行发生爆炸。要使炸药发生爆炸，必须使炸药失去相对的稳定状态，即必须给炸药施加一定的外能作用。炸药在外界能量作用下发生爆炸的变化过程称为炸药的起爆。外界的能量越大，炸药起爆越容易。通常外界能量有热能、电能、光能（激光能量）、机械能（撞击、摩擦）、辐射能（射线）、电磁波能等。把引起炸药爆炸变化的最小能量称为引爆冲能，它是度量引起爆炸变化的定量指标。

多种形式的外部能量都可以激起炸药起爆，但从工程爆破技术、作业安全和有效使用炸药的角度看，热能、爆炸能和机械能较有实际意义（松全才，1997）。

1) 热能

当炸药受到热或火焰的作用时，其局部温度将达到爆发点而引起爆炸。例如，火雷管起爆法就是利用导火索的火焰来引爆火雷管；电雷管起爆法则是利用电桥丝通电灼热引燃引火药头而引燃雷管，进而起爆炸药。

2) 机械能

在撞击或摩擦的作用下，炸药颗粒间产生强烈的相对运动，机械能瞬间转化为热能，从而引起炸药爆炸。但利用机械能起爆炸药既不方便也不安全，工程爆破中一般不采用。在运输和使用炸药时，必须注意机械作用可能引爆炸药的问题，以防爆炸事故发生。

3) 爆炸能

工程爆破中常用一种炸药爆炸产生的强大能量来引爆另一种炸药。例如在实际爆破作业中最常见的是利用雷管或导爆索的爆炸来引爆炸药；其次是利用起爆药包的爆炸，引爆一些钝感炸药。

除了上述的热能、机械能和爆炸能外，光能、超声振动、粒子轰击、高频电磁波等也都可激起炸药爆炸，因此这些在爆破作业中都应引起注意和重视。

2. 起爆原因

感度或敏感度（Sensitivity）是度量炸药起爆难易程度的一个物理量，是指在外界能量作用下，炸药发生爆炸的难易程度。此处的"爆炸"的含义是不稳定爆轰、爆燃或DDT过程。若激发炸药爆炸所需的外界能量小，则炸药感度大；反之，若外界能量大，则炸药感度小。

在研究感度时，基本上是根据外界作用引爆冲能的不同形式将炸药的感度相应分成若干类型，如热感度、火焰感度、静电感度、摩擦感度、撞击感度、冲击波感度、爆轰波感度、激光感度等。

炸药本身的能量水平比较高（如处于高位的小球），只有在一定的引爆冲能作用下才会发生爆炸。有关炸药的稳定性和引爆能量之间的关系如图2-4-1所示。在无外界能量激发时，炸药处在状态Ⅰ位置，此时炸药是处于相对稳定的平衡状态，其位能为E_1。当收到外界能量作用后，炸药被激发到状态Ⅱ位置，此时炸药已吸收外界的作用能量，同时自身的位能跃迁到E_2，位能的增加量为$E_{1,2}$。如果$E_{1,2}$大于炸药分子发生爆炸反应所需的最小活化能，那么炸药便发生爆炸反应，同时释放出能量$E_{2,3}$，最后形成的爆炸产物处于状态Ⅲ的位置。

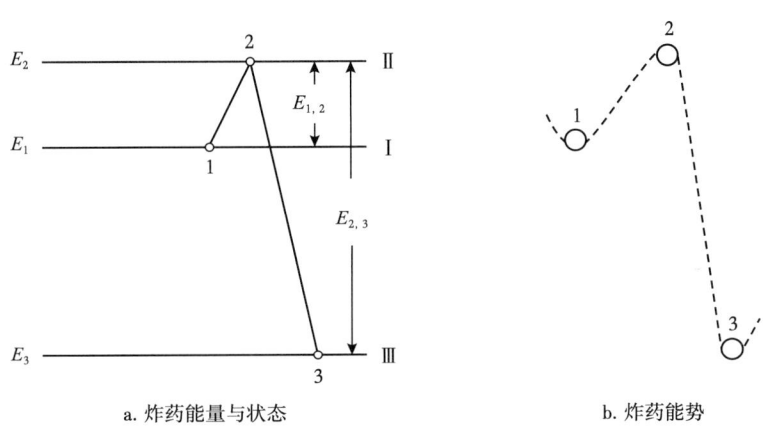

a. 炸药能量与状态　　　　　　　b. 炸药能势

图 2-4-1　炸药爆炸的化学能栅示意图

Ⅰ—炸药稳定平衡状态；Ⅱ—炸药激发状态；Ⅲ—炸药爆炸反应状态

事实上，炸药爆炸的能栅变化如同图2-4-1右图处在位置1放置一个小球，小球此时是处在相对稳定的状态，如果给一个外力让其越过位置2，则小球就会立即滚到位置3，同时产生一定的动能。外界作用所给的能量$E_{1,2}$既是使炸药发生化学反应的活化能，又是外界用以激发炸药爆炸的最小引爆冲能，因此可以得出：$E_{1,2}$越小，该炸药的感度越大，炸药越易起爆；反之，$E_{1,2}$越大，则炸药的感度越小，炸药越难起爆。

3. 炸药起爆的选择性和相对性

炸药起爆的难易程度用"感度"这个物理量来度量。炸药起爆的难易受外界能量的种类、作用形式及自身状态等因素影响，在某条件下容易起爆，并不代表在其他条件下均容易起爆。炸药的起爆或炸药的感度体现出一定的选择性和相对性。

1）外界能量种类

不同种类的外界能量引起爆炸变化的难易程度是不同的（选择性）。例如，TNT炸药和NaN_3炸药都是耐热性的，而TNT的机械感度低（小于8%），NaN_3表现出强机械感度。

2）外界能量的作用速率

一般情况下，外界能量的作用速率越快，炸药起爆越容易。如静压和快速加压、缓慢加热和迅速加热的效果是不同的。

3）装药条件

装药条件影响炸药的感度（如炸药的装药直径、装药密度等）。当炸药的尺寸小于临界条件时，不足以使炸药在热的条件下发生爆炸；当炸药的尺寸大于临界条件时，才有热爆炸的可能。

4）炸药的物理状态

不同物理状态的同种炸药起爆难易程度不同。如熔融态和固态、结晶状态和粉状体现的效果是不同的。

不同用途的炸药有不同感度的要求。对工业炸药人们常将感度分为"实用感度"和"危险感度"。"实用感度"是指"敏感性"，即在一定的起爆方式下，如果用最小起爆能量来起爆某种炸药时，该炸药能顺利地起爆，不应该出现半爆或拒爆。对于炸药使用者来说，炸药具有适当的实用感度是很重要的，因为较高的实用感度可以减小炸药拒爆几率，有效防止意外事故的发生。"危险感度"是指"不安定性"，即在外界作用的能量低于炸药的最小起爆能时，炸药是安全的。低不安定性是人们对炸药的要求，特别是在炸药的制造、运输等过程中，即使受到了低于最小起爆能的机械作用或者其他形式的作用，炸药也应该是安全的，不会发生爆炸等意外事故。一般地说，不安定性高则意味着意外引爆的可能性大，而不安定性低则意味着意外引爆的可能性小。

二、炸药的起爆机理

1. 炸药的热能起爆机理

炸药在储存、运输、加工处理及使用过程中常会遇到不同的热源，如雷管中电热丝加热、炸药的烘干、装药前炸药的预热和熔化等。炸药在热源作用下能否发生爆炸？怎样发生爆炸？具备什么条件才能发生爆炸？热作用下发生爆炸同哪些因素有关？这些都与热爆炸机理有关。

热爆炸（Thermal Explosion）是指凡是在单纯的热作用下，炸药在几何尺寸与温度相适应的时候能自动发生不可控的爆炸现象。热爆炸理论主要是研究炸药产生热爆炸的可能性、临界条件（温度、几何尺寸）和一旦满足了临界条件以后发生热爆炸的时间等问题。热爆炸的临界条件是指在单纯的热作用下，能够引起炸药自动发生爆炸的最低条件。

炸药在热作用下发生爆炸的理论探索是从爆炸气体混合物热爆炸问题的研究开始的。H.H.谢苗诺夫建立了混合气体的热自动点火的热爆炸理论。这一理论的基本观点是，在一定条件（温度、压力及其他条件）下，若反应放出的热量大于热传导所散失的热量，就能使混合气体发生热积累，从而使反应自动加速，最后导致爆炸。

弗兰克—卡曼涅斯基发展了定常热爆炸理论，这一理论进一步考虑了温度在反应混合气体中的空间分布。

莱第尔、罗伯逊将热爆炸理论应用于凝聚炸药的起爆研究中，提出了热点学说。这一学说揭示了撞击、摩擦、发射惯性力等机械作用下炸药激发爆炸的机理和物理本质。

布登、约夫等把热爆炸理论进一步扩展到起爆药的起爆研究中，并对热爆炸的临界条件的某些参数进行了计算。

就研究内容而言，热爆炸理论可分为定常热爆炸和非定常热爆炸理论。这里定常与非定常都是指温度与时间的关系，即炸药温度是否随时间变化。定常热爆炸理论研究的重点是发生热爆炸的条件，而非定常热爆炸理论则是重点研究具备热爆炸条件后，热爆炸过程发展的速度。

定常热爆炸理论又分为两种情况，即均匀温度分布和不均匀温度分布。均匀温度分布是指容器中炸药各处温度均相等。而不均匀温度分布，则指的是炸药各处温度有异分布，中部温度最高，壁面处温度最低。图 2-4-2 所示为炸药温度分布的三种典型情况。其中图 a 表示炸药温度 T 既随位置 r 变化，又随时间 t 变化；图 b 表示炸药温度只随位置变化而与时间 t 无关，属于温度定常分布的一种；图 c 是温度定常均匀分布情况，是三者中最简单的情况，下面讨论这种最简单的情况，进而推广到图 b 的情况。

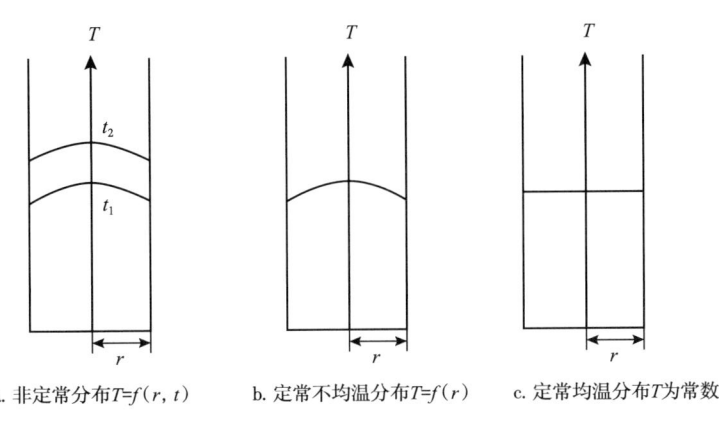

a. 非定常分布 $T=f(r, t)$　　b. 定常不均温分布 $T=f(r)$　　c. 定常均温分布 T 为常数

图 2-4-2　容器中炸药温度分布的三种典型情况示意图

均匀温度分布的定常热爆炸理论，谢苗诺夫在如下三点假设下，建立了均匀温度分布定常热爆炸的热平衡方程式，进而确定了热爆炸的临界条件：

（1）炸药各处温度相同，就是说炸药的里层和外层不存在温度差。这一假定适于研究薄层炸药的热爆炸，如铝盘中炸药的烘干过程，可以认为盘中炸药各处温度是均匀的。

（2）环境温度 T_0 为常数，烘药时烘箱加热温度即为 T_0。

（3）炸药达到爆炸时的炸药温度 T 大于 T_0，但二者差值（$T-T_0$）不大。

基于上述假定，可以建立炸药的热平衡方程式。

首先，炸药在温度 T 时，单位时间内，由于发生化学反应而放出的热量 Q_1 取决于化学反应速率 W（g/s）及单位质量炸药反应后所放出的热量 q（J/g），即：

$$Q_1 = Wq \qquad (2\text{-}4\text{-}1)$$

按照化学反应动力学，一级反应（炸药的热分解过程假定属于此种类型），在开始反应时的速度为：

$$W = Zme^{-\frac{E}{RT}} \qquad (2\text{-}4\text{-}2)$$

式中：Z 为频率因子，与分子的碰撞概率有关；E 为炸药的活化能，J；m 为炸药量，g；R 为气体常数。

将式（2-4-2）代入式（2-4-1）得到：

$$Q_1 = Zme^{-\frac{E}{RT}}q \qquad (2\text{-}4\text{-}3)$$

与炸药发生化学反应的同时，单位时间内因热传导而散失环境的热量 Q_2 为：

$$Q_2 = K(T - T_0) \qquad (2\text{-}4\text{-}4)$$

式中：K 为传导系数，J/（℃·s）；T 为炸药温度，℃；T_0 为环境温度，℃。

可想而知，只有当单位时间内炸药反应放出的热量 Q_1 大于散失给环境的热量 Q_2 时，炸药中才有可能产生热的积累，而只有炸药中发生了热积累，才可能使炸药温度 T 不断升高，使炸药反应速率加快，最后导致炸药爆炸。故炸药爆炸的临界条件之一必须满足：

$$Q_1 = Q_2 \qquad (2\text{-}4\text{-}5)$$

即：

$$Zme^{-\frac{E}{RT}} = K(T - T_0) \qquad (2\text{-}4\text{-}6)$$

然而，达到热平衡只是爆炸的一个条件，要达到爆炸必须满足另一个条件，即放热量随温度的变化率超过散热量随温度的变化率，只有这样才能引起炸药的自动加速反应。所以爆炸的第二个条件为：

$$\frac{dQ_1}{dT} = \frac{dQ_2}{dT} \qquad (2\text{-}4\text{-}7)$$

即：

$$\frac{dmqE}{RT^2}e^{-E/RT} = K \qquad (2\text{-}4\text{-}8)$$

由式（2-4-7）和式（2-4-8）可得热爆炸的临界条件为：

$$T - T_0 = \frac{RT^2}{E} \approx \frac{RT_0^2}{E} \qquad (2\text{-}4\text{-}9)$$

或

$$T - T_0 = \frac{E}{ERT^2} \approx 1 \qquad (2\text{-}4\text{-}10)$$

令 $T - T_0 = \dfrac{E}{ERT^2} = \theta$，这里 θ 称为无量纲温度。显然，当无量纲温度 $\theta > 1$ 时，炸药就可能发生热爆炸；当 $\theta < 1$ 时，炸药不可能发生热爆炸。式（2-4-10）还可用来估计在环境温度 T_0 时，炸药达到爆炸必须具备的温度 T_0。例如，黑索金在 $T_0=277℃$（550K）时发生爆炸，根据黑索金的活化能 $E=209275J/g$，则达到爆炸时的临界温度条件，按式（2-4-9）可得：

$$T = T_0 + \dfrac{1.987 \times 550^2}{50000} = 550 + 12 = 562K\,(289℃) \qquad （2-4-11）$$

由此可知，环境温度 $T_0=277℃$ 时，若炸药发生爆炸，则此时炸药温度为 289℃。

2. 炸药的机械能起爆机理

长期以来，人们对炸药的起爆及其机理做了大量的实验和理论研究。最早提出的是贝尔特罗假设（即"热学说"）：机械能变为热能，使整个受试验的炸药温度升高到爆发点，使炸药发生爆炸。这个论点后来引起人们的怀疑，因为计算表明，即使起爆冲击能全部转化为热能被炸药吸收，像雷汞这样的炸药的温度也只能提高 20℃ 左右，而此温度根本不可能使雷汞爆炸；对其他一些炸药进行计算后也表明，假设炸药在受撞击时吸收的能量被均匀地分散到整个炸药中，则由于撞击的时间很短，即使炸药的体积很小，温度上升也不可能使炸药发生爆炸反应，何况实际情况是炸药在撞击过程中吸收的能量远小于其临界撞击能。因此，热假设的理论受到了人们的怀疑。

之后又出现了"摩擦化学假说"：炸药受冲击时，炸药的个别质点（晶粒）一方面与其他质点互相接近，即增大紧密性，而另一方面彼此相互移动，亦在相邻表面上互相滑动，此时在表面上产生两种力（法向力和切向剪力），法向力使一个质点分子上的原子可能落到第二个质点表面上分子引力作用范围之内，而切向剪力的作用可引起表面破坏的原子间键的破坏，最后使化学反应的分子变形并发生爆炸。这种摩擦化学假说既没考虑热的作用，又没考虑有些炸药分子的键能非常大，在一般的机械作用下要直接破坏这种分子是相当困难的。因此摩擦化学假设理论具有很大的局限性。

目前，较为公认的是"热点学说"，由英国的布登在研究摩擦学的基础上于 20 世纪 50 年代提出来的。热点学说能较好地解释炸药在机械能作用下发生爆炸的原因，得到了人们的普遍认可。

1）热点学说的基本观点

热点学说认为，在机械作用下，产生的热来不及均匀地分布到全部试样上，而是集中在试样的个别小点上，例如集中在个别结晶的两面角，特别是多面棱角或小气泡处。在这些小点上温度达到高于爆发点的值时，就会开始爆炸。这些温度很高的局部小点称为热点（或反应中心）。在机械作用下爆炸首先从这些热点处开始，而后扩展到整个炸药的爆炸。

热点学说认为，热点的形成和发展大致经过以下几个阶段：

（1）热点的形成阶段；

（2）热点的成长阶段，即以热点为中心向周围扩展的阶段，其主要表现形式是速燃；

（3）低爆轰阶段，即由燃烧转变为低爆轰的过渡阶段；

（4）稳定爆轰阶段。

2）热点形成的原因

实验证明，热点可由很多途径产生，但最主要的有三种原因：

（1）炸药中空气隙或气泡在机械作用下的绝热压缩；

（2）炸药颗粒之间、炸药与杂质之间、炸药与容器器壁之间发生摩擦而生热；

（3）液态炸药（或低熔点炸药）高速黏性流动加热。

除此之外，还可能由于超声振动、高能粒子（电子、粒子、中子等）轰击、静电放电、强光辐射、晶体成长过程中的内应力等原因形成热点。

（1）绝热压缩气泡形成热点。

一方面，炸药中的微小气泡可能是原来就存在于炸药中的，像固体炸药特别是粉状炸药。例如，用多孔粒状硝酸铵和燃料油相组成的铵油类炸药，在多孔粒状硝酸铵颗粒的内部就含有气泡；又如用表面活性剂对硝酸铵表面进行特殊处理后制得的膨化硝酸铵具有多微气孔膨松的特性，且硝酸铵的晶体内部含有大量的微气孔，用这种膨化硝酸铵制得的粉状炸药，必然含有大量的微气孔。另一方面，由于炸药在受到撞击等机械作用时，很可能会将外界的气体带入炸药而形成气泡。气泡中的气体既可以是空气，也可以是炸药或其他易挥发性物质的蒸汽。这些气体在受到冲击时将会被封闭住，气体具有较大的压缩性，因而在受到绝热压缩时气泡的温度必然会升高，很容易形成热点，使气泡中的炸药微粒及气泡壁面的炸药点燃和爆炸。

（2）摩擦形成热点。

当固体表面接合在一起时，只在不平的突出点上发生局部接触，所以真实接触面积通常很小。如果两个物体彼此间发生滑动，那么摩擦能大部分变成热能，并在这些点上聚集起来，所以局部接触点表面温度可以升至很高。根据测量，高熔点金属间摩擦时，局部点可达1000℃左右。两物体间摩擦使局部温度的升高量可用下式计算：

$$T - T_0 = \frac{\mu W v}{4r} \frac{1}{k_1 + k_2} \qquad （2\text{-}4\text{-}12）$$

式中：T为物质的终点温度，℃；T_0为物质的初始温度，℃；μ为摩擦系数；W为作用于摩擦表面的负荷；v为滑动速度，m/s；r为圆形接触面的半径，m；k_1，k_2为两摩擦物体的导热系数，W/（m·℃）。

对于炸药而言，在受到外界机械作用时，炸药晶体之间及炸药与容器内壁之间都会发生摩擦，形成热点进而发展到爆炸。炸药颗粒之间由于摩擦而形成的热点，能够达到的最高温度主要取决于炸药熔点。起爆药一般熔点较高，热点爆炸在熔点以下就发生了。因而在没有熔化的固体粒子棱角处容易形成热点。而对大多数猛炸药来说，熔点较低，在摩擦作用下先熔化，而后再爆炸，相对来说就不易于形成热点。因此若向炸药中加入高熔点杂质，则在杂质棱角处容易形成热点，也容易受机械作用发生爆炸，见表2-4-1可知，叠氮化铅和斯蒂酸铅的机械感度，在掺入物熔点高于500℃时就明显增加。

表 2-4-1 含有掺合物的叠氮化铅和斯蒂夫酸铅的摩擦起爆（荷重64kg）

掺合物	莫氏硬度	熔点（℃）	爆炸百分数（%）	
			叠氮化铅 H=60cm	斯蒂夫酸铅 H=40cm
硝酸银	2~3	212	0	0
溴化银	2~3	434	0	3
氯化银	2~3	501	30	21
碘化银	2~3	550	100	83
硼砂	3~4	560	100	72
碳酸铋	2~2.5	685	100	100
辉铜矿	3~3.5	1100	100	100
辉铅矿	2.5~2.7	1114	100	100
方解石	3	1339	100	93

注：H 为测量摩擦感度时落锤的高度。

如果在机械作用下达到热点分解温度时还没有熔化，那么掺入物的硬度就起着重要作用，因为对硬而尖锐的颗粒来说，应力集中到个别点上，只需要很小的能量就能使局部温度升到必要的数值。如果颗粒比较软，则在摩擦时会发生塑性变形，这时的能量难以集中在个别的点上，难以形成热点。在炸药中掺入部分熔点高、硬度大的物质（如铝粉等）有利于热点的形成，炸药的感度会增加；如果在炸药中掺入部分熔点低、可塑性大的物质（如石蜡、糊精、塑料、石墨等）将阻碍热点的形成，感度会降低，有的甚至不能发生爆炸。

（3）黏滞流动产生的热点。

炸药在机械作用下，如果机械冲击能很大，会使部分低熔点的炸药熔化，熔化的炸药液体将迅速在炸药颗粒之间发生黏滞流动。对于液体炸药，在受到撞击后，其相碰的表面有可能受挤压而产生黏滞流动，并形成局部加热，温度的升高将足以引爆炸药。黏滞流动所产生的热点是液体炸药和低熔点炸药发生爆炸的原因。

炸药由于黏滞流动而引起温度升高，可以用固定截面积的毛细管中因液体黏性流动而产生温度升高的近似公式来进行计算：

$$T = \frac{8l\eta v}{\rho C r^2} \tag{2-4-13}$$

式中：T 为升高的温度，℃；l 为毛细管的长度，m；η 为黏滞系数，kg/(m·s)；v 为平均流动速度，m/s；r 为毛细管的平均半径，m；ρ 为流体的密度，kg/m³；C 为液体比热容，J/(kg·℃)。

从式（2-4-13）可以看出，流体流动速度越大，黏滞系数越大，则黏滞流动所产生的热量越大,温度上升越高,炸药越容易发生爆炸。

但是,炸药的毛细管运动并不是在冲击下引起爆炸的唯一原因。对于同一炸药来说,形成热点的条件和几率与炸药在冲击下的形变有关。如果在相应压力下的形变是在炸药的封闭体积中产生的,则对形成热点起决定作用的是内部的局部形变过程(如微位移、气泡的绝热压缩、毛细管流动等);如果在冲击能作用下使炸药的装药发生形变,并在压力的影响下使空气渗入到炸药的空隙中,那么对起爆起决定作用的是炸药的惯性流动和黏性流动过程,以及粒子间的摩擦效应;此外,炸药的吸热速度对炸药感度也有一定的影响。

3. 炸药的冲击波起爆机理

在弹药或爆破技术中经常有这种情况:一种炸药爆炸后产生的冲击波通过某一介质去起爆另一种炸药。例如,引信的传爆药柱爆炸后往往经过金属管壳、纸垫或空气隙再引爆另一种炸药;聚能装药中用隔板来调整波形,也是利用冲击波通过隔板传爆的方式。在爆破工程中,如何使相邻炸药殉爆完全,也是个强冲击波起爆的问题。冲击波是一种强烈的压缩波,炸药受到冲击波的强烈压缩时会产生热,因此冲击波起爆属于热起爆范畴。若是均相炸药(即不含气泡、杂质的液体炸药或单晶体炸药)在受冲击波作用时,其冲击波面上一薄层的炸药均匀受热升温,如达到爆发点,则经过一定延滞期后发生爆炸。若是非均相炸药受到冲击,则由于炸药受热的不均匀性,使局部率先产生热点,爆炸首先在热点开始并扩展,然后引起整个炸药的爆炸。

4. 其他起爆机理

1)光能起爆机理

炸药在光作用下起爆的机理,目前得到公认的仍然是光能转变为热能而起作用的热机理。光照射到炸药表面后,除去反射和穿透的部分光外其余光能被炸药吸收,转变为热能使炸药升温达到爆发点而爆炸。至于光冲击、光电效应、光化学作用等对引爆来说是次要的。实验证明普通光(可见光、红外光、紫外光)可引起一般起爆药[Ag_2C_2、$Pb(N_3)_2$、AgN_3]不同程度的分解。如果光强足够强,则可导致爆炸。敏感的猛炸药(PETN、RDX)可用激光引爆。

2)电能起爆机理

炸药在电能作用下激起爆炸的机理,分为电能转化为其他能量起爆和电击穿起爆两类。如桥丝式电火工品的起爆是电能转化为热能引起的起爆,属于热起爆机理范畴。又如炸药在外界强电场作用下,可引发其爆炸,属于电击穿起爆作用,不同于一般的热起爆机理。电能起爆广泛应用于压电引信、无线电引信及导弹引信等,还用作航天飞行器解脱金属件的动力能源,如爆炸螺栓、切割索、火箭级间分离器等。另外在外界电能,如静电、射频、杂散电流等作用下,电火工品也容易引起爆炸。

第五节 爆轰波的经典理论

炸药的爆轰反应是极其复杂的化学反应,其传播具有波动性质,可以把爆轰的传播视为爆轰波的传播。从本质上讲,爆轰波乃是沿爆炸物传播的强冲击波,与通常的冲击波的主要不同点是在其传过后爆炸物因受到激烈冲击作用而立即激起高速化学反应,形成高温高压爆轰产物并释放出大量化学反应热能,这些能量又被用来支持爆轰波对下一层爆炸物进行冲击压缩,所以爆轰波就能够不衰减地传播下去。爆轰波可以简单定义为波阵面后有化学反应区的激波。20世纪初,柴普曼(Chapman D.L.)和柔格(Jouguet E)各自独立地提出了关于爆轰波的平面一维流体动力学理论,简称为爆轰波的C—J理论(张守中,1993)。

假定冲击波与化学反应区作为一维间断面处理,反应在瞬间完成,化学反应速率无穷大,反应的初态和终态重合,流动或爆轰波的传播是定常的。

一维平面波:药柱直径无限大,忽略起爆端影响。

间断面:爆轰波理解为冲击波,化学反应区作为瞬间释放能量的几何面紧紧贴在冲击波的后面,整个作为间断面来处理,从间断面流出的物质已处于热化学平衡态,因此波后可用热力学状态方程来描述。

稳定爆轰(定常):坐标系可作为惯性系建立在波阵面上。

上述假设即是C—J假设,C—J假设把爆轰过程和爆燃过程简化为一个含化学反应的一维定常传播的强间断面,对于爆轰过程,该强间断面为爆轰波,对于爆燃过程则叫做爆燃波。

一、爆轰波基本关系式及C—J理论

与激波间断相似,在爆轰波间断面两侧,三个守恒方程成立(动坐标系中),如图2-5-1所示,1区表示按炸药爆轰方向上已发生爆轰的炸药段,0区表示未发生爆轰的炸药段:

质量守恒 $\quad p_0(D-u_0) = p_1(D-u_1)$ （2-5-1）

动能守恒 $\quad p_1 - p_0 = p_0(D-u_0)(u_1-u_0)$ （2-5-2）

能量守恒 $\quad e_1 - e_0 = \frac{1}{2}(p_1+p_0)(V_1-V_0)$ （2-5-3）

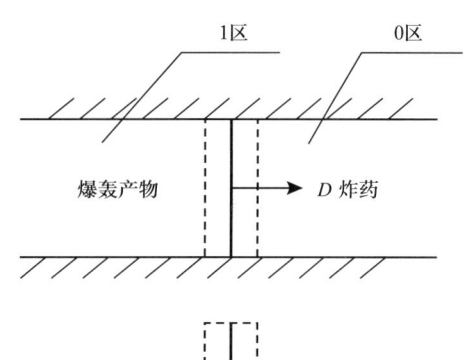

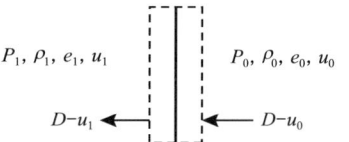

图2-5-1 爆轰波基本关系式的建立

式中:p表示压强,MPa;D表示爆轰速度,m/s;V表示波速,m/s;e表示能量,J。

式(2-5-1)至式(2-5-3)在形式上和激波的关系式完全一样,但是式(2-5-3)中e_1不仅包括物质热运动的内能,而且还包括化学反应能。在激波关系中$e=e(P,V)$,而在爆轰波关系中,由于存在化学反应,$e=e(P,V,\lambda)$,其中λ为化学反应进展度。

$\lambda=0$:表示未进行化学反应的初态;

$\lambda=1$:表示反应终态,对于C—J理论,终态与初态重合。

根据假定,从$\lambda=0$到$\lambda=1$是瞬间完成的,其间没有时间间隔。用$e(\lambda)$表示单位质量(或mol)的化学反应能,则$e(\lambda)$可写为:

$$e(\lambda)=(1-\lambda)Q \quad (2\text{-}5\text{-}4)$$

比内能 e 可表示为：

$$e=e(P,V,\lambda)=e(P,V)+e(\lambda)$$

式中：Q 为炸药的爆热（爆轰化学反应放出的热量），J。

有：

$$e(P,V,\lambda=1)=e(P,V), e(P,V,\lambda=0)=e(P_0,V_0)+Q$$

故式（2-5-1）可写为：

$$e(P_1,V_1)-e(P_0,V_0)=\frac{1}{2}(P_1+P_0)(V_0-V_1)Q \quad (2\text{-}5\text{-}5)$$

或

$$e_1-e_0=e\frac{1}{2}(P_1+P_0)(V_0-V_1)+Q \quad (2\text{-}5\text{-}6)$$

式（2-5-3）为爆轰波的 Hugoniot 方程。式（2-5-2）、式（2-5-3）、式（2-5-6）为爆轰波的基本关系式。

二、ZND 模型

ZND 模型将 C—J 理论中被处理成间断面的化学反应区推广到有限宽度，也就是化学反应区有一厚度而不是 C—J 理论的一个几何间断面，从理论上看 ZND 模型比 C—J 理论更接近于实际情况。ZND 模型的物理构像如图 2-5-2 所示，反映了爆轰过程中三个区的压力变化，中间反应区压力最大，左侧发生爆轰后保持一定压力，但下降较快。

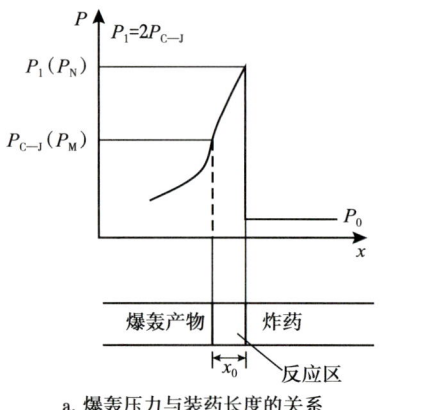

a. 爆轰压力与装药长度的关系　　b. 爆轰压力与爆速关系

图 2-5-2　ZND 模型的物理构像示意图

ZND 模型的基本假设：

（1）流动是一维的；

（2）冲击波是间断面，忽略分子的运输（如热传导、辐射、扩散、黏性等）；

（3）在激波前，化学反应速率为零，冲击波后的化学反应速率为一有限值，反应是不可逆的；

(4)在反应区内,介质质点都处于局部热力学平衡态,但未达到化学平衡(组分在变)。这样,爆轰波可看成是由冲击波和化学反应区构成,而且它们以相同的运动速度在炸药中传播。

三、非理想爆轰与凝聚炸药爆速的影响因素

符合C—J理论和ZND模型的爆轰状态为理想爆轰。其特点为:装药直径无限大,没有侧向膨胀的影响或爆炸产物、侧向飞散的影响,炸药及反应区是均匀的物相,化学反应顺序进行。射孔弹的炸药显然是非理想的爆轰。

爆轰的直径效应:炸药的装药直径对爆轰传播过程有很大的影响,只有当炸药的装药直径达到某一临界值时,爆轰才有可能稳定传播。习惯上称能够稳定传播爆轰的最小装药直径为临界直径,用 d_m 来表示,对应临界直径的爆速为临界爆速,用 D_m 来表示。若装药直径小于其临界直径,则无论起爆冲量多强,炸药均不能达到稳定爆轰。习惯上称炸药装药的爆速达到最大值时的最小装药直径为极限直径,用 D_{cr} 来表示,对应于极限直径的爆速极大值称为极限爆速,用 D_m 来表示。炸药的爆速与装药直径的关系如图2-5-3所示。极限装药直径是保证装药正常爆轰的最小直径,临界直径是炸药达到稳定爆轰的最小直径。

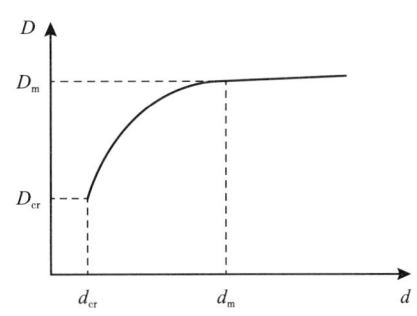

图2-5-3 爆速与装药直径的关系示意图

装药直径小于临界装药直径时,炸药处于不稳定爆轰阶段。装药直径大于临界装药直径时,炸药拟稳定速度进行爆轰。

对于工业炸药而言,由于它们的极限直径很大,临界直径较小,而实际使用过程中的装药直径一般处于临界直径和极限直径之间,此时炸药发生稳定爆轰的爆速是难以达到极限爆速的,因此爆轰是非理想的。

爆速是能够准确测量的重要爆轰参数,那么对于凝聚炸药,其爆速与哪些因素有关呢?主要有以下几个方面。

1.炸药化学性质的影响

爆热影响着炸药爆速的大小。对于单体炸药及由单体炸药组成的混合炸药,随着爆热的增加,炸药爆速相应增加;对于含铝混合炸药等,由于反应的多阶段性,只有初始阶段放出的热对爆热有贡献,见表2-5-1。

表2-5-1 单体炸药与含铝炸药的爆轰参数对比

状态	RDX	RDX+AL	TNT	TNT+AL
爆热	低	高	低	高
爆速	高	低	高	低

2.装药的物理因素的影响

如图2-5-4所示,对于无侧向膨胀的爆轰过程,反应区放出的能量全部用来支持爆

轰的传播，对应着最大爆轰速度 D_m，对于一定的炸药（特定的装药高度）D_m 为定值，也就是理想爆轰的数值。而对于有侧向膨胀的爆轰而言，除了轴向膨胀外，还有径向膨胀，膨胀的结果使反应区能量密度降低，从而降低了爆速。

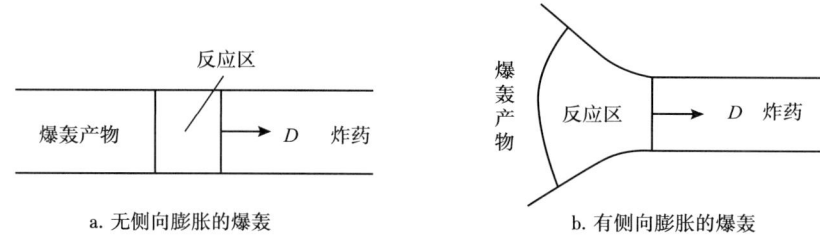

图 2-5-4　有无侧向膨胀的爆轰示意图

如图 2-5-5 所示，如果装药直径较小时，此时 $\tau_1 > \tau_2$，即反应完成之前，侧向膨胀波已由装药侧面到达装药轴线处，使反应温度、压力下降，于是支持爆轰波的能量下降，导致爆轰速度 D 下降，直径越小，膨胀波到达越早，受影响的反应区越多，从而 D 随 d 的减小而减小，直至不能传递爆轰为止；如果装药直径较大，$\tau_1 < \tau_2$，侧向膨胀波到达轴线时，反应早已完成，对反应无影响，因而爆速不变；$\tau_1 = \tau_2$，就对应着 $d = d_m$ 的临界状态；而当 $d < d_{cr}$，爆轰波无法传递下去，将会导致爆轰熄灭。

D_{cr} 和 d_{cr} 反映了炸药的爆轰难易程度，可用来表示炸药对冲击波或传播爆轰的敏感性。例如 AN 的 d_{cr} 大于 100mm，而 RDX 只有 1~2mm。

D_{cr} 与 d_{cr} 的影响因素如下。

（1）炸药的化学性质：取决于化学反应时间即反应区宽度，例如：RDX：d_{cr}=1.0~1.5mm，Pb（N_3）$_2$：d_{cr}=0.01~0.02mm，AN：d_{cr}=100mm。对于混合炸药而言，d_{cr} 较大，且 d_{cr} 与 d_m 差值大，对于 2 号岩石铵梯炸药 d_{cr} 在 15mm 以上。

（2）装药密度的影响：对于工业混合炸药而言，ρ 越小，d_{cr} 与 d_m 越小，但对于粉状单体炸药（如 TNT），ρ 越大，d_{cr} 越小。对于硝酸肼、硝基胍类炸药，ρ 越大，d_{cr} 越大。

（3）炸药颗粒尺寸：尺寸小提高了炸药反应的速率，则 d_{cr} 与 d_m 减小。

（4）外壳强度：外壳越强，对炸药爆轰侧向飞散有一定的限制作用，侧向膨胀波对反应区影响减弱，所以 d_{cr} 与 d_m 将减小。

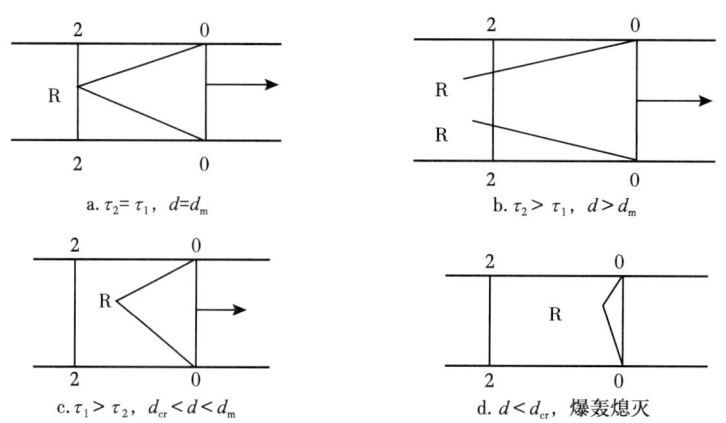

图 2-5-5　用侧向稀释波来解释爆轰的直径效应示意图

3. 密度对爆轰速度的影响

如图 2-5-6 所示,对于单体炸药及由单体炸药组成的混合炸药,ρ 越大,D 越大,一般密度和爆速呈线性关系;对于由缺氧和富氧成分组成(反应能力相差悬殊的成分)的混合炸药和爆轰感度低的混合炸药,密度小时,ρ 越大,D 越大,但有个极限——"临界密度"(ρ_{cr}),超过临界密度时甚至发生"压死"现象——拒爆(不能爆轰),但是如果再增加装药直径,爆速仍会增加;若装药直径超过极限直径,则不存在"压死"现象。存在这种现象的炸药的爆轰反应机理肯定以混合反应机理为主要特征。

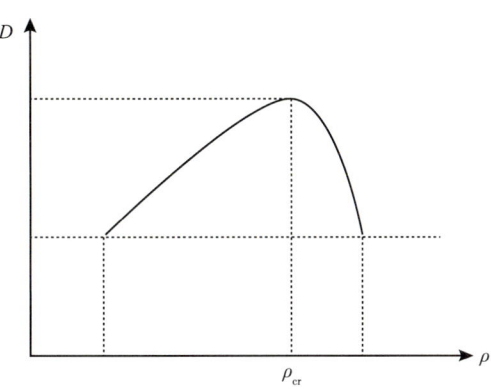

图 2-5-6　炸药密度对爆速的影响示意图

4. 颗粒尺寸和外壳强度对爆轰速度的影响

当装药直径小于极限直径时对爆速有影响,但不影响极限爆速。

5. 附加物对爆速的影响

在单体猛炸药中添加惰性物质或可燃物质如石蜡、铝粉,爆速会下降,但是硝酸铵与燃料油的混合物将导致爆速提高。

6. 沟槽效应(Channel Effect)的影响

内沟槽(空心)与外沟槽存在于不耦合装药中,如图 2-5-7 所示。对于爆轰感度低的炸药,存在沟槽时,爆速下降;对于爆轰感度高的炸药,存在沟槽时,爆速提高。

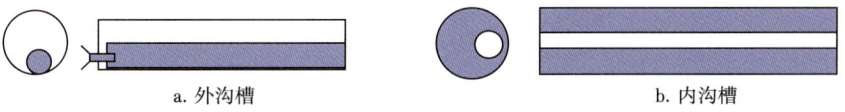

a. 外沟槽　　　　　　　　　　b. 内沟槽

图 2-5-7　沟槽效应示意图

爆轰时在沟槽中存在超前于爆轰波的空气冲击波,该冲击波压缩炸药,使密度增加,导致爆速发生相应变化。

第六节　油气井用火药理论

火药在军事上主要用于枪弹、炮弹、火箭、导弹的发射及其他驱动装置的能源,现在广泛应用于油气井射孔中。通常,把用于枪弹、炮弹发射的火药称为发射药,用于火箭、导弹发射的火药称为推进剂。

一、火药化学变化的基本形式及用途

作为射孔中的发射能源的火药必须具备一定的条件：

（1）火药能可靠而快速地点燃，并且在点燃后无须借助外界氧气即可迅速发生化学变化（即燃烧），放出大量的热。

（2）火药在燃烧放热的同时还必须生成大量的气体作为介质，将火药的热能转变为弹丸的动能。

（3）火药要能规律而稳定的燃烧。也就是说，火药要有一定的形状、尺寸及密度，且呈平行层燃烧，从而可以通过控制燃烧表面积来控制火药气体的生成速率。

（4）火药能够长期储存，处理和使用简单、方便。

火药不是天然物质，通常也不是单一化合物，而是由多种成分经过一定的加工而成的复杂物系。

二、火药化学变化的基本形式

在射孔过程中，火药进行的是爆炸燃烧反应。通过燃烧，火药有规律地释放出能量和气体。但是，随着激发方式不同，火药除燃烧反应外，还有缓慢的热分解反应和激烈的爆轰反应，这三种化学变化的本质都是火药本身中原子进行重排，变成热力学上更为稳定的化合物的过程，但是这三种形式的变化在反应速率和传播性质上却有显著的区别。表2-6-1中列出了火药三种化学变化形式的共同点和不同点。

火药化学变化的三种形式（缓慢热分解、燃烧和爆轰）在性质上虽然不同，但它们之间却有着紧密的联系。火药缓慢热分解反应放出的热如果不能及时地导走，会使温度升高达到燃点而转变为燃烧；若火药量很大，且燃烧面又非常大，火药的正常燃烧又可以转化为爆轰。所以，为了保证安全，必须加入化学安定剂，抑制火药分解速度。同时，改善储存条件，保持干燥和良好的通风，使火药分解产生的热及时导走，而不致引起燃烧。在使用时，要保证火药能可靠地点燃和燃烧，而不发生瞎火和爆轰。

表 2-6-1 火药三种化学变化形式的比较

比较项目	缓慢热分解	燃烧	爆轰
激发方式	热	引燃	爆轰波、冲击波
反应部位	整个火药内部	局部一层一层传播	局部一层一层传播
传热方式	热传导	热传导、热辐射	冲击波
产物运动方向	从火药内部向外扩散	燃烧波移动方向相反	燃烧波移动方向相同
反应速率	缓慢	每秒几毫米至几厘米	每秒数千米
对外界条件变化	敏感	敏感	不敏感
变化本质	原子热力学上稳定重排	原子热力学上稳定重排	原子热力学上稳定重排

在常温常压或生产加工条件下，火药及其组分常缓慢进行分解反应。这种反应在整个火药内部展开，反应的速率主要取决于环境的温度、湿度及杂质等。常温下，反应速率有时慢到在短时间内难以察觉，但当温度升高时，反应速率则加快，加快的程度符合化学动力学规律。

有规律的燃烧、激烈的爆轰与缓慢化学变化的主要区别在于：（1）燃烧和爆轰都是激烈的化学反应，反应速率很快，放出的热量足以维持反应持续不断地进行；（2）燃烧和爆轰不是在整个火药全部物质内发生，而是在某一局部内进行，且二者都是以反应波的形式以一定的速度一层一层地自动传播的（王泽山，1991）。

然而燃烧和爆轰又是性质不同的两种变化过程。一般来说，爆轰反应比燃烧更为剧烈，它们在基本特性上有如下区别：

（1）从激发反应的机理上看，燃烧时反应区的能量是以热传导和辐射的方式传入相邻未反应区而引起下一层反应的。爆轰的传播则是在冲击波的强烈高温高压冲击作用下进行的。

（2）从传播速度上看，燃烧传播速度通常为每秒几毫米到几厘米，而爆轰的传播速度（爆速）一般高达每秒数千米。

（3）燃烧过程的传播容易受外界条件特别是环境压力的影响。如火药在大气中燃烧时进行得很缓慢，而在密闭容器内高压燃烧时，燃烧的速度则急剧增加。爆轰过程由于传播速度极快，几乎不受外界条件的影响，对一定的爆炸物质，在固定装药密度下爆轰速度是一个常数。

（4）燃烧过程中反应区内燃烧产物运动方向与燃烧波移动方向相反，因而波阵面内压力较低。在爆轰时，反应区内燃烧产物运动方向与燃烧波移动方向相同，爆轰波阵面内压力可高达数十万个大气压。

三、火药在油气井开发中的运用

我国自20世纪60年代开始研制射孔弹，直到80年代才开始真正发展，使火药技术在油气井开发上得到了广泛应用，尤其在油气井地层压裂、地层勘探和射孔领域得到迅速发展。

1. 高能气体压裂弹

如图2-6-1所示，在油气井的油层射孔段，高能气体压裂弹被点火，火药迅速燃烧，放出大量气体，产生很高的温度，由于压裂弹上方被钻井液压制，在燃烧压裂段产生很高的压力（30~100MPa），超过了油层岩石的抗拉强度，使之产生裂缝。此裂缝可以沟通天然油层裂缝。高能气体压裂弹的作用是可以增加油井的原油产量。同时，火药燃烧产生的高温高压气体产物可以清除油层结蜡、套管结蜡及油井周围污染带的堵塞物，达到油层的解堵和消除污染的作用。

2. 子弹射孔器

早期油气井射孔中使用子弹射孔器，如图2-6-2所示。子弹射孔器被下到井下射孔层段，点燃发射药，子弹在高温高压的药室内被迅速推出，并沿着弹膛的方向快速运动，通过转向装置后子弹射穿套管和水泥环，直接射入油层中，初速可达600m/s，可射入地层300~400cm，子弹射入油层的空腔，形成产油的孔道，提高产油量。

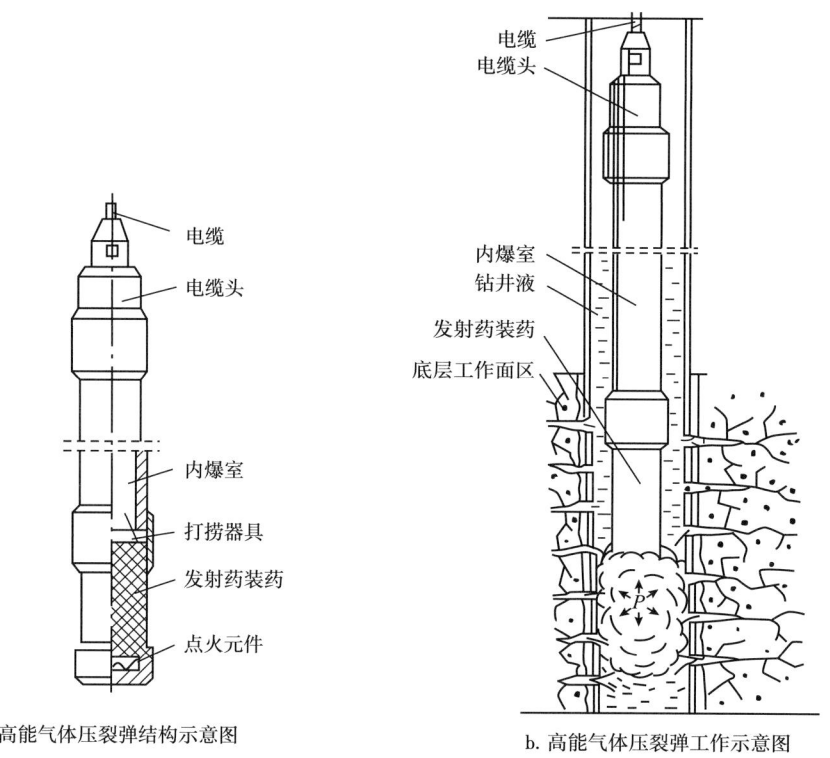

图 2-6-1　高能气体压裂弹的结构及工作示意图

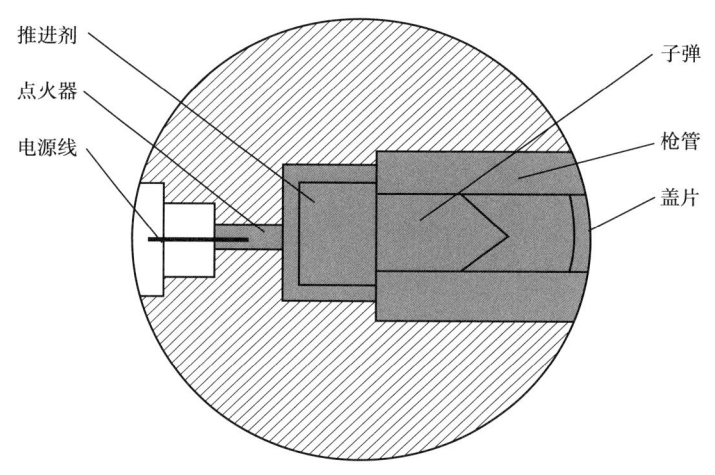

图 2-6-2　标准子弹射孔器结构示意图

3. 桥塞火药及取心药盒

用火药制作封隔器和桥塞的动力源，代替传统的打水泥塞进行油气井套管的封隔，因其操作简便、施工周期短、价格便宜（费用是原来用水泥塞封隔器施工费用的 1/3）等特点而得到普遍应用。

用火药制作取心药饼、取心药盒，用于油气井低质岩层取心，做地质分析和化验，进行地质勘探。

4.燃气动力补贴加固器

利用火药燃烧产生的高压气体推动工具中的活塞作用,使补贴管上下两端的锥形管相对运动,迫使金属锚扩径固定在套管中,从而达到补贴加固的目的。我国企业成功开发的该项技术,开拓了套管损坏井修复的新领域,补充了爆炸焊接加固技术不能涉足的领域。

四、常用火药的分类和品种

1.火药分类

现代火药的品种日趋增多,分类方法国内外也不尽相同。通常火药分类的方法主要有两种(表2-6-2):一是按用途分类,可分为枪炮发射药、固体火箭推进剂及其他用途的火药;二是按组分分类,可分为均质火药和异质火药两类。

表2-6-2 火药的分类

分类方法	种类		
按用途分类	枪炮发射药	单基火药 双基火药 三基火药 多基火药	
	固体火箭推进剂	双基推进剂 复合推进剂 复合改性推进剂	
	其他用途的火药		
按组分分类	均质火药 (以硝化纤维素为基的火药)	单基火药 双基火药 三基火药 多基火药	
	异质火药	低分子混合火药	
		高分子复合火药	聚硫橡胶火药 聚氯乙烯火药 聚氨酯火药 聚丁二烯火药
		复合改性双基火药	

2.常用火药品种

1)单基火药

单基火药是一种常用的发射装药,以硝化纤维素作为唯一能量组分的火药,常用于各种步枪、机枪、手枪、冲锋枪及火炮的发射装药,其主要成分有以下几种。

(1)硝化纤维素。

硝化纤维素是纤维素经过硝化反应后制成的纤维素硝酸酯,是单基火药的主要成分,通常占90%以上,也是为单基火药提供能量的唯一成分。

（2）化学安定剂。

火药长期储存的过程中，硝化纤维素会发生自动分解反应，加入化学安定剂后，可以减缓或抑制分解反应的进行，从而提高火药的化学安定性。单基火药中常用的安定剂是二苯胺。

（3）消焰剂。

消焰剂加入后，可以减少武器发射后二次火焰的生成。常用的消焰剂有硝酸钾、碳酸钾、硫酸钾、草酸钾及树脂等。

（4）降温剂。

降温剂的加入使火药燃烧温度降低，以减少高温对枪膛、炮膛的烧蚀作用。常用的降温剂有二硝基甲苯、樟脑和地蜡等。

（5）钝感剂。

钝感剂的作用是控制火药的燃烧速度由表及里逐渐增加，达到渐猛性燃烧特性，从而改进火药内弹道性能，使初速增加或膛压降低，单基火药常用的钝感剂为樟脑。

（6）光泽剂。

为了提高火药的流散性，使火药便于装药及在药筒内提高其装填密度，并且减小静电积聚的危险，加入了光泽剂。常用的光泽剂是石墨。

2）双基火药

以硝化纤维素和硝化甘油（或硝化二乙二醇或其他含能增塑剂）为主要成分的火药称为双基火药。双基火药吸湿性小，物理安定性和弹道性能稳定。双基火药中的硝化纤维素和硝化甘油配比可在一定范围内变化，所以火药能量能满足多种武器的要求。其缺点是双基火药燃烧温度较高，对炮膛烧蚀严重，生产过程不如单基火药安全。双基火药的主要成分有以下几种。

（1）硝化纤维素。

硝化纤维素是双基火药的能量成分之一。双基火药常用3#硝化棉，其含氮量为11.8%~12.1%（通常弱棉）。因硝化纤维素在硝化甘油中较易溶解，药料塑化质量好，所以易制成均匀性良好的火药。

（2）主溶剂（增塑剂）。

主溶剂起溶解（增塑）硝化纤维素的作用，同时也是双基火药的另一能量组分，常用的主溶剂有硝化甘油、硝化二乙二醇等。

（3）助溶剂（或称辅助增塑剂）。

助溶剂的作用是增加硝化纤维素在主溶剂中的溶解度，常用的助溶剂有二硝基甲苯、苯二甲酸、二乙醇硝胺二硝酸酯（通常称吉纳）等。

（4）化学安定剂。

化学安定剂起减缓或抑制硝化纤维素或硝化甘油缓慢热分解的作用。

（5）其他附加剂。

其他附加剂包括为改进工艺性能而加入的工艺助剂（如凡士林）、为改善火药燃烧性能而加入的燃速催化剂（如氧化铅、氧化镁、氧化铁、氧化铜、苯二甲酸铅、碳酸钙等）、消焰剂（如硝酸钾）、钝感剂（樟脑、二硝基甲苯、树脂、苯二甲酸二丁酯等），以及为提高火药导电性能和火药粒的流散性而加入少量的石墨。

3）三基火药

三基火药是在双基火药的基础上加入一定数量的含能成分（如硝基胍）而制得的，有三种主要含能成分。这种火药多用挥发性溶剂工艺制造。当加入硝基胍以后可以降低火药的燃烧温度，所以加硝基胍的火药有"冷火药"之称。

4）双基推进剂

双基推进剂是以硝化纤维素和硝化甘油或其他含能增塑剂为基本成分，再加入适应弹道改良剂而成。其配方虽与双基火药相类似，但比双基火药复杂。

5）复合推进剂

复合推进剂是由氧化剂、燃料、黏合剂及其他附加剂组成，各组分之间存在着明显的分界，因而有"异质火药"之称。复合推进剂可按其高分子黏合剂种类、氧化剂种类和性能特点进行分类。黏合剂是复合推进剂的基础，黏合剂的发展促进了固体推进剂的发展。人们习惯于按黏合剂的种类划分复合推进剂类别，主要有聚硫（PS）推进剂、聚氯乙烯（PVC）推进剂、聚氨酯（PU）推进剂、聚丁二烯（PBAA、PBAN、CTPB、HTPB）推进剂和硝酸酯增塑的聚醚（NEPE）推进剂。按氧化剂种类分类也是一种常用的分类方法，如高氯酸铵推进剂、硝酸铵推进剂和硝胺推进剂等。复合推进剂主要包含以下成分。

（1）氧化剂。

可用于复合推进剂的固体氧化剂有各种硝酸盐（如硝酸铵、硝酸钾等）、高氯酸盐（如高氯酸铵、高氯酸钠、高氯酸钾及硝基化合物等）。高氯酸铵与推进剂中其他组分相容性好，且来源比较广泛，因此是在固体推进剂中应用最广的氧化剂。硝酸铵具有价格低廉、来源广、燃烧产物无烟等优点，故在低能量、低燃速的推进剂中常用硝酸铵作氧化剂。有时，为了提高推进剂的比冲，也将高能炸药（黑索金、奥克托金）用于复合推进剂中。

（2）燃料。

复合推进剂中应用广泛的固体燃料是金属铝粉，含量一般在 5%~25% 之间。

（3）黏合剂。

黏合剂的作用是将固体氧化剂和燃料黏合在一起。黏合剂会影响推进剂的力学性能、工艺性能和储存性能。在复合推进剂中应用广泛的粘合剂为聚氯乙烯（PVC）、液态聚硫橡胶（PS）、聚氨酯（PU）、各种聚醚、各种聚丁二烯共聚物的预聚体及叠氮黏合剂等。

（4）附加剂。

在复合推进剂中，根据不同的特殊要求加入少量的附加剂，如起固化交联作用的固化剂、缩短或延长固化时间的固化催化剂、改善药浆流变性能的工艺助剂、改进推进剂力学性能的增塑剂和黏合剂，以及增加或降低推进剂燃速的弹道改性剂等。

五、火药的基本性能

火药通常具有能量性能、燃烧性能、力学性能、储存性能、安全性能和工艺性能六大基本性能。

1. 能量性能

能量性能是指通过燃烧，将火药的化学能转变为热能，并产生高温高压的气相与固相产物。对于火药通常以爆热、爆温、比容和火药力来表征其能量特性，对于固体火箭推进剂则是以密度、比冲和特征速度等来表征其能量特性。

1）爆热

爆热是火药燃烧过程中的热效应，与燃烧过程的条件（定压或定容）及燃烧产物最终的聚集状态（主要指水为液态或气态）有关。

2）爆温

爆温是指火药在绝热条件下，经过燃烧所能达到的最高温度。随燃烧反应时的条件不同，爆温分为定容爆温 T 和定压爆温 T_p。定容爆温近似于火药在枪炮膛内燃烧所达到的温度。

3）比容

比容是指 1kg 火药燃烧后产生的气体，在标准状态下（101325Pa、273.15K），水为气态时所占的体积，以 V 表示，单位为 L/kg。如果知道火药燃烧产物的平衡组成，则根据阿伏加德罗定律即可计算出火药的比容：

$$V = Z_{n_g} \times 22.41 \tag{2-6-1}$$

式中：Z_{n_g} 为 1kg 火药燃烧产物中第 1 种气态产物的物质的量，mol。

4）火药力

火药力是指 1kg 火药燃烧后的气体生成物，在 1atm 压力下，温度从 0 升到 T 时膨胀所做的功。火药力是传统习惯的叫法，实质上表达火药做功的能力。

1kg 火药在一定容积 v 内燃烧，燃气温度达 T，同时形成压力 p，则 pv 称为火药的定容火药力，通常也称火药力，用 f 表示，单位为 J/kg。设火药燃气为理想气体，则有：

$$f = pv = nRT \tag{2-6-2}$$

式中：n 为火药燃烧摩尔数，mol/kg；T 为定容火药燃烧温度，K；R 为气体常数，8.31385J/(mol·K)。

5）密度

密度是指单位体积推进剂的质量。对于一定体积的射孔弹来说，密度越大，则装填的推进剂的数量越多，总推力也越大，因而就有较远的射程。推进剂的密度一般在 1.5~1.8g/cm³ 之间，但随着材料科学技术和推进剂技术的发展，有的推进剂密度可以达到 2.0g/cm³ 以上。

6）比冲

燃烧 1kg 固体推进剂时，发动机所产生的冲量称为该推进剂的比冲量，简称比冲（I_{sp}）。比冲是火箭推进剂中用得最多的能量特性参数，也是评定火箭推进系统性能的重要指标。其数学表达式为：

$$I_{sp} = I_3 / W \tag{2-6-3}$$

式中：I_3 为发动机总冲量，N·s/kg；W 为推进剂总质量，kg。

7）特征速度

特征速度是与通过喷管的质量流速有关的表征推进剂能量特性的重要参数，用符号 C 表示，单位为 m/s。根据发动机工作原理，推进剂的特征速度定义为：

$$C = pA / M \tag{2-6-4}$$

式中：p 为燃烧室压力，MPa；A 为喷管喉部面积，m²；M 为质量流率，kg/s。

特征速度意味着在一定喷喉面积与燃烧室压力的条件下，较高 C 的推进剂需要较小的质量流率就可以产生相同的推力。本质上，C 与喷管中气流的膨胀过程无关，而仅仅取决于燃烧室内产物的特性，这就使 C 有可能成为表征推进剂能量性能的参数。固体推进剂的 C 一般在 1200~1800m/s 之间。

2. 燃烧性能

燃烧性能是指火药燃烧速度的规律性和燃烧过程的稳定性。火药在枪膛内燃烧时应有一定的规律性和稳定性，不能产生不正常燃烧，更不能产生燃烧转爆轰，否则就不能满足射孔的弹道要求和精度要求。

推进剂通常以燃烧产物的组成及状态、燃烧速度（燃速）、燃速压强指数、燃速温度敏感系数和侵蚀比等来表征燃烧性能。对于发射药，通常以燃烧速度、燃速压强指数和温度敏感系数等来表征燃烧性能。对于油田压裂气源用火药主要以燃烧速度来表征燃烧性能。

火药的燃烧性能参数与火药装药的工作条件有关。如火药装药在火炮膛内工作时，其燃烧速度与压强成正比变化。

1）燃速

燃速通常有两种表示方法，即线性燃速（r）和质量燃速（m_p）。线性燃速是指火药燃烧时单位时间内燃面沿法线方向的位移用公式表示为：

$$r = dl/dt \quad (2\text{-}6\text{-}5)$$

式中：t 为时间，s；l 为药条长，mm 或 cm。

质量燃速是指单位时间内单位燃面上沿法线方向烧去的火药质量。r 与 m_p 的关系为：

$$m_p = \rho_p r \quad (2\text{-}6\text{-}6)$$

式中：ρ_p 为火药的密度，g/cm³。

燃速范围的划分标准不完全统一，通常按火药在 6.86MPa 下燃速范围的不同大致分为以下四种。

（1）低燃速：小于 5mm/s，用于燃气发生器和空间飞行器；

（2）中燃速：5~25mm/s，用于续航发动机、空间飞行、弹道导弹发动机；

（3）高燃速：25~100mm/s，用于助推器、旋转发动机、级分离、空间飞行；

（4）超高燃速：大于 100mm/s，用于特种助推器、旋转发动机、空间飞行器。

2）燃速压强指数

火药燃速与压强密切相关，在发动机的工作压强范围内，一般采用维也里（Vieille）经验公式表示：

$$R = bP^n \quad (2\text{-}6\text{-}7)$$

式中：r 为火药燃速，mm/s；b 为燃速系数，是火药初温的函数；P 为压强，MPa；n 为燃速压强指数，是压强和火药初温的函数。

燃速压强指数是表征火药燃烧稳定性的一个重要参数，反映燃速对压强的敏感程度。为了保证发动机的稳定工作，一般要求所用的推进剂的燃速压强指数 n 小于 1。

3）燃速温度敏感系数

在一定压强下，燃速温度敏感系数σ_p是指当初温变化1℃时，燃速的相对变化量，一般为0.2%~0.5%/℃。

4）侵蚀比

高速燃气平行地流过药柱燃烧表面，导致推进剂线性燃速发生变化的现象，称为侵蚀燃烧。产生侵蚀燃烧的主要原因为流经燃烧表面的高速气流加强了火焰对燃烧表面的热传导。

侵蚀燃烧特性通常用侵蚀比ε来表示，即：

$$\varepsilon = \begin{cases} \dfrac{r}{r_0} = 1 + k(v - v_{tv}), v > v_{tv} \\ \dfrac{r}{r_0} = 1, v \ll v_{tv} \end{cases} \quad (2\text{-}6\text{-}8)$$

式中：r为有侵蚀作用时推进剂的燃速，mm/s；r_0为无侵蚀作用时推进剂的燃速，mm/s；k为侵蚀系数，近于常数，s/m；v为平行于燃烧表面的平均气流速度，m/s；v_{tv}为侵蚀临界速度，m/s；n为燃速压强指数。

v_{tv}为负值时，$k(v-v_{tv})=0$，即当气流速度小于临界速度时，无侵蚀燃烧。

3. 力学性能

力学性能是指火药在制造、储存、运输和使用过程中，受到温度、重力、加速度、点火增压等各种载荷作用时，发生形变或破坏的性质。表征火药力学性能的物理量包括两类：第一类是描述变形过程的量，如模量（E）、柔量（D）和泊松比（σ）等；第二类是反映破坏过程的量，如屈服应力（屈服应变）、断裂应力（断裂应变）等。火药的力学行为依赖于温度与力的作用时间，因此火药的力学性能就是描述火药在载荷作用下，温度和作用速率等因素对其形变和破坏过程中各个物理量的影响，并把这些关系利用药柱结构完整性分析的方式来描述。

4. 储存性能

储存性能是指火药在规定的储存期内受环境条件变化的影响，保持其物理和化学性能不发生显著变化的能力，又称安定性能。一般以火药的预估寿命来衡量火药储存性能的优劣。

5. 安全性能

火药是一种可以燃烧或爆炸的含能材料。在生产、运输、使用和储存过程中，都有可能遇到意外的外界刺激作用，从而导致不希望发生的燃烧或爆炸。安全性能是指火药在外界各种能源（如撞击、摩擦、热、静电火花、热烤、冲击波、子弹射击等）的作用下，发生燃烧或爆炸的难易程度，又称危险性能或感度（易损性）。

6. 工艺性能

工艺性能是指火药在加工制造过程中的易加工性、易成形性、安全性、流变性、质量均匀性与稳定性及生产成本与生产过程中的复杂性等。所设计的火药配方要求易于加工成形，工艺尽可能简单、可靠、稳定、安全，生产成本尽可能低，并能适应大规模工业化生产与应用的要求。

第三章 聚能效应

聚能效应也称为门罗效应，又称为成型装药（Shaped Charge）效应，源于1888年美国人门罗（Charles E Munroe）在炸药试验中发现的定律。即炸药爆炸后，爆轰产物在高温高压下基本是沿着炸药表面的法线方向向外飞散的。带凹槽的装药在引爆后，在凹槽轴线上会出现一股汇聚的、速度和压强都很高的爆轰产物流，在一定的范围内使炸药爆炸释放出来的化学能集中起来。1930年，伍德进一步改进了门罗的试验，在药柱的圆锥孔腔表面镶上金属罩，使破甲能力大大增强，能击穿很厚的钢板。聚能效应能够产生具有极强局部侵彻与破坏威力的聚能射流或爆炸成型弹丸，对重型装甲等坚固目标造成穿孔式破坏并形成后效毁伤。现在，聚能效应除了在军事上大量应用之外，还广泛用于石油射孔、快速打孔、粉碎高硬度岩石、野外和水下切割、机构快速解脱等其他领域。本章主要从技术科学和工程应用的角度，归纳总结聚能效应的经典研究成果，为油气井用聚能射孔弹等聚能装药相关研究提供基本知识和研究方法。

第一节 聚能现象

聚能现象是利用装药一端的空穴以提高局部破坏作用的现象，此现象又称为聚能效应。聚能现象通过爆炸能量的合理分配及汇聚作用，能够对坚硬目标（如军事装甲）产生大幅增强局部穿透能力的特殊毁伤功效。进入20世纪以后，聚能效应研究一直备受关注，1935年至1950年间，有罩聚能效应及其应用研究得到飞速发展，英国、德国和美国都发表了很多聚能效应应用研究的文献，1938年至1939年间，Thomanek（1942）和Mohaupt（1966）各自独立地提出了带药型罩的聚能装药，被认为是现代聚能装药的共同发现者。

一、聚能现象的形成

为了说明聚能现象，首先观察一组试验结果，试验目的是比较不同方式的装药侵彻钢板的能力（图3-1-1）。试验用药柱为注装TNT50/RDX50，直径为30mm，长度为100mm，钢板为中碳钢。图3-1-1a是将药柱直接放在钢板上引爆的结果，炸坑很浅；图3-1-1b是药柱尺寸不变，下面有一个锥形孔的引爆结果，在钢板上炸出一个深6~7mm的坑，可见，药柱下方有锥形孔时，虽然药量减少了，但侵彻能力提高了；图3-1-1c是在图3-1-1b的锥形孔腔表面镶上一个铜罩（药型罩），侵彻孔深达80mm。可见，当在锥形孔腔表面镶上金属罩，虽然是直接放在钢板上，但侵彻能力却大大提高；图3-1-1d是将图3-1-1c中的药柱在钢板上方70mm处引爆，侵彻深度达110mm，约为无罩无锥孔药柱侵彻深度的17倍（张守中，1993）。

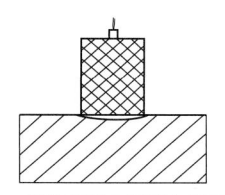
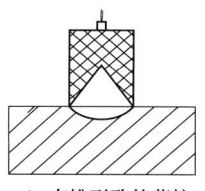
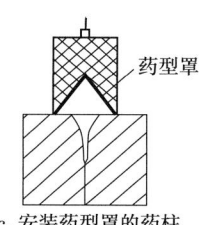
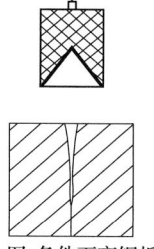

a. 药柱直接在钢板上引爆　　b. 有锥形孔的药柱直接在钢板上引爆　　c. 安装药型罩的药柱直接在钢板上引爆　　d. 图c条件下离钢板70mm处引爆

图 3-1-1　不同装药结构所产生的侵彻能力对比

为了解释聚能现象，须研究爆轰产物的飞散过程。圆柱形药柱爆轰后，爆轰产物沿近似垂直原药柱表面的方向向四周飞散，作用于钢板部分的仅仅是药柱端面的爆轰产物，作用的面积等于药柱端面积，如图 3-1-2a 所示。带锥孔的圆柱形药柱则不同，锥形部分的爆轰产物向外飞散时，先向轴线集中，汇聚成一股速度和压力都很高的气流，称为聚能气流（图 3-1-2b），爆轰产物的能量集中在较小的面积上，在钢板上打出了更深的孔，这就是锥形孔能够提高破坏作用的原因。

锥形孔处的爆轰产物向轴线汇聚时，有两个因素在起作用：

（1）爆轰产物质点以一定速度沿近似垂直于锥面的方向向轴线汇聚，使能量集中；

（2）爆轰产物的压力本来就很高，汇聚时在轴线处形成更高的压力区，迫使爆轰产物向周围低压区膨胀，使能量分散。

由于上述两因素的综合作用，气流不能无限集中，而在离药柱端面某一距离 F 处达到最大的集中，以后又迅速散开。

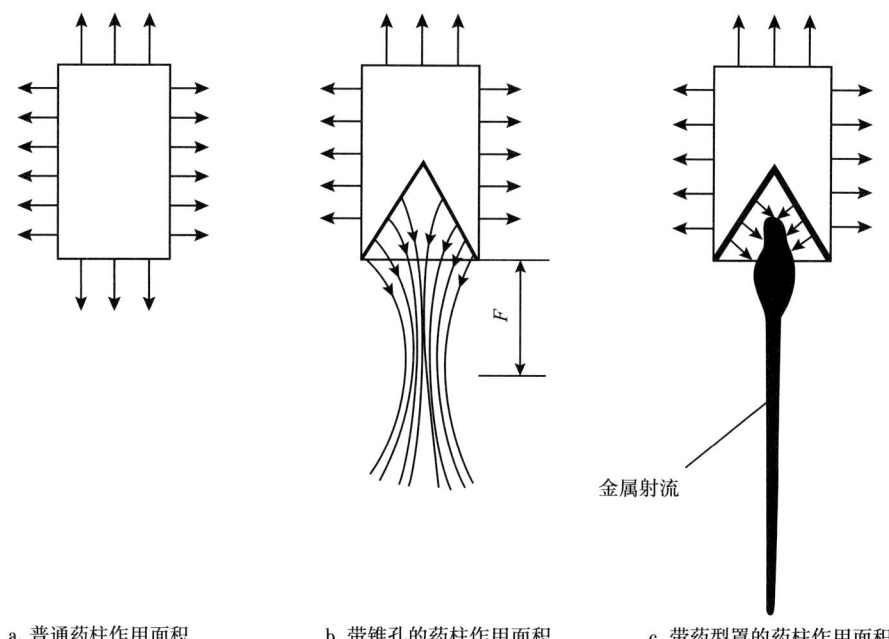

a. 普通药柱作用面积　　b. 带锥孔的药柱作用面积　　c. 带药型罩的药柱作用面积

图 3-1-2　爆轰产物飞散及聚能气流示意图

F 为焦距

为提高聚能效应，应设法避免高压膨胀引起的能量分散。对于聚能作用，能量集中的程度可用单位体积能量，即能量密度 E 来作比较。爆轰波的能量密度可用下式表示：

$$E = \rho\left[\frac{p}{(r-1)\rho} + \frac{1}{2}u^2\right] = \frac{p}{r-1} + \frac{1}{2}\rho u^2 \tag{3-1-1}$$

式中：ρ 为爆轰波阵面密度，g/cm^3；p 为爆轰波阵面压力，MPa；u 为质点速度，m/s；r 为多方指数。

当 $r=3$ 时，$p = \frac{1}{4}\rho_e D_e^2, \rho = \frac{4}{3}\rho_e, u = \frac{D_e}{4}$，代入式（3-1-1）中得到：

$$E = \frac{1}{8}\rho_e D_e^2 + \frac{1}{24}\rho_e D_e^2 \tag{3-1-2}$$

式中：ρ_e 为炸药密度，g/cm^3；D_e 为炸药爆速，m/s。

式（3-1-2）等号右侧第一项是位能，第二项是动能，如 8321 炸药 $\rho_e=1.707g/cm^3$，$D_e=8340m/s$，代入式（3-1-2）可得：

$$E = 14.8\times10^3 + 4.95\times10^3 = 19.75kJ/cm^3 \tag{3-1-3}$$

式（3-1-3）中，位能占 3/4，动能占 1/4。而在聚能过程中，动能是能够集中的，位能则不能集中，反而起分散作用，所以聚能气流的能量集中程度不是很高。如果设法把能量尽可能转换成动能，就能大大提高能量的集中程度。

在药柱锥形孔表面加一个铜罩（图 3-1-2c），爆轰产物在推动罩壁向轴线运动过程中，将能量传递给铜罩。铜的可压缩性很小，因此内能增加很少，能量大部分表现为动能形式，这样就可以避免高压膨胀引起的能量分散。此外，铜罩还有两个有利于穿孔的作用：

（1）罩壁在轴线处汇聚碰撞时，发生能量重新分配。罩内表面铜层的速度比平均压合速度高 1~2 倍，使能量密度进一步提高，形成金属射流，罩的其余部分形成速度较低的杵。严格地讲，锥形罩在向轴线运动过程中，能量已经逐渐地由外层向内层转移。

（2）金属射流各部分的速度是不同的，头部速度高，尾部速度低，因此射流在向前运动过程中将会被拉长。但由于铜具有良好的延展性，长度可以延展几倍而不断裂。当然，金属射流在延伸过程中不像聚能气流那样膨胀分散，仍保持着原来的能量密度。

药柱锥形孔上加铜罩后，聚能金属射流代替聚能气流，使聚能作用大为提高，把钢板放在离药柱一定距离处，金属射流能打出 5 倍口径深的孔来。由于射流穿孔性质和穿甲弹不同，为了区别起见，把射流穿甲称为"破甲"，聚能装药弹也称为"破甲弹"。

铜罩壁的速度可达 2000~3000m/s，以 2500m/s 计算，铜密度为 $8.92g/cm^3$，忽略位能，以动能表示能量密度，由式（3-1-1）计算可得：

$$E = \frac{1}{2}\rho v^2 = \frac{1}{2}\times 8.92\times 2500^2 = 27.8kJ/cm^3 \tag{3-1-4}$$

射流头部速度一般为 7000~9000m/s。以 8000m/s 计算，则能量密度 $E=285kJ/cm^3$，

与 8321 炸药爆轰波阵面能量密度 19.75kJ/cm³ 比较，铜罩壁的能量密度高 1.41 倍，射流头部的能量密度高 14.4 倍。可见铜罩的聚能作用非常明显。

由此可知，药型罩的作用是将炸药的爆轰能量转换成罩的动能，从而提高聚能作用。对罩的材料要求是可压缩性小、气化温度高（因为气化后，又会发生能量分散）、密度大、延展性好。铜是目前最常见的药型罩材料，黄金是最理想的药型罩材料。出于不同的目的和需求，药型罩也可选择其他性能的材料，如追求大孔径可选择密度相对较低的钛合金、铝合金。为避免形成凝聚的杵体堵塞孔眼，石油射孔弹采用金属粉末压制成型的药型罩。

由上面的分析可知，聚能效应的主要特点是能量密度高和方向性强，在锥孔方向上有很大的能量密度和破坏作用，其他方向则和普通装药的破坏作用一样。因此，聚能装药一般只适用于产生局部破坏作用的领域。事实上，不仅锥形罩可产生聚能作用，其他如抛物线形罩和球形罩也可产生聚能作用，这些装药属于轴对称聚能装药。

二、聚能射流形成机理

聚能装药爆炸产生的聚能气流和药型罩所形成的金属射流统称为聚能射流，如不加特殊说明，聚能射流通常指金属射流。典型的圆锥形药型罩形成金属射流的过程和细节如图 3-1-3 所示。聚能装药引爆后，爆轰波以球面波的形式从起爆点开始在装药中传播，高能炸药的爆轰波速度可达 8000m/s 以上，药型罩在爆轰波和高压爆轰产物的作用下，在极短的时间产生剧烈变形并被加速，快速向装药轴线压合，压合速度可达 2000m/s 以上。药型罩向轴线压合过程中，因收缩和挤压作用，使药型罩在壁厚方向存在速度梯度，内壁面（空穴面）速度高，外壁面（与装药接触面）速度低。药型罩材料在轴线上高速碰撞、汇聚和堆积使能量得以重新分配，最终使少部分的内层材料被挤出，形成很高速度的射流，其余大部分外层材料聚能形成较低速度的杵体。锥形药型罩从顶部到底部的装药与罩微元的质量比逐渐减小，使压合速度依次降低，因此射流沿长度方向存在速度梯度，头部速度高、尾部速度低，头部速度可达 10000m/s。射流在长度方向存在速度的差异，使其在高速运动过程中不断拉长，当射流拉长到一定程度时将断裂成近似柱形的颗粒（隋树元等，2000）。

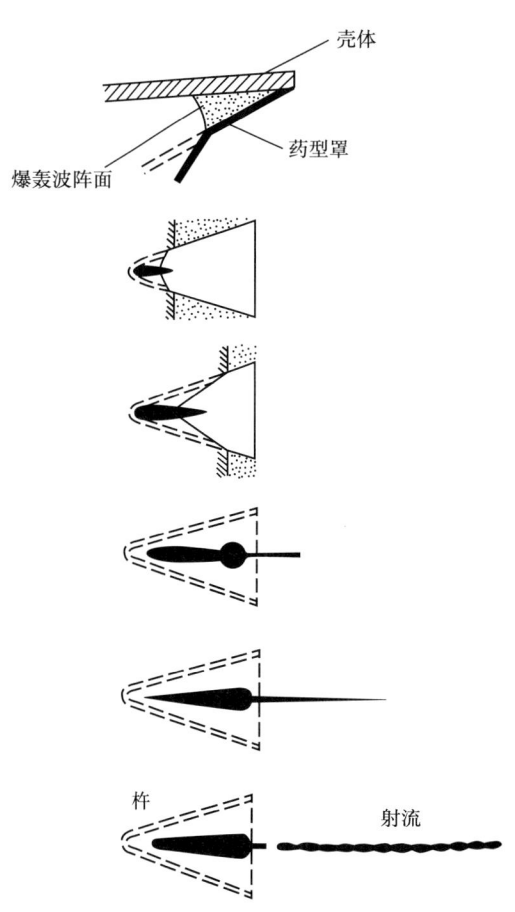

图 3-1-3 聚能射流的形成过程示意图

图 3-1-4a 为聚能装药的初始形状，把罩分成四个部分，以不同的副面线分开。图 3-1-4b 表示爆轰波阵面到达罩微元 2 的末端，各罩微元在爆轰产物的作用下，先后依次向对称轴运动。其中微元 2 开始向轴线闭合，微元 3 有一部分正在轴线处碰撞，微元 4 已经在轴线处碰撞完毕。微元 4 碰撞后分成射流和杆体两部分，由于两部分速度相差很大（约 10 倍），很快就分离开来。微元 3 接踵而来，填补微元 4 让出来的位置，并且发生碰撞，从而出现罩微元不断闭合、不断碰撞、不断形成射流和杆体两大部分。各微元排列的次序，对杆来说，与罩微元爆炸前一致，对射流来说，则是倒转过来。每个微元向轴线闭合运动时，金属质量收缩到直径较小的区域。因此，罩壁变厚，内表面的速度必然大于外表面的速度。在轴线处碰撞时，每个微元都被挤压成两个独立的部分，罩内壁部分得到极大的速度形成射流，外壁部分则速度大为降低，形成杆体（图 3-1-4c）。

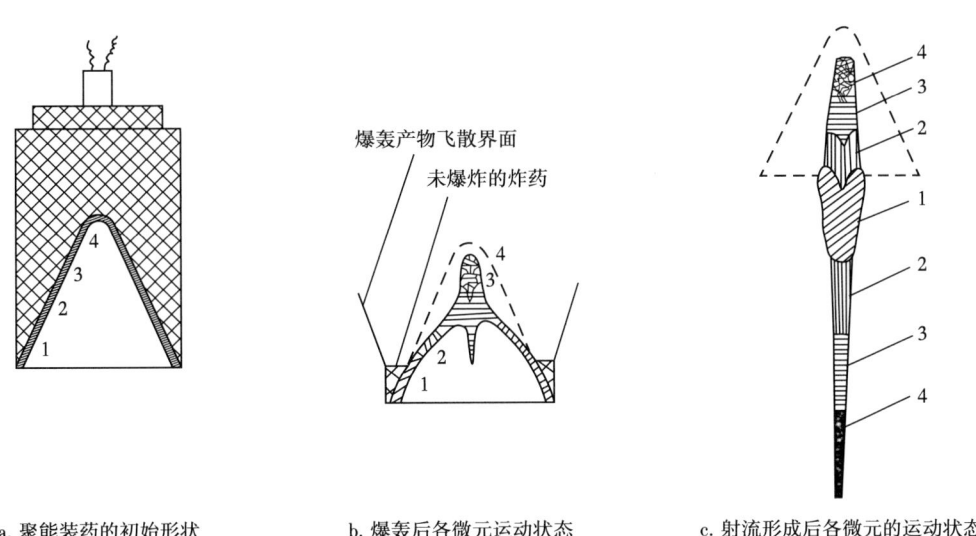

a. 聚能装药的初始形状　　　b. 爆轰后各微元运动状态　　　c. 射流形成后各微元的运动状态

图 3-1-4　聚能射流形成示意图

1、2、3、4 为微元

药型罩的高速压合，在轴线上碰撞的压强最大可达 200GPa，衰减后平均压强也达到 20GPa 左右，材料最大应变可达 10 以上，应变率可达 $10^4 \sim 10^7 s^{-1}$。在此条件下，药型罩的强度可忽略不计，而射流的温度一般达不到材料的熔化温度，因此金属射流本质上属于一种高塑性的流体。

三、聚能侵彻机理

金属射流的头部速度一般为 7000~9000m/s，当射流以如此高的速度冲击金属靶体时，靶体中产生的冲击波峰值压强将达到 200GPa 以上，衰减后的平均压强约为数十吉帕，平均应变为 0.1~0.5，应变率可达 $10^6 \sim 10^7 s^{-1}$。射流侵彻过程中金属靶体的材料强度也同样可以忽略，射流侵彻完全可以用流体力学理论进行处理，如图 3-1-5 所示。在不考虑射流速度分布的情况下，射流侵彻与超高速长杆侵彻机理一致。因此，射流的侵彻深度分别与射流长度、药型罩、靶体材料密度之比的平方根成正比，这也是药型罩选材一般要求密度大和延展性好的理论依据。

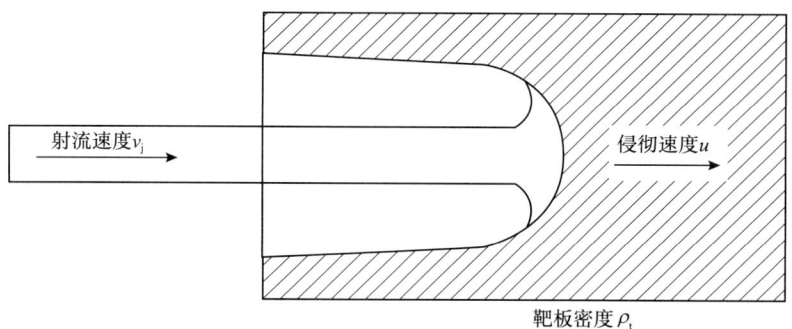

图 3-1-5 聚能射流的侵彻示意图

药柱底部至靶板表面的距离称为炸高。如果将聚能装药在靶板表面合适的距离上引爆,破甲深度能够得到增加,如图 3-1-6 所示。

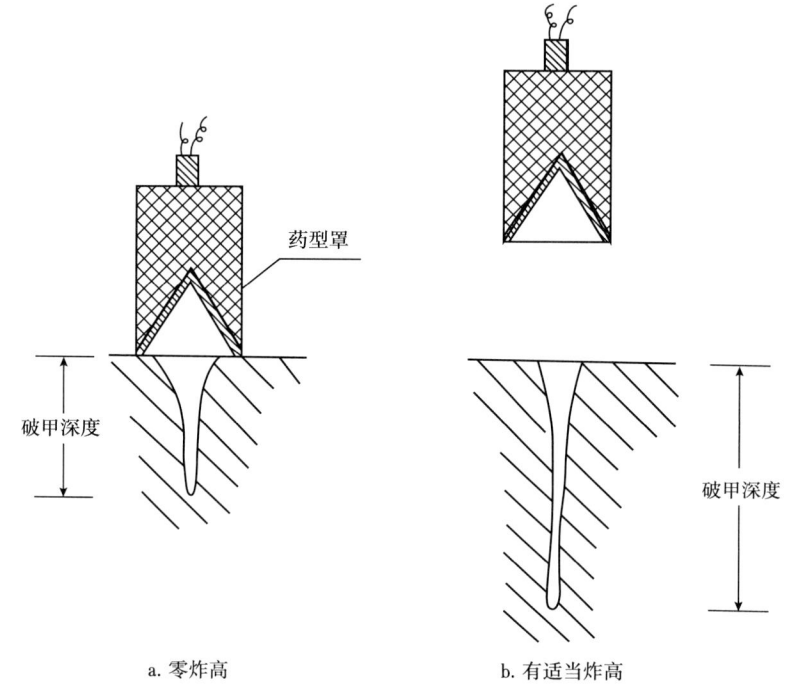

a. 零炸高　　　　　　　　b. 有适当炸高

图 3-1-6 炸高对破甲深度的影响示意图

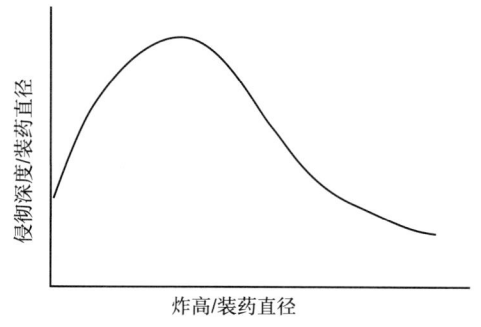

图 3-1-7 侵彻深度随炸高的变化曲线示意图

典型的聚能装药的破甲深度随炸高的变化曲线如图 3-1-7 所示,其中对应破甲深度最大值的炸高称为最佳炸高或有利炸高。存在最佳炸高和破甲深度最大值的根本原因在于,炸高的存在可以使射流在不断拉抻过程中侵彻,依据超高速长杆侵彻理论,在射流保持连续状态下可以有效提高侵彻深度;炸高过大将导致射流断裂,断裂射流需要不断重新开坑,从而导致侵彻深度降低。

第二节 聚能射流形成理论

限于实验手段的欠缺和理论基础的薄弱,对于聚能装药作用机理及理论方面的研究落后于应用研究。1941 年,德国 Schardin 和 Thomer 及 Schumann 等率先公开了采用闪光 X 射线技术拍摄到的聚能装药及射流形成过程的照片。1943 年,美国人 Seely 和 Clark(1943)也公布了相似的实验结果。在此基础上,Schumann(1941)、Seely 和 Clark(1943)以及英国 Tuck 等(1943)分别对射流形成机理进行了定性的分析和阐述。与此同时,美国人 Linschitz 和 Paul(1943)通过实验进一步研究了锥形药型罩不同压垮阶段的情况,同时在水中研究了锥形药型罩部分变形后的情况,研究结果与 X 射线照片反映的结果具有很好的一致性。基于闪光 X 光射线实验及药型罩部分压垮实验,通过定常、无黏和不可压缩流动性假设,1943 年至 1948 年,Birkholf 等(1948)提出并不断完善了聚能射流形成的理论。称为 Birkholf 理论。其中最主要的假设是:在药型罩压合过程中,爆轰波和爆轰产物耦合加载的压力足够大,以至于药型罩材料的强度可以忽略不计,药型罩可视为一种无黏性、不可压缩的理想流体,即流体假定;锥形药型罩按平面楔形处理,并假定药型罩微元被瞬时加速到最终的压合速度并保持不变,即定常假定。在此基础上,Birkholf 等(1943)推导出了定常理论模型,按照定常模型,射流长度保持不变,等于锥形药型罩母线长度。然而聚能射流具有速度梯度,头部速度比尾部大得多,因而使射流拉长,乃至断裂。1952 年,Push、Eichelberger 和 Rostoker(1952)对 Birkholf 理论进行了发展和完善,在流体假定和定常假定的前提下,建立了考虑射流速度梯度的模型,形成了准定常理论(PER 理论)。准定常理论与定常理论基于同样的原理,只不过考虑了药型罩微元的压合速度不同。药型罩微元的压合速度与其初始位置有关,主要取决于相应位置的装药与药型罩微元的质量比。1957 年,苏联首先提出流形成的黏—塑性模型概念。随后,苏联学者又不断对黏—塑性模型进行了发展和完善。1974 年至 1976 年,基于黏—塑性射流理论,Chou 等的研究给出了形成凝聚射流、非凝聚射流及不能形成射流的准则和判据。

一、定常理论

聚能装药的爆轰波及爆轰产物对药型罩进行加载荷时,假定药型罩整个罩壁受到的压力处处相等,药型罩微元获得相同且不变的速度 V_0 向内压合,平面对称楔形装药的药型罩压合过程几何图形如图 3-2-1 所示。爆轰波从罩顶到罩底扫过罩表面需要一定时间,所以运动罩壁之间的夹角 2β 大于药型罩原始顶角 2α,其中 α 为药型罩顶角的一半,β 称为压合角。

假设药型罩的压合速度 $\bar{v}_0$ 平分图 3-2-1 中的 $\angle APP'$,为了说明这一点,引入一个具有恒定运动速度的坐标系,其原点在单位时间内从 P 点运动到 P' 点。在此坐标系中,原点具有一种稳态条件,药型罩沿 $\overline{P'P}$ 向内运动,并沿着 $\overline{PA}$ 线路向外流动。由于压力处处与运动方向垂直,通过这一区域的药型罩速度只改变方向,大小不变。$\overline{P'P}$ 和 $\overline{P'B}$ 分别表示药型罩在运动坐标系中向内运动和射出的速度,$\overline{P'B}$ ∥ $\overline{PA}$、$\overline{P'P}$ 在大小上等于 $\overline{P'B}$。由于运动坐标系的速度是 $\overline{PP'}$,在静止坐标系中罩的压合速度是矢量和,即:

$$\overrightarrow{PP'} + \overrightarrow{P'B} = \overrightarrow{PB} \quad (3\text{-}2\text{-}1)$$

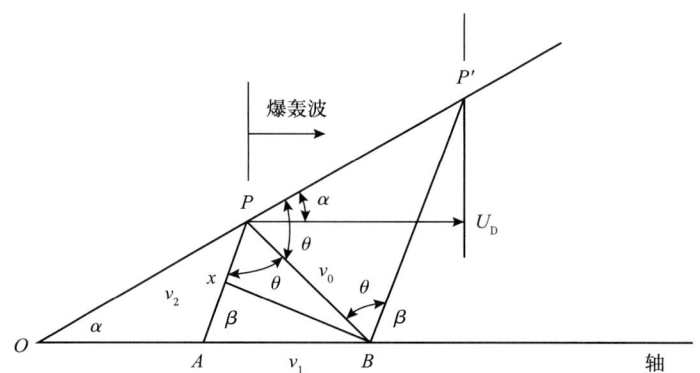

图 3-2-1　药型罩压合过程的几何图形示意图

$P'P=P'B$，△BPP' 是等腰三角形，且 $P'B//PA$，∠BPP'=∠PBP'=∠BPA=θ，所以 $\vec{v}_0$ 平分∠APP'。

被压合的罩壁从壁面向内运动，两面的碰撞点以速度 $\vec{v}_1$ 从 A 运动到 B。在△APB 中，应用正弦定理，有：

$$\frac{v_1}{\sin\theta} = \frac{v_0}{\sin\beta} \quad (3\text{-}2\text{-}2)$$

或

$$v_1 = \frac{v_0 \sin\theta}{\sin\beta} \quad (3\text{-}2\text{-}3)$$

其中：

$$\theta = \frac{\pi}{2} - \frac{\beta-\alpha}{2} \quad (3\text{-}2\text{-}4)$$

将式（3-2-4）代入式（3-2-3），得：

$$v_1 = \frac{v_0 \cos[(\beta-\alpha)/2]}{\sin\beta} \quad (3\text{-}2\text{-}5)$$

在动坐标系中，如站在 A 点上观察，将看到 P 点罩微元向 A 运动，其速度为 v_2，即：

$$v_2 = v_1 \cos\beta + v_0 \cos\theta = v_1 \cos\beta + v_0 \sin\frac{\beta-\alpha}{2} \quad (3\text{-}2\text{-}6)$$

将式（3-2-5）代入式（3-2-6），得：

$$v_2 = v_0 \left[\frac{\cos(\beta-\alpha/2)}{\tan\beta} + \sin\frac{\beta-\alpha}{2} \right] \quad (3\text{-}2\text{-}7)$$

另外,由于爆速 $D=U\cos\alpha$,其中 U 是爆轰波沿着 $\overline{P'P}$ 掠过罩表面的速度,在 $\triangle PBP'$ 中应用正弦定理,有:

$$\frac{v_0}{\sin(\beta-\alpha)} = \frac{U}{\sin\theta} \quad (3\text{-}2\text{-}8)$$

将式(3-2-4)代入式(3-2-8),得:

$$U = \frac{v_0 \cos[(\beta-\alpha)/2]}{\sin(\beta-\alpha)} \quad (3\text{-}2\text{-}9)$$

或

$$\frac{D}{\cos\alpha} = \frac{v_0 \cos[(\beta-\alpha)/2]}{\sin(\beta-\alpha)} \quad (3\text{-}2\text{-}10)$$

药型罩微元在 A 点发生碰撞后,向右运动部分形成射流,向左运动部分形成杵体,如图 3-2-2 所示。根据定常的无黏性、不可压缩流体的一维运动假设,应用伯努利(Bernoulli)方程:

$$p + \frac{1}{2}\rho_0 u^2 = \text{const} \quad (3\text{-}2\text{-}11)$$

式中:p 为流体静压,MPa;u 为质点速度,m/s;ρ_0 为流体密度,g/cm³。

式(3-2-11)给出了压力 p 和相应的速度 u 之间的关系,因此药型罩上任一点的压力便决定了 A 点的速度。假定药型罩自炸药爆轰后高速运动,其表面压力迅速下降,致使药型罩在压合过程中整个表面上的压力为常数。这就造成罩的流动处的压力在恒定的压力、密度和速度状态下,即射流和杵体都将具有相同的速度 v_2。

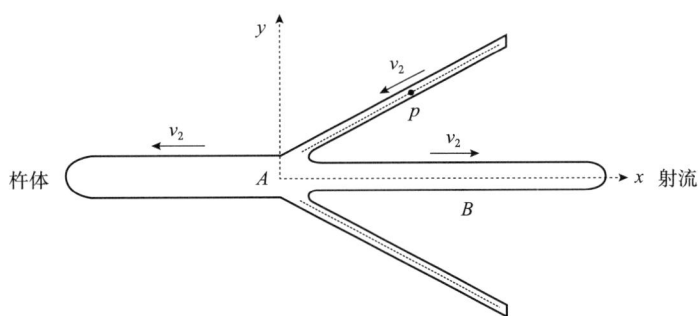

图 3-2-2 在动坐标系 A 点上观测射流和杵体的运动示意图

再添加静止坐标系,则射流的运动速度和杵体的速度分别为:

$$v_j = v_1 + v_2 \quad (3\text{-}2\text{-}12)$$

$$v_s = v_1 - v_2 \quad (3\text{-}2\text{-}13)$$

将式(3-2-5)、式(3-2-7)代入式(3-2-12)、式(3-2-13),得:

$$v_{\text{j}} = v_0 \left\{ \frac{\cos(\beta - \alpha/2)}{\sin\beta} + \frac{\cos[(\beta-\alpha)/2]}{\tan\beta} + \sin\frac{\beta-\alpha}{2} \right\} \quad (3\text{-}2\text{-}14)$$

$$v_{\text{s}} = v_0 \left\{ \frac{\cos(\beta - \alpha/2)}{\sin\beta} - \frac{\cos[(\beta-\alpha)/2]}{\tan\beta} - \sin\frac{\beta-\alpha}{2} \right\} \quad (3\text{-}2\text{-}15)$$

根据动量守恒可以确定射流和杵体之间材料的分配。设 m 为单位长度药型罩的质量，m_{j} 和 m_{s} 分别为形成射流和杵体部分的药型罩质量，则：

$$m = m_{\text{j}} + m_{\text{s}} \quad (3\text{-}2\text{-}16)$$

在动坐标系中，利用进入和离开碰撞点 A（图 3-2-2）的水平动量分量相等的原则，有：

$$m v_2 \cos\beta = m_{\text{s}} v_2 - m_{\text{j}} v_2 \quad (3\text{-}2\text{-}17)$$

式（3-2-16）和式（3-2-17）相结合，得到：

$$m_{\text{j}} = \frac{1}{2} m (1 - \cos\beta) \quad (3\text{-}2\text{-}18)$$

$$m_{\text{s}} = \frac{1}{2} m (1 + \cos\beta) \quad (3\text{-}2\text{-}19)$$

按照上述模型，射流和杵体的速度及其横截面积均为常数。通过对楔形装药及其药型罩的分析，应用同样的方法可以处理锥形药型罩。在锥形药型罩情况下，罩壁从各个方向集中到轴线上。为了使压合过程处于稳定状态，沿罩轴线单位长度上的总质量必须是不变的。更确切地说，罩壁厚度必须与离开罩顶的距离成反比，这也是符合实际的，由顶部到底部装药微元与药型罩微元的质量比逐渐减小。

当爆轰波与药型罩轴线平行运动时，将式（3-2-5）、式（3-2-14）和式（3-2-15）相结合，得：

$$v_{\text{j}} = \frac{D}{\cos\alpha} \sin(\beta - \alpha) \left(\sin^{-1}\beta + \tan^{-1}\beta + \tan\frac{\beta-\alpha}{2} \right) \quad (3\text{-}2\text{-}20)$$

$$v_{\text{s}} = \frac{D}{\cos\alpha} \sin(\beta - \alpha) \left(\sin^{-1}\beta - \tan^{-1}\beta - \tan\frac{\beta-\alpha}{2} \right) \quad (3\text{-}2\text{-}21)$$

由此可见，当 α 减小时，β 也减小，但射流速度 v_{j} 增加。当 $\alpha \to 0$ 时，v_{j} 接近一最大值，即：

$$v_{\text{j}} = D \left(1 + \cos\beta + \tan\frac{\beta}{2} \right) \quad (3\text{-}2\text{-}22)$$

或者，当 $\alpha \to 0$ 时，$\beta \to 0$，则：

$$v_{\text{j}} = 2D \quad (3\text{-}2\text{-}23)$$

式（3-2-22）表明，射流速度不可能超过2倍爆轰波速度。另外，$\alpha \to \beta \to 0$ 时，$v_s \to 0$。值得注意的是，当 $\alpha \to 0$ 时，药型罩接近一个圆筒形，圆筒形药型罩产生高速小质量射流是可能的。

假若爆轰波阵面的运动方向与锥形药型罩表面垂直，此时爆轰波将同时冲击锥形罩的全部表面，于是 $\beta=\alpha$，且射流和杵体的速度变成：

$$v_j = \frac{v_0}{\sin\alpha}(1+\cos\alpha) \tag{3-2-24}$$

$$v_s = \frac{v_0}{\sin\alpha}(1-\cos\alpha) \tag{3-2-25}$$

当爆轰波阵面与药型罩表面垂直时，可以减小 α 来提高射流速度。但是，当 $\alpha \to 0$ 时，$v_0 \to 0$，$m_j \to 0$，以及射流动量 $m_j v_j = mv_0 \sin\alpha/2 \to 0$。

二、准定常射流形成理论

PER 理论假设锥形（或楔形）药型罩压合速度是变化的，压合速度从罩顶至罩底逐渐降低，图 3-2-3 显示了这些速度的变化效应，给出了压合速度随 β 的增加而减小的情形。随着压合角 β 的增加，射流速度降低，但罩壁形成的射流部分增加。当爆轰波沿着罩表面 APQ 从 P 运行传播到 Q 时，原来在 P 点的罩微元压合到 J，而原来在点 P' 的罩微元启动较迟，且压跨比 P 点慢，在 P 点到达 J 点的同时 P' 点到达 M 点。如果它们的压合速度相同，那么 P 到达 J 时，P' 将到达 N。当药型罩压合速度是常数时，药型罩表面在变形过程中将保持锥形（或楔形），QNJ 是条直线。然而，P' 比 P 压合速度慢，所以药型罩在压合过程中不呈现锥形，而是非锥形轮廓曲线 QMJ。其中 β 大于 β^+，这里 β^+ 为定常条件下的压合角。应当注意，这里假设每个药型罩微元都很薄，且不受相邻其他罩微元的影响，即与流体力学假设相一致。

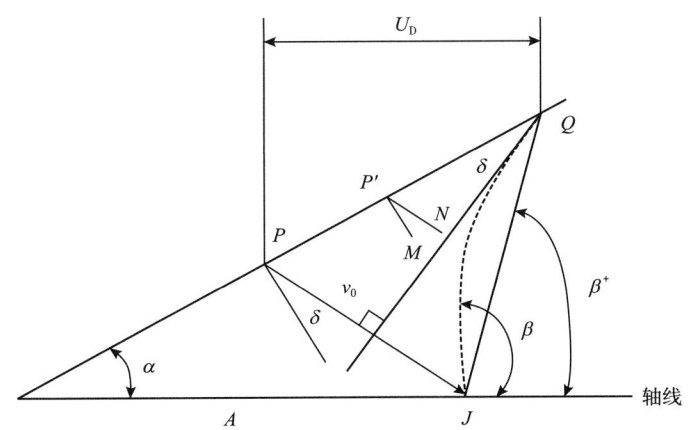

图 3-2-3　压合速度是变量的药型罩压合过程示意图

与 Birkhoff 等的定常理论相类似，图 3-2-4 中直观地给出了流动情况。可知，QJ//PA，且 QJ=PQ。如果 QP 和 QJ 大小等于装药爆速 D，则它们表示药型罩微元在动坐标系中

进入和离开 P 点的速度。矢量 $\overrightarrow{PJ} = \vec{v}_0$，即药型罩微元在静坐标系中的压合速度。药型罩微元的运动方向不再垂直其表面，而是沿着与表面法线成一个小的角度 δ〔称为泰勒（Taylor）角〕的方向运动。再由图 3-2-4 可知，角度 δ 为：

$$\sin\delta = \frac{v_0 \cos\alpha}{2D} \quad (3\text{-}2\text{-}26)$$

式中：D 为装药爆速，m/s。

如果 v_0 是常数，$\beta=\beta^+$，即 $\delta=(\beta-\alpha)/2$，这时 PER 理论与 Birkhoff 等的理论一致。

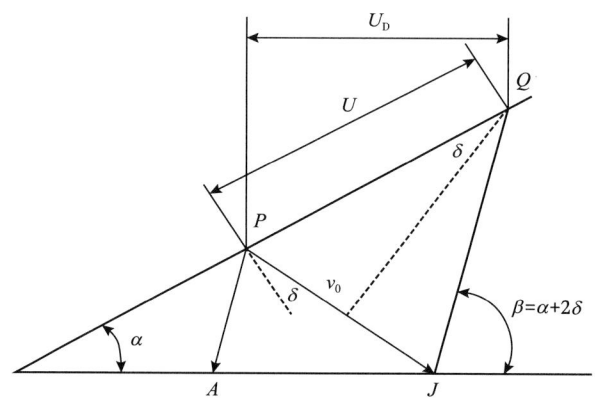

图 3-2-4　药型罩微元压合速度矢量示意图

适当地选择坐标系，碰撞点 J 处的几何关系如图 3-2-5 所示。圆锥罩轴沿 $\overrightarrow{JR}$ 方向，$\overrightarrow{OJ}$ 为轴线运动的药型罩微元矢量。在动坐标系中，该微元的速度为 $\overrightarrow{OJ}=\vec{v}_2$，动坐标系的速度为 $\overrightarrow{JR}=\vec{v}_1$，应用正弦定理，则有：

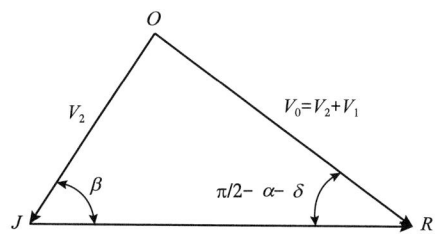

图 3-2-5　压合速度 $\vec{v}_0$、碰撞点速度 $\vec{v}_1$ 和相对压合速度 $\vec{v}_2$ 的关系示意图

$$v_1 = \frac{v_0 \cos(\beta-\alpha-\delta)}{\sin\beta} \quad (3\text{-}2\text{-}27)$$

$$v_2 = \frac{v_0 \cos(\alpha+\delta)}{\sin\beta} \quad (3\text{-}2\text{-}28)$$

将式（3-2-27）、式（3-2-28）代入式（3-2-12）、式（3-2-13），通过三角函数变换得到：

$$v_{\mathrm{j}} = v_0 \sin^{-1}\frac{\beta}{2}\cos\left(\alpha+\delta-\frac{\beta}{2}\right) \tag{3-2-29}$$

$$v_{\mathrm{s}} = v_0 \cos^{-1}\frac{\beta}{2}\sin\left(\alpha+\delta-\frac{\beta}{2}\right) \tag{3-2-30}$$

注意，对于 $\beta=\beta^+=\alpha+2\delta$，式（3-2-29）和式（3-2-30）可分别转换为 Birkhoff 等定常模型的式（3-2-14）和式（3-2-15），二者关于射流和杵体速度的计算公式相一致。

用式（3-2-26）消去式（3-2-29）和式（3-2-30）中的 δ，得：

$$v_{\mathrm{j}} = v_0 \sin^{-1}\frac{\beta}{2}\cos\left(\alpha-\frac{\beta}{2}+\sin^{-1}\frac{v_0\cos\alpha}{2D}\right) \tag{3-2-31}$$

$$v_{\mathrm{s}} = v_0 \cos^{-1}\frac{\beta}{2}\cos\left(\alpha-\frac{\beta}{2}+\sin^{-1}\frac{v_0\cos\alpha}{2D}\right) \tag{3-2-32}$$

式（3-2-31）、式（3-2-32）既可以用于 v_0 是常数的定常情况，也可以用于 v_0 是变化的非定常情况。对于非定常情况，针对的是药型罩微元，应用时采用微分形式。另外在定常情况下，β 能用 α、D 和 v_0 来表示，可以不出现 β。

根据质量守恒定律和动量守恒定律，可以求得射流和杵体的质量表达式。设 m 为药型罩的总质量，m_{j} 和 m_{s} 分别为射流和杵体的质量，采用微分形式，有：

$$\mathrm{d}m = \mathrm{d}m_{\mathrm{j}} + \mathrm{d}m_{\mathrm{s}} \tag{3-2-33}$$

$$\mathrm{d}m_{\mathrm{j}} = \mathrm{d}m\sin^2\frac{\beta}{2} \tag{3-2-34}$$

$$\mathrm{d}m_{\mathrm{s}} = \mathrm{d}m\cos^2\frac{\beta}{2} \tag{3-2-35}$$

式（3-2-34）式（3-2-35）和式（3-2-24）、式（3-2-25）是等同的。式（3-2-31）、式（3-2-32）和式（3-2-34）、式（3-2-33）分别表示锥形药型罩各微元速度和质量分配，它们取决于锥顶角 2α、爆速 D 及压合角 β 和压合速度 v_0，其中 β 和 v_0 对不同药型罩微元是不同的。对于定常情况，β^+ 的计算简单明确，而对于非定常的 β 的计算要麻烦得多，这是由于每个药型罩微元的 v_0 是不同的。

为求 β，现取图 3-2-3 中 M 点的坐标为 (r, z)、P' 的坐标为 $(x\tan\alpha, x)$，坐标方向如图 3-2-6 所示，于是：

$$z = x + v_0(t+T)\sin(\alpha+\delta) \tag{3-2-36}$$

$$r = x\tan\alpha - v_0(t+T)\cos(\alpha+\delta) \tag{3-2-37}$$

式中：t 是爆轰波经过罩顶后的任意时间，s；T 是爆轰波经过罩顶后到达 x 处罩微元的时间，s，$T=x/D$。

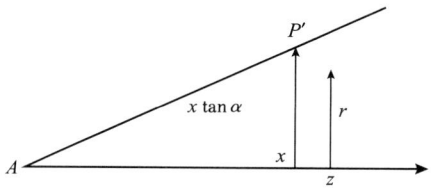

图 3-2-6 药型罩微元的坐标方向

被压合的药型罩在任意时刻 t 其轮廓线的斜率可通过微分 $\partial r/\partial z$ 求得。当已知罩微元到达轴线时，$r=0$，所以由式（3-2-37）可得：

$$t - T = \frac{x \tan \alpha}{v_0 \cos(\alpha + \delta)} \tag{3-2-38}$$

同时，在 $r=0$ 处求得 $\partial r/\partial z$ 正是 $\tan\beta$。对式（3-2-36）和式（3-2-37）求微分，再应用 Taylor 关系式（3-2-26）可得：

$$\tan \beta = \frac{\sin \alpha + 2\sin \delta \cos(\alpha+\delta) - x \sin \alpha [1 - \tan(\alpha+\delta)\tan \delta] v_0'/v_0}{\cos \alpha - 2\sin \delta \sin(\alpha+\delta) + x \sin \alpha [\tan(\alpha+\delta) + \tan \delta] v_0'/v_0} \tag{3-2-39}$$

$2\delta = \beta^+ - \alpha$，所以式（3-2-39）可进一步简化成：

$$\tan \beta = \frac{\sin \beta^+ - x \sin \alpha [1 - \tan(\alpha+\delta)\tan \delta] v_0'/v_0}{\cos \beta^+ + x \sin \alpha [\tan(\alpha+\delta) + \tan \delta] v_0' v_0} \tag{3-2-40}$$

式中：v_0' 为 v_0 对 r 的偏导数。

对于锥顶角 2α 不是很大的药型罩，其压合速度从罩顶至罩底逐渐减小，所以 $V_0' < 0$，$\beta > \beta^+$。

对于 v_0、v_j、v_s、m_j、m_s、δ 和 β 七个未知数，PER 理论给出了式（3-2-26）、式（3-2-32）、式（3-2-32）、式（3-2-34）、式（3-2-35）、式（3-2-40）共六个方程，为了求解七个未知数，还必须引入一个方程。

格林（Gurney）公式提供了求药型罩压合速度 v_0 的一种方法。另外，Richter（1948）和 Defourneaux（1970）还提供了求 Taylor 角 δ 的公式：

$$\frac{1}{2\delta} = \frac{1}{\phi_0} + k\frac{\rho_0 h}{e} \tag{3-2-41}$$

式中：ρ_0 为罩壁的密度，g/cm³；h 为罩壁的厚度，cm；e 为炸药的厚度，cm；k 和 ϕ_0 是由炸药类型和爆轰波在罩面上的入射角确定的常数。

Defourneaux 研究表明，当不考虑 k 和 ϕ_0 随爆轰波对药型罩入射角的变化时，一般取 $k=0.25$cm³/g，$\phi_0=23°$。另外，h/e 还可以用 A_h/A_e 代替，A_h 和 A_e 分别为药型罩和装药的横截面积。

PER 理论假设罩微元被瞬时加速到轴线上，其加速历程如图 3-2-7a 所示。Eichelberger（1955）对此提出了修正，假设在有限的时间内，药型罩的加速度是常数，之后在短时间内速度呈线性增加，直至达到轴线上的最终压合速度，修正过程中和修正后如图 3-2-7b 和图 3-2-7c 所示。Carleone 等（1975）利用这种修正给出了加速度计算公式：

$$a = c\frac{p_{\mathrm{H}}}{\rho_0 h} \tag{3-2-42}$$

式中：p_{H} 为炸药爆轰波阵面压力，MPa；c 为实验常数。

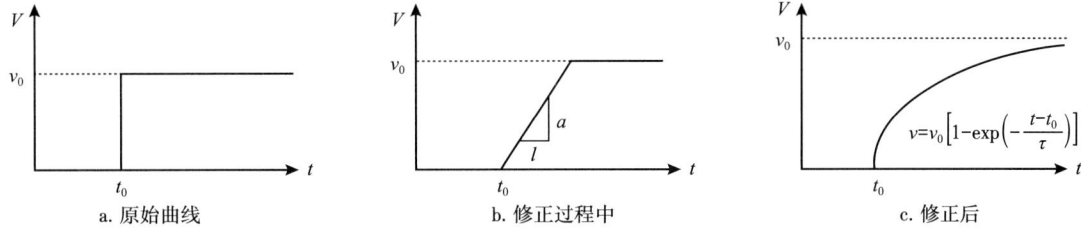

图 3-2-7　药型罩的加速过程中速度随时间的变化曲线

在此之后，Randers-Pehrson（1976）提出了一个更接近药型罩实际压合速度变化的指数表达式：

$$v(t) = v_0 \exp\left(-\frac{t-t_0}{\tau}\right) \tag{3-2-43}$$

式（3-2-43）需要已知时间常数 τ，由 Chou 等（1981）给出：

$$\tau = c_1 \frac{Mv_0}{P_{\mathrm{H}}} + c_2 \tag{3-2-44}$$

式中：M 为单位面积药型罩的初始质量，g；c_1 和 c_2 为实验常数。

此外，Chou 等还提供了一个更确切的 Taylor 角公式：

$$\delta = \frac{v_0 \cos\alpha}{2D} - \frac{1}{2}\tau' v_0 + \frac{1}{4}\tau' v_0' \tag{3-2-45}$$

式中：T' 和 v_0' 分别为 T 和 v_0 的偏微分。

形成射流和杵体的动能（E_{j} 和 E_{s}）分配可分别表示为：

$$\frac{\mathrm{d}E_{\mathrm{j}}}{\mathrm{d}E} = \cos^2\left(\alpha + \delta - \frac{\beta}{2}\right) \tag{3-2-46}$$

$$\frac{\mathrm{d}E_{\mathrm{s}}}{\mathrm{d}E} = \sin^2\left(\alpha + \delta - \frac{\beta}{2}\right) \tag{3-2-47}$$

假定射流横截面呈圆形，可计算出射流拉伸时的半径。需要注意的是，药型罩顶端附近的材料没有足够时间达到理论压合速度，所以该区域材料形成的射流较它们之后形成的射流速度要低，这种射流微粒的"堆积"将形成反向速度梯度。要计算射流头部的速度，需分别处理这些射流微粒的"堆积"。

为了计算射流的应变、长度和半径，必须考虑射流微元在药型罩上的初始位置。Carleone 和 Chou（1974）应用简单的 Lagrangian 坐标定义提出了计算方法。设 x 为罩微元的轴向坐标位置，ξ 为罩微元形成射流的坐标位置，如图 3-2-8 所示，则爆轰波经过罩顶后任一时刻 t 的射流微元位置为：

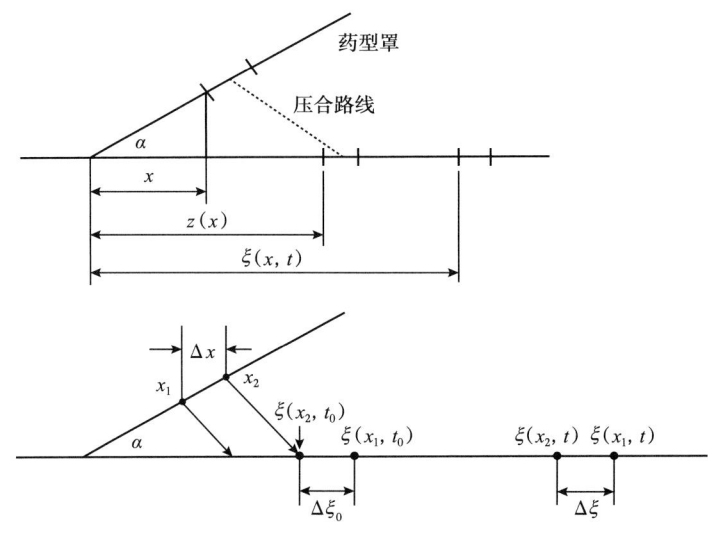

图 3-2-8 药型罩微元坐标 x 与射流坐标 ξ 之间的关系

$$\xi(x,t) = z(x) + (t - t_0) v_j(x) \tag{3-2-48}$$

式中：$z(x)$ 为 x 处罩微元到达轴线上的位置；t_0 为 x 处罩微元到达轴线上的时间。

$z(x)$ 计算公式为：

$$z(x) = x[1 + \tan\alpha \tan(\alpha + \beta)] \tag{3-2-49}$$

其中：

$$t_0 = T(x) + T^*(x) \tag{3-2-50}$$

$$T(x) = \frac{x}{D} \tag{3-2-51}$$

$$T^*(x) = \frac{x \tan\alpha}{v_0 \cos(\alpha + \delta)} \tag{3-2-52}$$

式中：$T(x)$ 是爆轰波经过罩顶到达 x 处罩微元的时间；$T^*(x)$ 为罩微元从罩上运动到轴线上所需的时间，分别表示为：

射流速度 $v_j(x)$ 是药型罩微元位置的函数，而 ξ 是罩微元位置和时间的函数。在射流反向速度梯度区域之外，一个很小的药型罩微元 x 总能形成一个较长的射流微元。

为了计算射流的一维应变，现取药型罩壁上两点 A_1 和 A_2，对应的初始坐标分别为 x_1 和 x_2。当 A_1-A_2 被压到轴线上开始形成射流时，立刻以各自的速度运动。取罩微元 A_2

到达轴线上的时间为 $t_0=T(x_2)+T^*(x_2)$，则在 t_0 时刻罩微元 A_1 所形成的射流已位于 $\xi(x_1, t_0)$，而罩微元 A_2 刚好到达轴线上并位于 $\xi(x_2, t_0)$，在 $t>t_0$ 的任一时刻，A_1、A_2 的任意位置分别是 (x_1) 和 (x_1, t)，于是射流的一维应变在数学上可以用极限的形式表示，即：

$$\eta(x,t) = \lim_{x_2 \to x_1} \frac{\Delta\xi - \Delta\xi_0}{\Delta\xi_0} = \lim_{x_2 \to x_1} \frac{\xi(x_2,t) - \xi(x_1,t)}{\xi(x_2,t_0) - \xi(x_1,t_0)} - 1 = \frac{\delta\xi/\delta x(x_1,t)}{\delta\xi/\delta x(x_1,t_0)} - 1 \quad (3\text{-}2\text{-}53)$$

其中：
$$t_0 = T(x_1) + T^*(x_1)$$

对任意 x 都可写成：

$$\eta(x,t) = \frac{\partial\xi/\partial x(x,t)}{\partial\xi/\partial x(x,t_0)} - 1 \quad (3\text{-}2\text{-}54)$$

$\partial\xi/\partial x$ 可通过式（3-2-50）求偏微分得到，于是最后可得：

$$\eta(x,t) = \frac{\left[t - T(x) - T^*(x)\right] v_j'}{z'(x) - \left[T'(x) - T^{*'}(x)\right] v_j'} \quad (3\text{-}2\text{-}55)$$

至此，利用式（3-2-48）、式（3-2-54）和式（3-2-55）及准定常射流形成理论部分叙述的知识，便可计算射流的长度和半径。

下一步是确定射流微元的半径，假设射流横截面是圆形的，流动是定常和不可压缩的，则 x 处环形药型罩微元的质量可以表示为：

$$dm = \frac{2\pi\rho_0 hx\tan\alpha}{\cos\alpha} dx \quad (3\text{-}2\text{-}56)$$

即：

$$\frac{dm}{dx} = \frac{2\pi\rho_0 hx\tan\alpha}{\cos\alpha} \quad (3\text{-}2\text{-}57)$$

由射流微元的质量可知：

$$\frac{dm_j}{dm} = \frac{dm_j/dx}{dm/dx} = \sin^2\frac{\beta}{2} \quad (3\text{-}2\text{-}58)$$

则有：

$$\frac{dm_j}{dx} = \frac{2\pi\rho_0 hx\tan\alpha}{\cos\alpha} \sin^2\frac{\beta}{2} \quad (3\text{-}2\text{-}59)$$

射流微元长度 $d\xi$ 的质量又可以表示为：

$$dm_j = \pi^2 r_j^2 \rho_0 d\xi \quad (3\text{-}2\text{-}60)$$

或

$$\frac{dm_j}{dx} = \pi r_j^2 \rho_0 \left|\frac{d\xi}{dx}\right| \qquad (3\text{-}2\text{-}61)$$

式（3-2-61）中，$d\xi/dx$ 用绝对值表示是因为 $d\xi$ 和 dx 的方向相反，于是可得到射流微元的半径为：

$$r_j = \left[\frac{2hx\tan\alpha}{\cos\alpha}\frac{\sin^2(\beta/2)}{|\partial\xi/\partial x|}\right]^{1/2} \qquad (3\text{-}2\text{-}62)$$

式中：r_j 为射流微元半径，m。

PER 理论表明，射流速度从头部至尾部呈单调减小。这样，相对于初始微元的位置而言，射流速度梯度是负值，而相对于射流微元位置是正值。在罩顶区域存在反向射流速度梯度，所以每一个射流微元都较前一个微元具有更高的速度，由此造成射流质量堆积，这些堆积的射流质量形成射流头部。对于一般的锥形药型罩装药，从理论顶点算起，有 30%~40% 的药型罩形成了射流头部，比其他部分具有更大的半径。

图 3-2-9 展示了相对于药型罩微元位置 x 的反向速度梯度。基于动量守恒原理，射流头部速度可表示为：

$$v_{j0} = \frac{\int_0^{x_{tip}} v_j (dm_j/dx) dx}{\int_0^{x_{tip}} (dm_j/dx) dx} \qquad (3\text{-}2\text{-}63)$$

式中：v_{j0} 为射流头部速度，m/s。

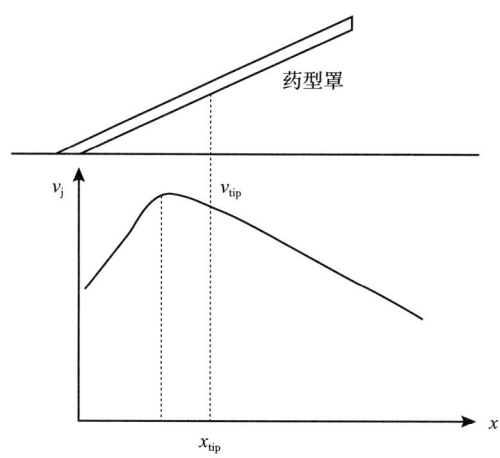

图 3-2-9 典型的射流速度分布曲线图

三、准定常射流形成理论的扩展

PER 理论基于圆锥形药型罩的假设，并认为每个药型罩微元的锥角和壁厚不变，且爆轰波为平面波。为了使 PER 理论更加一般化，Behrmann（1973）提出了改进方法，并用于计算非圆锥形药型罩形成射流的杵体速度和质量，并考虑了起爆点的改变，例如形成射流类似于锥形药型罩的喇叭形药型罩，也适用于球形爆轰波和喇叭形爆轰波等。

射流速度方程仍与 PER 理论相同，即式（3-2-29）。

设 $i(x)$ 为爆轰波阵面与药型罩表面相交处波阵面法线与该点药型罩表面切线的夹角，如图 3-2-10 所示，其 Taylor 角关系式为：

$$\sin\delta = \frac{v_0 \cos i(x)}{2D} \quad (3\text{-}2\text{-}64)$$

可推导出下列关系式：

$$\tan[\alpha(x) - i(x)] = \frac{r_1 - r_0}{x - x_0} \quad (3\text{-}2\text{-}65)$$

$$T(x) = \frac{1}{D}\left[(x - x_0)^2 + (r_1 - r_0)^2\right] \quad (3\text{-}2\text{-}66)$$

$$r(x) = r_1(x) - v_0(x)[t(x) - T(x)]\cos[\alpha(x) + \delta(x)] \quad (3\text{-}2\text{-}67)$$

$$z(x) = x + v_0(x)[t(x) - T(x)]\sin[\alpha(x) + \delta(x)] \quad (3\text{-}2\text{-}68)$$

式中：r_1 为坐标 x 处的药型罩半径，m；r_0 和 x_0 为起爆点的坐标；T 为爆轰波阵面到达 x 处药型罩壁的时间，s；t 为 x 处药型罩运动到某一半径 r 处的时间，s；z 是与 x 对应的坐标。

在任一给定时间 t，压合角的正切可以通过 r 对 z 的偏导数求得。

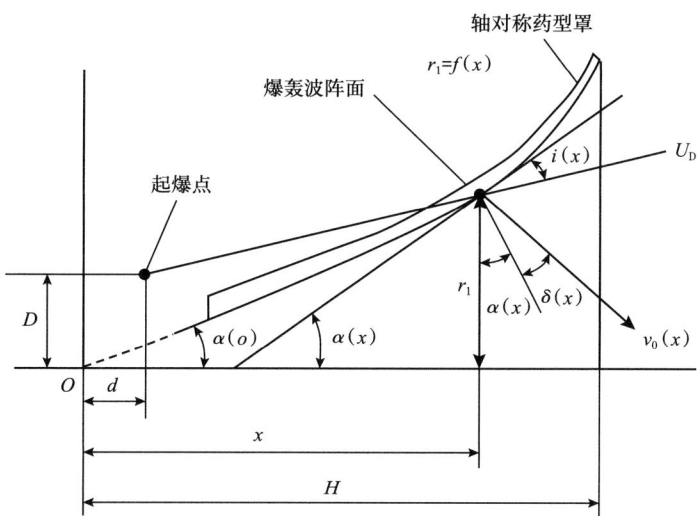

图 3-2-10　聚能装药射流计算图

按与 PER 理论相同的数学处理方法，有意义的压合角（Taylor 角）是 x 处罩微元到达轴线上的压合角。所以，从式（3-2-69）可知，在 $r=0$ 时罩微元运动的时间为：

$$t - T = \frac{r_1}{v_0 \cos(\alpha + \delta)} \quad (3\text{-}2\text{-}69)$$

式（3-2-29）、式（3-2-64）至式（3-2-69）可得压合角的表达式为：

$$\tan\beta|_{r=0} = \frac{\tan\alpha + r_1[(\alpha'+\delta')\tan(\alpha+\delta) - v_0'/v_0] + v_0 T'\cos(\alpha+\delta)}{1 + r_1[(\alpha'+\delta') + (v_0'/v_0)\tan(\alpha+\delta)] - v_0 T'\sin(\alpha+\delta)} \quad (3-2-70)$$

其中：

$$\delta' = \tan\delta\left(\frac{v_0'}{v_0} - i'\tan i\right) \quad (3-2-71)$$

$$i' = \alpha' + \frac{\cos^2(\alpha+i)}{x-x_0}[\tan(\alpha-i) - \tan\alpha] \quad (3-2-72)$$

$$T' = \frac{x-x_0}{D^2 T}[1 + \tan(\alpha-i) - \tan\alpha] \quad (3-2-73)$$

式中：上标"'"表示对 x 的偏导数。

式（3-2-29）、式（3-2-64）和式（3-2-70）至式（3-2-73），以及 PER 理论中的微分质量方程（3-2-34）和式（3-2-35），构成用于计算一般对称性聚能装药射流参数的方程组。

四、黏—塑性理论

黏—塑性理论和模型的基本假设将流体视为不可压缩流体，考虑射流黏性并使用与速率相关的黏—塑性材料本构方程，其形式是：

$$\sigma = \sigma_y + \mu\varepsilon \quad (3-2-74)$$

式中：σ 为射流的应力，Pa；σ_y 为罩材料屈服应力，Pa；ε 为应变率，s^{-1}；μ 为动力黏度系数，Pa·s。

另外一种考虑是，仍把射流视为不可压缩流体，材料本构关系则基于完全弹—塑性加工硬化模型。

理解和掌握黏—塑性理论和模型，需要首先了解材料的动力黏度系数，目前已在冲击加载条件下通过实验测量出材料的动力黏度系数值，并得知由实验测得的动力黏度系数值取决于材料的应变率、压力和温度，以及测定 μ 值的实验方法。因此，动力黏度系数不是常数。对于固体材料，动力黏度系数的变化范围一般是 $10\sim10^5$ Pa·s。

Godimov（1975）等研究的聚能装药的药型罩压合模型考虑了药型罩材料黏性对射流的影响，推导出的射流形成准则基本不考虑冲击波效应及临界马赫数的影响，而是基于金属的黏—塑性性能。其射流形成准则试图确认形成凝聚射流的条件。这意味着射流不产生径向分散或扩散，即没有侧向速度分量，故称凝聚射流。与此相对应的是非凝聚射流，有时也称为分叉射流、过速射流或扩散射流。

为使流场中的理想流动与黏性流动一致，必须有某些力作用在黏性流动的自由表面上，考虑这些力对理想流场间碰撞所产生的流动影响，需要提供射流形成中黏度的影响量度。关于凝聚（黏—塑性）射流形成准则，Godimov 等提出采用雷诺数和临界雷诺数进行度量和作为判据，即：

$$Re = \frac{\rho_0 h v_2 \sin^2 \beta}{\mu(1-\sin\beta)} > 2 \tag{3-2-75}$$

式中：ρ_0 为药型罩的密度，g/cm³；h 为药型罩的厚度，cm；μ 为动力黏度系数，Pa·s；β 为压合角，(°)；v_2 为药型罩无黏性流动速度，cm/s。

黏—塑性射流模型预测的射流速度 v_j 和 v_2 均低于前面的定常和准定常模型，而杆体速度 v_s 则预测的较高。

由式（3-2-75）可见，若 $Re=2$，则可得到与 β、h 和 μ 有关的药型罩临界流动速度 v_c 表达式：

$$v_c = \frac{2\mu(1-\sin\beta)}{\rho_0 h \sin^2 \beta} \tag{3-2-76}$$

当 $v_2 > v_c$ 时，将形成凝聚射流；当 $v_2 < v_c$ 时，不会形成凝聚射流。已有的通过对爆炸压合工艺的应用研究明确指出，在有射流状态到无射流状态的转变中，存在临界压合角 β，在此压合角以下，仅可能有非凝聚射流形成，根本不会形成其他射流。

对于非定常（PER）流动，驻点（碰撞点）的速度 v_1 为：

$$v_1 = \frac{2D\sin\delta\cos(\beta-\alpha-\delta)}{\cos\alpha\sin\beta} \tag{3-2-77}$$

式中：D 为装药的爆速，m/s；α 为半锥角，°；δ 为药型罩变形角（Taylor 角），°。

式（3-2-77）既适用于 PER 模型，也适用于黏—塑性模型。

在 PER 模型中，v_2 为：

$$v_2 = \frac{2D\sin\delta\cos(\alpha+\delta)}{\cos\alpha\sin\beta} \tag{3-2-78}$$

在黏—塑性模型中，当 $Re > 2$ 时，药型罩的流动速度可采用 Godunov 等和 Walters（1979）提出的表达式：

$$v_2^* = v_2 \left(1 - \frac{2}{Re}\right)^{1/2} \tag{3-2-79}$$

当动力黏度系数 $\mu=0$ 时，$v_2^* = v_2$。于是，在黏—塑性模型中，射流和杆体的速度分别为：

$$v_j = v_1 + v_2^* \tag{3-2-80}$$

$$v_s = v_1 - v_2^* \tag{3-2-81}$$

在 PER 模型中，则有：

$$v_j = v_1 + v_2^* \tag{3-2-82}$$

$$v_s = v_1 - v_2^* \tag{3-2-83}$$

在这两个模型中，都存在：

$$v_j + v_s = 2v_1 \tag{3-2-84}$$

对于黏—塑性模型，使动力黏度系数 $\mu=0$，便可得到 PER 模型。图 3-2-11 给出了两种模型计算时的射流速度分布和实验数据比较，可以看出两种模型均与实验数据较为接近。其中，装药结构为 105mm 直径的紫铜锥形药型罩，罩顶角为 42°，罩壁厚为 2.69mm，平面爆轰波速度 8000m/s。

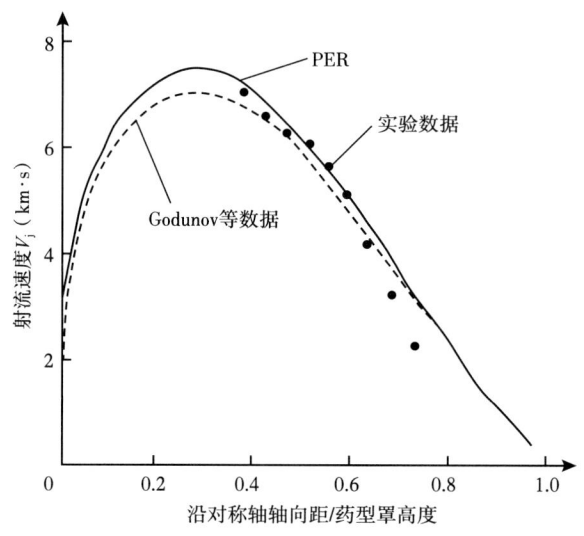

图 3-2-11 两种模型的计算结果与实验对比

Godumov 等给出的黏—塑性凝聚射流形成的判据为 $Re > 2$。Mali 等（1974）给出的判据是 $Re=5$ 或 10。Chou 等（1974，1976）在研究平面轴对称碰撞后，对射流形成准则叙述如下：

（1）对于亚音速压合，$v_2 < C$（药型罩材料的体积声速）总会形成密实的凝聚射流；

（2）对于超音速压合，$v_2 > C$ 且 $\beta > \beta_c$，β_c 为超音速碰撞时形成附体冲击波的最大角度，对于给定的 v_2 将会形成射流，但射流不凝聚；

（3）对于 $\beta > \beta_c$ 的超音速压合，将不会形成射流。

药型罩材料的体积声速不同于纵向或横向剪切声速。可见，聚能装药形成射流的重要条件是药型罩材料发生亚音速碰撞，否则射流将是非凝聚的或径向扩散的。但对紫铜药型罩的研究表明，以药型罩材料体积声速为基础形成射流的临界马赫数约为 1.2，即 $v_2/C \approx 1.2$ 时仍可获得凝聚射流，图 3-2-12 为凝聚和非凝聚射流的示意图，可明显观察到两种射流的差异。

a. 非凝聚射流

b. 凝聚射流

图 3-2-12　凝聚和非凝聚射流示意图

五、超聚能射流形成机理

传统的聚能射流理论和实验研究表明，只有部分靠近药型罩内层的材料形成对侵彻深度有贡献的射流，而大部分外层材料形成对侵切深度有基本贡献的杵体。因此，设计一种新型聚能装药结构，使形成射流的药型罩内层转化为杵体，形成杵体的药型罩外层材料形成射流，且射流的速度达到传统射流的速度，即形成速度高、有效质量大的超级射流，对装甲目标实现高效毁伤具有重要意义。

俄罗斯学者 Minin 等（2013）在传统聚能装药的基础上提出了超聚能装药，并定义了超聚能射流现象。国内对于超聚能的研究成果较少。王成等于2014年率先对药型罩截顶并附加装置的超聚能装药结构进行了数值模拟研究；钱俊松（2015）通过数值模拟方法对超聚能装药结构进行了优化设计；王淦龙（2015）对截顶辅助罩超聚能装药结构及喷射型超聚能装药结构进行了数值模拟研究；李庆鑫等（2016）对"蘑菇形"超聚能装药结构进行了数值模拟研究。目前，国内对于超聚能装药的研究大多停留在数值模拟层面，超聚能射流的理论和作用规律还有待深入研究，数值研究结果没有有效的实验数据支撑。

1. 超聚能射流的有效质量

若将式（3-2-18）和式（3-2-19）中的压合角 β 增大到它的互补角，即 $\beta^+=\pi-\beta$，则有：

$$m_{j\beta^+} = \frac{1}{2}m[1-\cos(\pi-\beta)] = \frac{1}{2}m(1+\cos\beta) \quad (3\text{-}2\text{-}85)$$

$$m_{s\beta^+} = \frac{1}{2}m[1+\cos(\pi-\beta)] = \frac{1}{2}m(1-\cos\beta) \quad (3\text{-}2\text{-}86)$$

对比式（3-2-18）、式（3-2-19）和式（3-2-85）、式（3-2-86）发现，当压合角增大到它的互补角时，原来的射流质量和杵体质量发生了互换。

将 $\beta^+=\pi-\beta$ 代入式（3-2-24）和式（3-2-25），有：

$$v_{j\beta^+} = \frac{v_0}{\sin(\pi-\beta)}[1+\cos(\pi-\beta)] = \frac{v_0}{\sin\beta}(1-\cos\beta) \quad (3\text{-}2\text{-}87)$$

$$v_{s\beta^+} = \frac{v_0}{\sin(\pi-\beta)}[1-\cos(\pi-\beta)] = \frac{v_0}{\sin\beta}(1+\cos\beta) \quad (3\text{-}2\text{-}88)$$

对比发现，原来的射流速度和杵体速度也发生了互换。这就意味着药型罩的外层材料形成了射流，内层材料则形成了杵体，从而提高了射流的有效质量，但射流的速度降低了。

2. 超聚能射流速度

超聚能装药结构可以在提高射流有效质量的基础上，保证射流的速度不降低。典型的超聚能装药结构主要由截顶药型罩及附加装置两部分组成，如图 3-2-13 所示。附加装置为圆柱形，设其质量为 m_{ab}，密度为 ρ_{ab}，壁厚为 δ_{ab}；药型罩质量为 m_1，密度为 ρ_1，壁厚为 δ_1，锥角为 2α（$\alpha < 90°$）。在理想情况下，爆轰波同时冲击附加装置及药型罩与炸药接触的全部表面，附加装置及药型罩与接触的单位面积 S 所受到的冲量 I 相等，单位体积（立方体）附加装置与药型罩质量分别为 m'_{ab}、m'_1，药型罩压合角 β 与半锥角 α 相等。附加装置的速度 v_{ab} 方向与 OX 轴方向一致，药型罩的压合速度 v_0 方向与药型罩表面垂直，与定常聚能射流形成理论一致，v_0 可分解为沿罩母线方向的分量 u_0 和沿 OX 轴下方向的分量 v_k，存在如下关系：

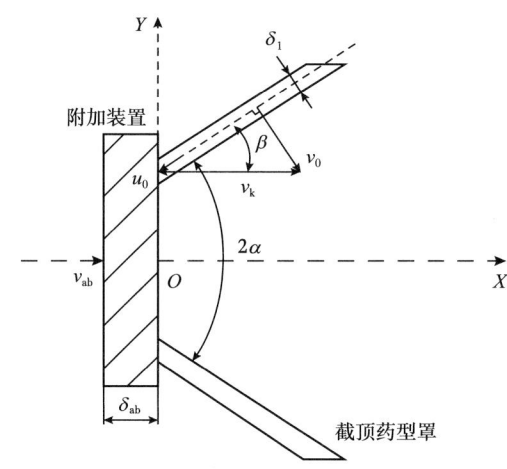

图 3-2-13　典型超聚能药型罩结构示意图

$$\begin{cases} m'_{ab} = \rho_{ab} S \delta_{ab} \\ m'_1 = \rho_1 S \delta_1 \\ I = m'_{ab} v_{ab} = m' v_0 \end{cases} \quad (3\text{-}2\text{-}89)$$

可得 v_{ab} 与 v_0 具有如下关系：

$$v_{ab} = \frac{\rho_1}{\rho_{ab}} \frac{\delta_1}{\delta_{ab}} v_0 \quad (3\text{-}2\text{-}90)$$

令：

$$f = \frac{\rho_1}{\rho_{ab}} \frac{\delta_1}{\delta_{ab}} \quad (3\text{-}2\text{-}91)$$

则式（3-2-91）可写为：

$$v_{ab} = f v_0 \quad (3\text{-}2\text{-}92)$$

由于射流碰撞过程是对称的，取射流半平面作为研究对象，如图 3-2-14 所示。药型罩在爆轰波作用下被压垮，射流作用于附加装置，速度方向被改变，射流在中轴线处发生大角度碰撞，形成超聚能射流（图 3-2-14b）。为了方便研究，引入一个具有恒速运动的坐标系，其原点由 O 点沿 OX 轴正向运动，运动速度为 v_{ab}，图 3-2-14a 为截顶药型罩与附加装置碰撞形成的黏壁射流示意图，忽略截顶药型罩在附加装置推动作用下的响应时间，即截顶药型罩瞬时到达附加装置的速度为 V_{ab}，此时在动坐标系下，射流沿 OX 的正向速度为：

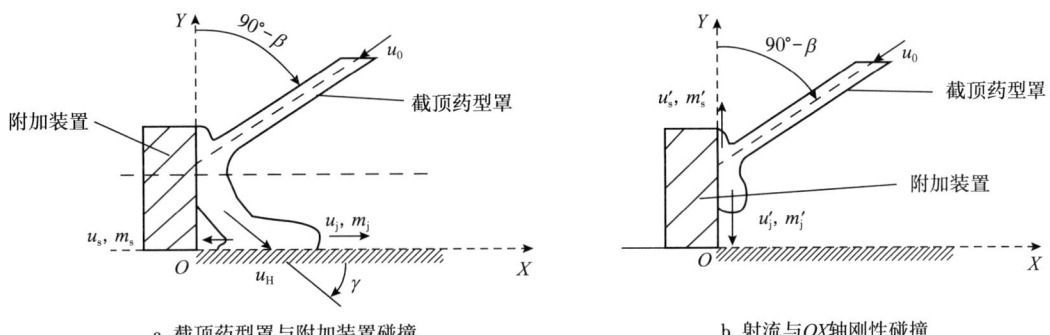

a. 截顶药型罩与附加装置碰撞　　　　　b. 射流与 OX 轴刚性碰撞

图 3-2-14　超聚能射流形成过程示意图

$$v_x = v_k \tag{3-2-93}$$

碰撞瞬间将碰撞区域视作刚性处理，由式（3-2-18）、式（3-2-19）、式（3-2-24）、式（3-2-25）可知：

$$u'_j = u'_s = \frac{v_0}{\tan \beta} \tag{3-2-94}$$

在射流断续与附加装置碰撞并沿其壁面流动过程中，由于爆炸焊接问题，射流存在一定的速度损失，设其损失系数为 $f(\lambda)$，λ 为相关系数，与附加装置及药型罩碰撞速度、材料声阻抗等参数有关，则射流沿 OY 轴负方向的运动速度为：

$$v_Y = f(\lambda) u'_j \tag{3-2-95}$$

令式（3-2-85）和式（3-2-86）中的 β 取（$90°-\beta$），可得截顶药型罩与附加装置碰撞时产生时的射流质量 m'_j 和 m'_s 为：

$$m'_j = \frac{m_1}{2}[1+\cos(90-\beta)] = \frac{m_1}{2}(1+\sin\beta) \tag{3-2-96}$$

$$m'_s = \frac{m_1}{2}[1-\cos(90-\beta)] = \frac{m_1}{2}(1-\sin\beta) \tag{3-2-97}$$

在静止坐标系中，杵体质量 m'_s 的轴向速度为：

$$v'_s = v_k + v_{ab} = v_0[1/\sin\beta + f(\lambda)]$$

图 3-2-14b 为射流与 OX 轴刚性碰撞示意图，射流速度为：

$$u_H = \sqrt{v_X^2 + v_Y^2} \qquad (3\text{-}2\text{-}98)$$

压合角为：

$$\gamma = \cos^{-1}(v_X/u_H) = \cos^{-1}\frac{1}{\sqrt{1+[\cos\beta f(\lambda)]^2}} \qquad (3\text{-}2\text{-}99)$$

即：

$$\cos\gamma = \frac{1}{\sqrt{1+[\cos\beta f(\lambda)]^2}} \qquad (3\text{-}2\text{-}100)$$

由理想不可压缩流体射流理论可知（奥尔连科，2011）：

$$u_j = u_s = u_H \qquad (3\text{-}2\text{-}101)$$

回到静止坐标系中，射流的轴向速度为：

$$v_j = v_{ab} + v_k + u_j = \left\{ f(\lambda) + \frac{1}{\sin\beta} + \sqrt{\left(\frac{1}{\sin\beta}\right)^2 + \left[\frac{f(\lambda)}{\tan\beta}\right]^2} \right\} v_0 \qquad (3\text{-}2\text{-}102)$$

此时，杵体的速度为：

$$v_s = v_{ab} + v_k - u_s = \left\{ f(\lambda) + \frac{1}{\sin\beta} - \sqrt{\left(\frac{1}{\sin\beta}\right)^2 + \left[\frac{f(\lambda)}{\tan\beta}\right]^2} \right\} v_0 \qquad (3\text{-}2\text{-}103)$$

由于附加装置速度 v_{ab} 大于杵体速度 v_s，杵体在附加装置二次推动作用下的最终速度为：

$$v_s = v_{ab} = f(\lambda)v_0 \qquad (3\text{-}2\text{-}104)$$

由式（3-2-98）、式（3-2-102）和式（3-2-104）可得超聚能射流截顶药型罩各部分速度分布为：

$$\begin{cases} v_{j,H} = \left\{ f + \dfrac{1}{\sin\beta} + \sqrt{\left(\dfrac{1}{\sin\beta}\right)^2 + \left[\dfrac{f(\lambda)}{\sin\beta}\right]^2} \right\} v_0 \\ v_{s,H} = fv_0 \\ v'_{s,H} = \left(\dfrac{1}{\sin\beta} + f \right) v_0 \end{cases} \qquad (3\text{-}2\text{-}105)$$

式中：$v_{j,H}$ 为射流的轴向速度，m/s；$v_{s,H}$ 为杵体的速度，m/s；$v'_{s,H}$ 为杵体的轴向速度，m/s。

将 γ 代入式（3-2-85）和式（3-2-86）可得射流 m_j 与 OX 轴刚性碰撞时产生的射流质量 m_j 与杵体质量 m_s：

$$\begin{cases} m_{\mathrm{j}} = \dfrac{1}{2} m'_{\mathrm{j}} (1+\cos\gamma) \\ m_{\mathrm{s}} = \dfrac{1}{2} m'_{\mathrm{j}} (1-\cos\gamma) \end{cases} \quad (3\text{-}2\text{-}106)$$

由式（3-2-96）、式（3-2-97）、式（3-2-100）、式（3-2-105）得到超聚能射流截顶药型罩各部分质量分布为：

$$\begin{cases} m_{\mathrm{j,H}} = \dfrac{1}{4} m_1 (1+\sin\beta) \left\{ 1 + \dfrac{1}{\sqrt{1+[\cos\beta f(\lambda)]^2}} \right\} \\ m_{\mathrm{s,H}} = \dfrac{1}{4} m_1 (1+\sin\beta) \left\{ 1 - \dfrac{1}{\sqrt{1+[\cos\beta f(\lambda)]^2}} \right\} \\ m'_{\mathrm{s,H}} = \dfrac{1}{2} m_1 (1-\sin\beta) \end{cases} \quad (3\text{-}2\text{-}107)$$

式中：$m_{\mathrm{j,H}}$ 为射流的轴向质量，g；$m_{\mathrm{s,H}}$ 为杵体的质量，g；$m'_{\mathrm{s,H}}$ 为杵体的轴向质量，g。

3．超聚能射流与传统射流对比分析

图 3-2-15 为截顶形药型罩剖面示意图，由几何关系可知，截顶药型罩质量 m_1（阴影部分）与完整药型罩质量 m 存在的关系为：

$$m_1 = \left(1 - \dfrac{D_1}{D} + \dfrac{\delta_1}{D\cos\alpha}\right) m \quad (3\text{-}2\text{-}108)$$

式中：D_1 为截顶直径，mm；D 为药型罩直径，mm；δ_1 为药型罩厚度，mm；α 为半锥角，（°）。

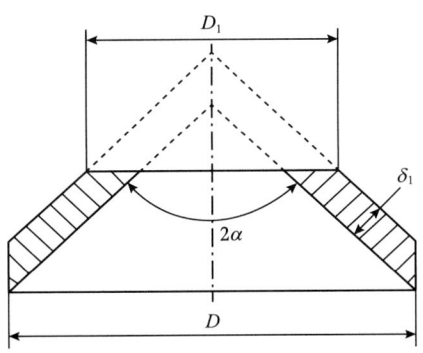

图 3-2-15 截顶药型罩剖面示意图

基于上述理论对超聚能射流与传统流、质量关系进行了对比分析，附加装置及药型罩参数见表 3-2-1。

表 3-2-1 附加装置与药型罩参数

参数	附加装置（45号钢）			截顶药型罩（TC4钛合金）				
	ρ_{ab}（g/cm³）	D（mm）	δ_{ab}（mm）	ρ_1（g/cm³）	D（mm）	D_1（mm）	δ_1（mm）	2α（°）
数值	7.85	34	6	4.42	100	34	3	60

将表 3-2-1 中的数据代入式（3-2-109），可得：

$$m_1 = 0.695m \quad (3\text{-}2\text{-}109)$$

将表 3-2-1 中的数据代入式（3-2-18）、式（3-2-19），可得传统聚能装药射流和杵体的质量及速度为：

$$\begin{cases} m_j = 0.067m, v_j = 3.72v_0 \\ m_s = 0.933m, v_s = 0.268v_0 \end{cases} \quad (3\text{-}2\text{-}110)$$

将表 3-2-1 中代入式（3-2-91）、式（3-2-105）、式（3-2-107）、式（3-2-110），同时假设 $f(\lambda)=1$，得到超聚能射流截顶药型罩各部分质量及速度分布为：

$$\begin{cases} m_{j,H} = 0.458m, v_{j,H} = 4.928v_0 \\ m_{s,H} = 0.063m, v_{j,H} = 0.282v_0 \\ m'_{s,H} = 0.174m, v'_s = 2.282v_0 \end{cases} \quad (3\text{-}2\text{-}111)$$

在表 3-2-1 所示的工况中，超聚能射流速度为相同壁厚、相同锥角的传统聚能射流速度的 1.32 倍，质量为传统聚能射流质量的 6.84 倍。由超聚能射流速度及质量公式（3-2-105）、式（3-2-107）可知，参数 f、$f(\lambda)$ 及 β 是超聚能射流及质量分布的主要影响因素。

在表 3-2-1 所示的工况中，假设 $f(\lambda)=1$，半锥角 $15°\leqslant\beta\leqslant 45°$ 时，超聚能射流速度及质量随 β 的变化规律如图 3-2-16 所示。随着 β 的增大，超聚能射流速度逐渐减小；当 β 相同时，随着 f 增大，超聚能射流速度增大，如图 3-2-16a 所示。超聚能射流质量随着 β 的增大而增大，如图 3-2-16b 所示。在理想情况下，超聚能射流质量大小与 f 无关，因此，参数 β 和 f 存在最优值，同时可以针对不同目标通过调节 β 和 f 获得需要的射流速度与质量。

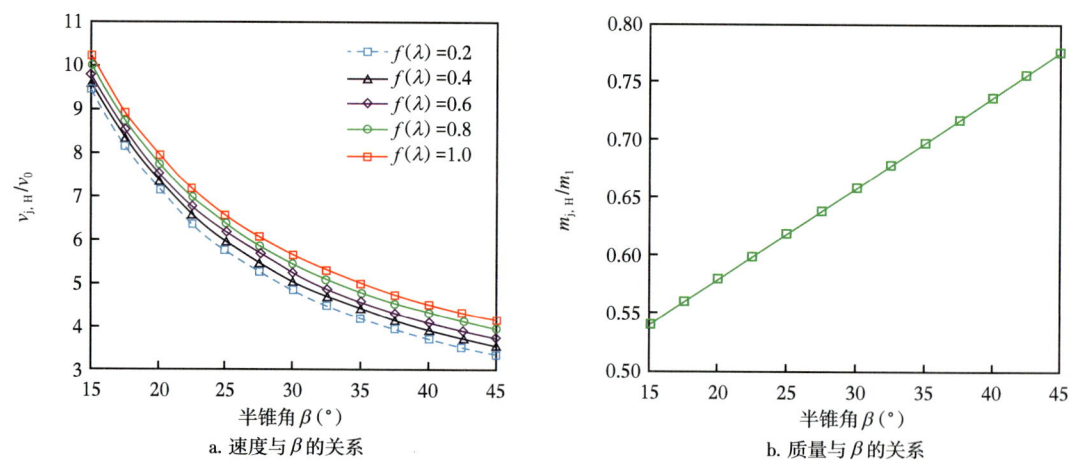

图 3-2-16 超聚能射流的速度、质量随 β 的变化曲线

图 3-2-17 为超聚能射流与传统聚能射流的速度、质量随角度 β 变化的关系。从图 3-2-17a 可知，在研究范围内，超聚能射流速度均大于传统聚能射流速度，随着 β 的

增大，$v_{j,H}/v_j$ 逐渐增大；随着 f 的增大，$v_{j,H}/v_j$ 逐渐增大。由图 3-2-17b 可知，超聚能射流质量均大于传统射流质量，随着 β 的增大，$m_{j,H}/m_j$ 逐渐减小。

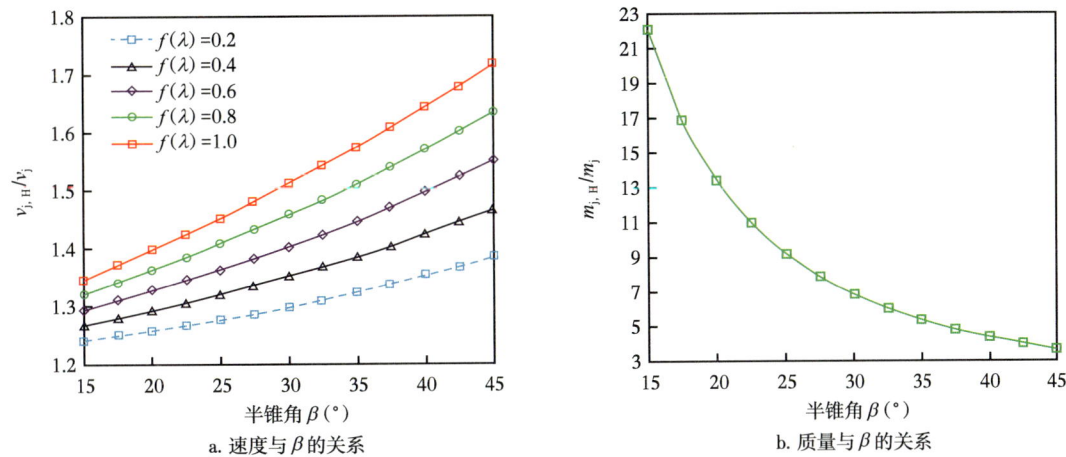

a. 速度与 β 的关系　　　　　　　　b. 质量与 β 的关系

图 3-2-17　超聚能装药射流与传统聚能装药射流的质量、速度与 β 的关系

第三节　聚能射流的拉伸与断裂

典型的聚能装药形成的聚能射流都具有头部速度大和尾部速度小的特征，速度梯度的存在使射流沿长度方向上拉伸，这对提高破甲深度是有利的。然而，射流的伸长是有限的，拉伸到一定长度后产生颈缩和轴向断裂，并形成许多不同长度的小段射流。聚能射流的断裂主要是材料的塑性失稳造成的，这种失稳不同于一般的流体射流失稳，一般的流体射流失稳是由表面张力引起的，而聚能射流的塑性失稳主要受材料强度和流动应力（射流强度）控制。

一、射流拉伸模型

对一段正在拉伸的射流展开研究，如图 3-3-1 所示，图中 r_0 为无扰动半径，v_0 为初始速度，L_0 为初始长度。假设射流表面具有某些初始扰动，且沿射流具有一定的初始速度分布。对于某一给定的射流微元，其初始位置坐标可表示为：

$$z = \frac{1}{\rho_0} \int_{x(0,t)}^{x(z,t)} \frac{\rho A}{A_0} dx \quad (3\text{-}3\text{-}1)$$

式中：ρ 为射流微元的密度，g/cm³；A 为射流微元的横截面积，cm²；ρ_0 为射流微元的初始密度，g/cm³；A_0 为射流微元的初始横截面积，cm²；x 为欧拉坐标。

假定射流是不可压缩的，即 $\rho=\rho_0$，则式（3-3-1）可直接写出连续方程：

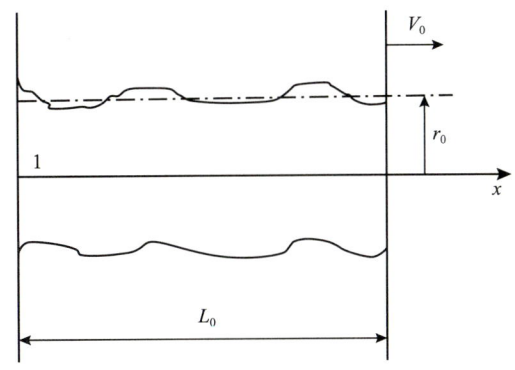

图 3-3-1　正在拉伸的具有表面扰动的射流示意图

$$\frac{\mathrm{d}x}{\mathrm{d}z} = \frac{A_0}{A} \qquad (3\text{-}3\text{-}2)$$

而具有可变横截面的射流微元沿轴向的动量守恒方程可写成：

$$\rho_0 A_0 \frac{\mathrm{d}^2 x}{\mathrm{d}t^2} = \frac{\mathrm{d}(\sigma A)}{\mathrm{d}z} \qquad (3\text{-}3\text{-}3)$$

式中：σ 为射流横截面上的平均轴向应力，MPa。

若以射流微元初始横截面积为基础，对应的初始应力为 $\varepsilon_0=0$，则某瞬时的平均应变可以以对数形式表示，即：

$$\varepsilon = \ln \frac{A_0}{A} \qquad (3\text{-}3\text{-}4)$$

平均应变率 $\dot{\varepsilon}$ 可通过直接对式（3-3-4）微分求得：

$$\dot{\varepsilon} = \frac{\mathrm{d}A/\mathrm{d}t}{A} \qquad (3\text{-}3\text{-}5)$$

利用式（3-3-2），则有：

$$\dot{\varepsilon} = -\frac{A}{A_0} \frac{\mathrm{d}v}{\mathrm{d}z} \qquad (3\text{-}3\text{-}6)$$

射流表面一旦出现扰动，射流横截面上的应力分布就将变成三维状态，平均轴向应力 σ 也将沿射流轴向发生变化。静态拉伸试验表明，颈部的轴向应力在自由表面处等于流动应力（有效应力），在轴线上达到最大。因此，颈部的平均轴向应力比流动应力高，假定射流表面扰动很小，则动态拉伸射流的平均轴向应力为：

$$\sigma = T\left(1 + \frac{r}{2}\frac{\partial^2 r}{\partial x^2}\right) \qquad (3\text{-}3\text{-}7)$$

式中：r 为射流半径，m。

式（3-3-7）为射流的本构方程。假定射流是圆形截面，则 $r=\sqrt{A/\pi}$。T 为有效应力，是有效应变 e 和应变率 $\dot{e}$ 的函数，即：

$$T = T(e, \dot{e}) \qquad (3\text{-}3\text{-}8)$$

对于一维问题，$e=\varepsilon$，$\dot{e}=\dot{\varepsilon}$。

可见，式（3-3-2）至式（3-3-4）、式（3-3-6）和式（3-3-7）构成了包含五个未知数：A、x、σ、ε 和 $\dot{\varepsilon}$ 的封闭方程组。基于这些方程分析射流失稳与断裂问题，有两个重要的边界条件可以应用：一是固定速度端条件，二是自由端条件。对于一个长射流，可假定其中任意一小段拉伸射流的两端都具有固定的速度差。显然，对整个拉伸过程而言，自由端的解可以说明具有固定速度差的射流中间的拉伸状态。上述两个条件的数学表达式如下：

固定速度端条件

$$\frac{\mathrm{d}x}{\mathrm{d}t}=0\,(z=0)$$

$$\frac{\mathrm{d}x}{\mathrm{d}t}=\eta_0 L_0\,(z=L_0) \tag{3-3-9}$$

式中：L_0 为初始射流长度，m；η_0 为初始应变（拉伸）率，$\eta_0=v_1/L_0$；v_1 为运动端速度，m/s。

自由端条件

$$\frac{\mathrm{d}x}{\mathrm{d}t}=0\,(z=0)$$

$$\sigma=0\,(z=L_0) \tag{3-3-10}$$

为完成问题的求解，还需要给出初始条件，可以通过指定 $t=0$ 时的初始速度 $v_0(z)$ 和初始截面积 $A_0(z)$ 得到，即：

$$\frac{\mathrm{d}x}{\mathrm{d}t}=v_0(z)$$

$$A=A_0(z) \tag{3-3-11}$$

于是，在式（3-3-2）至式（3-3-4）、式（3-3-6）和式（3-3-7）五个控制方程组成方程组的基础上，再结合边界条件式（3-3-9）、式（3-3-10）和初始方程条件式（3-3-11），形成了求解拉伸射流问题的完整数学模型。

为方便起见，引入无量纲量是非常有用的，包括：

$$\begin{cases} \bar{x}=x/r_0 \\ \bar{z}=z/r_0 \\ \bar{r}=r/r_0 \\ \overline{L_0}=L_0/r_0 \\ \overline{\lambda_0}=\lambda_0/r_0 \\ \bar{t}=C_p/r_0 \\ \overline{\eta_0}=\eta_0 r_0/C_p \\ \bar{\sigma}=\sigma/(\rho_0 C_p^2) \end{cases} \tag{3-3-12}$$

其中：

$$C_p=\sqrt{Y/\rho_0} \tag{3-3-13}$$

式中：r_0 为射流的无扰动初始半径，m；Y 为单轴拉伸条件下的动态流动应力，MPa。

利用这些无量纲量和以射流半径表示的横截面积，便可最终求解控制方程和边界条件。

采用稳态拉伸射流的理论模型，可以求得线性解和非线性解。若材料是理想塑性材料，则式（3-3-8）将变成：

$$T = Y \tag{3-3-14}$$

对于给定的材料，Y 可取常数。这时，方程组中可除去式（3-3-4）和式（3-3-6），仅剩式（3-3-2）、式（3-3-3）和式（3-3-7）三个方程。

应该指出，随着断裂射流模型的发展，理想塑性材料的假设已不适合。另外，对于每种射流，即使采用上述简单的材料模型，反映材料性能的 Y 值也必须从具体的聚能装药试验中得到，而不能用静态 Y 值代替。

下面仅就一维线性解进行讨论，不涉及非线性和二维问题。引入一个正弦表面扰动：

$$A(z,0) = A_0 \left[1 + f_0 \cos(bz) \right] \tag{3-3-15}$$

和一个线性速度梯度：

$$\frac{\mathrm{d}x(z,0)}{\mathrm{d}t} = \eta_0 z \tag{3-3-16}$$

其中：
$$b = 2\pi/\lambda_0$$

式中：λ_0 为扰动射流初始波长，m。

利用边界条件式（3-3-9），并假定是小扰动，在控制方程中忽略高阶小量，于是 A 和 x 解的形式是：

$$A(z,t) = \frac{A_0 \left[1 + f \cos(bz) \right]}{\eta_0 t + 1} \tag{3-3-17}$$

$$x(z,t) = (\eta_0 t + 1) \left[1 - \frac{f}{b} \sin(bz) \right] \tag{3-3-18}$$

式中：$f = f(t)$ 是控制扰动振幅的函数项，$f(0) = f_0$。

$f(t)$ 的解是：

其中：
$$f(t) = Q_1 (\eta_0 t + 1)^{S_1} + Q_2 (\eta_0 t + 1)^{S_2} \tag{3-3-19}$$

式中：Q_1 和 Q_2 是由初始条件决定的常数。

S_1 和 S_2 分别为：

$$S_1 = \frac{1}{2} \left(-1 + \sqrt{1 + 4K} \right) \tag{3-3-20a}$$

$$S_2 = \frac{1}{2} \left(-1 - \sqrt{1 + 4K} \right) \tag{3-3-20b}$$

$$K = \frac{4Y}{\rho_0} \left(\frac{\pi}{\eta_0 \lambda_0} \right)^2 \left[1 - \left(\frac{\pi \lambda_0}{r_0} \right)^2 \right] \tag{3-3-21}$$

当式（3-3-19）中的指数项是负值时，表面扰动幅度衰减，射流逐渐稳定；当指数项变成正值时，振幅失稳，且没有约束地增长。从式（3-3-19）和式（3-3-20）可以看出，射流稳定的条件是：

$$\frac{\lambda_0}{2r_0} < \frac{\pi}{2} \qquad (3-3-22)$$

否则，射流将失稳。

从式（3-3-19）和式（3-3-20）还可以看出，当 S_1 达到最大值时，有一临界波长存在，并造成扰动振幅比其他量上升更快。通过微分式（3-3-19）并令其结果等于0，可得临界波长为：

$$\left(\frac{\lambda_0}{2r_0}\right)_c = \frac{\pi}{\sqrt{2}} \qquad (3-3-23)$$

一维线性稳态拉伸模型仅适合射流失稳后短时间内的拉伸情况，当时间再延长时必须采用一维非线性或二维方法处理，Carleone 等研究后得出如下几点结论：

（1）对射流断裂进展的影响，自由端较小，固定速度端显著；
（2）内部射流段首先达到近似恒速才开始断裂；
（3）每一恒速的射流段的动能都比最初具有线性速度分布的射流的动能小；
（4）内部射流段吸收的应变能（塑性功）比失去的动能大，所以每一内部射流段都将失去能量平衡，但这可以从前面的射流部分得到补偿。

二、射流断裂模型

由一维射流拉伸理论给出的方向线性解表明，临界波长与射流伸长率无关，且在失稳开始时，临界波长是射流直径的 2.22 倍。然而实际上，临界波长是射流应变（伸长）率的函数，这在二维数值模拟计算中得到证实。Chou 和 Carleone（1977）利用一维模型研究了射流的断裂，并指出射流流动应力 Y 与射流密度 ρ 的比值 Y/ρ 能控制射流失稳的增长，即当其他条件相同时，Y/ρ 较小时引起的射流颈缩较慢，Y/ρ 较大时引起的射流颈缩较快。

图 3-3-2 展示了拉伸中的射流，由于某些初始扰动而出现波动表面。现考虑以截面1和截面2为界的一个射流微元，其中截面2靠近颈缩部位。由于颈缩部位存在应力集中，截面2较截面1的平均轴向应力高。

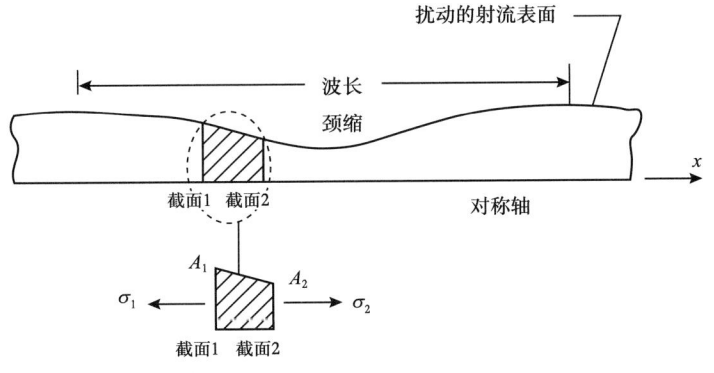

图 3-3-2 射流颈缩失稳示意图

显然，射流颈缩部位附近的应力与射流扰动曲率半径成反比。因此，扰动波长越小，截面 2 和截面 1 之间的应力差越大。图 3-3-2 中，截面 1 的面积比截面 2 大，作用在该微元上的静表面力 F 可表示为：

$$F = \sigma_2 A_2 - \sigma_1 A_1 \quad (3\text{-}3\text{-}24)$$

如果 F 是正值，则微元被拉向颈部，从而使射流恢复稳定；如果 F 是负数，微元将远离颈部，扰动幅度增大，造成射流失稳。在实际情况中，存在一个最不稳定的临界波长。对于随机波长的扰动，临界波长增长得最快，并形成严重的颈缩。在断裂射流中，这种颈缩决定着射流段的长度。

射流断裂过程可分为两个阶段。第一阶段是由射流的塑性失稳造成波动表面振幅增大而形成颈缩；第二阶段是在颈缩部位发生断裂和分离。当具有临界波长的扰动开始增长并形成颈缩时，射流仍在拉伸，且颈部直径变小。因此，射流断裂时的拉伸量或颈缩量代表材料的另一种特性，其颈缩程度或扰动振幅的增长函数 f 可写作：

$$f = \frac{A_{\text{avg}} - A_{\min}}{A_{\text{avg}}} \quad (3\text{-}3\text{-}25)$$

式中：A_{avg} 为平均截面积，cm^2；$A_{\min}$ 为最小截面积，cm^2。

假设 f 达到某一 f_s 值时出现颈缩断裂，则 f_s 称为动态延性。f 达到 f_s 时的时间与初始扰动振幅有关，所以断裂时间是 $\overline{\eta_0}$、$\overline{\lambda_0}$ 和 f_s 的函数。若只考虑临界波长，且波长 $\overline{\lambda_0}$ 是 $\overline{\eta_0}$ 的函数，则无量纲断裂时间可表示为：

$$\overline{t_b} = \overline{t_b}\left(\overline{\eta_0}, f_s\right) \quad (3\text{-}3\text{-}26)$$

研究表明，当应变率 $\overline{\eta_0} > 1/2$ 时，$\overline{t_b}$ 随着 $\overline{\eta_0}$ 的增加而单调递减，其变化关系如图 3-3-3 所示。另外，图 3-3-4 表示的是临界波长 $\overline{\lambda_{0c}}$ 和应变率 $\overline{\eta_0}$ 之间的关系。

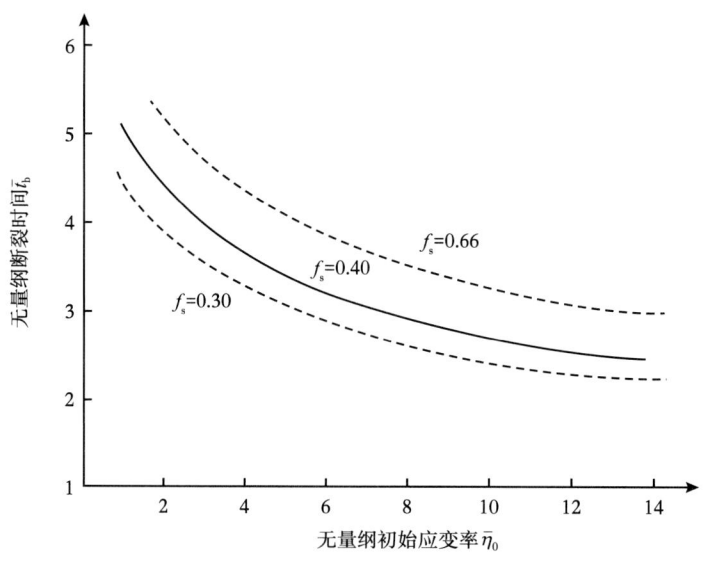

图 3-3-3 无量纲断裂时间 $\overline{t_b}$ 和初始应变率 $\overline{\eta_0}$ 的关系

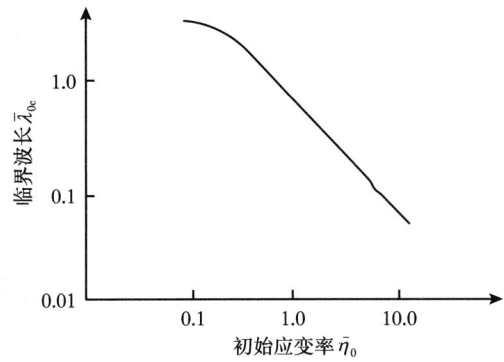

图 3-3-4 临界波长 $\bar{\lambda}_{0c}$ 和初始应变率 $\bar{\eta}_0$ 的关系

对于延性材料的断裂时间，可近似表示为：

$$\bar{t}_b = \gamma \bar{\eta}_0^{-\delta} - \frac{1}{\bar{\eta}_0} \quad (3\text{-}3\text{-}27)$$

其中： $\gamma=5.4427, \delta=0.2953$

由式（3-3-12）和式（3-3-13）可知，若求有量纲的断裂时间，必须知道 Y/ρ，对于铜射流，$\sqrt{Y/\lambda}=150\text{m/s}$。

Chou 和 Flis 由量纲分析和一维计算得到断裂时间的表达式是：

$$\bar{t}_b = 3.75 - 0.125\bar{\eta}_0 + \frac{1}{\bar{\eta}_0} \quad (3\text{-}3\text{-}28)$$

式（3-3-28）表明，断裂时间仅仅是初始应变率的函数，而初始应变率可由一维射流形成理论求得。

式（3-3-28）在动态延性 $f_s=0.3$ 时成立，与大部分实验数据吻合较好。如图 3-3-5 所示，离散数据点来自一个直径为 127mm 的聚能装药，其中锥形药型罩材料为电解韧

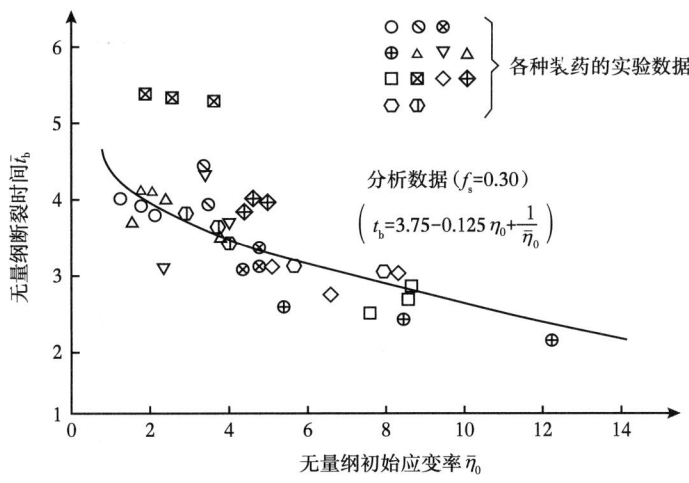

图 3-3-5 不同装药形成的射流断裂的时间与初始应变率的关系

铜，锥顶角为60°，壁厚为1.905mm，如果选择动态延性 $f_s > 0.3$，则式（3-3-28）中的常数将发生变化，曲线将上移。

在量纲公式中，式（3-3-28）变成：

$$t_b = \frac{r_0}{C_p}\left(3.75 - 0.125\frac{\eta_0 r_0}{C_p} + \frac{C_p}{\eta_0 r_0}\right) \quad (3\text{-}3\text{-}29)$$

式（3-3-28）和式（3-3-29）中，射流屈服强度与药型罩材料的性质有关，一些金属的 Y 值见表 3-3-1。

表 3-3-1 一些金属射流的 Y 值

药型罩材料	射流屈服强度 Y（MPa）
铜	200
电解韧铜（KTP）	200
无氧高纯度铜（OFHC）	270
铝	100

上述模型表明射流不会瞬时断裂，而是从头部到尾部呈现一种断裂时间的分布。

利用一维射流拉伸理论给出的临界波长 λ_{0c} 可以预测射流段的数目。假定 $d\xi$ 为射流微元的长度，则该微元形成的射流段数目为 $d\xi/\lambda_{0c}$，于是射流段（颗粒）的总数目为：

$$N = \int_{L_0} \frac{1}{\lambda_{0c}} d\xi \quad (3\text{-}3\text{-}30)$$

当 $\overline{\eta_0} > 0.03$ 时，图 3-3-4 中的曲线可通过下式给出：

$$\lambda_{0c} = \beta \overline{\eta_0}^{\alpha} \quad (3\text{-}3\text{-}31)$$

式中：$\beta = 0.6807$，$\alpha = -0.9879$。

利用基于一维射流形成的理论方程式（3-3-30）计算的射流段目数与实验比较结果如图 3-3-6 所示，可见理论与实验具有较好的一致性。

最后，观察式（3-3-31）发现，利用射流断裂后射流段之间的速度差可以估算 $\sqrt{Y/\rho}$。当 $\alpha \approx -1$ 时，式（3-3-31）可写成有量纲形式，即：

$$\eta_0 \lambda_{0c} = \beta\sqrt{Y/\rho} \quad (3\text{-}3\text{-}32)$$

式中：$\eta_0 \lambda_{0c}$ 为射流段之间的速度差，m/s，可以从闪光 X 射线照相与测量中得到。

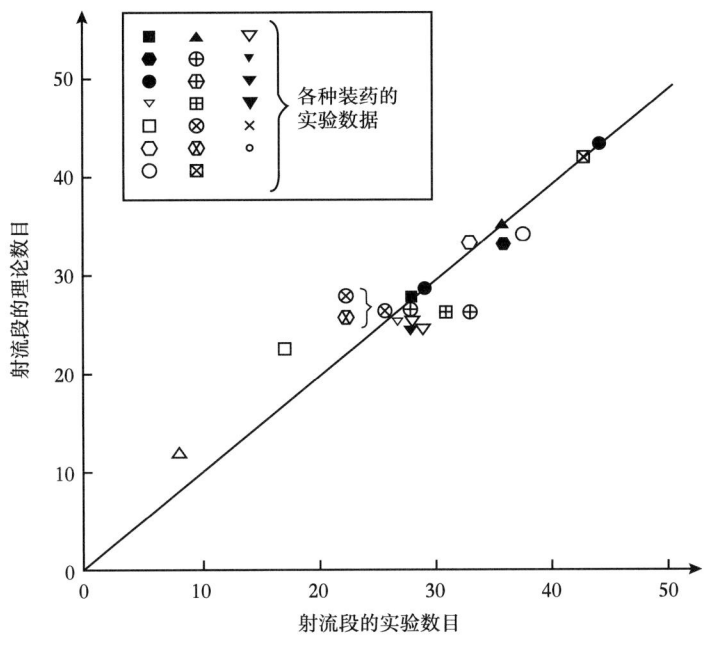

图 3-3-6 射流段数目理论与实验对比

第四节 聚能射流侵彻理论

对于聚能射流侵彻理论的研究，Pugh（1944）和 Birkhoff（1948）等基于伯努利原理，忽略靶板强度并假设流体无黏性和不可压缩，建立了射流侵彻的流体力学理论模型，称为定常侵彻理论。在此基础之上，1963 年，Abrahamson 和 Goodier 推导出了非匀速连续直线射流的显式表达式，可用于求解侵彻深度的理论最大值，也可以考虑靶板强度等因素采用人为终止的方式进行侵彻深度的具体求解。后来，许多学者对靶板的强度、射流断裂等因素对侵彻深度的影响和修正进行了探讨。20 世纪 70 年代后，计算机数值模拟与仿真技术在射流形成与侵彻研究中得到了广泛的应用，推动了药型罩压垮、聚能射流形成及拉伸变化等方面的研究进展，数值模拟与仿真技术能够最大限度地描述聚能射流的结构和构成。

聚能装药主要用来毁伤和破坏某些结构特殊的坚硬目标，军事上主要用于毁伤坦克、装甲车辆、坚固工事或其他坚硬结构；民用上主要用于油气井射孔、船体切割打捞等。聚能装药主要通过高速金属射流在目标相当小的面积上积攒大量的动能来对目标造成破坏。在这种超高速/高速碰撞过程中，靶体和射流之间产生极高的压力，使应力超过靶板材料的屈服强度。对于金属靶体，由于金属的塑性流动将在碰撞表面产生很深的孔洞，侵彻过程中，靶体上的孔洞不断加深，直到射流消耗殆尽或靶体被击穿为止。

聚能装药的侵彻机理与药型罩所形成的侵彻体有关。侵彻体可分为射流（Jet）、杆式射流（JPC）和爆炸成型弹丸（EFP）。一般把杆式射流与射流归为一类，其对靶体的侵彻机理基本相同。

锥形、喇叭形等药型罩的聚能装药爆炸后形成金属射流，药型罩材料压合在装药轴线上形成的射流约占药型罩质量的15%，其余部分形成速度较低的杵体。典型射流头部从至尾部的速度变化在10~2km/s之间。由于速度梯度的存在，射流在运动过程中将被拉伸，直至断裂成许多小段射流或颗粒。断裂的射流颗粒将偏离轴线运动，从而造成侵彻能力的下降。半球形或大锥角药型罩形成"杆式"射流，其速度为5~6km/s，具有比较小的速度梯度，可延长射流断裂时间，从而在大炸高下比典型射流穿深更高，且侵彻孔径较大。

一、射流侵彻的基本现象

射流侵彻靶体的过程如图3-4-1所示，1、2、3、4代表射流微元。图3-4-1a为射流刚接触靶体并发生碰撞的瞬间。碰撞速度超过了声音在射流和靶体内的传播速度，自碰撞点开始分别在靶体和射流中形成冲击波并传播，同时在碰撞点产生很高的压力，能够达到200GPa，温度能升高到5000K。由于射流直径很小，稀疏波迅速传入，射流中冲击波的传播距离并不远。射流与靶体碰撞后，射流速度降低并与靶体碰撞后的质点速度相同，直观上体现为碰撞点的运动速度，这个速度也称为破甲速度。碰撞后的射流并没有耗尽全部质量和能量，剩余部分的质量和能量虽不能进一步破甲，却能扩大孔径。此部分射流在后续射流的推动下向四周扩张。当后续射流到达碰撞点后，继续破甲，但此时射流所碰撞的靶体处于运动状态，故碰撞点的压力要小些，为20~30GPa，温度降为1000K左右。在碰撞点周围，金属靶体产生高速塑性变形，应变率很大。碰撞点周围的高压、高温和高应变率区域，简称为三高区。除射流接触和碰撞靶体表面这段极短的时间以外，射流都是对三高区进行作用。图3-4-1b表示射流微元4正在破甲，在碰撞点周围形成三高区；图3-4-1c表示射流微元4已附着在孔壁上，射流微元3已完成破甲，射流微元2即将破甲。由此可见，射流残留在孔壁上的次序与原来射流微元的次序正好相反。

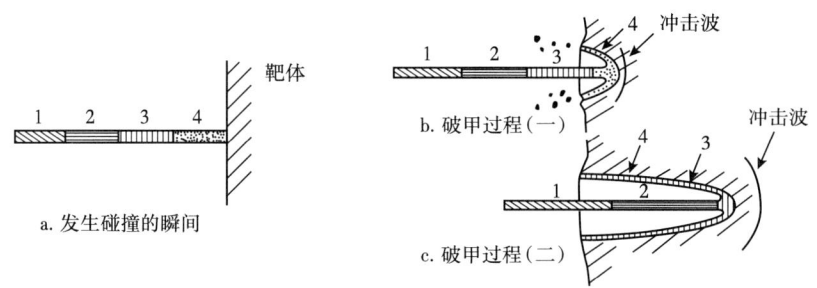

图3-4-1 射流破甲过程示意图

射流侵彻或破甲过程可分为开坑、准定常和终止三个阶段。

1. 开坑阶段

开坑阶段也就是开始阶段，射流头部撞击静止的靶体，产生100GPa量级的压力；碰撞点处形成冲击波并分别向靶体和射流中传播，靶体自由面于碰撞点处崩裂，靶材和射流残渣飞溅，射流在靶体中建立三高区。该阶段的侵彻孔深仅占孔深的很小一部分。

2. 准定常阶段

在该阶段，后续射流对三高区的靶体进行侵彻，碰撞压力相对较小。该阶段射流的能量分布变化较慢，破甲参数和孔洞直径变化不大，基本与时间无关，故称准定常阶段。破甲多数发生于该阶段。

3. 终止阶段

该阶段情况比较复杂。首先，射流速度大幅降低，靶体强度的影响越来越显现；其次，由于射流速度降低，不仅破甲能力降低，而且扩孔能力也下降，后续射流推不开前面已经释放完能量的残渣，直接作用于残渣上，影响了破甲的正常进行。实际上，在射流和孔底之间，总是存在射流残渣的堆积层，在准定常阶段堆积层很薄，而在终止阶段则越来越厚，最终使破甲过程停止。另外，射流在破甲后期的颈缩与断裂也会对破甲过程产生不利影响。

总体来看，射流破甲终止的原因主要有如下四种，出现其一则侵彻终止。

（1）射流速度降至某一临界值时，不能再侵彻靶体。该值称为射流临界侵彻速度，与射流和靶体的材料及射流状态有关。靶材的强度低，临界速度也低；靶材的强度高，临界速度也高。射流的临界侵彻速度可用下式进行计算：

$$v_{cr} = \sqrt{\frac{2\sigma}{\lambda \rho_j}} \quad (3-4-1)$$

式中：v_{cr} 为射流侵彻的临界速度，m/s；σ 为靶板塑形阻抗与射流塑形阻抗之差，kg/(m²·s)；λ 为实验系数，对于连续射流，$\lambda=1$；ρ_j 为射流密度，kg/m³。

（2）由于侵彻过程中的射流残渣堆积，使后续射流和孔底被隔开，即使射流速度尚未下降到临界侵彻速度，也可以使侵彻终止。

（3）射流断裂并翻转和偏离轴线，使侵彻终止。

（4）射流尾部速度大于临界侵彻速度，但因射流消耗殆尽而终止侵彻。

典型的射流对半元限靶体的侵彻孔洞如图 3-4-2 所示，三种射流形成的孔洞相似，口部呈喇叭形，孔径随着深度加深减小较快，相当于开坑阶段占总侵彻深度的 10% 左右。此后，尽管孔径随深度仍不断减小，但变化梯度不大，这部分占总侵彻深度的 85% 左右，对应准定常阶段。孔的下部出现一小段葫芦形，说明此处射流已断裂，再往下孔径略增大形成袋状孔底，里面堆满了射流残渣。此部分射流如果直接作用于孔底，应该可以继续侵彻，但由于堆积作用而无法继续侵彻，只能通过扩孔消耗能量，该阶段属于终止阶段，占总侵彻深度的 5% 左右。

射流破甲时，靶体发生强烈的塑性变形，引起材料的局部硬化，其中入口处变形最为剧烈，硬度增加最大。越向孔底，硬度增加越小，准定常区的硬度低于开坑区。对于未

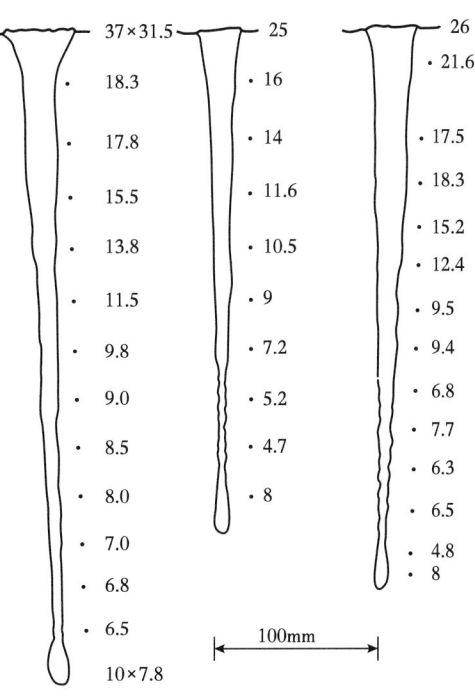

图 3-4-2 典型的射流破甲孔洞示意图
数字代表孔径，mm

穿透的靶体,射流残渣堆积在孔底,使孔底周围的金属材料温度升高,然后缓慢冷却,产生低温回火现象,因此孔壁的硬化程度低于准定常区。被射流穿透的靶体,出口附近没有软化现象。

二、定常侵彻理论

Birkhoff等最早描述了射流侵彻的分析模型,假设靶体和射流的行为均为理想不可压缩流体,并建议用简单的Bernoulli方程来描述射流对靶体的侵彻。具体处理方法是:把坐标系建立在碰撞点,并与碰撞点以速度u一同运动,这样在碰撞点两侧的射流和靶体分别以速度v_j-u和u向碰撞点流入,令两股流体的静压力和动压力之和相等,如图3-4-3所示。

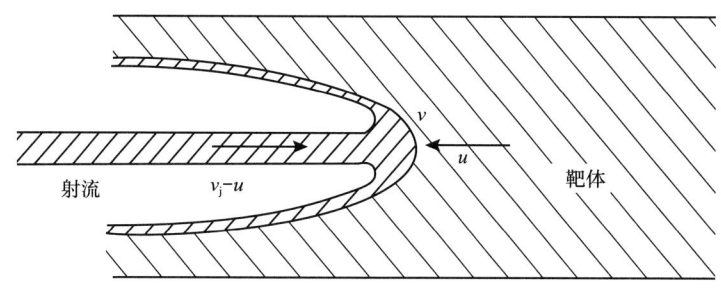

图3-4-3 射流侵彻动坐标示意图

由Bernoulli方程给出:

$$p_j + \frac{1}{2}\rho_j(v_j-u)^2 = p_t + \frac{1}{2}\rho_t u^2 \qquad (3-4-2)$$

式中:v_j为射流速度,m/s;u为碰撞点(破甲)速度,m/s;ρ_j和ρ_t分别为射流和靶体密度,kg/m³;p_j和p_t分别为射流和靶体的静压力,MPa。

相对于动压力,射流和靶体的静压力是小量,可以忽略,于是有:

$$\frac{1}{2}\rho_j(v_j-u)^2 = \frac{1}{2}\rho_t u^2 \qquad (3-4-3)$$

式(3-4-3)对于高速射流侵彻金属靶体具有不错的计算精度,在高速侵彻时可以忽略靶体和射流的强度。后来大多数的射流侵彻模型都是在式(3-4-3)的形式上进行改进,包括考虑断裂射流效应、射流和靶板强度效应等。

求解式(3-4-3),可以得到射流侵彻过程中碰撞点或孔底运动的速度(破甲速度):

$$u = \frac{v_j}{1+\sqrt{\rho_t/\rho_j}} \qquad (3-4-4)$$

于是,作为时间t函数的侵彻深度可表示为:

$$P(t) = \int_0^t u\,dt \qquad (3-4-5)$$

对于匀速，即速度 v_j 不变的射流，当射流消耗殆尽时侵彻终止，这时侵彻持续时间为：

$$t = \frac{L}{v_j - u} \quad (3-4-6)$$

式中：L 为射流长度，m

将式（3-4-4）和式（3-4-6）代入式（3-4-5），可得侵彻深度为：

$$P = L\sqrt{\rho_j / \rho_t} \quad (3-4-7)$$

这就是密度定律，表明匀速射流的侵彻深度仅与射流长度、射流和靶体的密度之比有关，并与靶体密度的平方根成反比。式（3-4-7）表明侵彻深度与射流速度无关，这是忽略了靶体强度并在理想不可压缩流体假设条件下获得的。但是，当射流速度不够高、产生的压力不够大时，靶体强度的影响将会显现，并最终影响到侵彻深度。

Pack 和 Evans 扩展了式（3-4-3）以适用于断裂射流，给出断裂射流的定常侵彻公式为：

$$\lambda \rho_j (v_j - u)^2 = \rho_t u^2 \quad (3-4-8)$$

式中：λ 为常数，对连续射流 $\lambda=1$，对于断裂射流 $\lambda=2$，λ 范围在 1~2 之间，表明射流的断裂程度；ρ_j 为射流质量除以包括射流段间隙在内的总体积所得到的密度，kg/m³。

于是，侵彻深度为：

$$P = L\sqrt{\lambda \rho_j / \rho_t} \quad (3-4-9)$$

式中：L 为包括射流段间隙在内的射流总长度，m。

考虑靶板强度的影响，Pack 和 Evans 还用一个无量纲参数 $Y/(\rho_j v_j^2)$ 来修正式（3-4-7），其中 Y 为靶板屈服强度，MPa，即：

$$P = L\sqrt{\frac{\rho_j}{\rho_t}}\left(1 - \frac{aY}{\rho_j v_j^2}\right) \quad (3-4-10)$$

式中：a 是射流和靶体密度的函数。

三、准定常侵彻理论

实际的射流总是头部速度高、尾部速度低，沿其长度方向存在一定的速度分布。射流侵彻的定常模型不能反映射流拉长对侵彻深度的影响，也就不能揭示侵彻深度随炸高的变化规律。但是，对于一小段射流或射流微元，可以假设速度不变并应用上述模型，这就是准定常侵彻理论的基本思想。

Allison 和 Vitali 假设存在虚拟源，虚拟源是所有射流发出的点源。射流长度为零。假设虚拟源上的各射流微元的速度在空间上呈线性分布，如图 3-4-4 所示，取射流头部虚拟源为坐标原点 O，O 点即为所有射流微元发出的点源，每一直线的斜率即为该射流

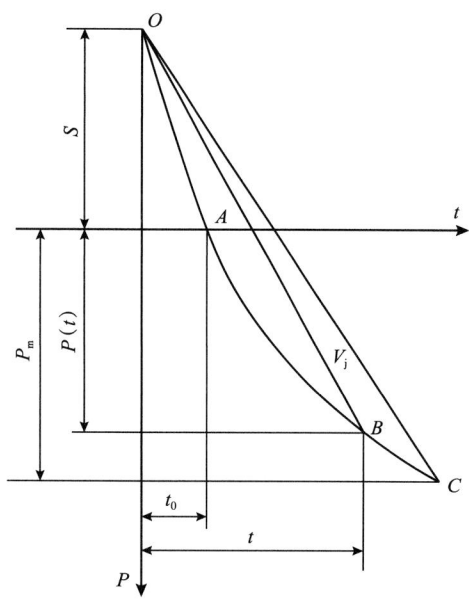

图 3-4-4 非匀速射流侵彻分析图

微元的速度；S 为虚拟源到靶体表面的距离；t_0 为射流头部从虚拟源运行到靶体表面的时间。

射流头部在 A 点与靶体表面相遇并开始侵彻，ABC 线为侵彻深度随时间增加的曲线，该曲线上每一点的斜率即为该点的侵彻速度或碰撞点速度。

现取任一点 B，OB 斜率为相应的射流微元的速度 v_j，该微元前面的射流产生的侵彻深度为 $P(t)$，于是该微元在 t 时刻运行的距离为：

$$P(t)+S=tv_j \tag{3-4-11}$$

对 t 取微分，由于 S 是常数，$dP(t)/dt=u$，所以有：

$$u=t\frac{dv_j}{dt}+v_j \tag{3-4-12}$$

变换式（3-4-12），两边取积分：

$$\int_{t_0}^{t}\frac{dt}{t}=-\int_{v_{j0}}^{v_j}\frac{dv}{v_j-u} \tag{3-4-13}$$

于是有：

$$\frac{t}{t_0}=\exp\left(-\int_{v_{j0}}^{v_j}\frac{dv}{v_j-u}\right) \tag{3-4-14}$$

应用 v_j 和 u 的关系式（3-4-4），代入式（3-4-14），积分后得到：

$$t=t_0\left(\frac{v_{j0}}{v_j}\right)^{(1+\gamma)/\gamma} \tag{3-4-15}$$

其中：
$$\gamma=\sqrt{\rho_t/\rho_j}$$

将式（3-4-14）代入式（3-4-11），可行到侵彻深度的表达式为：

$$P(t)=v_j t_0\left(\frac{v_{j0}}{v_j}\right)^{(1+\gamma)/\gamma}-S \tag{3-4-16}$$

考虑 $v_{j0}t_0=S$，变换式（3-4-16）得：

$$P(t)=S\left[\left(\frac{v_{j0}}{v_j}\right)^{1/\gamma}-1\right] \tag{3-4-17}$$

式中：v_{j0} 为射流头部速度，m/s。

由式（3-4-17）可见，侵彻深度不仅与射流和靶体的密度有关，还与射流速度、射流拉长程度及包括炸高在内的 S 有关。

如将式（3-4-15）中的 v_{j0}/v_j 代入式（3-4-17）并做适当变换，便可得到射流侵彻深度随时间变化的表达式：

$$P(t) = v_j t_0 \left(\frac{t_0}{t} \right)^{(1+\gamma)/\gamma} - S \qquad (3\text{-}4\text{-}18)$$

若 t_1 时刻射流整体同时发生断裂，假定每段断裂射流均为速度均匀的稳态射流段，就可以得到从连续射流到断裂射流的总的侵彻深度计算公式：

$$P_T = P(t_1) + \frac{S + P(t_1) + t_1 v_{jc}}{\gamma} \qquad (3\text{-}4\text{-}19)$$

式中：v_{jc} 为能够侵彻靶板材料的最小射流速度，即射流临界侵彻速度，m/s；$P(t_1)$ 为连续射流侵彻深度，m，可由式（3-4-18）求得。

DiPersio、Simon 和 Merendino 在 Allison 和 Vitali 虚拟源理论的基础上，提出如下三种情况的侵彻公式。

（1）射流断裂之前完成侵彻：

$$P_T = S \left(\frac{v_{j0}}{v_{jc}} \right)^{1/\gamma} - 1 \qquad (3\text{-}4\text{-}20)$$

（2）射流在侵彻过程中出现断裂：

$$P_T = \frac{1}{\gamma} \left[(\gamma + 1)(v_{j0} t_1)^{1/(\gamma+1)} S^{\gamma/(\gamma+1)} - v_{jc} t_1 \right] - S \qquad (3\text{-}4\text{-}21)$$

（3）射流在侵彻开始之前断裂：

$$P_T = \left[(v_{j0} - v_{jc}) t_1 \right] / \gamma \qquad (3\text{-}4\text{-}22)$$

式（3-4-20）至式（3-4-22）被称为 DSM 理论，均以计算射流速度的经验公式为基础，而射流侵彻随炸高的变化并没有直接反映。有关射流断裂、断裂射流质点的振动、翻滚等物理现象及对侵彻效应的影响等，一直是聚能侵彻效应研究的焦点和难点。Eichellberger 通过对射流速度和侵彻速度的试验测量，认为在侵彻的早期阶段，应用式（3-4-8）预测侵彻深度还是比较精确的；但在侵彻的后期阶段，当射流速度变慢时，靶板和射流强度产生重要的影响，并提出靶板强度的影响可通过在式（3-4-8）中附加一强度项来表示，即：

$$\lambda \rho_j (v_j - u)^2 = \rho_t u^2 + 2\sigma \qquad (3\text{-}4\text{-}23)$$

式中：σ 为 σ_t 和 σ_j 之差，σ_t 和 σ_j 分别为靶体和射流的塑性变形阻抗，g/(m²·s)，通常取靶体和射流屈服强度的 1~3 倍。

侵彻终止时，$u=0$，对应的射流速度称为临界射流速度 v_{jc}，将 $u=0$ 代入式（3-4-23）可得：

$$v_{jc} = \sqrt{\frac{2\sigma}{\lambda \rho_j}} \tag{3-4-24}$$

对于连续射流，取 $\lambda=1$，于是式（3-4-23）的展开形式为：

$$(1-\gamma)^2 u^2 - 2v_j u + \left(v_j^2 - \frac{2\sigma}{\rho_j}\right) = 0 \tag{3-4-25}$$

对式（3-4-25）求解，得到侵彻速度关系式为：

$$u = \frac{1}{1-\gamma^2}\left\{v_j - \left[\gamma^2 v_j^2 + (1-\gamma^2)\frac{2\sigma}{\rho_j}\right]^{1/2}\right\} \tag{3-4-26}$$

将式（3-4-26）代入式（3-4-13），积分并考虑式（3-4-24），则有：

$$\int_{v_{j0}}^{v_j} \frac{dv}{v_j - u} = \ln \frac{T}{T_0} \left\{\frac{T + \left[T^2 - (1-\gamma^2)^2 v_{jc}^2\right]^{1/2}}{T_0 + \left[T_0^2 - (1-\gamma^2)^2 v_{jc}^2\right]^{1/2}}\right\}^{-1/\gamma} \tag{3-4-27}$$

其中：

$$T = -\gamma^2 v_j + \left[\gamma^2 v_j^2 + (1-\gamma^2)^2 v_{jc}^2\right]^{1/2} \tag{3-4-28}$$

$$T = -\gamma^2 v_{j0} + \left[\gamma^2 v_{j0}^2 + (1-\gamma^2)^2 v_{jc}^2\right]^{1/2} \tag{3-4-29}$$

将式（3-4-27）代入式（3-4-14）后，再代入式（3-4-11），得到考虑射流和靶板强度效应的侵彻深度公式：

$$P(t) = v_j t_0 \frac{T_0}{T} \left\{\frac{T_0 + \left[T_0^2 - (1-\gamma^2)^2 v_{jc}^2\right]^{1/2}}{T + \left[T^2 - (1-\gamma^2)^2 v_{jc}^2\right]^{1/2}}\right\}^{1/\gamma} - S \tag{3-4-30}$$

显然，当 $v_{jc}=0$ 时，式（3-4-30）将变成理想流体动力学公式（3-4-17）。当射流和靶体密度相同时，即 $\gamma=1$，则由式（3-4-25）可得侵彻速度为：

$$u = \frac{v_j}{2} - \frac{\sigma}{\rho_j v_j} \qquad (3\text{-}4\text{-}31)$$

射流在空气中运动时不断拉伸，出现颈缩，最终断裂。假设射流断裂后，各射流段的长度不再变化，且忽略各射流段侵彻时重新开坑和翻转的影响，则射流段长度 ΔL 产生的侵彻增量 ΔP 为：

$$\Delta P = u \frac{\Delta L}{v_j - u} \qquad (3\text{-}4\text{-}32)$$

式中：v_j 为射流段速度，m/s；u 可由式（3-4-26）求出。

Szendrei 给出了射流穿孔半径随侵彻时间的变化关系：

$$r_H^2 = \frac{A}{B} - \left[\left(\frac{A}{B} - r_j^2 \right)^{1/2} - t \left(\frac{\sigma}{\rho_t} \right)^{1/2} \right]^2 \qquad (3\text{-}4\text{-}33)$$

其中：

$$A = \frac{\rho_j r_j^2 v_j^2}{2\rho_t (1 + \Delta P / \Delta L)^2} \qquad (3\text{-}4\text{-}34)$$

$$B = \frac{\sigma}{\rho_t} \qquad (3\text{-}4\text{-}35)$$

式中：r_j 为射流微元半径，m；$\Delta P/\Delta L$ 为单位射流长度的侵彻深度，m。

如果受射流漂移的影响，致使射流不能冲击孔底而冲击孔的中部（图 3-4-5），在应用式（3-4-33）时，其有效射流半径应取搭接区域的一半。

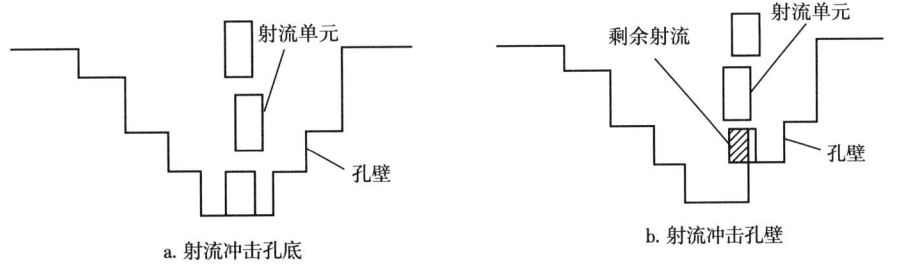

图 3-4-5　射流漂移及其对孔的冲击示意图

研究表明，所有射流特性参数如速度、断裂时间和微元半径等都是变化的，但是对精密装药在给定炸高条件下，决定射流平均侵彻深度的主要因素还是射流微元弥散效应，如漂移和翻转等。图 3-4-6 显示了某 81mm 口径精密聚能装药的侵彻深度随炸高变化的预测值与实验结果的比较。可以看出，如果只考虑射流微元的漂移而不考虑翻转的影响，则预测的侵彻深度比实验值大，并随着炸高的增加而加深；同时也看到，理想射流的侵彻深度不随炸高的增加而减小，而是在射流断裂后仍保持不变。

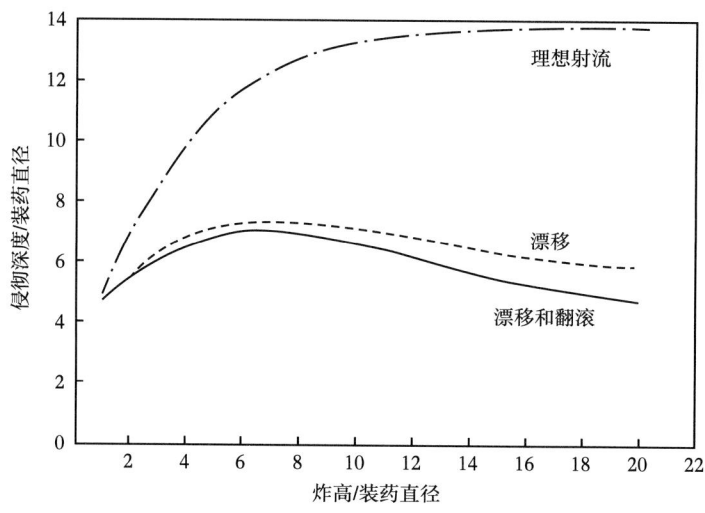

图 3-4-6　81mm 口径精密聚能装药的射流弥散效应对侵彻深度的影响曲线

四、双线性速度分布射流的侵彻

射流侵彻深度准定常模型是基于虚拟源并假设射流速度呈线性分布。考虑射流速度的非线性分布，特别是针对双锥形药型罩，Chou 和 Foster 采用双线性射流速度分布代替非线性射流速度分布。如图 3-4-7 所示，两条直线段 AD 和 DB 分别表示双线性射流速度分布，直线段 ACB 表示线性射流速度分布，Z 为 C 和 D 两点间的距离。假定 C 和 D 两点具有相同的速度 V_2，A 点速度为射流头部速度 v_1；B 点速度为射流尾部速度 v_3，则总侵彻深度公式为：

$$P = S\left[\left(\frac{v_1}{v_3}\right)^{1/\gamma} - 1\right] + Z\left(\frac{v_1}{v_3^{1/\gamma}}\frac{v_1^{1/\gamma} - v_2^{1/\gamma}}{v_1 - v_2} - \frac{v_2}{v_3^{1/\gamma}}\frac{v_2^{1/\gamma} - v_3^{1/\gamma}}{v_2 - v_3}\right) \quad (3\text{-}4\text{-}36)$$

式中：等号右侧第一项为线性射流速度的侵彻深度，m；等号右侧第二项为双线性速度分布增加的侵彻深度，m。

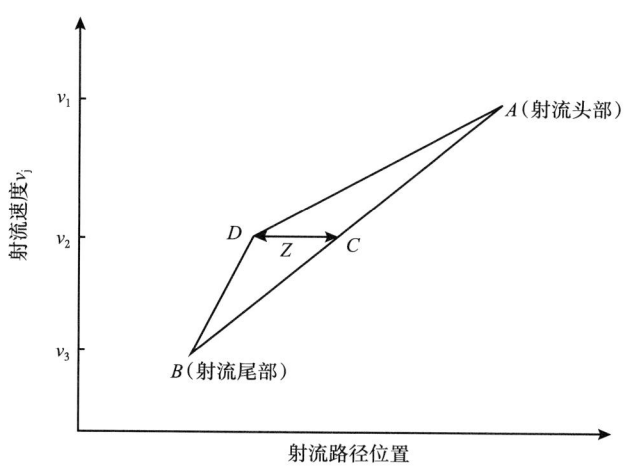

图 3-4-7　双线性射流速度分布示意图

图 3-4-8 给出了双线性速度射流和线性速度射流侵彻深度之比随炸高的变化曲线，其中双线性速度分布来自 Foster 的双锥罩聚能装药试验。对于这种双锥罩，v_1=10km/s，v_2=7.6km/s，v_3=2km/s，Z=12.5。可以看出，当炸高为 125mm 时，双线性速度分布射流的侵彻深度约为线性速度分布射流的侵彻深度的 2 倍。随着炸高的增加，双线性和线性速度分布射流侵彻深度之比减小。

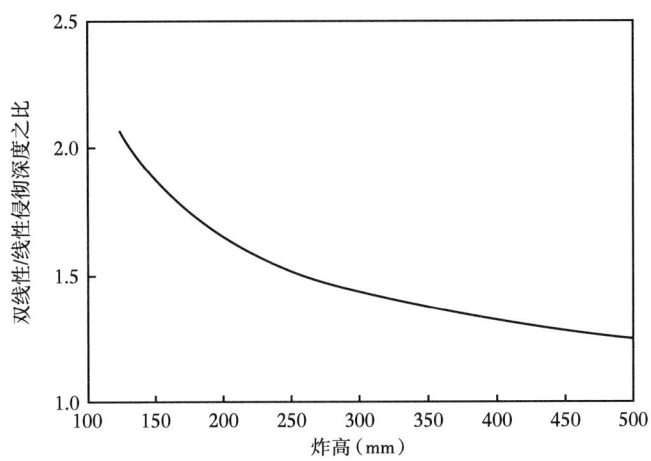

图 3-4-8 双锥和单锥药型罩射流侵彻深度之比与炸高的关系

第五节 粉末药型罩形成的射流特性

聚能射流形成过程及射流速度的计算模型，在计算密实罩如铜板罩和其他金属罩时精度较高。油井用射孔弹的药型罩材料一般采用粉末药型罩材料，将这些方法直接用到粉末药型罩的射流计算中会使计算结果有较大的偏差。粉末药型罩属于多孔材料的一种，通过分析可以认为产生偏差的关键在于粉末药型罩材料的可压缩性对射流造成的影响。

一、粉末药型罩的材料特性

多孔材料指一切常态下密度低于其相应密实材料常态密度的介质，具有不同于一般密实材料的冲击压缩特性（冲击 Hugoniot 曲线）。在相同爆轰产物的冲击压缩下，多孔材料内部将产生更高的冲击升温，界面的初始压力较密实材料要低，介质内部的传播衰减更快。影响多孔材料冲击压缩特性的因素主要有孔隙度（$\lambda=\rho/\rho_0=v/v_0$，$\phi$ 为孔隙度，ρ_0 和 v_0 分别为多孔材料的初始密度和初始比容，ρ 和 v 为相应密实材料密度和比容）和粒度等。

粉末材料对爆炸作用的弱化效应主要体现在两个方面：一是可压缩性对爆轰产物、对界面的作用压力及冲量的影响；二是可压缩性对爆炸作用的有效能量，即格尼能量的影响（黄培云，1988）。

二、可压缩性对爆轰产物作用压力及冲量影响的分析与计算

当冲击波从爆轰产物传入孔隙度不大的金属多孔介质时，金属多孔介质的冲击阻抗

远大于爆轰产物的冲击阻抗，因此透射波与反射波均是冲击波，各参数的计算须按反射波为冲击波的情况进行处理。

1. 炸药爆轰参数

当爆轰波传至炸药和介质分界面处但尚未发生膨胀的时候，根据经典 C—J 理论，爆轰产物的 C—J 压力 p_H、质点速度 U_H、密度 ρ_H 和声速 C_H 的关系式分别为：

$$p_H = \frac{1}{\gamma+1}\rho_0 D_j^2$$

$$U_H = \frac{1}{\gamma+1}D_j$$

$$\rho_H = \frac{\gamma+1}{\gamma}\rho_0$$

$$C_H = \frac{\gamma}{\gamma+1}D_j$$

（3-5-1）

2. 界面质点速度

当稀疏波传入到爆轰产物后，爆轰产物将发生膨胀并获得一个附加速度 U_r，分界处的质点速度 U_X 可表示为：

$$U_r = U_X - U_H = \sqrt{(p_X - p_H)(v_H - v_X)} \tag{3-5-2}$$

由爆轰产物的状态方程 $P=A\rho^\gamma$ 可得反射冲击波的冲击 Hugoniot 方程，表示为：

$$\frac{v_X}{v_H} = \frac{(\gamma-1)\pi+(\gamma+1)}{(\gamma+1)\pi+(\gamma-1)} \tag{3-5-3}$$

$$\pi = \frac{p_X}{p_H} \tag{3-5-4}$$

将式（3-5-1）至式（3-5-3）结合起来可得分界面的质点速度为：

$$U_X = \frac{D_j}{\gamma+1}\left\{1+\frac{2\gamma}{\gamma+1}\left[1-\left(\frac{p_X}{p_H}\right)^{\frac{\gamma-1}{2\gamma}}\right]\right\} \tag{3-5-5}$$

式中：D_j 为爆轰速度，m/s。

进而得到：

$$U_X = \frac{D}{\gamma+1}\left[1-\frac{(\pi-1)\sqrt{2\gamma}}{\sqrt{(\gamma+1)\pi+(\gamma-1)}}\right] \tag{3-5-6}$$

另外，考虑到分界面处冲击波压力和质点速度的连续条件，以及冲击波阵面的守恒关系，有：

$$U_X = \sqrt{p_X(v_{00} - v_X)} \qquad (3\text{-}5\text{-}7)$$

3. 多孔材料的冲击 Hugoniot 方程

多孔材料的冲击 Hugoniot 方程有多种，常用的有下面两种：McQueen 方程和多孔材料的中高压（十到数十吉帕）近似 Hugoniot 方程。

McQueen 等基于流体模型所导出的多孔材料高压冲击 Hugoniot 方程如下：

$$p_{H0} = p_H \frac{1 - \dfrac{\Gamma_0}{2V_0}(V_0 - V)}{1 - \dfrac{\Gamma_0}{2V_0}(V_{00} - V)} \qquad (3\text{-}5\text{-}8)$$

$$p_H = \frac{C_0^2(V_0 - V)}{[V_0 - S(V_0 - V)]^2} \qquad (3\text{-}5\text{-}9)$$

其中：
$$D = C_0 + SU_x \qquad (3\text{-}5\text{-}10)$$

式中：V_0 为相应密实材料的初始比容，m^3/kg；Γ_0 为密实材料中常态格留乃逊系数；p_{H0} 为多孔材料在应力即比容为 V 时的 Hugoniot 压力，GPa；p_H 为相应密实材料对应于比容 V 时的 Hugoniot 压力，GPa；C_0 和 S 分别为相应密实材料中的冲击波速度与粒子速度关系常数。

多孔材料 Hugoniot 方程为：

$$V = \frac{V_0}{A}\left(1 - \frac{X - \sqrt{X^2 - 1}}{b}\right) \qquad (3\text{-}5\text{-}11)$$

其中：

$$A = \frac{1 + \dfrac{p_{H0}}{2}\dfrac{\alpha_v}{C_P}V_0}{1 - \dfrac{p_{H0}}{2}\dfrac{\alpha_v}{C_P}V_{00}} \qquad (3\text{-}5\text{-}12)$$

$$X = 1 + \frac{C_0^2}{2V_0 S p_{H0}} A \qquad (3\text{-}5\text{-}13)$$

式中：V_{00} 为多孔材料材料的初始比容，m^3/kg；p_{H0} 为多孔材料在比容为 V 时的压力，GPa；α_v 和 C_P 分别为密实材料的体热膨胀系数（K^{-1}）和等压比热 [$J/(kg·K)$]。

式（3-5-8）和式（3-5-11）都能够较准确地反映出多孔材料中压力与比容的关系，都适用于计算多孔介质界面的初始压力。

另外，在现有的多孔材料中高压区 Hugoniot 方程中，均仅仅考虑到材料的孔隙度对冲击压缩特性的影响，没有考虑到粒度对材料冲击压缩特性的影响。根据已有的研究结果,粒度对材料的冲击压缩特性的影响有个下限,具体的下限值可由实验确定。在这个下限之上,粒度越大则冲击可压缩性能越好,对射流性能的影响越大。由于粒度问题较为复杂,本书在计算粉末药型罩的界面压力时假定粉末材料粒度已超出下限,不考虑粒度对 Hugoniot 方程的影响。

三、压力计算过程与结果分析

以初始孔隙度 $\phi=V_{00}/V_0$ 为变量,针对表 3-5-1 的多孔铜和装药参数进行界面初始压力的分析计算,得到一维条件下的界面初始压力 p_m 与孔隙度的关系。图 3-5-1 可以看出,当孔隙度等于 1 时,即材料为密实介质时,界面的初始压力最大;当孔隙度增大,界面的初始压力逐渐减少。孔隙度越大,压力变化速度越小,所以孔隙度接近 1 时对射流速度的影响也可能是最大。

表 3-5-1 材料参数和装药参数

参数	铜						装药	
	C_0(m/s)	S	α(K^{-1})	C_P[J/(kg·K)]	V_0(m^{-3})	D_j(m/s)	γ	ρ(g/cm^3)
数值	3940	1.489	5.01×10^{-5}	433	1.12×10^{-4}	7890	3	1.72

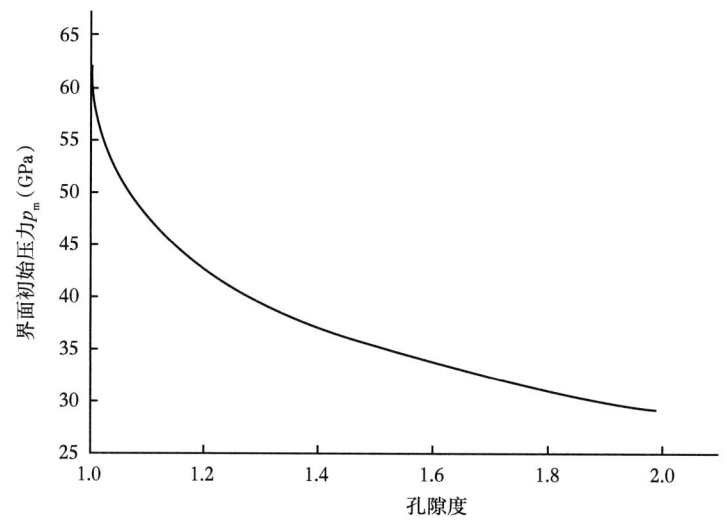

图 3-5-1 孔隙度与界面初始压力 p_m 的关系

四、多孔材料特性对格尼能的影响

1. 冲击波在多孔材料中的衰减机理

有关冲击波在多孔材料中的衰减机理,目前公认的机理有两种:孔隙塌缩能量不可逆耗散机理和快速稀疏机理。

1) 孔隙塌缩能量不可逆耗散机理

多孔材料内部由于存在大量的孔隙,在冲击波作用下材料首先要被致密,以消除其中的孔隙。致密过程中孔隙和材料被绝热压缩,外力做的功转变为材料的内能和塑性能。当多孔材料被完全致密之后,冲击波在其中的传播特性与相应的密实材料基本相同。显然，如果能将多孔材料在致密过程中吸收的冲击波能量与装药总能量相比就可以看出能量的损耗对压合速度的影响程度。

2）快速稀疏机理

多孔材料中稀疏波的传播速度与过其冲击 Hugoniot 曲线上的终态点斜率的平方根成正比，而冲击波的传播速度与过初态和终态的斜率平方根成正比。结合多孔材料及相应密实材料冲击 Hugoniot 曲线间的关系，得到多孔材料中稀疏波速度与冲击波速度之比较相应密实材料要大。因此，从稀疏衰减的角度看，冲击波在多孔材料中的衰减较在相应的密实材料中要快。

2. 多孔介质压实时消耗的能量计算

格尼能本质是一种虚拟能量，反映的是炸药驱动能力的大小，与装药的总能量有很大关系。从能量守恒的角度来看，当某种特定的装药结构中存在额外的能量耗散时，则可供转化为动能的能量就会减少。根据孔隙塌缩能量不可逆耗散机理，多孔材料内部由于存在大量的孔隙，在冲击波作用下材料首先要被致密。致密过程中气隙和材料被绝热压缩，外力所做的功转变为材料的内能和塑性能，致密后材料的特性与密实材料一致。因此，多孔材料在致密过程中吸收能量是爆炸载荷作用时产生额外能量耗散的主要原因。为方便计算，本书假定多孔材料在致密过程中吸收的能量即为相对密实材料的所损耗的能量。冲击波作用下的能量消耗有两部分：一部分用于增加物质的动能，另一部分用于增加物质的内能。在一般情况下，内能的增加量和动能的增加量各占总功的二分之一。如果冲击波很强（$p_H \gg p_0$）则可以认为：

$$E - E_0 = \frac{1}{2}u^2 = \frac{1}{2}p(V_0 - V) \quad (3-5-14)$$

式中：E 和 E_0 分别为末态、初态的内能，J；V 和 V_0 分别为末态、初态的比容，m³/kg；u 为质点速度，m/s。

多孔材料的压缩首先要经历压实过程，初态为多孔材料比容 V_{00}，末态为相应密实介质比容 V_0。令 $V_{00}=\phi V_0$，冲击波在压实过程所做的功为：

$$W = m_L p_H (\phi - 1) V_0 \quad (3-5-15)$$

式中：m_L 为药型罩质量，g。

能量损失率 ε 为：

$$\varepsilon = \frac{W}{m_e Q_v} \quad (3-5-16)$$

式中：m_e 为装药质量，g；Q_v 为爆热，J/kg。

对表 3-5-2 的药型罩参数和装药参数进行分析计算，得到能量损失率与孔隙度之间的关系，如图 3-5-2 所示。当粉末药型罩的孔隙度接近 1 时，多孔材料的可压缩性带来的能量损失可以忽略。但孔隙度逐步增大时，可压缩性消耗的能量也越来越大，炸药用于驱动罩运动的有效能量也相应减少，达到一定程度时有必要根据能量损失率对格尼公式进行修正。

表 3-5-2 药型罩及装药参数

参数	多孔铜			装药				
	m_L(g)	ρ(kg/m³)	λ	m_e(g)	D_j(m/s)	γ	ρ(kg/m³)	E(J)
数值	23	8200	1.059	38.26	6000	3	1800	4292450

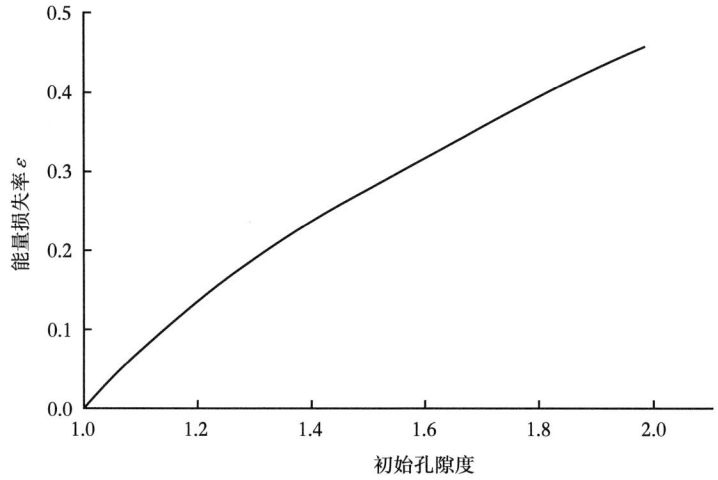

图 3-5-2 能量损失率和初始孔隙度之间的关系

五、粉末罩射孔弹射流速度的计算方法

根据上述理论分析及计算结果，保持原有特征时间公式、压合速度计算公式和经验参数不变，引入修正系数 $C_3=p_{H0}/p_H \geqslant 3$，对压合速度计算公式进行修正。其中 p_{H0} 和 p_H 分别为粉末罩和密实罩的初始界面压力。

根据改进 PER 理论，药型罩微元在极短时间内加速到轴线，由动量守恒定律得到：

$$\rho\left(\frac{D}{\cos\alpha}\Delta t\right)v = p_m\Delta t \quad (3\text{-}5\text{-}17)$$

$$v = \frac{p_m\cos\alpha}{\rho D} \quad (3\text{-}5\text{-}18)$$

式中：ρ 为药型罩密度，kg/m³；D 为爆速，m/s；v 为压合速度，m/s；p_m 为作用在罩面的压力，MPa；α 为半锥角，°。

初始压力的减少将会使压合速度下降，从而使射流速度的下降。将 C_3 代入式（3-5-18）得：

$$v_1 = \frac{p_m\cos\alpha}{C_3\rho D} \quad (3\text{-}5\text{-}19)$$

即：

$$v_1 = v_0 \frac{p_H}{p_{H0}} = \frac{v_0}{C_3} \quad (3-5-20)$$

药型罩多孔材料的特性造成的装药能量损失率可以用相应装药质量的损失率来表示，据此对格尼能进行修正得到：

$$v_0 = \frac{1}{1+\mu}\left(-\frac{A}{(1-\varepsilon)m_e} + \left\{\frac{2E(\mu+1)}{N(\mu+1)} - \frac{A^2}{(1-\varepsilon)^2 m_e^2}\left[\frac{1}{N(\mu+1)-1}\right]\right\}^{\frac{1}{2}}\right) \quad (3-5-21)$$

这样，由式（3-5-3）和式（3-5-5）构成了计算压合速度的修正模型。具体计算过程如下：应用前面叙述的方法分别计算粉末罩和密度罩的初始界面压力 p_{H0} 和 p_H，以及能量损失率 ε。运用式（3-5-21）计算出粉末罩和密实罩的极限速度。

从粉末药型罩的射流计算方法来看，计算的关键在于利用多孔介质的状态方程和爆炸力学理论对界面的压力进行计算，同时求出压实多孔介质时的能量损耗。

第六节 聚能射流实验技术

聚能装药爆炸、射流形成、侵彻等具体物理过程通常是非线性的、瞬时的、破坏性的和难以100%重复再现的。实验、理论分析和数值模拟仿真是研究聚能装药的三种基本方法。作为工程应用学科，实验研究是首要的，对于未知现象的发现和认知首先是从实验开始的，聚能装药的结果最终也是通过实验来证实和评定的。在测试精度足够高的情况下，实验所揭示的现象和规律不仅是直观的，更是真实和可靠的。研究聚能射流形成的机理与过程时，需要采用特殊的仪器和高速瞬态测试技术，常用的实验方法有脉冲X射线照相技术、高速摄影技术、可见光高透立体分体分幅照相技术和杵体回收试验等，研究射流侵彻效应时，常采用叠合靶法和放射性元素示踪技术等。

一、射流形成实验技术

1.脉冲X射线照相技术

脉冲X射线照相技术是研究射流形成过程的重要实验手段之一，基本原理是利用金属药型罩和装药（爆轰产物）较大的密度差，通过设置脉冲闪光的时间间隔，拍摄到装药起爆后不同时刻的药型罩变形和射流形状，脉冲闪光的时间控制精度可达到1ns以内。图3-6-1是某典型锥形金属药型罩聚能装药射流形成过程中的一组脉冲X射线照片，拍摄时间分别是起爆后1.1μs、3.5μs、7.0μs、10.5μs、12.0μs和18.6μs。起爆前先拍一次静止像，以显示出药型罩初始的位置和形状 6 幅照片依次给出了药型罩从顶部闭合到逐渐形成射流的过程。可以看出，药型罩顶部首先闭合，随后药型罩中间部分向轴线运动。起爆7.0μs后，整个装药爆轰完毕，药型罩大部分完成闭合，并清晰可见装药前面形成的射流。在此之后，射流不断拉长，通过两幅照片的射流头部距离差除以两幅照片预设的时间间隔便可得到射流头部速度，另外还可以清晰观测到射流后面较粗的纺锤状杵体。射流头部速度很高，一般为几千米每秒甚至上万米每秒；杵体速度较低，一般为数百米每秒。

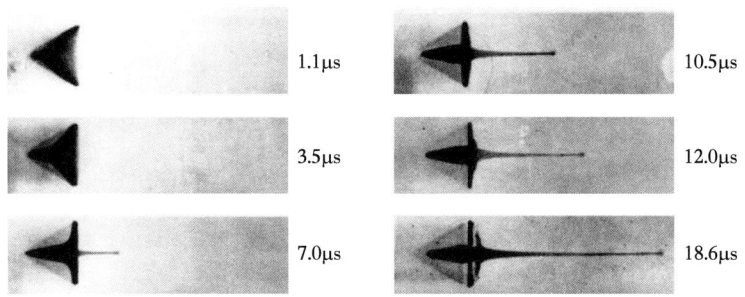

图 3-6-1　某典型锥形药型罩射流形成过程 X 射线照片

1）V_0、β 和 δ 的测定

采用脉冲 X 射线照相拍摄的聚能装药爆炸后不同时刻 t_1 和 t_2 药型罩的变形情况，并将两张照片按照静止像的位置叠合在一起，得到图 3-6-2。由 t_2 时刻变形的罩壁和杵体的交点 A，向原始罩壁上任一点 C 作连线 AC，交 t_1 时刻的变形罩壁于 B。过 C 点作原始罩壁的垂线，于是得到 δ。δ 角是否为 C 点的变形角，则需用下述方法来验证。

假定原始罩壁上 C 点是沿 CBA 方向向轴线压合的，则其压合速度应为：

$$v_{01} = \frac{AB}{t_2 - t_1} \quad (3\text{-}6\text{-}1)$$

于是，由 V_0 和 δ 之间的关系式（3-2-26），则有：

$$\sin\delta_1 = \frac{v_{01}\cos\alpha}{2D} \quad (3\text{-}6\text{-}2)$$

检验 δ_1 是否等于 δ，如果不等，再由 δ_1 过 A 点划直线 C_1B_1A，从而又得到一压合速度：

$$v_{02} = \frac{AB_1}{t_2 - t_1} \quad (3\text{-}6\text{-}3)$$

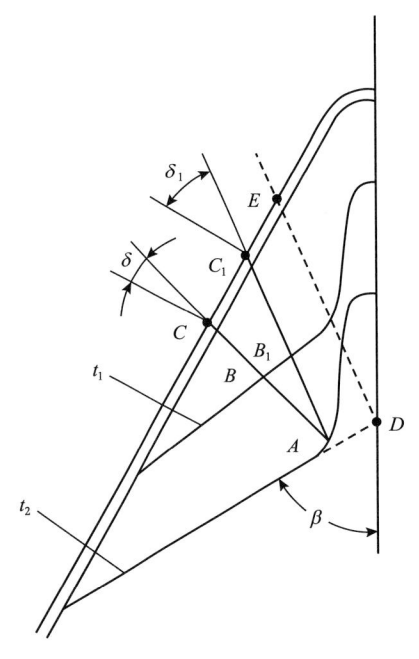

图 3-6-2　由实验照片叠合并求解 v_0、β 和 δ 示意图

及新的变形角 δ_2：

$$\sin\delta_2 = \frac{v_{02}\cos\alpha}{2D} \quad (3\text{-}6\text{-}4)$$

如果 $\delta_1 = \delta_2$，则计算结束，此时的 v_{02} 和 δ_2 便是初始罩壁上 C_1 微元的压合速度和变形角；如果 $\delta_1 \neq \delta_2$，则继续计算，直到最后一个变形角等于前一个变形角为止。

将 t_2 时刻罩壁面的延长线交于轴线 D 点，过 D 点作 AC_1 的平行线，交原始罩壁于 E 点，由 D 点量得的 β 便是初始罩壁上 E 微元的压合角。采用脉冲X光射线技术对某一聚能装药测得的 v_0、β 和 δ 随罩微元位置 x 的变化曲线如图3-6-3所示，v_0 和变形角 δ 变化不大，但压合角 β 变化大一些。

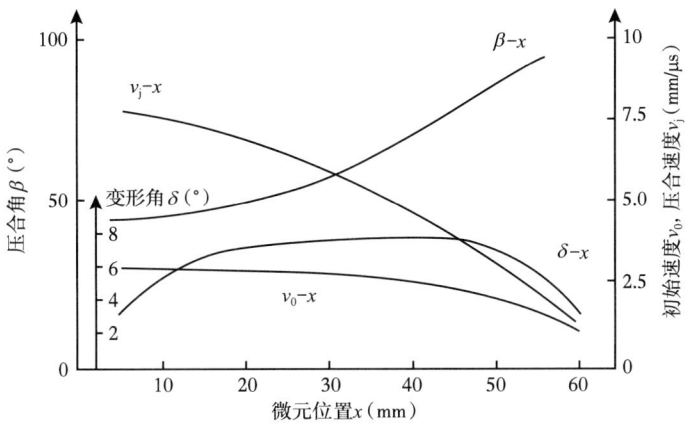

图3-6-3　v_0、β 和 δ 与 x 的关系曲线

2）脉冲质量分布的测定

采用脉冲X射线照相可得到射流的外形，若假定射流的圆截面是圆形，射流的密度已知并等于罩金属的密度，于是通过对射流各微元直径的测量便可计算出各射流微元的质量分布。图3-6-4展示了一种聚能装药的射流质量、速度和能量的分布曲线，可以明显看出射流头部和尾部的差异。

3）射流断裂的测量

射流在空气中拉伸到一定程度后，首先会出颈缩，然后断裂成许多小段。图3-6-5是典型射流断裂过程的脉冲X射线照片，其中图3-6-5a为起爆后的40μs，射流后部呈连续状态而前部出现颈缩，并出现断裂现象；图3-6-5b为起爆后44μs，射流继续拉长，后部呈颈缩状态，前部已断裂成小段；图3-6-5c为起爆后116μs，

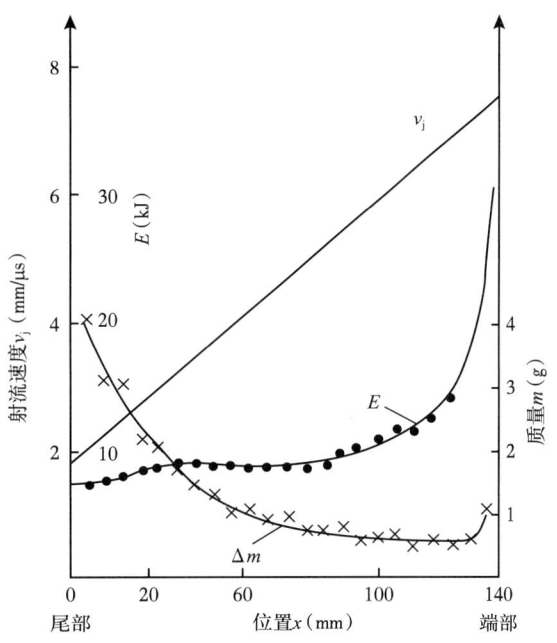

图3-6-4　射流质量、速度和能量分布曲线

整个射流均已断裂成若干小段。由试验照片可以看出，断裂后每一个射流段基本保持颈缩时的形状，且在之后的运动中形状和长度基本保持不变，这为断裂射流侵彻分析建模提供了试验依据。通常情况下，射流在头部或接近头部处先发生断裂，此时射流的长度可达到药型罩母线长度的6倍。射流的断裂从头至尾，最后断裂成多个小段。断裂后的射流小段在后续的运动中发生翻转并偏离轴线，不再呈现有序排列，破甲能力大幅下降。

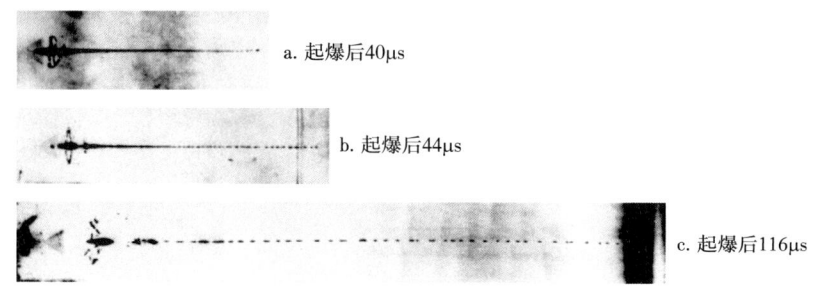

图 3-6-5 某典型射流断裂过程脉冲 X 射线照片

2. 高速摄影技术

采用扫描式高速摄影仪,可以测定射流内部某一位置的速度或射流沿其长度方向的速度分布。射流速度分布的测定方法主要有拉断法和截割法,使用的仪器主要有脉冲 X 射线摄影机、扫描高速摄影机、电子计时仪等。采用截割法所测数据较准确,但工作量较大,需消耗一定量的弹药和靶材;采用拉断法可减少工作量,减少物资消耗,但必须使用价格昂贵的脉冲 X 射线摄影设备,目前国内仍以截割法为主。

1) 拉断法测定射流速度分布

拉断法是利用脉冲 X 射线摄影机对射流拉断后的状态进行拍摄(每发弹至少要拍两张不同时刻的 X 射线照片),找出对应断裂射流颗粒测定其空间位置 Z_1, Z_2, Z_3, …,并根据距离差 ΔZ 和拍摄的时间差 Δt 求得各颗粒的速度 v_j,从而得到 v_j—Z 坐标系中某时刻的速度分布曲线。

采用拉断法测定射流速度分布的原理和方法,数据处理步骤如下。

(1) 测定图像放大系数 K:

$$K = \frac{L_1}{L_2} \tag{3-6-5}$$

(2) 对颗粒进行编号。

(3) 测定颗粒的空间位置 Z:

$$Z = \frac{Y}{K} + Z_b \tag{3-6-6}$$

(4) 计算颗粒速度 v_j:

$$v_j = \frac{Z_2 - Z_1}{t_2 - t_1} = \frac{\Delta Z}{\Delta t} \tag{3-6-7}$$

(5) 求某一特定时刻 T 各颗粒的位置 Z_T:

$$Z_T = Z - V_j(t - T) \tag{3-6-8}$$

(6) 绘出 v_j—Z_T 图并求其方程:

$$v_j = aZ + C \tag{3-6-9}$$

(7) 求出射流头部速度 v_{j0} 和尾部速度 v_{jL}。

(8) 将 v_j—Z_T 坐标系转换为 t–Z 坐标系。

式中：L_1 为聚能装药中心轴线距闪光 X 射线机的距离，mm；L_2 为胶片保护盒中心轴线距闪光 X 射线机的距离，mm；Y 为射流颗粒距观察点的距离，mm。

由式（3-6-8）可得：

$$t^* = T - \frac{1}{a} \qquad (3\text{-}6\text{-}10)$$

$$Z^* = -\frac{C}{a} \qquad (3\text{-}6\text{-}11)$$

$$Z = v_j(t - t^*) + Z^* \qquad (3\text{-}6\text{-}12)$$

2）截割法测定射流速度分布

采用截割法测定射流速度的分布，就是让射流穿过一定厚度的靶板，消耗掉一段射流，剩余射流穿出靶板后继续在空气中运动，测定出剩余射流的头部速度，然后确定剩余射流头部未穿靶时在原射流中的位置。改变靶板厚度，消耗不同长度的射流，便可得到射流速度沿长度方向的分布。

靶板用带有缺口的圈隔开，缺口对准高速摄像机的方向，在摄像机的光路中加一个狭缝，照相底片上得到发光物的连续扫描迹线，典型的照片如图 3-6-6 所示。

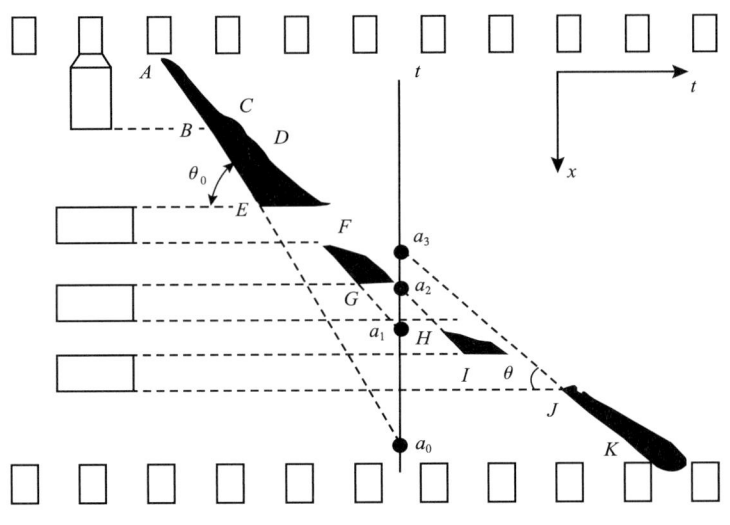

图 3-6-6 射流速度分布示意图

图 3-6-6 左侧为爆炸前的静止像，右侧是发光物的扫描迹线。照片的水平方向是扫描式高速摄像机的扫描方向，相当于时间坐标 t。照片垂直方向为发光物的运动方向，扫描曲线的斜率即为发光物的运动速度。照片中 AB 为爆轰波扫过药柱侧表面的扫描迹线，但斜率不一定等于爆速。CD 曲线可能是罩内高速聚能气流的扫描迹线，也可能是高速金属蒸汽和微粒的扫描迹线，速度很高，达到 10km/s，但衰减很快；DE 为射流头部扫描迹线，射流在 E 点碰靶，开始侵彻第一块靶板。此后一段时间没有扫描迹线，射流在侵彻过程中消耗一段，剩余射流穿过第一块靶板继续在空气中运动，并形成扫描迹线 FG。射流在 G 点遇到第二块靶板并开始侵彻，再消耗一段射流，剩余射流穿过第二块

靶板后又形成扫描迹线 HI。同理，射流穿过第三块靶板得到扫描迹线 JK。测量各扫描迹线的斜率，即各射流微元的速度。

为确定各射流微元在原射流中的位置，假定：
（1）射流微元在运动中速度不变；
（2）射流微元互不作用，无能量交换；
（3）射流保持连续，不发生断裂；
（4）各射流微元的侵彻对后续射流无影响。

据此，可将各扫描迹线延长，与给定时间 t 的垂直线相交，交点（a_0、a_1、a_2、a_3）就是 t 时刻各相应射流微元的位置。由扫描迹线的斜率可求得射流微元的速度，即：

$$v_{ij} = v\beta\tan\theta_i \tag{3-6-13}$$

式中：v 为转镜在底片上的扫描速度，km/s；β 为底片和实物的放大比；θ_i 为底片上扫描线的测量角，(°)。

这样，可得各射流微元的速度和 t 时刻的位置。

图 3-6-7 是某聚能装药射流速度 v_j 和位置 l 的关系图。从图可以看出，射流速度沿其长度方向基本呈线性分布，但在头部有一小段比较平稳，所以用两条线描述射流速度分布可能更合适。

如忽略射流头部微元速度的影响，将射流速度分布视为线性分布，可表示为：

$$v_j = al + c \tag{3-6-14}$$

根据最小二乘法原理，应用各次实验结果的算术平均值，可求出直线方程的常数 a 和 c。根据图 3-6-6 各微元在照片上的扫描迹线，作 t—l 坐标图，如图 3-6-8 所示。假定扫描迹线的延长线交于一点 O，则 O 点被认为是所有射流微元发出的点源，即"虚拟源"。如取虚拟源为坐标原点，射流头部到达靶板表面的时间为 t_0，虚拟源到靶板表面的距离为 S，射流头部到达靶板表面为点 A，通过扫描迹线方程可以求得 A 点的坐标（t_0，S）。

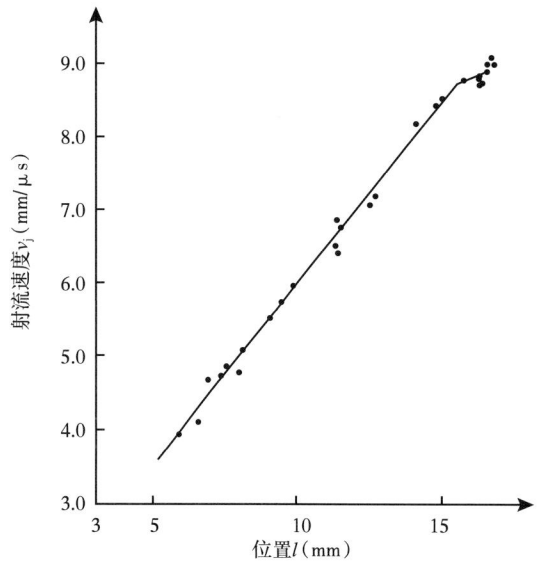

图 3-6-7 聚能装药射流 v_j—l 关系

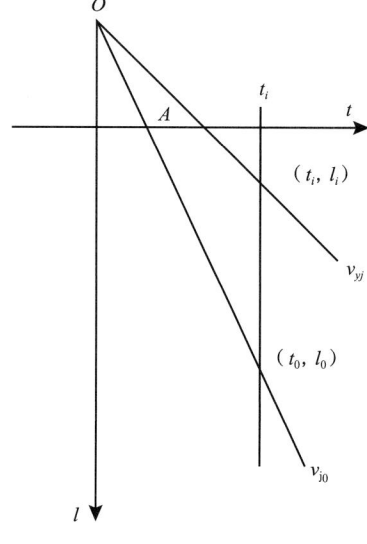

图 3-6-8 t—l 坐标图

射流从 O 点出发，头部和任一时刻射流微元的扫描迹线方程可表示为：

$$l_0 - S = v_{j0}(t - t_0) \quad (3\text{-}6\text{-}15)$$

$$l_i - S = v_{ji}(t - t_0) \quad (3\text{-}6\text{-}16)$$

由式（3-6-15）和式（3-6-16）可解得：

$$S = \frac{v_{j0}l_i - v_{ji}l_0}{v_{j0} - v_{ji}} \quad (3\text{-}6\text{-}17)$$

$$t_0 = t - \frac{l_0 - l_i}{v_{j0} - v_{ji}} \quad (3\text{-}6\text{-}18)$$

若消去 v_{j0} 和 v_{ji}，用 a 和 c 表示 S 和 t_0，则有：

$$S = \frac{c}{a} \quad (3\text{-}6\text{-}19)$$

$$t_0 = t - \frac{1}{a} \quad (3\text{-}6\text{-}20)$$

综上，由实验测得 a 和 c，便可确定虚拟源相对靶体表面的位置 S。

3. 可见光高速立体分体分幅照相技术

脉冲 X 射线照相机所拍摄的照片中，药型罩呈现为阴影，是罩外表面的形状，无法拍摄到药型罩内表面的运动情况。采用可见光高速立体分体分幅照相技术，可拍摄到药型罩内表面的运动情况，其原理如图 3-6-9 所示。

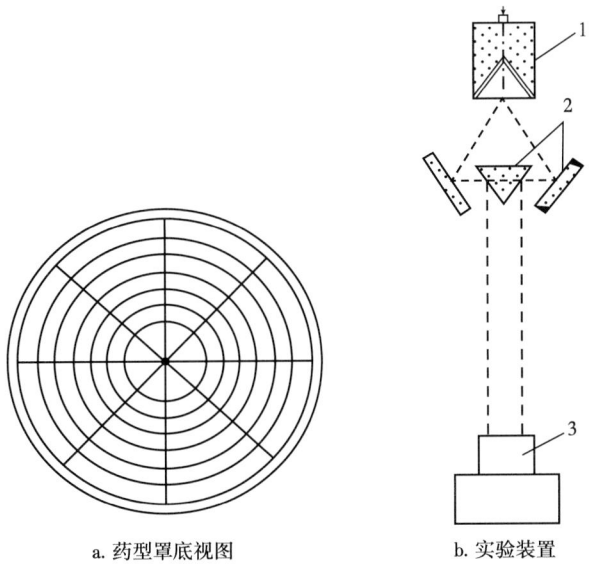

a. 药型罩底视图　　b. 实验装置

图 3-6-9　可见光高速立体分体分幅照相技术原理示意图

1—聚能装药；2—反射镜；3—可见光高速立体分幅摄像机

先在药型罩内表面画好经纬线，用氙光源将罩表面照亮，装药起爆后采用高速立体分幅摄像机照相，通过四块反射镜使摄像机从两个角度拍摄，得到立体照片，再通过专门的仪器从立体照片上确定药型罩内表面上各经纬线交叉点的位置，将各交叉点连起来就得到某一时刻罩内表面运动的图片，如图 3-6-10 所示。可以看出，随着爆轰波到达药型罩壁各部位的次序，药型罩各微元依次运动进入对称轴线，当药型罩内表面激烈变形、碰撞并形成射流时，经纬线就看不到了。

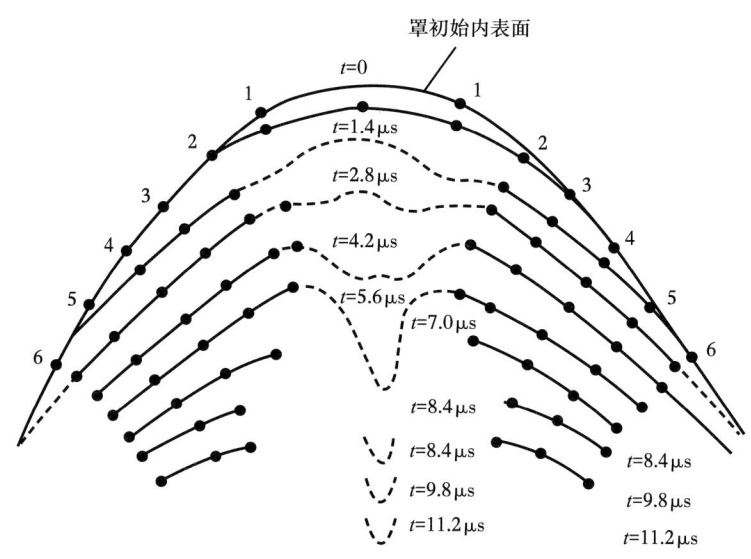

图 3-6-10　高速立体分幅照相机拍摄的药型罩内表面示意图
1~6 代表交叉点

4. 杆体回收试验

杆体回收试验的目的是进一步了解射流形成的机制。回收杆体的方法是将聚能装药射流向水中冲去，利用水的阻力使杆体减速，而射流则在对水的高速冲击过程中分散成极为细小的颗粒，可用事先放在水中的金属网把杆体捞出。回收的杆体外形与脉冲 X 射线照片中的外形相似，仔细观察杆体，可发现金属的流动情况，并看到杆体的内部是空的，表明药型罩的内表面形成了射流。由于射流速度快、温度高，仿佛从杆体的中心"拉"了出去。如果在药型罩的外表面镀锌，则会发现杆体外表也有锌，证明杆体是由药型罩外表面形成的。另外，根据回收的杆体的质量，也可估算射流的质量。

二、射流侵彻实验技术

聚能射流侵彻参数主要包括侵彻深度、孔径、侵彻时间及侵彻深度与药型罩母线位置之间的关系等。测量侵彻参数一般使用整体靶或叠合靶，整体靶的侵彻深度和孔径不易测量，因为有杆体堵塞在孔中，且孔底堆积大量的射流残渣。叠合靶可拆开观察和测量，更易获取数据，但叠合靶之间由于缝隙的存在，消耗一部分能量，最终使侵彻深度比整体靶要稍浅一些。

1. 侵彻深度与时间 $P—t$ 关系测定

在叠合靶之间夹以信号开关，当射流到达时，开关接通，RC 电路放电，将负载电阻上产生的电压输入高压示波器记录下来,同时用标准信号作为时标,通过数据处理,测量出射流到达各层靶的时间,对照靶的厚度,可得到侵彻深度 P 与侵彻时间 t 的关系。

图 3-6-11 和图 3-6-12 给出某聚能装药在不同炸高条件下的 $P—t$ 实验曲线。如图 3-6-11 表明,在小炸高时,侵彻深度 u(曲线的斜率)随炸高的增加而增加。

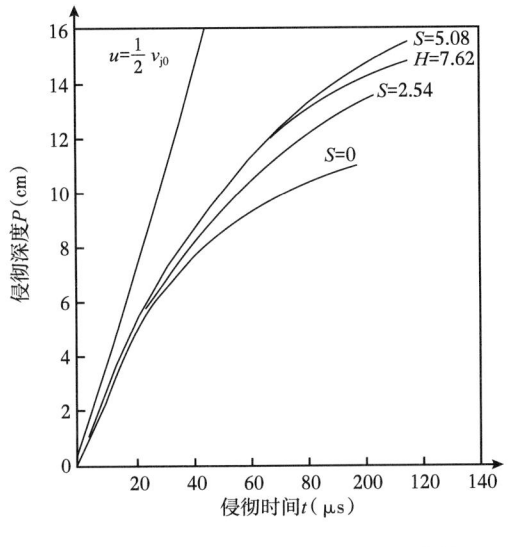

图 3-6-11 小炸高条件下的 $P—t$ 曲线
S、H 均为炸高

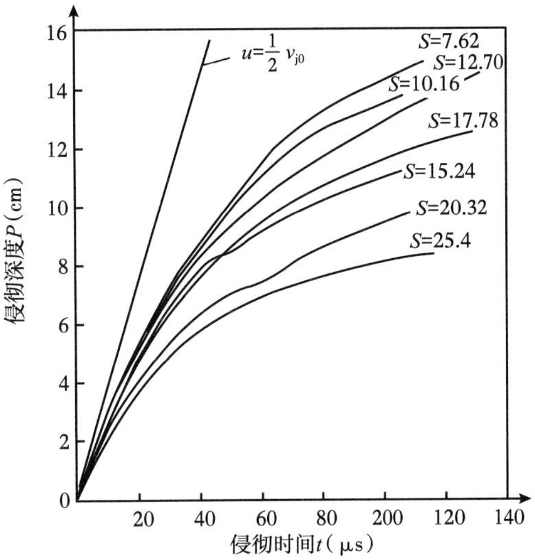

图 3-6-12 大炸高条件下的 $P—t$ 曲线
S、H 均为炸高

如图 3-6-12 所示,在大炸高条件下,u 反而随炸高的增加而减小,表明射流因过分拉伸而断裂,使侵彻深度降低。图 3-6-13 为聚能装药对不同靶体材料侵彻的 $P—t$ 曲线,装甲钢靶体的侵彻速度最小,深度最浅;其次是软钢;铝靶体的侵彻速度最高,而铅靶体的侵彻深度最大。

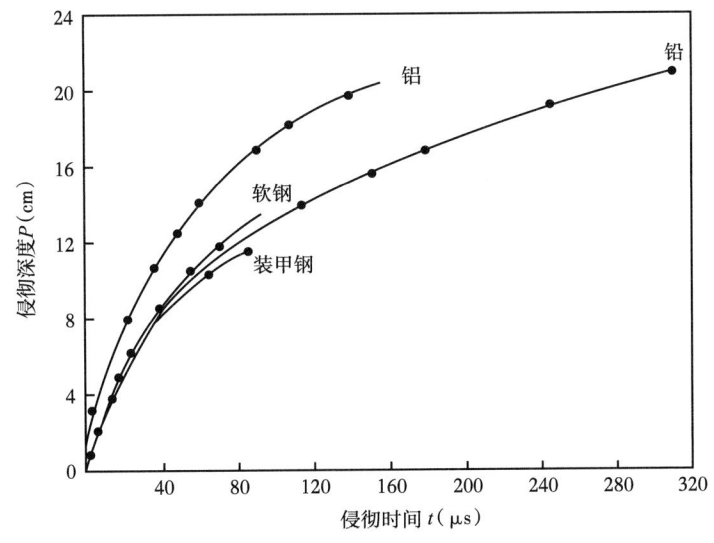

图 3-6-13 不同靶材料条件下的 $P—t$ 曲线

2. 侵彻深度与射流微元位置的测定

聚能射流侵彻深度 P 与药型罩微元位置 x 的关系很重要，两者可以把侵彻参数和射流的形成过程联系起来，从而得到药型罩上各微元对侵彻效应的贡献。

较新的试验方法是采用放射性元素示踪技术，如将 ^{100}Ag 作为放射性示踪剂，镀一圈于药型罩内表面某一位置 x 处。射流穿靶后，用探测器测出放射性集中的深度 P，再改变镀银位置，经过多次试验便可得到 P—x 关系曲线。图 3-6-14 是某 105mm 聚能装药示踪试验结果，其中炸高为 209.6mm，叠合靶为软钢板，分为有壳和无壳两种情况。可以看出，有无壳体对穿深的影响很大应结合实际情况选择有壳还是无壳。另外，也可以用普通银镀在药型罩内表面作为示踪剂，穿孔后用化学分析方法确定侵彻深度的位置，可以避免使用放射性元素带来的不便，化学分析方法容易操作，而且可以镀不同种类的金属圈，以避免互相干扰。

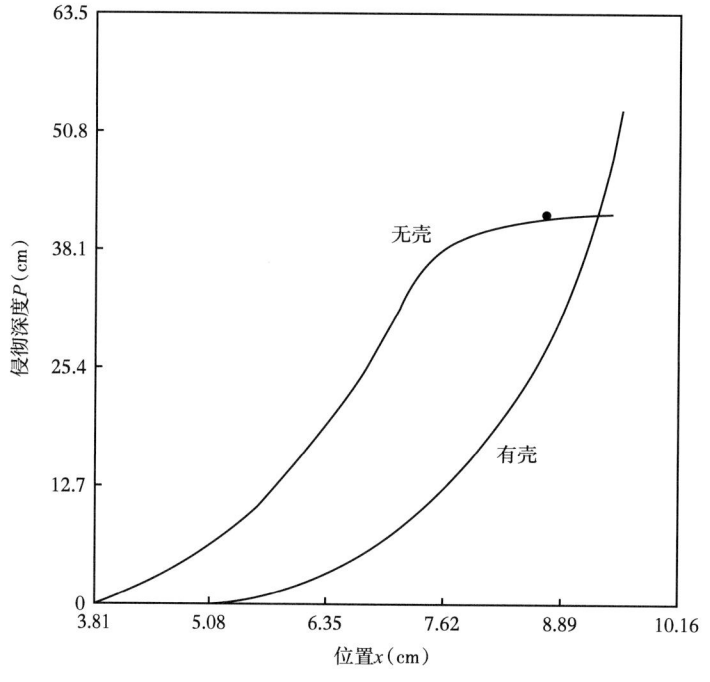

图 3-6-14 示踪实验测得的 P—x 曲线

但是要注意，无论是放射性示踪试验还是化学示踪试验，都是基于下述三点假设进行的：

（1）药型罩内表面层和中间层形成的射流速度相同；
（2）射流在形成、拉伸过程中不进行能量交换，在侵彻中各微元互不影响；
（3）射流侵彻后残渣留在侵彻点上，不发生倒流。

第四章　射孔器材

射孔器材主要用于射孔施工作业，其作用是射穿井下封闭油气产层的套管和水泥环并深入油气层，形成沟通井筒与油气层的流体通道。特殊作业有时只需要射穿井下套管。射孔器材的性能直接关系着射孔的效果和对井下环境的影响和破坏。射孔枪、枪头、枪尾、导爆索、传爆管和雷管等作为组成射孔器材的主要部件，其个体的性能对于保障射孔器的基本工作性能也起着重要的作用。本章主要介绍射孔器材分类、聚能射孔器的作用原理及结构、传爆类等器材及配套工具等相关知识。

第一节　射孔器材分类

射孔器材是指用于油气井射孔的射孔弹、射孔枪、导爆索、传爆管、雷管及其配套器材。我国的射孔器材历经70多年的发展，已形成了不同结构、不同种类的射孔器材产品，促进了国内外油气勘探开发。射孔器材按用途分类可分为爆破类射孔器材、起爆类射孔器材、传爆类射孔器材三大类。

一、爆破类射孔器材

爆破类射孔器材通常是指射孔器，射孔器按结构分为有枪身射孔器和无枪身射孔器（图4-1-1）。

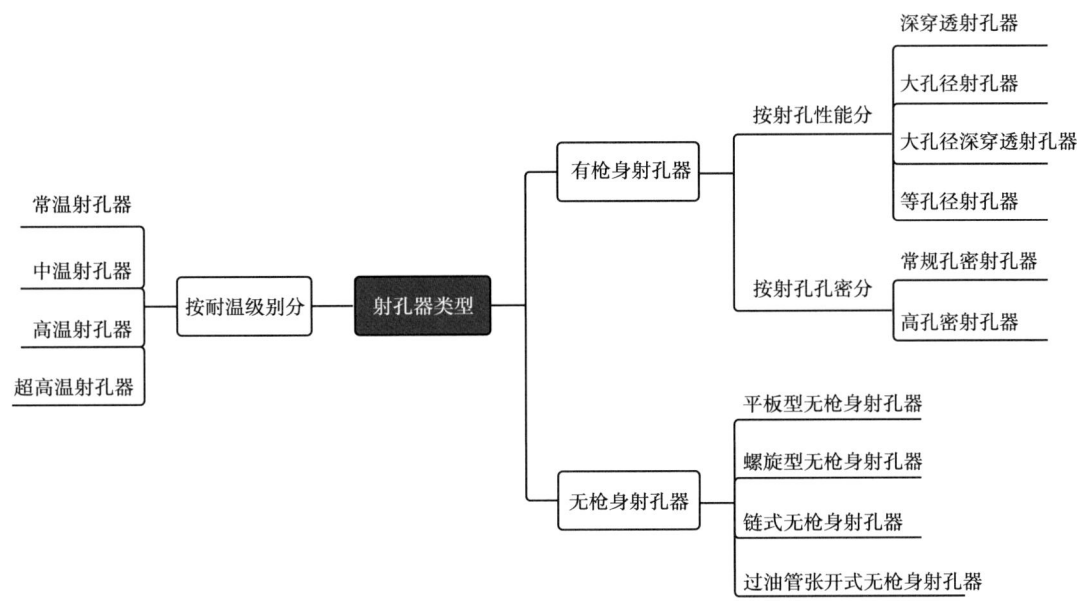

图4-1-1　国内常见的射孔器类型

射孔器按耐温级别分为常温射孔器、中温射孔器、高温射孔器、超高温射孔器（图 4-1-1）。其主要耐温性能见表 4-1-1。

表 4-1-1　四种射孔器的耐温性能指标

类型	耐温性能指标	备注
常温射孔器	120℃/48h	持续耐温后射孔弹仍能达到评价指标
中温射孔器	150℃/100h	持续耐温后射孔弹仍能达到评价指标
高温射孔器	180℃/150h	持续耐温后射孔弹仍能达到评价指标
超高温射孔器	210℃/170h	持续耐温后射孔弹仍能达到评价指标

有枪身射孔器由射孔弹、射孔枪、弹架、内外螺纹接头、起爆传爆部件（或装置）等构成，如图 4-1-2 所示。起爆传爆部件（装置）包括上下传爆管、导爆索等。

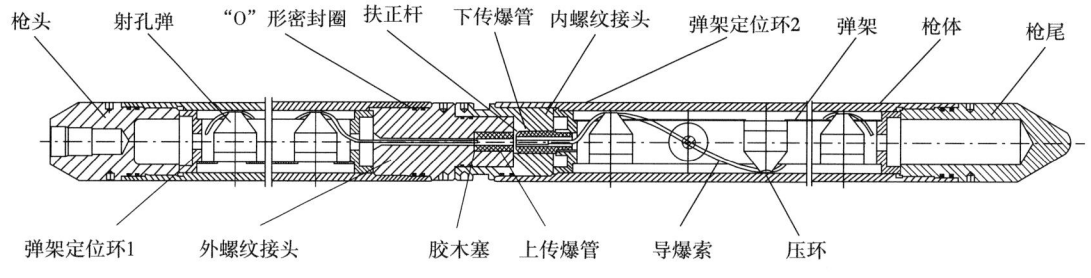

图 4-1-2　有枪身射孔器结构示意图

目前国内有枪身射孔器按外径分已形成从 40mm 到 178mm 的产品系列。按照射孔性能分深穿透、大孔径、大孔径深穿透、等孔径四大类射孔器；按孔密分为常规孔密射孔器和高孔密射孔器，具体特征如下。

（1）深穿透射孔器以追求穿孔深度为目的，射孔器内装配的是深穿透射孔弹，具有穿深高、孔径规则、无杵堵、低伤害的特点，适用于低孔隙度、低渗透率、低丰度、高致密油层的射孔作业。目前，国内的深穿透射孔器已成系列化，满足不同套管尺寸的射孔完井作业，如图 4-1-3 所示。

（2）大孔径射孔器以追求穿孔孔径为主要目，射孔器内所装配的是大孔径射孔弹，一般穿孔孔径不小于 14.0mm。该类型射孔器具有孔径大、无杵堵等特点，最大孔径达到 27.2mm，适用于含砂油层及稠油层的射孔作业。

（3）大孔径深穿透射孔器：同时具有深穿透射孔器和大孔径射孔器的特性。

（4）等孔径射孔器是近年来针对非常规油气开采研发的新型射孔器。这类射孔器在套管偏心条件下施工后套管孔径相对偏差小，孔径一致性好，使得改造压力可以均匀分布，增加注入排量，降低地层改造破裂压力，优化支撑剂注入，提高油气产量。适用于页岩气、页岩油、致密油气等非常规油气水平井射孔作业，如图 4-1-4 所示。

（5）常规孔密射孔器：孔密小于或等于 20 孔 /m 的射孔器。若射孔器内装配的是深穿透射孔弹，称为深穿透射孔器；装配的是大孔径射孔弹，称为大孔径射孔器。

（6）高孔密射孔器是指射孔孔密大于 20 孔 /m 的射孔器。若射孔器内装配的是深穿透射孔弹，称为高孔密深穿透射孔器；装配的是大孔径射孔弹，称为高孔密大孔径射孔器。高孔密射孔器孔眼渗流面积大，可以降低地层流体的流速，降低地层和井管内的压力差，提高油气井的产能。目前，我国已研制成功最高孔密为120孔/m的高孔密射孔器，适用于含砂、稠油及海上射孔作业。

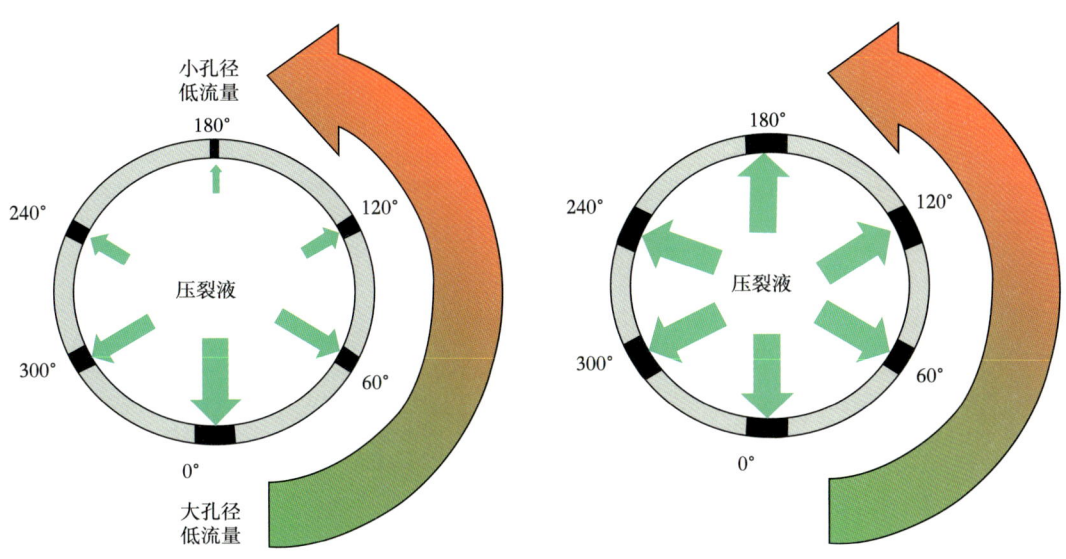

图 4-1-3 常规深穿透射孔器压裂情况示意图　　图 4-1-4 等孔径射孔器压压裂情况示意图

无枪身射孔器由无枪身射孔弹、弹架（或非密封的钢管）、起爆传爆部件（或装置）等构成，如图 4-1-5 所示。按射孔相位不同，分为平板型无枪身射孔器（0°相位，图 4-1-5a）和螺旋型无枪身射孔器（多相位，相位角为 30°、36°、40°，图 4-1-5b），射孔孔密为 13 孔/m、16 孔/m、20 孔/m。

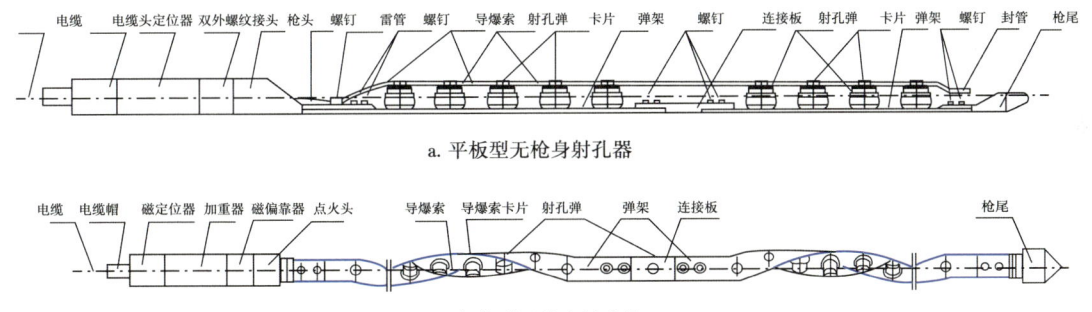

图 4-1-5 无枪身射孔器结构示意图

此外，还有链式、钢丝式、张开式等无枪身射孔器。

1. 爆破类射孔器的命名

由于射孔器的种类繁多，为便于人们在实际应用中区分，SY/T 6163—2018《油气井用聚能射孔器材通用技术条件及性能试验方法》中对射孔器的型号编制方法进行了统一，射孔器的型号编制方式包含了射孔器的外径、射孔弹的穿孔性能、射孔弹单发装药量、射孔弹耐温级别、射孔器孔密、射孔器耐压值等参数，并使用相应的符号表示，具体的型号编制方式如图 4-1-6 所示。

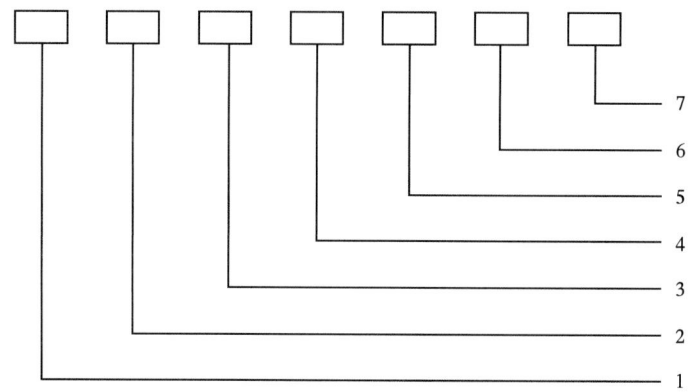

图 4-1-6 射孔器型号命名示意图

1—有枪身射孔器或无枪身射孔器标识，有枪身射孔器省略标识，无枪身射孔器用"W"表示；2—有枪身射孔器为外径，无枪身射孔器为联炮直径（四舍五入取整），mm；3—射孔弹的穿孔性能，用"DP"表示深穿透射孔器，用"BH"表示大孔径射孔器，用"GH"表示大孔径深穿透；4—射孔弹的单发装药量，g；5—射孔弹的耐温级别，用"R"表示常温型射孔弹，用"H"表示中温型射孔弹，用"N"表示高温型射孔弹，用"Y"表示超高温型射孔弹；6—射孔器孔密，单位为孔/m；7—射孔器的耐压值，MPa，有枪身射孔器的耐压值用射孔枪耐压值表示，无枪射孔器的耐压值用无枪身射孔弹的耐压值表示

示例：89DP25R16-105 型号表示的是射孔器外径 89mm、单发装药量为 25g、常温型射孔弹，射孔孔密为 16 孔/m、射孔器耐压值为 105MPa 的有枪身深穿透射孔器。

2. 爆破类射孔器的基本性能要求

射孔器的性能直接影响射孔的效果，并关系到射孔后对井下环境的影响和破坏。因此对射孔器的评价，通常采用穿孔性能（包括穿孔深度、套管平均入口孔径）、射孔枪变形（外径胀大、裂纹等）、套管伤害（外径胀大、内毛刺高、裂纹等）等指标进行评价。

射孔枪、接头、导爆索、传爆管和雷管等主要部件，其个体的性能对于保障射孔器的基本性能也起着关键的作用。

射孔器的基本性能要求，在 SY/T 6163—2018 中有明确的规定，其性能及要求分为以下几个方面。

1）穿孔性能指标

射孔后直接影响油井产能，相关指标包括混凝土环形靶试验的平均穿深和平均孔径，模拟井射孔平均孔径。

2）穿孔率、盲孔对位率

射孔器进行混凝土靶或模拟井射孔试验后，套管上穿孔率应不小于 95%，射孔枪枪体上盲孔对位率不小于 90%。

3）射孔枪及套管损坏变形指标

射孔枪进行混凝土靶试验后，射孔枪孔眼处的单侧裂纹长不应大于 30mm，进行模拟井射孔试验后，射孔枪上孔眼处的单侧裂纹长应不大于 20mm，射孔枪外径膨胀量不超过 5mm。

进行模拟井射孔试验后，套管上孔眼处的单侧裂纹长应不大于 45mm，射孔后套管裂孔率应不大于 10%，套管外径膨胀量不超过 5mm。

4）产品可靠性及安全指标

主要指标为套管内毛刺高度，毛刺高度不大于 2.5mm。射孔器进行混凝土靶或模拟井射孔试验后，射孔枪不应出现横向裂纹，枪头、枪尾及接头不应脱落。导爆索和雷管性能直接关系到射孔器能否正常起爆。

中国石油天然气集团有限公司石油工业油气田射孔器材质量监督检验中心每年从国内射孔器生产厂家、中国石油所属的油田用户处抽取样品进行严格检验，实行检验合格产品准入制，杜绝不合格产品流入市场，保障了射孔器材的质量。

二、起爆类射孔器材

起爆类射孔器材的关键核心部件是火工品。常用的火工品主要有电雷管、起爆器、起爆装置等。油气井用射孔用起爆器材所用火工品可以按输入的激发方式和按输出的能量特性进行分类。

1. 按输入的激发方式分类

（1）电能激发的火工品或火工组件，如磁电雷管等。这类火工品通过电能激发后，起爆一系列的传爆序列，最终引爆射孔弹，完成射孔作业。

（2）机械能激发的火工品或火工组件，如撞击式雷管。表现形式是通过井口投掷的撞棒或施加的压力作用于起爆装置的活塞上，在活塞剪断剪切销后疾速下行击发起爆器中的火工品，使之起爆一系列的传爆序列，最终引爆射孔弹，完成射孔作业。

（3）爆轰波激发的火工品或火工组件，如传爆管，起到传递、扩大或转换能量的作用。

2. 按输出的能量特性分类

（1）爆轰波激发的火工品或火工组件，如隔板起爆装置。通过猛炸药爆轰做功将能量放大并以爆轰的形式输出，引爆下一级传爆序列，最终引爆射孔弹，完成射孔作业。

（2）火焰激发的火工品或火工组件，如桥塞用二级药柱、三级药柱。桥塞坐封施工中是靠上一级传来的能量激发，输出形式是火焰的火工品，它的作用是将其他形式的能量转化为火焰输出，引燃下一级延期药或点火药，完成预期作业。

三、传爆类射孔器材

传爆类射孔器材是传递或扩大爆炸能量的组件，主要有传爆管、导爆索、传爆装置等。其特点是：自身的爆轰需要其他起爆组件起爆，然后再去起爆下级组件。因此，在传爆组件的设计中需要考虑：上级组件与传爆组件、传爆组件与下级组件之间的匹配、传爆组件的起爆感度、爆轰传递的可靠性和传爆组件的起爆能力等因素的影响。

第二节　射孔弹和射孔枪

油气井用聚能射孔器是由炸药爆轰的聚能效应产生高温高压高速的聚能射流，再用于射孔作业的射孔器。按其结构可分为有枪身射孔器和无枪身射孔器。有枪身射孔器由聚能射孔弹装入密封射孔枪，以及起爆传爆组件等部件构成；无枪身射孔器由无枪身射孔弹、输送载体（弹架或其他）、起爆传爆组件等部件构成。

一、射孔弹

国内射孔弹技术经过 70 余年的发展已经十分成熟，射孔弹计算机辅助设计技术已达到国际先进水平。

1. 结构及形状

射孔弹由炸药、药型罩和壳体三部分构成。三者的参数变化直接影响其结构变化、性能指标。炸药提供射孔弹爆轰穿孔的能量。根据炸药的耐温性能可分为常温、中温、高温、超高温等不同耐温级别的射孔弹。在炸药爆轰冲击作用下药型罩形成射流，对目标靶进行侵彻，实现射孔的目的。药型罩的结构参数直接影响射流的形状、动能等特性，并对射孔弹的射孔孔径和穿深性能起决定作用。壳体的内腔和药型罩外表面共同决定了射孔弹的装药形状，可以实现射孔弹炸药能量分布和爆轰波波形结构调整。壳体外表形状是针对射孔器配套性能设计的，和弹架配合使用，把射孔弹固定在弹架上，防止射孔作业中射孔弹松动，从而满足射孔弹的炸高设计，射孔枪孔密、相位角的要求，以满足射孔施工需要。有枪身射孔弹与无枪身射孔弹的结构及形状如图 4-2-1 所示。

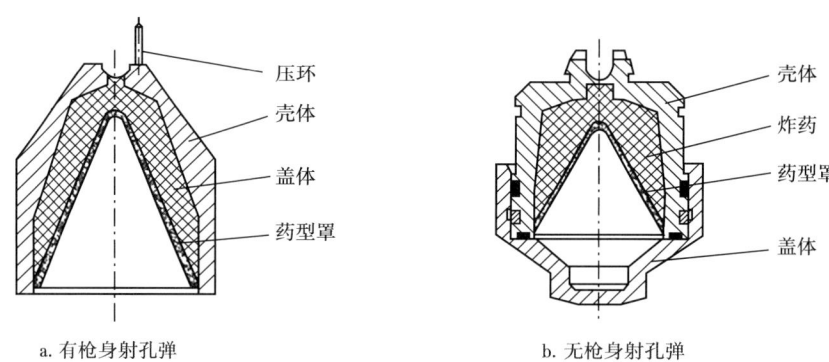

图 4-2-1 射孔弹结构示意图

1）有枪身射孔弹

有枪身射孔弹是指装入密封承压的射孔枪内使用的射孔弹。由于有射孔枪身的保护，有枪身射孔弹不接触钻井液，不承受外压，未装枪的该类型射孔弹可直接观察到药型罩材料颜色及内腔形状。有枪身射孔弹生产工艺由压罩、压装、包装组成，生产工艺简单，适合自动化、大批量生产。

2）无枪身射孔弹

无枪身射孔弹采用单个密封结构，射孔弹直接承受井筒内压力，用弹架、非密封的钢管或钢带串联后下井射孔。在射孔过程中，射孔弹的爆炸产物（如壳体碎片、气体等）直接作用在套管或油管上。由于套管（油管）内径尺寸的局限，并为了保护套管，射孔弹的结构、装药量和弹壳材料使用均受到限制，因此，早期无枪身射孔弹的穿深和耐温耐压性能水平均较低，随着材料和制造工艺的发展，射孔弹穿深和耐温耐压性能得到了较大提高。

射孔后，由于没有射孔枪的收集，壳体等碎屑物绝大多数落入井筒，高速的壳体碎屑和炸药的爆轰波对井下套管直接作用，因此，装药量相同的无枪身射孔弹对套管的损伤程度比有枪身射孔弹更严重。

在小直径射孔作业井筒条件下（不大于 73mm），无枪身射孔弹的空间利用率较高，单发射孔弹装药量相对多一些。因此在小直径射孔施工时，无枪身射孔弹在穿深性能上优于有枪身射孔弹。当射孔作业井筒无限制时，单发射孔弹在相同装药量的条件下，由于无枪身射孔弹受到起爆难度大、爆轰能量成长时间长等因素的影响，在穿深性能上一般要低于有枪身射孔弹。

2. 原理及命名

射孔弹工作原理为：当射孔弹被引爆时，装在壳体与药型罩之间的炸药发生爆炸，压垮药型罩，使药型罩各微元向轴线加速运动并碰撞，药型罩内表面的一部分金属在轴线上汇聚，形成一股高速运动的金属射流，药型罩的其余部分形成一个跟随金属射流低速运动的杵体。射流在极短暂的时间内（微秒级）可以穿透油井内的套管和水泥环并侵入地层，在井筒与储层之间形成油气通道。

射孔弹按照结构和使用方式可分为有枪身射孔弹和无枪身射孔弹；按照射孔弹的穿孔性能可分为深穿透射孔弹和大孔径射孔弹；按照射孔弹的耐温性能可分为常温射孔弹、高温射孔弹和超高温射孔弹。

射孔弹的型号命名规则：按射孔弹的工作压力、穿孔性能、药型罩开口直径、主炸药类型、射孔弹单发装药量和产品改进型号等来命名（图4-2-2）。其中，穿孔性能的含义为深穿透、大孔径，并用相应符号表示。无枪身射孔弹在最前面增加工作压力项。型号命名中所用的数码采用相应数据的整数位。

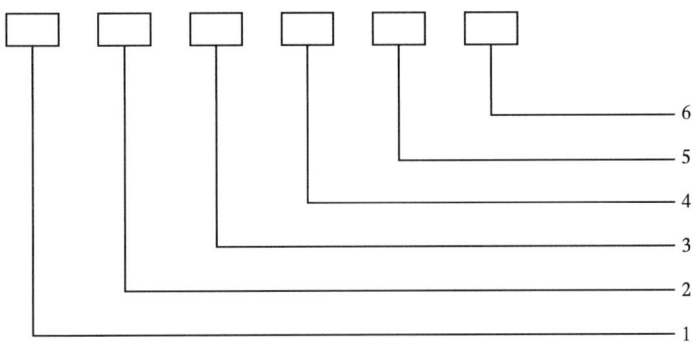

图4-2-2 射孔弹型号命名示意图

1—射孔弹的工作压力（无枪身射孔弹适用，有枪身射孔弹此项空缺），单位为MPa；2—射孔弹的穿孔性能，用"DP"表示深穿透射孔弹，用"BH"表示大孔径射孔弹；3—药型罩开口直径，mm；4—主炸药类型；5—射孔弹的单发装药量，g；6—产品改进型号

示例1：BH36RDX33-1 表示药型罩开口直径为36mm、主装药为RDX、射孔弹单发装药量为33g、产品改进型号为1型的大孔径有枪身射孔弹。

示例2：50DP26RDX10-1 表示工作压力为50MPa、药型罩开口直径为26mm、主装药为RDX、射孔弹单发装药量为10g、产品改进型号为1型的深穿透无枪身射孔弹。

二、射孔枪

1. 结构及形状

1）无枪身射孔枪

无枪身射孔枪通常专指弹架，其结构比较简单，可分为钢丝弹架式、板式、螺旋式、链接式、杆式和张开式等，如图4-2-3所示。在国外，无枪身射孔器应用较为广泛。

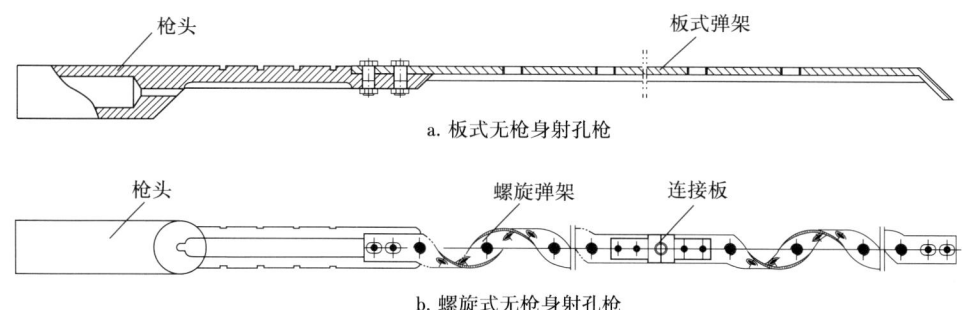

图4-2-3 板式和螺旋式无枪身射孔枪结构示意图

2）有枪身射孔枪

有枪身射孔枪通常由枪头、枪身、接头和枪尾形成一个完全密闭的空腔。其作用是保护枪内的射孔弹、弹架、导爆索、传爆管及雷管等部件不受井下高压、酸碱及施工时产生的振动撞击等复杂环境的影响，以保证导爆索的可靠传爆和射孔弹的起爆，完成射孔。射孔后，爆轰残留物留在枪内，可以回收。

有枪身射孔枪按下井输送方式可分为电缆输送式射孔枪和油管（或连续油管）输送式射孔枪，典型结构如图4-2-4和图4-2-5所示。

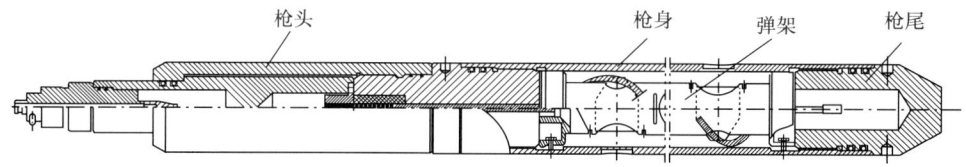

图4-2-4 电缆输送式有枪身射孔枪典型结构示意图

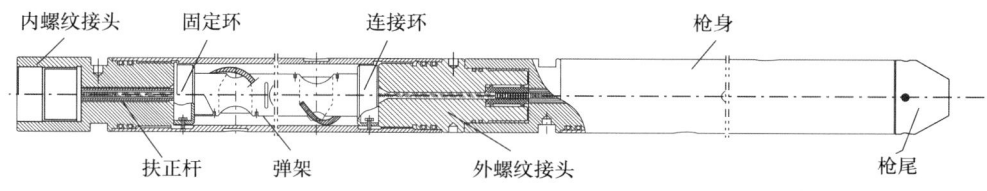

图4-2-5 油管输送式射孔枪典型结构示意图

有枪身射孔枪按射孔工艺和内部结构的不同可分为电缆输送过油管射孔枪、堆积式模块射孔枪、泵送式射孔枪、水平井射孔枪、复合射孔枪、全通径射孔枪和定方位射孔枪等。

有枪身射孔枪按其使用情况可分为多次重复使用式射孔枪和一次使用式射孔枪。多次重复使用式射孔枪通常又称为孔塞式射孔枪，其特点是可以多次重复使用，每次射孔后，只需更换射孔枪的盲孔塞和内部火工组件即可重新射孔，此类射孔枪在国内应用较少。虽然两种类型的射孔枪在射孔后均可回收至地面，但在性能方面却存在很大差异，两种射孔枪的优缺点对比见表4-2-1。

表 4-2-1　两种射孔枪性能对比

一次使用式射孔枪	多次重复使用式射孔枪
枪身轻	枪身重
枪身材质及机械性能要求低	枪身材质及机械性能要求高
制造简单、成本低	制造复杂、成本高
射孔后枪身破坏，不能再使用	射孔后枪身基本不变形，可以多次使用
操作较简单	操作较复杂
射孔成本高	射孔成本相对要低

3）射孔枪的主要部件

（1）枪头：无枪身射孔器枪头主要用来连接无枪身弹架和上部仪器管串，起爆雷管绑附在它的凹槽内。有枪身射孔器枪头专指电缆射孔用枪头组件，包括电接点、密封圈、接头等。枪头一端由螺纹和枪身联接，采用"O"形密封圈静密封方式与枪身形成密封，枪头内部设计留有空间，用于容纳连接的导爆索与雷管。电接点一端与电缆仪器相接。

为了在电缆输送射孔作业中保障安全，一般采用"先电器，后火工"的操作原则，用压力安全（防爆）装置来代替枪头。如图 4-2-6 所示，雷管安装在压力安全防爆装置的最右端中心孔位置，雷管接好线并固定好后才与射孔枪相连，射孔管串下入井中一定深度时其点火线路才能接通，点火后利用雷管引爆射孔枪的传爆管。

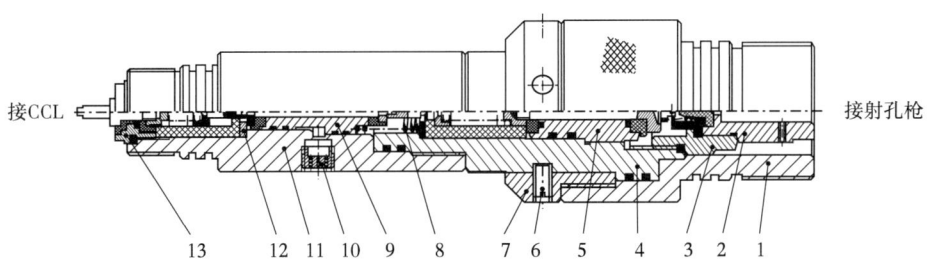

图 4-2-6　压力安全（防爆）装置结构示意图

1—下转换接头；2—雷管固定套总成；3—雷管固定座；4—下主体；5—接触电极总成；6—螺钉；7—压帽；
8—复位大弹簧；9—活塞总成；10—过滤塞；11—上主体；12—接地弹垫；13—密封塞总成

压力安全（防爆）装置工作原理：在地面或井口时，保证点火线路接地，与电雷管断开；枪串下井达到一定深度时，在井筒内液柱压力的作用下，点火线路与地断开，并接通电雷管。

（2）枪身：用高强度无缝钢管加工。因受质量和施工条件的限制，枪身不宜过长，单根枪的有效射开长度应为不大于 6m 的整数长（国外有部分射孔枪枪身最长超过 8m）。对于超厚储层，可采用中间接头联接的方式来调整枪身长度。

枪身两端用螺纹与中间接头联接，并通过"O"形密封圈与起爆器（或枪头）、枪尾形成密闭空间，弹架、射孔弹、导爆索和传爆管等爆炸器材置于其中，确保它们不受井下复杂井况和环境的影响而能正常起爆。

枪身分为三种：不带盲孔、内盲孔和外盲孔，如图 4-2-7 至图 4-2-9 所示。带盲孔的枪身在外表面加工有盲孔（称外盲孔），射孔时射孔弹射流从该处穿孔，国内也有厂家生产在内壁设置盲孔的孔身（称内盲孔）。

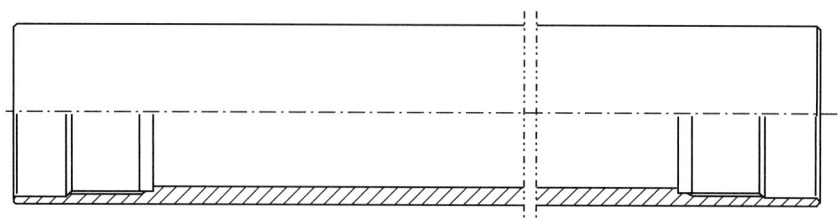

图 4-2-7　不带盲孔枪身示意图

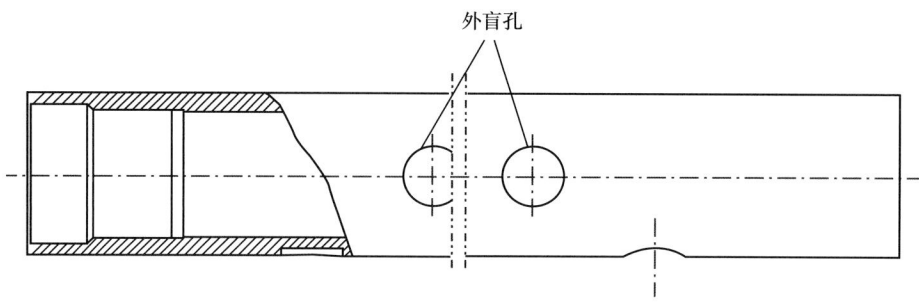

图 4-2-8　外盲孔枪身示意图

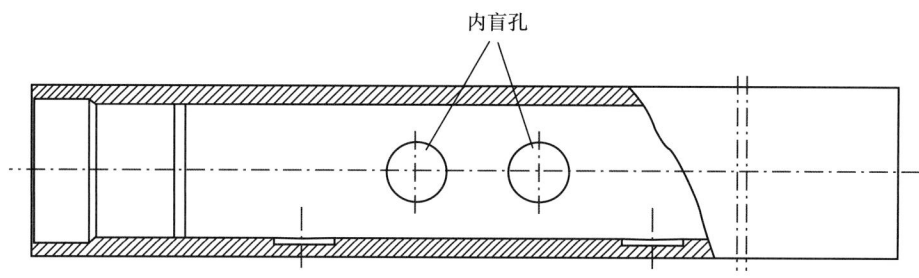

图 4-2-9　内盲孔枪身示意图

外盲孔的作用：①降低毛刺高度。一方面由于盲孔处枪壁变薄，使射孔后产生的毛刺相对减少，另一方面射孔后枪壁孔眼处的外翻毛刺产生在盲孔中，毛刺的高度不突出于枪体轮廓外，以便于射孔后能顺利从井筒中提出射孔枪。②提高射孔穿孔深度。盲孔减薄了射孔弹穿孔部位的枪壁厚度，可以减少射流的损耗，从而提高射孔穿深。枪身内壁和弹架之间设计有定位结构，保证装有射孔弹的弹架装入枪身后，每发弹的发射方向都能对准盲孔，且在施工过程中不发生移动和转动。注：对于无枪身射孔器来说，枪身专指弹架。

内盲孔的作用：一方面减薄射孔弹穿孔处的枪身壁厚度，可以减少射流损耗；另一方面内盲孔增加了射孔弹在枪身中的炸高，有利于提高穿孔深度。

（3）接头：结构形式有多种，常见的有单体（双外螺纹接头）式、单体开天窗式、分体（内外螺纹接头）式等。单体式双外螺纹接头如图 4-2-10 所示，常用内外螺纹接头如图 4-2-11 所示。接头的主要作用：一是用于密闭射孔枪；二是联接和调整枪串长度，并且能可靠而稳定地传递爆轰能，保证枪与枪之间能有效传爆。

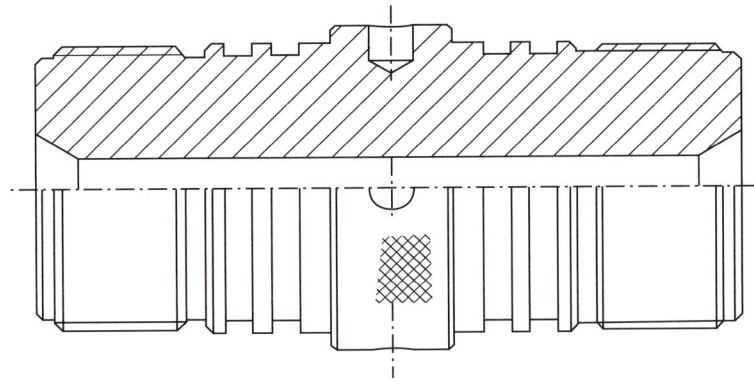

图 4-2-10　常用单体式双外螺纹接头结构示意图

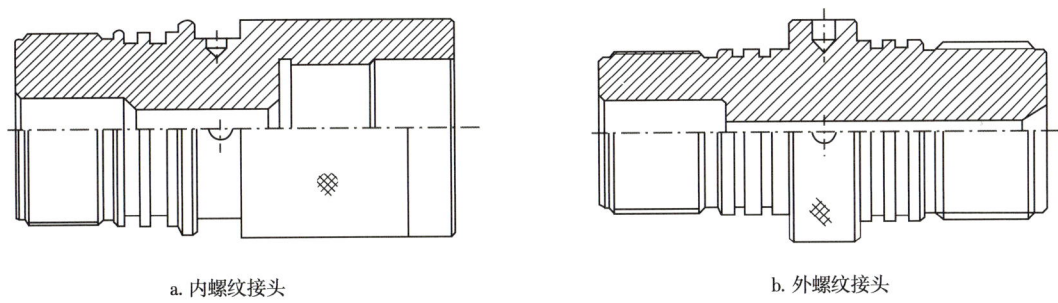

a. 内螺纹接头　　　　　　　　　　　　　　b. 外螺纹接头

图 4-2-11　常用内外螺纹接头结构示意图

（4）弹架：用于固定射孔弹并确保射孔弹按设计可靠定位的载体，一般由薄壁钢管或塑料筒、纸筒、不锈钢管等加工而成。有枪身射孔枪弹架两端通常连接有定位环和支撑环，如图 4-2-12 所示。定位环的作用是将整个弹架及射孔弹悬挂于枪管的内壁，并用于盲孔定位，确保射孔弹起爆后射流从射孔枪盲孔处穿孔；支撑环的主要作用是便于将弹架送入射孔枪体内，并对弹架进行扶正。

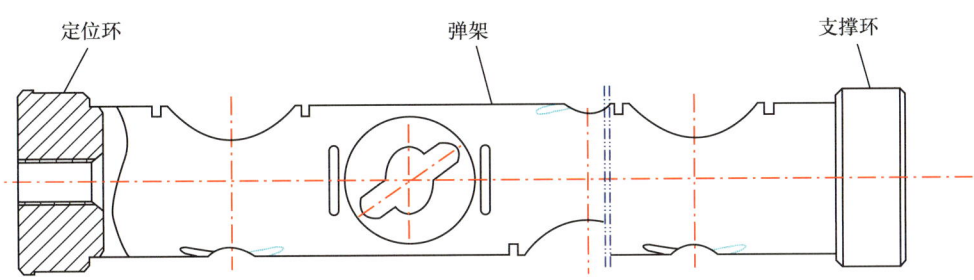

图 4-2-12　有枪身射孔枪弹架结构示意图

弹架按照射孔施工所需的孔密、相位进行设计，并充分考虑射孔弹的炸高，射孔弹的可靠定位和穿深性能的有效发挥等因素。

（5）枪尾：枪尾联接在射孔枪串的最下端，主要用于密闭枪身下端。枪尾一端通过

"O"形密封圈与枪身形成密封,并通过螺纹与枪身联接,另一端为圆锥体,入井下枪时起引鞋作用,减少入井阻力。

枪尾一般可分为普通枪尾、筛孔枪尾、滚珠枪尾和丢弃式枪尾等,如图4-2-13所示。筛孔枪尾用于双起爆用射孔作业,它通常与下起爆器相联接,通过筛孔来传递井筒内液柱压力实现下起爆器起爆;滚珠枪尾主要用于水平井射孔作业,可减少管串在水平段的摩擦阻力;丢弃式枪尾主要用于全通径射孔作业。

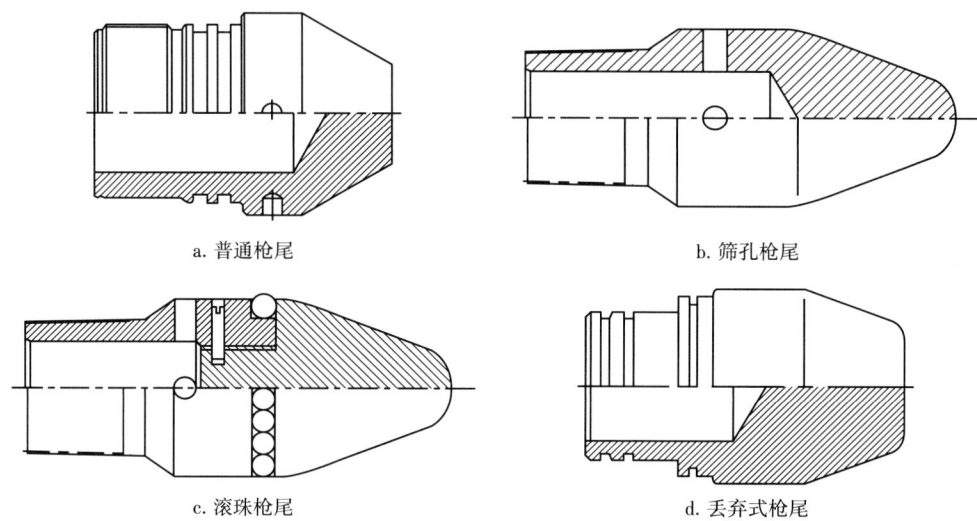

图4-2-13 各种枪尾结构示意图

2. 用途及命名

射孔枪是各种聚能射孔器的重要组成部分,是射孔弹的主要承载体。射孔枪分为有枪身射孔枪和无枪身射孔枪。有枪身射孔枪是用于承载射孔弹的密封承压发射体;无枪身射孔枪专指弹架,它的密封承压由无枪身射孔弹的壳体承担。国外有的公司将整个射孔器统称为射孔枪。

射孔枪按照SY/T 6163—2018对不同型号命名,主要以枪身外径、孔密、相位角、额定压力值等内容命名。其型号编制方法如图4-2-14所示。

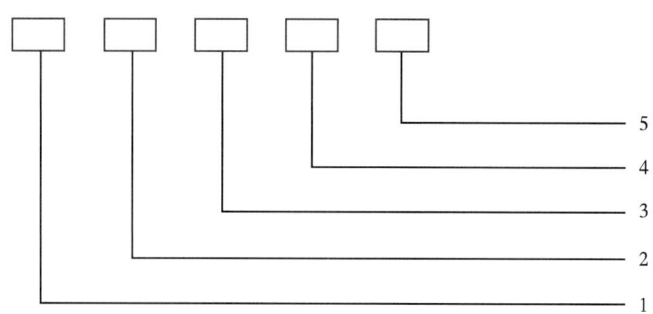

图4-2-14 射孔枪型号命名示意图

1—特征代号,常规射孔枪省略,"S"表示水平井射孔枪,"T"表示通径射孔枪,"FL"表防硫射孔枪、"FT"表示防二氧化碳射孔枪。其他射孔枪应符合制造商或相关标准的规定;2—枪身外径(四舍五入取整),mm;
3—射孔枪孔密,孔/m;4—相位角,(°);5—射孔枪额定压力值,MPa

示例 1：89-16-60-105 表示枪身外径为 89mm、孔密为 16 孔 /m、相位角 60°、耐压值为 105MPa 的常规射孔枪。

示例 2：S89-16-120-105 表示枪身外径为 89mm、孔密为 16 孔 /m、相位角 120°、耐压值为 105MPa 的水平井射孔枪。

第三节　起爆类、传爆类器材

油气井射孔用起爆器材的核心部件是火工品。火工品是装填了火药或炸药，受外界能量刺激后产生燃烧或爆炸，用以引燃火药、引爆炸药、做机械功或产生特种效应的一次性使用的元器件和装置的总称。

一、起爆类器材

用于起爆的火工品主要有电雷管、起爆器等，对油气井射孔用的不同起爆器材使用到的火工品可以以输入激发方式和输出的能量特性来进行分类。

1. 电雷管

雷管是接受某种形式的激发能量（如针刺、火焰、电和激光）而发火并转变成爆轰能输出的火工品，通常作为传爆序列中的一个元件，输出爆炸波能量并引爆位于下一级火工序列的元件或猛炸药装药。电雷管是在雷管中加装了一个电引火装置，用电能激发的火工品。电雷管主要用于电缆输送射孔。电引火装置的作用是将电能转化为热能，热量传递到周围药剂，形成众多热点。当热点温度高于药剂爆发点时，药剂分解反应速率加快，放出热量并自动传递最终导致发火。按电雷管中的电引火装置的作用形式不同，又可分为桥丝式电雷管、中间式电雷管和火花式电雷管等。目前国内外电缆穿深射孔用到的电雷管多为桥丝式电雷管，一般由脚线、塑料塞、药剂、壳体等组成（图 4-3-1）。

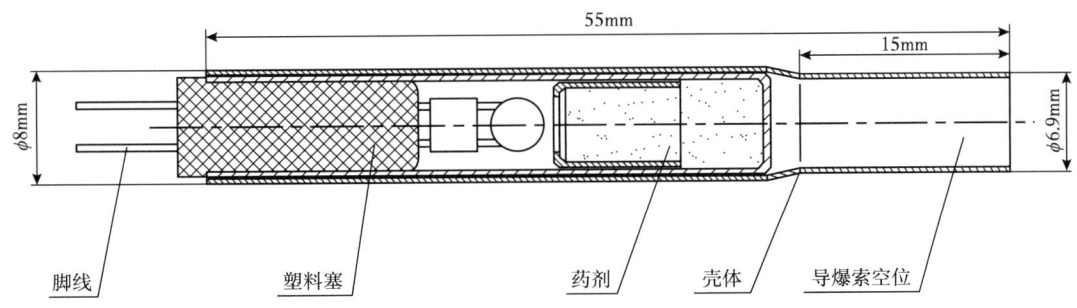

图 4-3-1　某型电雷管结构示意图

桥丝式电雷管的发火是一个不复杂的不稳定过程，受很多因素的影响，其对电流的敏感性并不适用于在带静电、有杂散电流或射频等危险因素的井场使用，因此在设计的时候常要考虑采取对静电、射频的预防措施。

1）防静电电雷管

防静电电雷管是早期油气井电缆传输射孔用电雷管，是针对操作人员人身静电的实际情况专门设计的（图 4-3-2），分无枪身（耐压型）和有枪身（非耐压型）两个品种。同时还有高温（180℃/2h）和超高温（220℃/2h）两种规格。防静电电雷管主要是在普通的桥丝式电雷管的脚线与雷管壳之间涂抹了电阻值较大的导电胶，使脚线与壳体之间有了电流的泄放通道，不会由于脚线与雷管壳之间被静电击穿而使雷管发火，从而使普通的桥丝式电雷管具有了一定的脚—壳防静电能力。

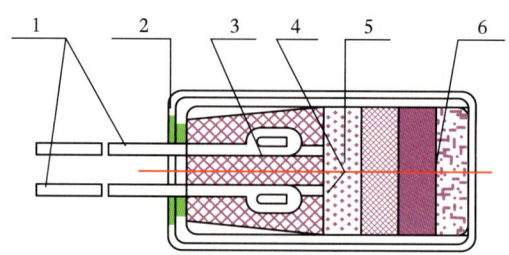

图 4-3-2 防静电电雷管结构示意图

1—脚线；2—导电胶；3—电极塞；4—桥丝；5—起爆药；6—猛炸药

防静电电雷管性能指标如下。

耐温：180℃/2h；

发火电流：600mA；

安全电流：300mA；

脚线—管壳间抗静电强度：25000V/5000Ω/500pF；

输出：应可靠起爆传爆管或导爆索。

从结构可以看出，防静电电雷管具有体积小巧、结构简单、成本低廉、操作简便等优点，因此在国内早期的电缆射孔作业中曾被大量使用，但是它对杂散电流、射频等防御能力较低，仍不完全适合在操作环境复杂的井场中使用。除个别特殊用途外，防静电电雷管已逐渐淡出射孔作业的舞台，被其他产品取代。

2）磁电雷管

磁电雷管是 1979 年由英国人发明的，以高安全性、高发火可靠性引起了各国学者的广泛注意。我国 20 世纪 80 年代中期进入实用化研究阶段，90 年代初期，自行设计完成的磁电起爆系统应用于油田井下射孔作业，并在各大油田推广应用。该系统具有以下特点：变直流起爆为交流起爆；雷管脚线时刻处于短路状态；对静电、杂散电流、射频电流刺激钝感；需专用起爆仪起爆。磁电雷管（图 4-3-3）是目前国内一种使用较普遍的油气井电缆射孔用电雷管，主要是针对井场漏电、杂散电流的隐患及操作人员的安全需要而设计的，分无枪身和有枪身两个品种。

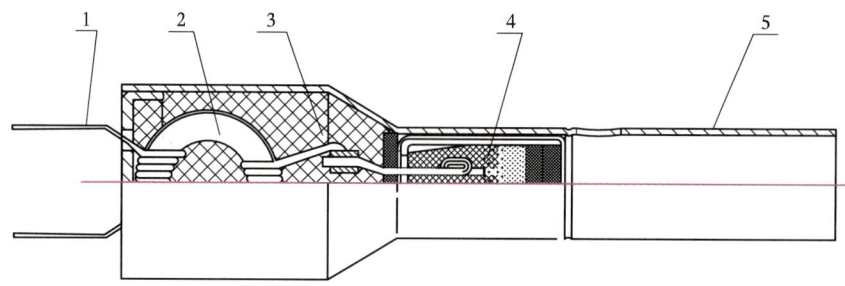

图 4-3-3 磁电雷管结构示意图

1—脚线；2—磁环；3—填充物；4—电雷管；5—连接管

磁电雷管分为两部分：桥丝式电雷管和安全元件。安全元件以绕有初级和次级两组线圈的铁氧体磁芯作为核心，初级是磁电雷管的脚线，次级与电雷管的两根脚线相连，铁氧体磁芯将初级线圈接收到的额定频带电流通过电磁感应使次级产生感应电流，感应电流流经桥丝时引发电雷管起爆。由于铁氧体的特性，额定频带外的电流不会产生感应电流，须要额定频率带的电流经电磁电的转化后方可进入桥丝式电雷管内部，即须要专门的起爆仪器才能起爆，具有较好的安全性和安定性，井场中的杂散电流、普通交流电等均不会对磁电雷管造成不利影响；磁电雷管的一根脚线与管壳连接使其具有脚线—管壳间抗静电能力，管壳的屏蔽作用又使它具有防射频能力；但是，受铁氧体磁芯耐温性能所限，磁电雷管耐温极限是180℃，无法应用到超高温电缆射孔领域。磁电雷管的主要性能指标如下。

耐温：180℃/2h（耐压型：耐压60~140MPa）；

发火电流：600mA；

安全电流：300mA；

脚线—管壳间抗静电强度：25000V/5000Ω/500pF；

抗工频电：380V/50Hz；

输出：应可靠起爆传爆管或导爆索。

磁电雷管系列产品也在不断地发展和丰富，如进液失效磁电雷管、耐压磁电雷管等。

如图4-3-4所示，进液失效磁电雷管是在磁电雷管的基础上发展而来，采用一体的点火结构，且在雷管壳和连接管的侧壁均设置有进液孔，当钻钻井液进入进液孔内时，雷管失效，导爆索与射孔弹不作用，从而达到避免炸枪的目的，减少后续重大损失，可大大提高射孔作业的安全性及可靠性，工艺操作简单，生产成本相对较低，适用于油气井电缆输送式安全射孔施工作业。进液失效磁电雷管通常放置在枪尾，能够有效避免在枪体密封失效时发生"炸枪"事故，提高了电缆射孔的安全性。

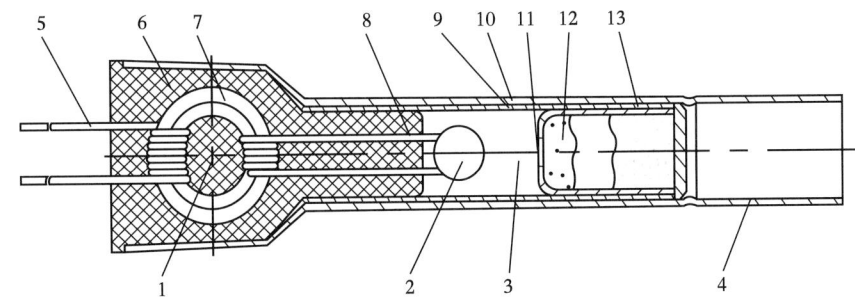

图4-3-4 液体钝感磁电雷管结构示意图

1—安全元件；2—药头；3—基础雷管；4—连接管；5—输入导线；6—耐温塞体；7—磁环；8—输出导线；9—第一进液孔；10—第二进液孔；11—传火孔；12—点火药；13—雷管壳

如图4-3-5所示，耐压磁电雷管是以磁电雷管为核心，加上外覆耐压的壳体和陶瓷插针构成。这种雷管的作用原理与常见的磁电雷管作用原理相同，除具有磁电雷管的一切性能外，还具有耐高压性能，通常可以承受60~140MPa的井下压力，主要用于无枪身电缆射孔和爆炸松扣等作业中，能够可靠起爆后面的导爆索。

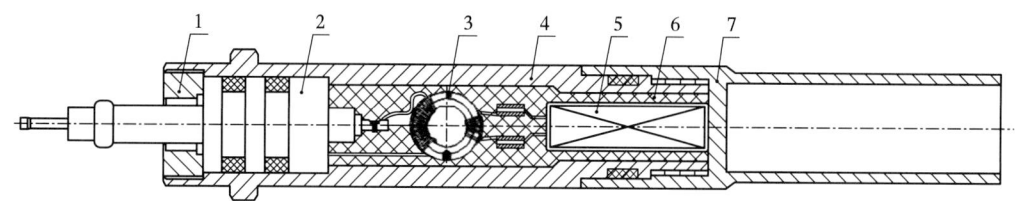

图 4-3-5 耐压磁电雷管结构示意图

1—螺圈；2—陶瓷插针；3—磁环组件；4—壳体；5—电雷管；6—扶正套；7—尾管

3）机械压力安全电雷管

如图 4-3-6 所示，机械压力安全电雷管是一种性能优越的安全型电雷管，是完全针对电能起爆射孔的特点和要求而设计的，是我国射孔安全起爆的原创技术，也是目前油气井射孔用理想的、安全的起爆器装置，由插针、开关本体、弹簧、雷管座等构成。

机械压力安全电雷管利用钻井液压力来控制插针运动，进而控制电雷管电路的断开与闭合，使该型电雷管的电路输入结构上同时有断路状态和短路状态，可最大限度地保证起爆器的安定性，避免地面装配时因误操作而造成的安全事故。

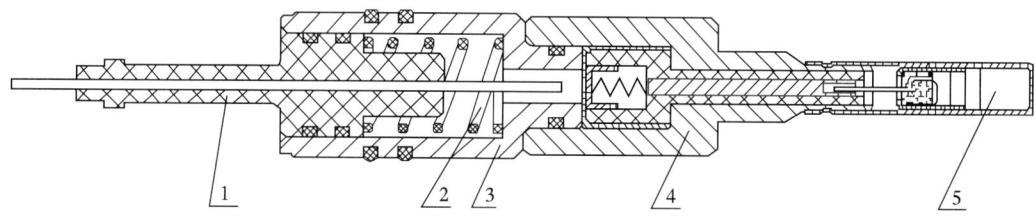

图 4-3-6 大电流机械安全电雷管结构示意图

1—（耐压）插针；2—弹簧；3—开关本体；4—雷管座；5—电雷管

机械压力安全电雷管的作用过程为：雷管随射孔枪下井后，井内压力直接作用于插针上，当压力大于弹簧预应力时，插针向雷管座方向移动，与短路开关中的短路帽接通，断路状态变成导通状态；随着短路帽下移脱离极帽，解除了电雷管的短路状态。若因故电缆上提时，钻井液压力逐渐小于弹簧预应力，插针回归，短路帽复位，机械压力安全电雷管恢复短路状态和断路状态。

机械压力安全电雷管的主要指标如下。

耐温耐压：A 型——160℃、60~140MPa/48h（配合专用连接套），B 型——220℃、60~140MPa/48h（配合专用连接套）；

安全电流（直流）：1A；

发火电流（直流）：2A；

电阻：0.5~3Ω；

导通压力：1.8MPa；

输出：应能可靠引爆油井用传爆管。

机械压力安全电雷管具有较高的安全性，有效降低了其在运输、储存、操作、施工等过程中因不安全因素造成事故的可能性。

4）大电阻电雷管

油井用大电阻电雷管是指用于油气井射孔的电阻值大于 50Ω 的电雷管。起爆雷管电阻不小于 50Ω，以防止射孔作业周围环境可能存在的射频、杂散电流或静电对电雷管的影响，提高电雷管的安全性能。大电阻电雷管也是一种用电能激发的火工品，为桥丝式电雷管。当第一导线接收到的电流流经点火头内部的桥丝时，桥丝发热变成热能，热量传递到周围药剂，形成众多热点。当热点温度高于药剂爆发点时，药剂分解反应速率加快，放出热量并自动传递最终导致发火（图 4-3-7）。其作用过程与常规电雷管一致，都是通电起爆时，输入端电引火头输出的火焰引爆输出端雷管，激发下一级传爆序列。

5）爆炸桥丝雷管

爆炸桥丝雷管（Exploding Bridge Wire Detonator）简称 EBW 雷管，是通过电流使桥丝熔融爆炸，从而激发装药爆轰的雷管。爆炸桥丝雷管的惰性元件类似于任何标准的低能电雷管。基本惰性部件包括一个由导线和桥丝构成的电极塞，可以是塑料或者是金属／陶瓷材料的结合体。电路连接可以是电路耦合接线，或同轴电缆或多针插头，电缆可以直接插入插头。爆炸桥丝雷管中，炸药分两段按两种不同的密度压制，不装起爆药。第一段装药称为引发装药，第二段装药称为输出装药。高压放电后，桥丝在几十纳秒内汽化（即爆炸），形成高温高压气体，向四周膨胀而形成冲击波将猛炸药起爆。

爆炸桥丝雷管须要由外接的起爆器来起爆。起爆器的电路可以分解为三部分：安全线路、高压供应线路及输出线路。高压供应线路提供的电压可从 0.2kV 逐步升压为 5kV，为输出线路的电容充电。输出线路有一个电火花间隙作为累计电压的泄放通道，当电压在输出电容上达到 5kV 时，电火花间隙击穿并释放储存的能量到输出端的雷管桥丝上，桥丝瞬间受热爆炸，引爆猛炸药。起爆器的适用温度范围为 -25℃~225℃，可随着爆炸桥丝雷管输入端一同下井使用。

爆炸桥丝雷管的结构及装药的安定性和对起爆电流的特殊要求，能有效抵御射频（RF）和井场周围及海上平台的杂散电流，具有较高的安全性。

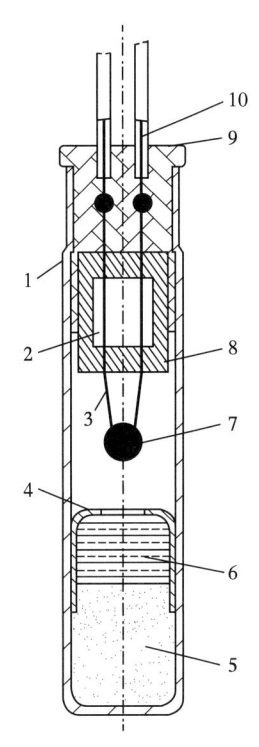

图 4-3-7　大电阻电雷管结构示意图

1—雷管；2—电阻；3—第一导线；4—加强帽；
5—猛炸药；6—起爆药；7—点火头；
8—环氧树脂层；9—电极塞；10—第二导线

6）冲击片雷管

冲击片雷管（Exploding Foil Initiator）简称 EFI 雷管，也称作爆炸箔雷管，是一种使桥箔上通过强大的电流脉冲产生高速飞片撞击引爆猛炸药的电雷管。这种雷管不使用起爆药和松装猛炸药，并且桥箔与炸药不直接接触，所以对于机械冲击、静电、杂散电流、射频等都有较强的抵抗能力，是一种极其安全可靠的雷管，适用于直列式爆炸序

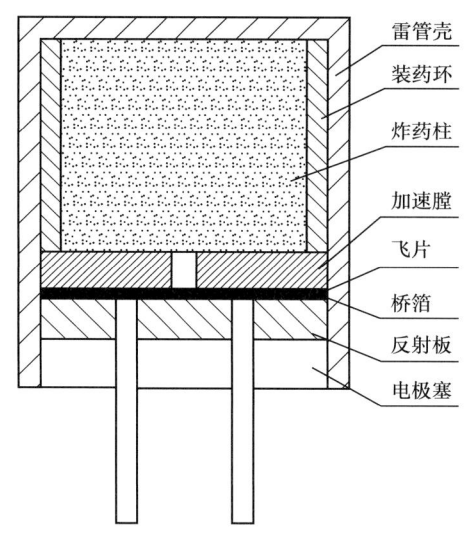

图 4-3-8 EFI雷管结构示意图

列,在钝感弹药中有着广阔的应用前景。

冲击片雷管的主要结构元件有反射板、桥箔、飞片、加速膛及炸药柱等,如图4-3-8所示。

冲击片雷管不含任何起爆药和低密度装药,起爆时需要较高的电压,一般为2~3kV。从结构上讲,冲击片雷管是一种新式片状起爆器,当强大的电流通过金属桥箔时,金属桥箔发生爆炸,产生等离子体并迅速膨胀,驱动贴在桥箔上的飞片。飞片通过加速膛高速撞击在钝感炸药柱上,把足够的动能传递给炸药,使猛炸药起爆。冲击片雷管具有极强的抗电磁环境干扰能力,极高的安全性、可靠性和抗高过载能力。冲击片雷管装有对冲击感度较为敏感的炸药柱,爆轰输出性能好,爆轰成长期短,耐热性能好,是一种理想的石油射孔起爆用电雷管。

相对其他电雷管,冲击片雷管除了性能参数的优势外,还有以下的优点:

(1)体积小、质量轻。冲击片雷管不需要敏感的起爆药作为引爆装药,也不需要松装药传爆,从而减去了这部分的装药高度。其高度降低了,体积和质量也减小了,方便仓储、运输、使用,同时也为某些设计节省了空间。

(2)高稳定性及高安全性。冲击片雷管发火元件的桥箔与猛炸药完全隔开,而且猛炸药又使用了钝感、耐高温的炸药,压药密度高,耐冲击能力强。同时还具有抗强静电、射频、杂散电流、闪电及电磁干扰等一系列特性保证冲击片雷管安全,因此非常适合大批量生产和使用。

(3)长储性能好。冲击片雷管不仅耐高温而且不受低温条件影响,炸药也不会因受潮引起任何性能问题,因此长期储存性能比其他雷管优越。

(4)适于自动化生产。桥箔可以采用印刷电路技术制作,其他元件制作更为简单,批量生产方便,特别适合于自动化生产线。

(5)作用时间短、精度高。冲击片雷管作用时间极短,时间精度高,大批量同时使用时同步性好,特别适合在地质勘探工作中使用。

(6)起爆需求能量大。冲击片雷管需要较大的起爆能量,故在使用时须配以专门的由高储能电容器、高压瞬发开关、升压电路、控制电路等部分组成的起爆源。

冲击片雷管作为第三代火工品,无论在性能、稳定性及安全性等方面比传统的桥丝式电雷管等产品具有明显优势,量产民用化后,将会越来越广泛地在石油射孔及其他领域推广、使用。

7)电子雷管

电子雷管,又称数码电子雷管、数码雷管或工业数码雷管,即采用电子控制模块对起爆过程进行控制的电雷管。其中电子控制模块是指置于数码电子雷管内部,具备雷管起爆延时控制、起爆能量控制功能,内置雷管的身份信息码和起爆密码能对自身功能、性能及雷管点火元件的电性能进行测试,并能和起爆控制器及其他外部控制设备进行通信的专用电路模块。电子雷管与普通雷管在结构上的区别如图4-3-9所示。

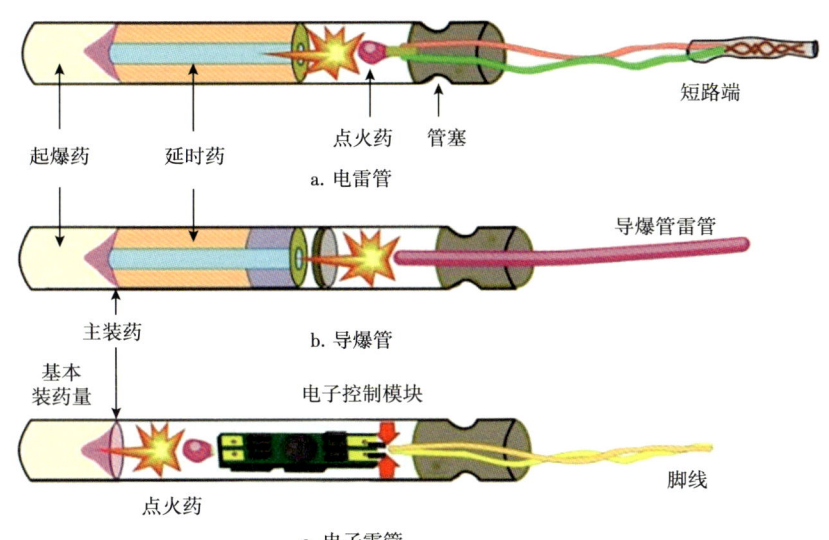

图4-3-9 不同雷管的结构示意图

电子雷管本身的安全性,主要取决于它的发火延时电路。充电晶体管和放电晶体管组成系统主发火电路,电容在微控制器控制下通过点火晶体管放电,引燃引火头。就点燃雷管内引火头的技术安全性来说,传统延期雷管靠简单的电阻丝通电点燃引火头,而电子雷管的引火头点燃,通常除依靠电阻、电容、晶体管等传统元件外,关键还有一块控制这些元件工作的可编程电子芯片。如果用数字1来表征传统电阻丝的点火安全度,则电子点火芯片的点火安全度则为100000。

与传统电雷管比较,电子雷管除受电控制外,还受到一个微型控制器的控制,且在起爆网路中该微型控制器只接收起爆器发送的数字信号。

电子雷管及其起爆系统的设计,引入了专用软件,其发火体系是可检测的,雷管的发火动作也完全以软件为基础。在雷管制造过程中,每发雷管的元器件都要经过检验,检验时,施加于每个器件上的检验电压均高于实际应用中编码器的输出电压。通不过检验的器件,不能用于雷管生产。此外,还要对总成的电子雷管进行600V交流电、3000V静电和50V直流电试验。

电子起爆系统服从"本质安全"概念。除上述电子雷管的本质安全性外,系统中的编码器同样具有良好的安全性,编码器只用来读取数据,所以它的工作电压和电流很小,不会出现导致雷管引火头误发火的电脉冲,即使不慎将传统的电雷管接在编码器上,也不会触发雷管发火。此外,编码器的软件不含任何雷管发火的必要命令,这意味着即使编码器出现错误,也不会使雷管发火。

近年来,随着电子雷管技术成熟度的提高,电子雷管应用场景不断丰富,使用环境由小型露天爆破快速拓展至大型露天爆破、隧道掘进、孔桩爆破、井下非煤矿山、拆除爆破(如危楼、桥梁、水工建筑物)等工程领域。在油气井射孔领域,由于雷管要承受井下高温、振动等复杂环境因素的影响,对产品的耐温、抗震及可靠性提出了更高要求，目前国内已经有相关雷管厂家开发出了耐温150℃的油气井射孔用电子雷管，产品的可靠性和适用性仍需进一步研验证。

2.起爆器

把由若干火工品组成的、用作起爆源的火工组件称为起爆器。起爆器是起爆装置的关键部件。起爆装置的耐温性能很大程度上取决于起爆器的耐温性能，而起爆器的耐温性能又是由构成起爆器的各个火工品的耐温性能决定，见表4-3-1。这些火工品有的是由火帽→雷管→扩爆装药构成传爆序列，有的则是由针刺雷管→扩爆装药构成传爆序列。虽然各产品的传爆序列不同，但总的作用都是一样的，都是将起爆装置接收的压力、撞击等作用产生的机械能可靠地转化为化学能，并逐级放大，最后输出适当的爆轰能量以引爆下一级传爆序列。

表4-3-1 起爆器耐温性能指标

型号	48h	100h
高温型	160℃	140℃
超高温型	220℃	200℃

撞击火帽是起爆器的重要构成元件，是击发药受到冲击和摩擦而发火的火帽。它一般由火台、火帽壳（或盖片）、击发药、垫片等组成（图4-3-10），通常作为起爆器的输入端。

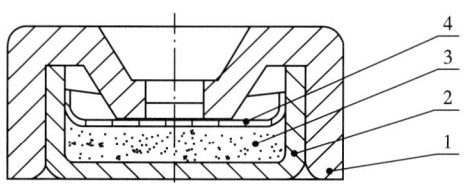

图4-3-10 撞击火帽结构示意图

1—火台；2—火帽壳；3—击发药；4—垫片

当具有一定冲量的击针刺入火帽时，击针的能量首先作用在火帽壳上，使其变形，同时在击针击刺的地方及其周围，压力骤增，从而使药粒之间相互挤压、摩擦，在击针附近的药剂中产生了"热点"。随着击针的继续运动，"热点"数量急剧增加，温度升高，达到一定程度后，药剂分解，产生爆炸。因此火药首先需要有合适的感度，一方面要求其在一定的外界能量作用下能可靠发火，又能够保证其在生产、运输、使用及储存时无安全风险，所以火帽感度的高低要兼顾起爆和安全两个方面；另一方面火帽需要有足够的点火能力，即其输出能量应能可靠地做功以引燃或引爆起爆器装药序列中的下一级火工品。

目前国内起爆器种类较多，内部结构也各不相同，但作用过程及输出效果是一样的。以下面两种常用的起爆器为例简述其作用原理。

1）单列式起爆器

单列式起爆器是由火帽→扩爆装药等组成传爆序列，外覆以外壳。且结构如图4-3-11所示。

这种组合构成的传爆序列很普遍，此外也有起爆器用针刺雷管代替火帽，或者在传爆序列中加入继爆雷管，起到引爆、传爆和初步放大能量的目的。有的起爆器本身能够暴露在钻井液中并承受一定的压力；不同厂家起爆器的外观、结构设计等有所不同，但作用机理及功能都一样。

（1）作用原理。

当具有一定冲量的击针刺入火帽时，由于"热点效应"的作用，药剂分解，产生爆轰或火焰，继而输出能量传向后续火工品或扩爆装药，最终确保输出端能够输出爆速高、威力较大的稳定爆轰能量引爆扩爆管的猛炸药，使其输出威力大的爆轰能量用以引爆下一级传爆序列。

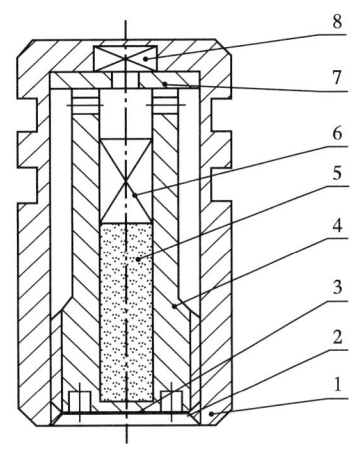

图 4-3-11 单列式的起爆器结构示意图

1—外壳体；2—密封胶；3—垫片；4—内壳体；
5—扩爆装药；6—装药加强帽；7—隔板；8—火帽；

如果按照这种序列，将雷管和扩爆管的装药换成点火药，那么这个起爆器的作用就是点火具了，其输出能量形式为火焰，在压裂作业等方面作用极大，当然火工品的名称、尺寸、药量等都有所变化。

（2）性能指标见表 4-3-2。

表 4-3-2 单列式起爆器主要性能指标

项目	指标	
	耐高温型	耐超高温型
耐温	160℃/48h 或 140℃/100h 不失效	220℃/48h 或 200℃/100h 不失效
震动	落高 150mm±2mm，频率 60Hz±1Hz，10min 不失效	
低温	-40℃±3℃，2h 不失效	
受潮	16~45℃，RH＞95%，24h 有效	

（3）结构特点：

①结构简单，体积小巧，便于单独包装；

②可以在小型枪起爆装置上使用。

2）冗余式起爆器

冗余式（双发火）起爆器是由两套火帽→雷管组成的传爆序列共同作用于扩爆管组成的起爆器。其结构如图 4-3-12 所示。这种起爆序列常见于一些军工产品上，目的是提高起爆系统的可靠性。

（1）作用原理。

冗余式起爆器的两套火帽→雷管组成的传爆序列的起爆作用原理等同于单列式起爆器的相应部分，但是由于火工品存在瞎火的客观现象，当一套传爆序列失效后，另一

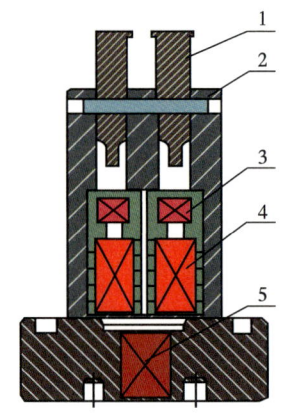

图4-3-12 冗余式（双发火）起爆器结构示意图

1—击针；2—支承销；3—火帽；4—雷管；5—扩爆管

套传爆序列仍能够可靠作用，完成既定的功能，同时将失效的火工品殉爆，去除隐患。由此可见，冗余式起爆器具有可靠性高的特点。

（2）性能指标见表4-3-2。

（3）结构特点同单列式起爆器。

3.起爆装置

起爆装置是由具备一定功能的机械部件总成和起爆器（火工件）组成的装置。

起爆装置按作业方式可分为撞击起爆装置、压力起爆装置、撞击与压力双作用起爆装置和压力开孔起爆装置等。

对于型号命名方法，通常以起爆装置外径、起爆方式、耐压值、100h耐温值、产品系列号等命名，并用相应的符号表示。具体命名方法如图4-3-13所示。

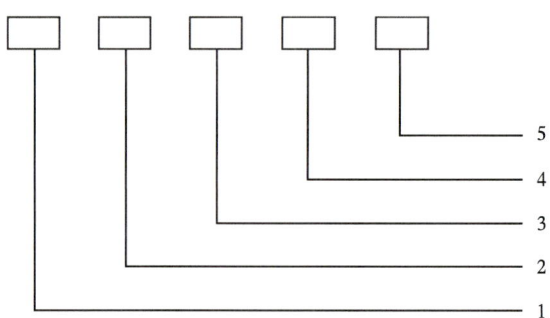

图4-3-13 起爆装置型号命名示意图

1—起爆装置外径，mm；2—起爆方式，撞击起爆装置用"M"表示，压力起爆装置用"P"表示，压差起爆装置用"DP"表示；3—耐压值，MPa；4—100h耐温值，℃；5—产品系列号，用2个字符表示

示例1：93M90-140-01，表示外径为93mm、耐压值为90MPa、100h耐温值为140℃、产品系列号为01的撞击起爆装置。

示例2：93P60-140-01，表示外径为93mm、耐压值为60MPa、100h耐温值为140℃、产品系列号为01的压力起爆装置。

示例3：93DP60-140-01，表示外径为93mm、耐压值为60MPa、100h耐温值为140℃、产品系列号为01的压差起爆装置。

起爆装置的耐高温性能应符合表4-3-3的要求，在耐温过程中，不应爆炸。

表4-3-3 起爆装置耐温性能指标　　　　　　　　　　单位：℃

型号	耐温值（48h）	耐温值（100h）
高温型	160	140
超高温型	220	200

1）撞击起爆装置

撞击起爆装置是利用投放棒在油管中下行产生的冲量剪断固定销后，击针下行击发起爆器起爆。这种起爆方式通常适用于常开式油管输送且斜度不大于30°的直井射孔作业中。使用时从井口投掷投放棒，投放棒沿油管在自重作用下下行，在撞击击针前具有了一定的冲量，在冲量作用下推动击针击发起爆器。

撞击起爆装置品种型号众多，除了带排沙槽的防沙起爆装置和不带排沙槽的密闭撞击起爆装置两个品种外，还有附带其他功能如投棒开孔起爆装置、特殊要求的如投棒全通径起爆装置等。

在使用这类装置时须注意投放棒与井况的匹配：针对不同的井况，根据井深、斜度、钻井液密度来确定投放棒的质量和种类。需要注意的是，当井斜较大时，应使用滚轮式投放棒，可以有效降低投放棒下行过程中的能量损耗，确保足够的击发能量。同时还应考虑撞棒与装置的匹配，这类装置在其机械总成上多设有导向喉口，作用是对运动的撞棒导向居中，撞击力量集中向活塞方向施加，促使活塞顺利下行击发。因此撞棒棒尖与导向喉口也要匹配，才能保证可靠击发（图4-3-14）。表4-3-4是某型装置推荐的撞棒棒尖与该型装置导向喉口的配置表。

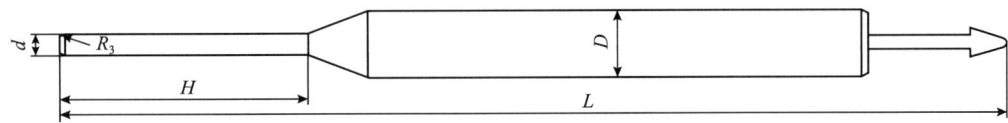

图 4-3-14 撞击起爆装置投放棒示意图

d—棒尖直径，mm；D—棒的中径，mm；H—棒尖长度，mm；L—棒的长度，mm

表 4-3-4 不同导向喉口与投放配置推荐表　　　　单位：mm

R_3	d	D	H	L	撞棒材料
$\phi 25$	20	32	200	1800	钢
$\phi 36$	32	32	200	1800	钢

（1）防沙撞击起爆装置。

防沙撞击起爆装置是撞击起爆装置的一种，分为单发火和双发火两种型号，分别配接单列式起爆器和冗余式起爆器，可在60枪型以上管串中使用。

两种型号机械总成各型号基本相同，由本体、活塞及组件等构成，如图4-3-15所示。其上端的油管扣与油管接箍相连，其本体上的方槽孔作为排沙泄垢通道。其作用原理是当投放棒下行后撞击活塞使固定销剪断，活塞快速下行，前端的击针击发帽发火，引爆起爆器，从而引爆射孔弹传爆序列。

两种型号装置的性能指标相同，见表4-3-5。

（2）密闭撞击起爆装置。

密闭撞击起爆装置适用于负压射孔、补射井或井内出沙大及其他复杂井况的射孔作业，可配接开孔器使用。

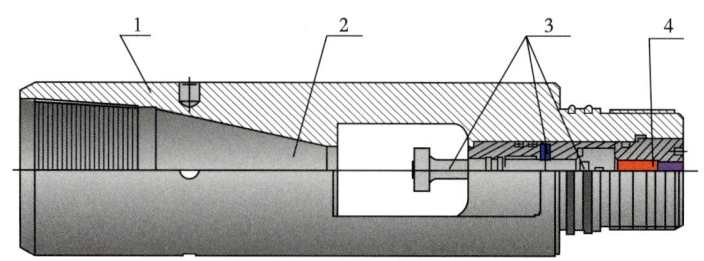

图 4-3-15 防沙撞击起爆装置结构示意图

1—本体；2—导向喉口；3—活塞及组件；4—起爆器

表 4-3-5 防沙撞击起爆装置的主要性能指标

项目	指标	
	A 型	B 型
耐温耐压	160℃/60MPa/48h 或 140℃/60MPa/100h 不失效	220℃/100MPa/48h 或 200℃/100MPa/100h 不失效
震动	落高 150mm±2mm，频率 60Hz±1Hz，10min 不失效	
低温	$-40℃±3℃$，2h 不失效	
受潮	16~45℃，RH＞95%，24h 有效	
抗撞击能力	锤重 2kg，落高 20cm	
最小击发能量	锤重 5kg，落高 70cm	
输出	引爆 ϕ6mm 铅皮导爆索	

该装置的机械总成主要由上本体、下本体、油管短节、活塞及组件等构成，如图 4-3-16 所示。上端的油管扣与油管接箍相连，而传爆钢管和油管短节之间的环形空间作为沉沙容腔。其作用原理和性能指标与防沙撞击起爆装置相同。目前该装置已开发出兼具开孔功能的型号。

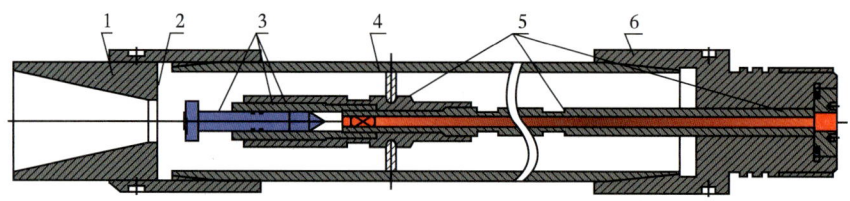

图 4-3-16 密闭撞击起爆装置结构示意图

1—上本体；2—导向喉口；3—活塞及组件；4—油管短节；5—起爆器；6—下本体

（3）撞击开孔式起爆装置。

撞击开孔式起爆装置特别适合垂直的补射井、稠油井或负压射孔作业的井况。

该装置有 60 枪型以上所有型号，机械总成各型号基本相同，由上本体、活塞及组件、挡套等构成，如图 4-3-17 所示，其性能指标也与防沙起爆装置相同。使用时其输入端的油管扣与油管接箍相连，输出端与连枪接头相连。作用原理也与防沙撞击起爆装置相似，所不同的是在投放棒撞击装置上的活塞剪断剪切销下行击发起爆器的同时，拉动挡套下移露出生产孔，在起爆器引爆射孔弹传爆序列的同时，完成开孔功能。

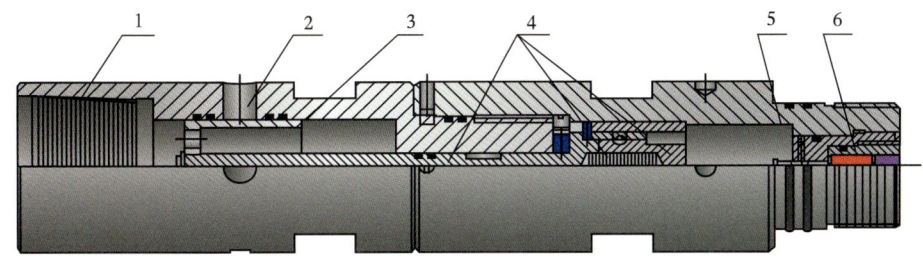

图 4-3-17　撞击开孔式起爆装置结构示意图

1—上本体；2—生产孔；3—挡套；4—活塞及组件；5—击针；6—起爆器

撞击开孔式起爆装置的性能指标与防沙撞击起爆装置相同，不再复述，需要注意的是由于该装置开孔时需要消耗额外的能量，因此在使用时应选用质量不小于12kg的撞棒。

装置特点：结构简单、操作方便、安全可靠，可实现负压射孔等射孔工艺，但防沙排垢性能不佳，因此使用时应清洗油管内腔。

（4）撞击式全通径起爆装置。

撞击式全通径起爆装置主要用于油管传输全通径射孔工艺中。其内部核心采用易破碎材料，并装配有炸碎辅助火工组件，保证在起爆射孔枪的同时将核心炸成碎屑下落，使整个起爆器内部形成通径。该装置主要由上接头、连枪接头、陶瓷护罩、陶瓷垫片、击针、衬套、固定销和起爆器（火工组件）等部分组成，如图4-3-18所示。

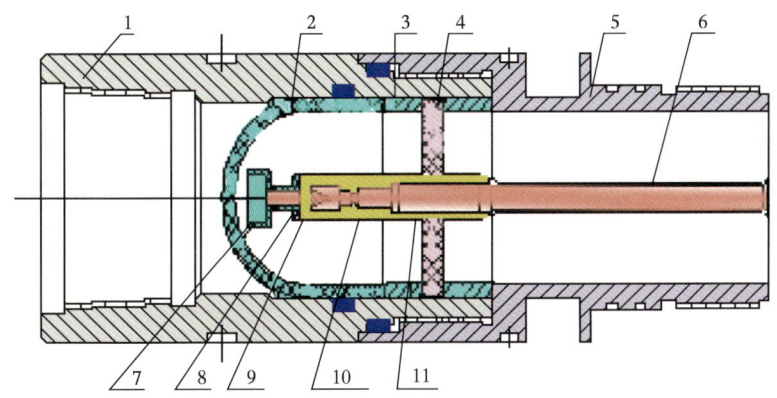

图 4-3-18　撞击式全通径起爆装置结构示意图

1—上接头；2—陶瓷钟罩；3—衬套；4—陶瓷垫片；5—连枪接头；6—下连接管；7—击针；
8—活塞套；9—固定销；10—起爆器；11—连接管

作用原理：在装置下到油井过程中，陶瓷钟罩的作用是保护火工组件不受油井内压力影响，保证其正常工作；当井口投掷的投放棒击碎陶瓷钟罩后，撞击击针，击针剪断固定销击发火帽，引爆雷管和扩爆管、导爆索，继而引爆射孔弹；在火工组件爆轰的同时也将陶瓷垫片、起爆器等炸成碎粒，落入枪底，形成ϕ60mm通径，供测试工具通过进行测试。

撞击式全通径起爆装置性能指标见表 4-3-6。

表 4-3-6　撞击式全通径起爆装置主要性能指标

项目	指标
耐温耐压	160℃/60MPa/48h 或 140℃/60MPa/100h　不失效
震动	落高 150mm±2mm，频率 60Hz±1Hz，10min　不失效
低温	-40℃±3℃，2h 不失效
受潮	16~45℃，RH＞95%，24h 有效
抗撞击能力	锤重 2kg，落高 10cm
最小击发能量	锤重 5kg，落高 100cm
输出	引爆 ϕ6mm 铅皮导爆索

装置特点：（1）结构独特，形成通径大，爆炸残留物碎、小，使用安全可靠；（2）避免了卡、堵、漏等全通径起爆装置的隐患，装置在爆轰后内部能够实现通径。

2）压力起爆装置

压力起爆装置是通过在井口加压的方式来进行起爆。对井口进行加压后，起爆装置内部的活塞在井口施加的压力和钻井液压力共同作用下剪断活塞与活塞套之间的剪切销，活塞下行并推动活塞前段的击针撞击起爆器，起爆器在撞击作用下发火，并输出能量引爆下一传爆序列。压力起爆装置的起爆机理和防沙撞击起爆装置基本一致，都是利用击针击发敏感药剂实现机械能向爆炸能量的转换，只是外加能量的形式有所不同。压力起爆装置适用范围非常广，除涵盖部分撞击起爆装置的适用范围外，还适用于各类联作井、大斜度井、侧钻井、水平井及其他特殊井的射孔作业。

常见的压力起爆装置种类、型号很多，按在射孔管串内的位置来说有（枪头）压力起爆装置、双向压力起爆装置、枪尾压力起爆装置，按功能来说有压力开孔复合起爆装置，按压力作用过程来说有压控起爆装置和压差起爆装置，按作用效果有压力全通径起爆装置等。压力起爆装置由缓冲帽、活塞及其他组件等组成，如图 4-3-19 所示。

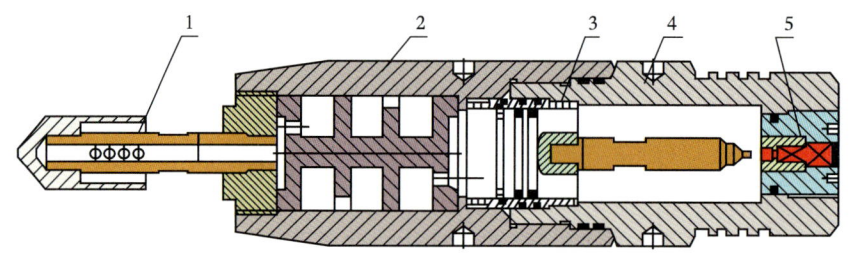

图 4-3-19　压力起爆装置结构示意图

1—缓冲帽；2—上本体；3—活塞及组件；4—下本体；5—起爆器

剪切销是这类装置的核心零件之一。准确计算剪切销的剪切值是用户需要掌握的技能，即下列公式：

$$p_1 = Hg\rho \tag{4-3-1}$$

$$p_{\text{单min}} = \tau(1-\Delta p)(1-\Delta) \tag{4-3-2}$$

$$p_{\text{单max}} = \tau(1+Hp)(1-\Delta) \tag{4-3-3}$$

$$n = \frac{p_1 + p_A}{p_{\min}}[n] \geqslant N \tag{4-3-4}$$

$$p_x = Np_{\text{单min}} - p_1 \tag{4-3-5}$$

$$p_s = p_{\text{单max}}N - p_1 \tag{4-3-6}$$

$$p_0 = (p_x + p_s)/2 \tag{4-3-7}$$

式中：τ 为单个剪切销的常温剪切值，MPa（图 4-3-20）；p_1 为油层顶界静压力，MPa；$p_{\text{单min}}$ 为销钉最小压力，MPa；$p_{\text{单max}}$ 为销钉最大压力，MPa；p_x 为井口外加最小起爆压力，MPa；p_s 为井口外加最大起爆压力，MPa；p_0 为计算起爆压力，MPa；Δp 为剪切值偏差百分数，%；Δ 为剪切销剪切强度降低百分率随温度的变化曲线（图 4-3-20）；ρ 为压井液密度，g/cm³；g 为常数，一般取 0.0098；H 为起爆器所在位置垂直深度，m；n 为计算剪销数；N 为计算向上取整剪销（起爆器实际安装销钉数）；p_A 为安全压力，MPa。

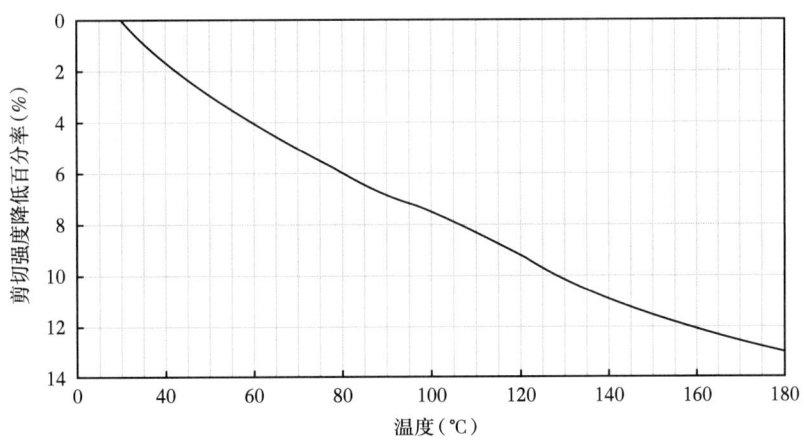

图 4-3-20 某型剪切销常温下压力曲线

（1）油管输送压力起爆装置。

①枪尾压力起爆装置（图 4-3-21）、双向压力起爆装置（图 4-3-22）都是油管输送压力起爆装置，可在稠油井、大斜度井、水平井等诸多井况下进行加压起爆，与延时起爆装置配合使用还可实现多个目的层同时起爆完成射孔作业。某些压力起爆装置的输入端还复合了缓冲、沉砂装置，对压力冲击及井内脏物具有一定的防护作用。

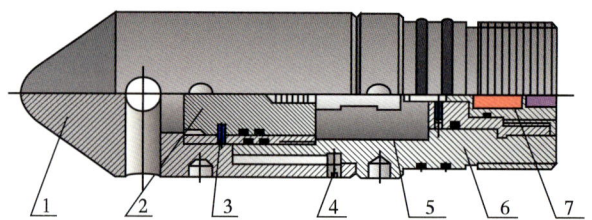

图 4-3-21 枪尾压力起爆装置结构示意图

1—尾盖；2—活塞及组件；3—剪切销；4—止退销；5—撞杆；6—下本体；7—起爆器

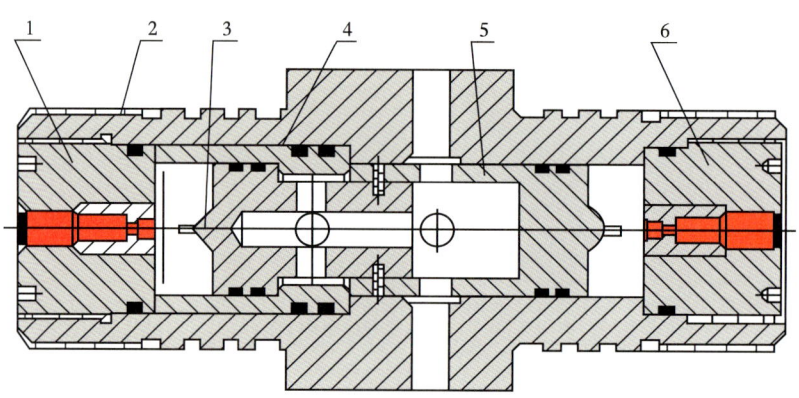

图 4-3-22 双向压力起爆装置结构示意图

1—起爆管座；2—本体；3—活塞；4—顶座；5—活塞套；6—起爆管座

在使用前，根据目的层的压力和温度确定安全压力值后，算出装置所用剪切销的数量。使用时要将剪切销均匀布于活塞上，以保证活塞剪切力的平衡、稳定。当井口施加压力和钻井液压力超过剪切销额定剪切值时，活塞剪断剪切销迅速运动，其上的击针击发起爆器起爆，进而引爆射孔序列。而双向起爆装置的活塞在剪断剪切销后，分别向两端运动，各自击发起爆器，引爆各自的传爆序列。

这二种起爆装置除了作为起爆源外，枪尾压力起爆装置通常作为冗余起爆源置于枪尾，成为成功射孔的重要保障之一，也可用于压力全通径射孔工艺中。双向压力起爆装置可以将一个较长的有效射孔管串划分为两个射孔段，降低熄爆风险，提高射孔的可靠性。

这二类起爆装置所用的起爆器相同，性能指标也相同，见表 4-3-7。

表 4-3-7 枪尾压力起爆装置、双向压力起爆装置性能指标

项目	指标	
	普通型	超高温型
耐温	160℃/48h 或 140℃/100h	220℃/48h 或 200℃/100h
耐压	60MPa	100MPa
单销剪切力（常温）	3.09MPa/只	
最小发火压力	12MPa	

②压力开孔复合起爆装置(图4-3-23)是在压力起爆装置的机械总成上加工了生产孔,使压力起爆装置除起爆功能外又具有了开孔功能,更适用于稠油井、补射井等老井射孔作业。其起爆原理、性能指标和油管输送压力起爆装置相同,只是在活塞下行的过程中开启了生产孔,在实现射孔的同时也完成开孔功能。

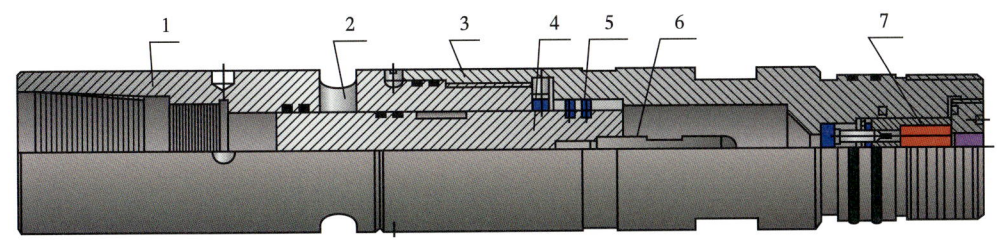

图 4-3-23　压力开孔复合起爆装置结构示意图

1—上本体；2—生产孔；3—下本体；4—活塞；5—剪切销；6—撞杆；7—起爆器

压力开孔复合起爆装置集起爆、开孔功能于一身,避免了单独使用开孔器和压力起爆装置时出现的开孔与起爆不同步的情况,提高了射孔的成功率,目前已被油田广泛使用。

③压控起爆装置(图4-3-24)主要适用于浅井(井深小于500m)油管输送式射孔作业,采用压力击发方式起爆。该起爆装置能够在小压力(小于10MPa)条件下起爆,尤其适用于超浅油气层TCP抽油泵射孔联合作业。

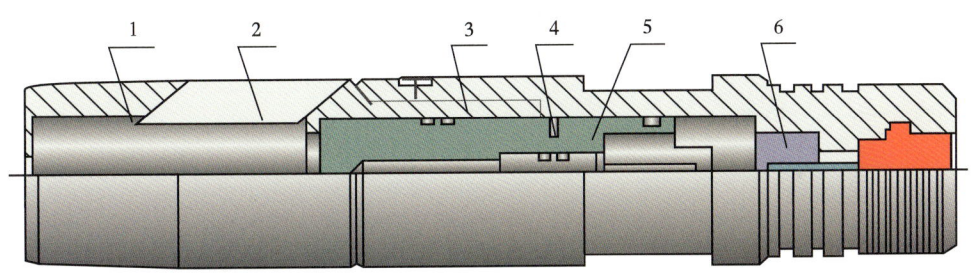

图 4-3-24　压控起爆装置结构示意图

1—上本体；2—生产孔；3—下本体；4—剪切销；5—活塞；6—撞杆

作用原理：压控起爆装置设计有6个剪切销,使用方法与前述压力起爆装置相同。装置下井后,在钻井液压力(或井口施加压力)的作用下,堵头下行压缩弹簧,当井口施加压力和钻井液压力超过剪切销额定剪切值时,活塞剪断剪切销下行,滚珠脱落,撞杆解锁,弹簧推动撞杆撞击击针击发起爆器,进而引爆射孔序列。

④全通径压力起爆装置主要用于TCP全通径压力射孔工艺中,目前主要有两种结构：结构一采用破碎盘(图4-3-25)与枪尾全通径压力起爆装置(图4-3-26)配合使用。破碎盘装于射孔枪的上部,起到隔离油管和射孔枪之间压力的作用。破碎盘内火工组件外壳为高强度易碎材料,内部装有火工品；射孔枪起爆的同时引爆火工品,炸碎火工组件,形成所要求的通径；枪尾全通径压力起爆装置装于射孔枪的底部,射孔后将芯子丢掉。

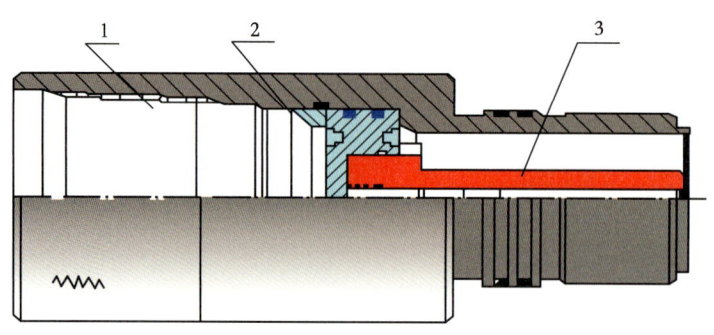

图 4-3-25 破碎盘结构示意图

1—接头；2—螺套；3—火工组件

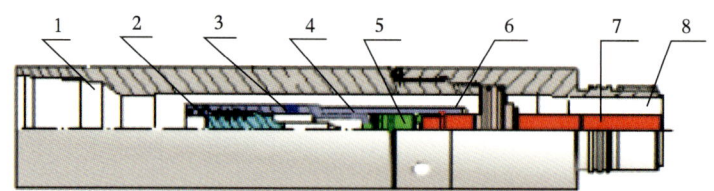

图 4-3-26 枪尾全通径压力起爆装置结构示意图

1—上接头；2—压塞；3—剪切组件；4—套管；5—连接套；6—起爆器；7—火工组件；8—下接头

结构二采用陶瓷材料将火工组件包覆，起到承压和隔离作用。结构二主要由油管接头、本体、挡砂套、陶瓷钟罩、陶瓷垫片、击针、击针套及起爆管等部分构成。如图4-3-27 所示。该装置内部装有火工品；活塞等击发机构位于侧端，压力击发火工组件后，炸碎火工组件及陶瓷材料，形成所要求的通径。

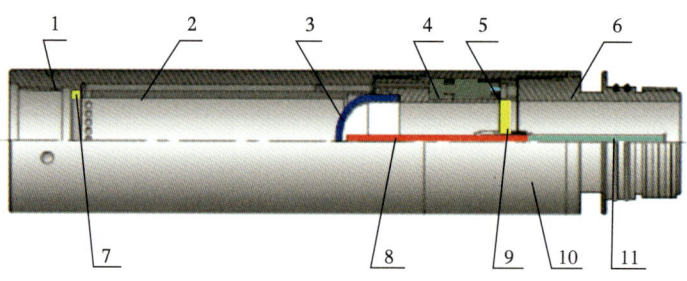

图 4-3-27 压力式全通径起爆装置结构二示意图

1—油管接头；2—挡沙套；3—陶瓷钟罩；4—击针套；5—击针；6—枪身接头；7—挡圈；8—起爆管；
9—陶瓷垫片；10—本体；11—连接管

作用原理：在装置下到油井过程中，陶瓷钟罩的作用是保护火工件不受油井内压力影响，保证其正常工作；当井口对油管施压，直至所加压力及油管液柱压力大于所设剪切销抗剪强度时，活塞剪断剪切销向起爆器方向运动，其击针击发火帽，起爆器爆轰，继而引爆射孔枪串。在火工组件爆轰的同时也将陶瓷钟罩、起爆器等炸成碎粒，落入枪底，形成通径。

压力式全通径起爆装置的主要指标见表 4-3-8。

表 4-3-8 压力式全通径起爆装置主要性能指标

项目	指标
耐温耐压	160℃/60MPa/48h 或 140℃/60MPa/100h
起爆装置爆炸后通径	ϕ57mm
单销剪切值（常温）	3.09MPa/只
最小发火压力	12MPa

结构特点：

①避免了卡、堵、漏等全通径起爆装置的隐患，装置在爆轰后内部实现了通径。

②实现了通径工艺的通、大、碎的要求。

（2）综合类起爆装置。

撞击与压力双作用起爆装置是集撞击与压力两种击发方式于一体的起爆装置，属于综合类起爆装置。其结构如图 4-3-28 所示。

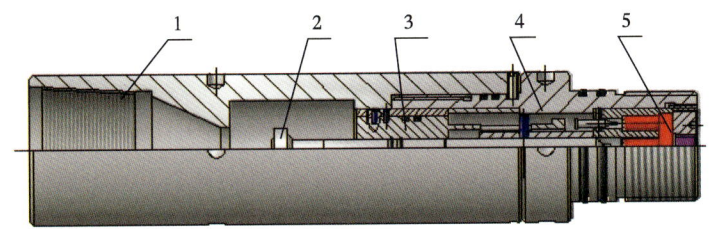

图 4-3-28 撞击与压力双作用起爆装置结构示意图

1—上本体；2—撞击活塞组件；3—压力活塞组件；4—下本体；5—起爆器

一般的油管传输射孔作业，无论选用前述的任何一种起爆装置，只能从撞棒或井口加压两种起爆方式中选择一种，而某些井内存在无法预料的情况有时会使起爆过程出现意外，如撞棒在油管内运行不畅、能量损失、无法使装置起爆，有时甚至出现挂棒现象等，这些意外情况不但不能击发起爆装置，反而给后续施工造成安全隐患。若使用撞击与压力激发起爆装置，在一种击发方式失效的情况下，还可以选择另一种方式继续击发起爆，避免了上提管串的时间和费用，消除安全隐患，提高了射孔成功率。

工作原理：产品的机械总成设计了撞击击发和压力击发两路起爆机构。起爆时，可以选择任意一种方式击发，若起爆失败，再选择另一种击发方式起爆，同时将起爆失败的一路火工品销毁。使用时选取合适的承压剪切销数量，支撑带有撞针的活塞，以保证在下管柱过程中的安全性。两路击发结构各自独立，互不影响。撞击和压力击发起爆装置是撞击击发和压力击发两种起爆装置的集合体，其性能指标包含这两种装置的性能参数，见表 4-3-9。

该装置的特点：

①采用撞击、压力两种击发方式结合，进行一体式设计，减少了装配工序和复杂程度，方便用户使用。

②结构简单，简化了加工及装配流程，减小了装置的体积和质量，降低了成本，提高了可靠性。

③机械总成采用两路击发，结构各自独立，互不影响。

表 4-3-9　撞击与压力双作用起爆装置性能指标

项目	指标	
	普通型	超高温型
耐温	160℃/48h 或 140℃/100h	220℃/48h 或 200℃/100h
耐压	105MPa，140MPa，175MPa	
单销剪切值（常温）	根据实测值而定	
最小发火压力	12MPa	
抗撞击能力	锤重 2kg，落高 20cm	
最小击发能量	锤重 5kg，落高 70cm	
输出能量	引爆传爆孔/导爆索	

二、传爆类器材

传爆类器材是一种传递或扩大爆炸能量的元件，如导爆索和传爆管均为典型的传爆元件。它的特点是：自身的爆轰需要起爆元件起爆，再去起爆下级元件。在传爆元件的设计中需要考虑上级元件与传爆元件、传爆元件与下级元件的匹配，传爆元件的起爆感度，爆轰传递的可靠性，以及传爆元件的起爆能力。

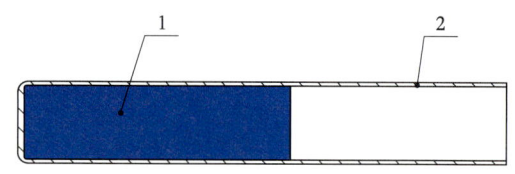

图 4-3-29　油气井用传爆管典型结构示意图

1—猛炸药；2—壳体

1. 传爆管

1）基本结构、原理、尺寸和分类

油气井用传爆管的典型结构如图 4-3-29 所示。传爆管为管形装药火工品，由壳体和内装药剂组成，内部分为装药段及空段两部分，空段处用于连接导爆索和紧口。

传爆管的作用是"承上启下"，这就要求其内装传爆药既要感度好，又要输出威力大。在射孔枪中使用时，上传爆管能可靠接收上节导爆索和传爆管传递来的爆轰波，并放大爆轰波，克服射孔枪之间的轴向间隙和径向间隙对爆轰波的衰减，并引爆下传爆管，使下节导爆索正常引爆。所以上传爆管要具备较大的输出威力，而下传爆管需要具备较好的起爆能力，其原理如图 4-3-30 所示。由于作用不同，一般要求的压制工艺也不一样。但在油田实际使用中，要求传爆管有良好的通用性，既可用作上传爆管，又可用作下传爆管。随着传爆药性能的改善和压制工艺的提高，一般的耐温传爆管已可同时满足上传爆管和下传爆管通用的要求。

油气井具有高温的特性，因此油气井用传爆管中使用的均为耐热单质炸药，目前使用的炸药有黑索金（RDX）、奥克托金（HMX）、六硝基芪（HNS）和皮威克斯（PYX）。油气井用传爆管因其井下使用环境的特殊要求，其主要技术指标主要包括产品尺寸、抗

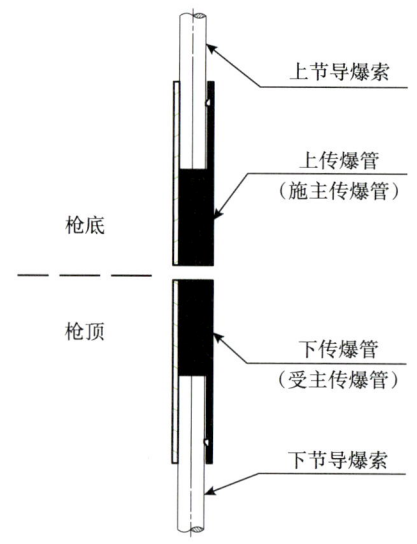

图 4-3-30　传爆管工作原理示意图

震性、耐高温性、传爆性能等参数，命名如图 4-3-31 所示。

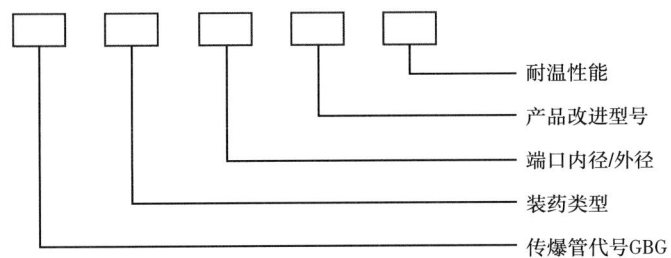

图 4-3-31 传爆器型号命名示意图

示例：CBG-HMX-5.5/6.0-1-H 表示装药类型为 HMX，端口内径为 5.5mm、外径为 6.0mm 的 1 型中温级传爆管。

传爆管在标称温度和相应时间条件下，不应爆炸，结构不应损坏。

2）油气井用传爆管技术要求

（1）震动性能。

传爆管在震动试验机上，震动 30min 不应爆炸，样品的结构不损坏，炸药不外漏。

（2）低温与受潮性能。

传爆管在相对湿度大于 95% 的试验箱内，存放 4h，再放入低温试验箱中，在（-40±2）°C 的条件下恒温 2h 后不应爆炸，结构不应损坏。

（3）耐热性能。

传爆管的耐热参数见表 4-3-10。

表 4-3-10 传爆管的耐热性要求

耐温级别	温度（°C）	恒温时间（h）
常温级	120	48
中温级	150	100
高温级	180	150
超高温级	210	170

传爆管在标称温度和相应时间条件下，不应爆炸，结构不应损坏。

（4）传爆性能。

常温级、中温级传爆管殉爆距离为 50mm±2mm，轴线偏心距离 3mm±0.2mm。高温级、超高温级传爆管殉爆距离为 30mm±2mm，轴线偏心距离 2mm±0.2mm。传爆序列应能可靠传爆，被测试段导爆索的爆速应符合 SY/T 6753—2023《油气井用导爆索和传爆管通用技术条件》要求。

2. 导爆索

内装猛炸药、用来传递爆轰波的索类火工品称为导爆索。导爆索本身需要用其他起爆器材（如雷管）引爆，然后将爆轰能传递到另一端，引爆与其相连的炸药包或另一根导爆索。导爆索主要用于同时起爆多发炸药装药。其优点是使用简便、安全，起爆时不需要电源、仪表等辅助设备，也不受杂散电流、雷电、静电等的干扰。导爆索广泛应用于油气井施工中。

油气井用导爆索典型结构如图 4-3-32 所示。

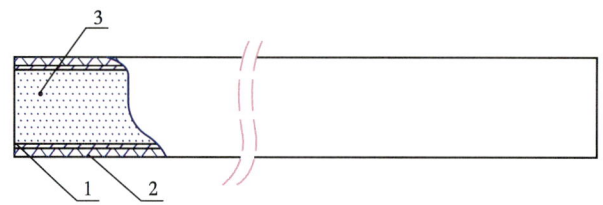

图 4-3-32　油气井用导爆索典型结构示意图

1—编织层；2—挤塑层；3—猛炸药药芯

油气井具有高温的特性，因此油气井用导爆索均使用耐热单质炸药。目前使用的炸药有黑索金（RDX）、奥克托金（HMX）、六硝基芪（HNS）和皮威克斯（PYX）。

20 世纪 90 年代初期，我国油气井用射孔作业普遍使用的是金属包覆层导爆索。这类导爆索的金属外包覆层一般用铅锑合金管，采用拉伸工艺制造，不仅成本高，而且生产效率低，生产出来的导爆索长度有限。

目前油气井用导爆索普遍采用编织、挤塑的工艺方法生产。编织层采用高强度尼龙丝或芳纶丝，挤塑层通常采用尼龙或特氟龙包覆。

1）油气井用导爆索的命名及分类

油气井用导爆索的命名方法如图 4-3-33 所示。

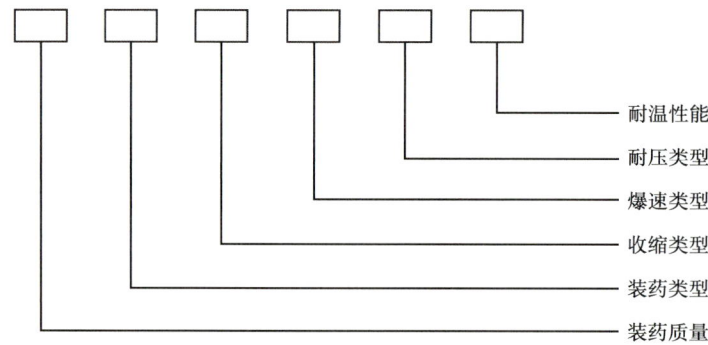

图 4-3-33　油气井导爆索型号命名示意图

根据标准，导爆索分类主要有如下几种分类方法。按收缩性能分为普通型和低收缩型（LS）；按爆速可分为普通型、高爆速型（HV）和超高爆速型（XHV）；按耐压性能分为普通型和耐压型（HP）；按耐温性能分为常温级（R）、中温级（H）、高温级（N）和超高温级（Y），根据导爆索耐温级别的从低到高其外部包覆层颜色依次为黑、绿、黄、红四种颜色（图 4-3-34）。

图 4-3-34　编织挤塑结构的油气井用导爆索实物图

示例：80RDX LS HV HP 35 R 表示装药质量为80g/ft，装药类型为RDX，低收缩率、高爆速、耐压35MPa的常温耐压导爆索。

油气井用导爆索按产品的外皮材料类型分为塑料软管导爆索、线绕导爆索、编织导爆索和金属导爆索等。

（1）塑料软管导爆索。

塑料软管导爆索即聚氯乙烯软管导爆索，一般装填黑索金炸药，采用离心装药，具有一定的防水、耐压性能，接头可搭接等优点，可与无枪身射孔配套使用，起爆能力大。但该类型导爆索软管耐温低（最高100℃/2h），耐压低，在30MPa下即可能出现药芯断层影响爆轰波的传播。

（2）线绕导爆索。

线绕导爆索即干法线绕导爆索，药芯采用黑索金炸药，由两根或四根丝线组成芯线，包敷聚酯薄膜，由两层或三层丝线带缠绕，外层挤涂热塑性尼龙涂层，产品装药量大，包裹层防水性好，有足够的起爆能力。这类导爆索适用于无枪身射孔配套使用，耐温性能略高于塑料软管导爆索。

（3）编织导爆索。

编织导爆索无芯线，采用编织装药，外层挤涂热塑性尼龙，装药密度大，包裹层薄，起爆能力强。根据使用条件可装黑索金或奥克托金炸药，耐温耐压性能优于塑料软管导爆索和线绕导爆索。

（4）金属导爆索。

金属导爆索外管一般用铅锑合金，药芯为高能炸药，具有爆速高、精度高、强度高、柔性好、耐高温、传爆性能稳定、作用可靠、使用安全等特点，其产品范围从$\phi1.0mm$到$\phi8.0mm$，可根据用户需要任意选择，但成本相对较高。金属导爆索耐压高达50MPa。

2）油气井用导爆索技术要求

（1）爆速见表4-3-11。

表4-3-11 油气井导爆索的爆速要求　　　　　　　　　　　单位：m/s

型号		常规爆速	高爆速	超高爆速
40系列	常温级、中温级	≥6800	≥7200	≥7600
	高温级、超高温级	—	≥6000	≥6400
60、80、90、100系列	常温级、中温级	≥7000	≥7400	≥7800
	高温级、超高温级	≥6000	≥6300	≥6600

（2）耐热性能。

导爆索的耐热性能同传爆管，见表4-3-10。

导爆索在标称温度和相应时间条件下，包覆层完好，不自燃，冷却后引爆应爆轰完全。常温级、中温级可分别选用2h恒温163℃、191℃作为试验条件。

（3）收缩率：导爆索在标称温度和相应时间条件下，低收缩率导爆索的收缩率应不大于1.0%，普通导爆索的收缩率应不大于6.0%。油管输送射孔用导爆索应选用低收缩率导爆索。

（4）耐压性能：耐压导爆索在标称温度下放置 4h，在规定压力条件下引爆后应爆轰完全。

（5）耐寒性能：导爆索在 -40℃±2℃ 条件下恒温 2h，包覆层完好，引爆后应爆轰完全。

（6）抗拉性能：普通型导爆索在承受不小于 490N 静拉力、低收缩率型导爆索在承受不小于 980N 静拉力 1min 后，引爆后应爆轰完全。

（7）横向输出压力：导爆索在室温条件下，横向输出压力应不小于 3GPa。

3. 传爆装置

1）爆轰增能传爆装置

该装置是针对导爆索在穿过长射孔井段或通过较大夹层后能量衰减，安装在两枪之间联枪接头中提高爆轰波传爆能量，确保传爆序列可靠的装置。

（1）装置结构：爆轰增能传爆装置由联枪接头、增能器等构成，如图 4-3-35 所示。联枪接头可为单接头或双接头。

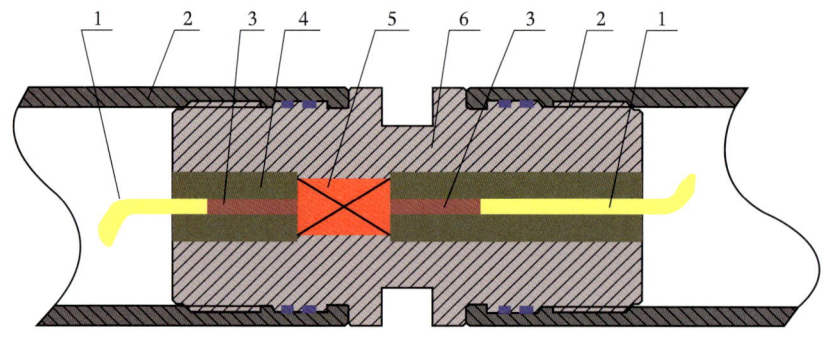

图 4-3-35　爆轰增能传爆装置结构示意图

1—导爆索；2—射孔枪；3—传爆管；4—扶正套；5—增能器；6—联枪接头

（2）作用原理：爆轰增能传爆装置的主要元件是增能器。上级传爆管爆炸时产生的爆轰波通过爆轰增能传爆装置增能器中的火工组件后，将该组件中的炸药引爆，使其爆轰能量得以放大并起爆下级传爆管，从而完成该装置的爆轰增能和传爆功能。

（3）技术指标见表 4-3-12。

表 4-3-12　爆轰增能传爆装置性能指标

项目	指标	
	普通型	超高温型
耐温	160℃/48h 或 140℃/100h	220℃/48h 或 200℃/100h
耐压	60MPa	100MPa
起爆距离	50mm，偏心 3mm	30mm，偏心 3mm
输出	起爆耐温传爆管	起爆超高温传爆管

2）延期传爆装置

延期传爆装置可应用于压力延时起爆、连续油管压力延时隔板传爆等，延期时间可在 5~15min 之间进行调整，使用方便，安全可靠。

（1）装置结构：延期传爆装置由挡圈、延时起爆管等构成，如图 4-3-36 所示。

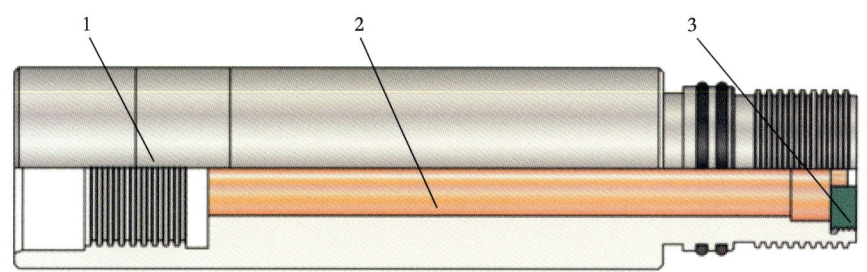

图 4-3-36　延期传爆装置结构示意图

1—壳体；2—延时起爆管；3—挡圈

（2）作用原理：延期起爆管接收上一级的爆轰能量时，经过隔板的作用，将爆轰波转换为燃烧能量，使隔板后面的主装药点火，并点燃延期装药。延期装药稳定燃烧实现分钟级延时功能，延时结束后，通过特殊的装药机构由燃烧转换为爆轰，并引爆末端的爆炸装药，产生爆轰波，从而完成该装置的接收爆轰波—燃烧—延时—起爆这一完整过程。

（3）技术指标见表 4-3-13。

表 4-3-13　延期传爆装置性能指标

项目		指标
耐温		160℃/48h
耐压		105MPa
延时	常温下	5~15min
	高温下	4.5~12min

3）隔板传爆装置

隔板传爆装置可与安全枪或夹层枪连接。该装置不仅能可靠地传递爆轰波，还能可靠地密封安全枪或夹层枪，不让井下污物进入枪内，这样不用清洗夹层枪即可重复使用。该装置具有密封隔离的功能，能满足某些特殊射孔工艺的需求，如用于高压油气井完井作业等。

（1）装置结构：隔板传爆装置由壳体、延时起爆管、挡圈等组成，如图 4-3-37 所示。

（2）作用原理：隔板传爆装置一端与夹层枪连接，另一端与射孔枪或起爆器等连接。当隔板传爆密封接头任意一端接受射孔枪或起爆器传递过来的爆轰波时，该端的装药被起爆，产生强冲击波。冲击波作用在隔板上，通过隔板起爆另一端的装药，使爆轰波不断地传播下去，从而完成隔板的传爆功能。而此时的隔板不被击穿，并能承受不小于 60MPa 的静压力，从而起到了密封夹层枪的作用。射孔作业结束，当射孔枪和夹层枪等从井中取出后，通过该接头上的卸压阀释放出夹层枪内的气体，可安全拆卸夹层枪。

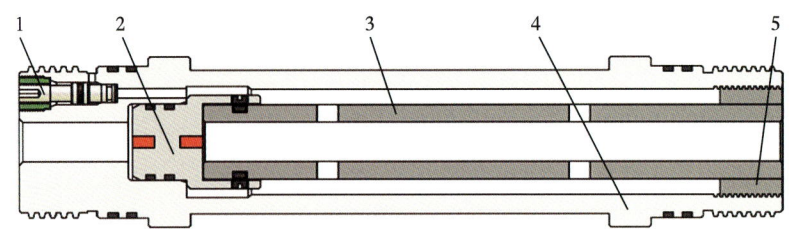

图 4-3-37 隔板传爆装置结构示意图

1—泄压阀；2—隔板传爆器；3—套筒；4—壳体；5—挡板

（3）技术指标见表 4-3-14。

表 4-3-14 隔板传爆装置性能指标

项目	性能指标
耐温	160℃/48h 或 140℃/100h
耐压	60MPa
输出	可靠起爆传爆管

第四节 复合射孔器

复合射孔器是一项集射孔与高能气体压裂为一体的完井技术，能在射孔的同时进行高能气体压裂。该技术最早是 1983 年由美国人 Frankin C Ford 提出的一项油气井增产措施的设想，后由北美 Marathon Oil Company 等四家公司首先研制出 Stimgun 复合射孔器（外套式复合射孔器）并开展应用。20 世纪 90 年代初，国内各个油田开始对复合射孔技术进行研究，经过十多年的研究与完善，自开发成功复合射孔器。复合射孔器在油田已经得到广泛应用，特点是：将射孔弹与火药有机地结合起来，一次下井分步做功，通过特殊的泄压方式控制释放高能气体，实现射孔与高能气体压裂双重作用的效果（图 4-4-1）。近年来，科研人员深入研究推出了多级脉冲复合射孔器，通过理论计算及现场试验，利用该射孔器射孔，可延长对地层的做功时间，对地层进行多次作用造缝，提高油气井的产能。

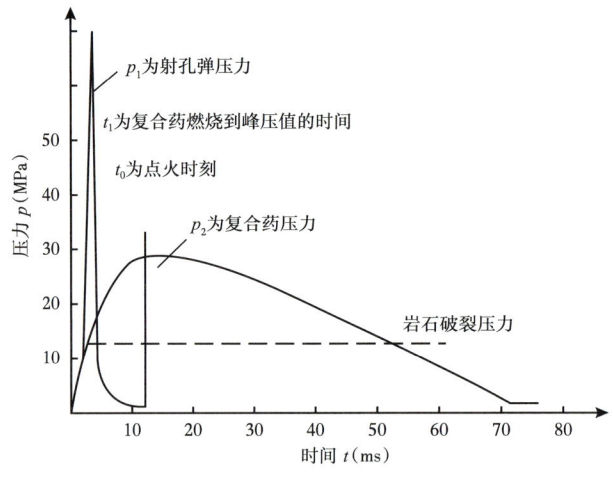

图 4-4-1 复合射孔压裂 p—t 曲线

目前常用的复合射孔器有内置式及外套式。内置式复合射孔器是将高能复合火药放置在弹架内两个射孔弹之间的空隙间，外套式复合射孔器是将火药套在射孔枪的外部。

一、内置式复合射孔器

内置式复合射孔器是将压裂火药装填在特制的射孔枪内，靠射孔弹爆炸产生的高温高压能量将其点燃，火药燃烧产生的高压气体通过射孔枪管壁上的射孔孔眼和泄压孔排出，经射孔孔道作用于地层。目前常用的内置式复合射孔器装药方式有三种，即弹架内装药、弹架外敷药、射孔弹口部装药。

采用弹架内装药的内置式复合射孔器，将压裂火药制成饼状，装填在弹架内射孔弹的间隙处（图4-4-2）。这种装药方式在射孔密度较高时没有足够的装药空间，而且火药燃烧产生的能量部分被固弹架吸收，所以后来就将火药均匀地外敷在弹架的外壁上，装药量得以提高。但该类型射孔器运输和装配过程中的安全风险高，使用条件受到限制。

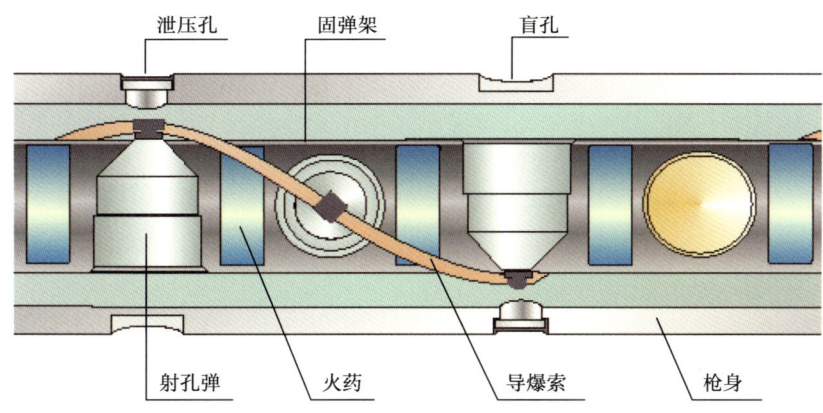

图4-4-2 弹架内装药的内置式复合射孔器结构示意图

早期的内置式复合射孔器没有设计单独的泄压孔，火药燃烧产生的高压气流只能通过射孔孔眼释放到射孔枪管外。由于泄压面积小，压力来不及释放，常引起射孔枪管胀裂，造成的严重卡枪事故。为解决这一问题，在对应每发射孔弹前后两端的射孔枪管上均设计了泄压孔，首先将管壁钻穿，然后用钢垫和橡胶垫密封，复合射孔器起爆后，射孔枪管上的钢垫和橡胶垫被击出，气流从泄压孔释放。这种方法可有效保护射孔枪不被炸裂，但也存在三点缺陷：第一，有一半泄压孔没有对准套管上的射孔孔眼，气流不能有效作用于地层；第二，大量的孔眼靠橡胶粘接密封，在井下密封失败的机率高，而一旦射孔器进水，就可能造成起爆失败或射孔弹爆燃炸枪事故；第三，橡胶垫落入井中，在液体内悬浮可能造成卡泵。

为使内置式复合射孔器更加高效、安全、可靠，研究人员将全通孔的泄压孔改为自动泄压的薄壁盲孔，精确设计盲孔的壁厚，确保在瞬间高压下，盲孔优先破裂泄压，从而保护射孔枪不被炸裂。这样设计有三个优点：第一，不必再对盲孔进行二次密封，施工简便；第二，火药燃烧产生的气体主要从射孔枪管上的射孔孔眼喷出，提高了火药能量的利用率；第三，密封效果好，且无井内落物（王杰祥，2009）。

胜利油田测井公司研制成功了射孔弹口部装药的内置式复合射孔器，也叫双复射孔器（图4-4-3）。双复射孔器的射孔枪由外枪和内枪构成。除外枪承受钻井液的静压外，在射孔时还要承受环空内产生的瞬间冲击力；内枪主要承受射孔弹爆炸冲击波产生的压应力和拉应力，以及爆炸气体的膨胀压力。射孔枪内装有双复射孔弹（图4-4-4），其特点是将火药安装在射孔弹的聚能罩口部，火药为径向装药。射孔弹的爆炸冲击波引爆截锥装药，同时引燃随进火药。截锥装药的聚能效应使得随进火药向轴线集中并加速运动，实现能量的集束释放。由于枪径增大提高了枪内炸高，增加了射孔深度，同时缩短了火药峰值压力与射孔弹峰值压力的时差，强化了高压燃气对射孔孔道的作用，有利于增强扩孔、延缝、疏松孔道压实带等作业效果。其射孔弹型号及性能见表4-4-1。

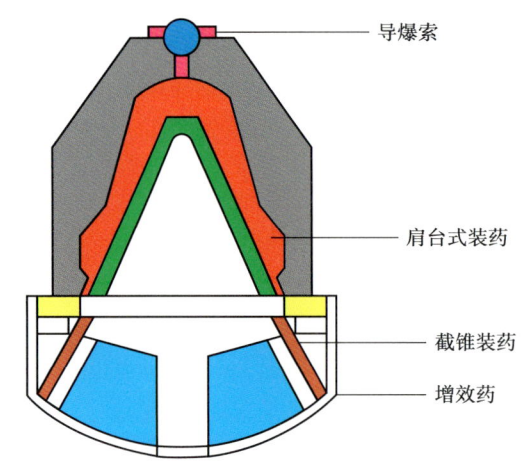 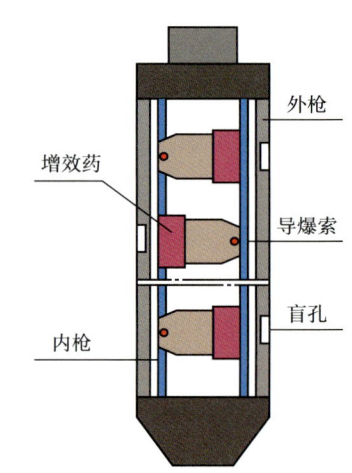

图4-4-3　双复射孔器结构示意图　　　　图4-4-4　双复射孔弹结构示意图

表4-4-1　射孔弹型号及性能

射孔弹型号	射孔弹外形（直径×高度）（mm×mm）	孔密（孔/m）	混凝土靶穿孔数据		裂缝延伸长度（mm）
			穿深（mm）	孔径（mm）	
DP33RDX18-XFZX	φ42×52	16	787	8.2	＞1600
DP35RDX25-4XFZX	φ48×62	16	928	9.3	＞1900
DP35RDX25-9XFZX	φ48×60	16	956	9.4	＞2300
DP41RDX38-5XFZX	φ58×74	16	1320	10.0	＞1900

二、下挂式复合射孔器

下挂式复合射孔器是将压裂火药连接在聚能射孔器的下部。国内个别油田开发了将压裂火药装填到筛管里，再连接到聚能射孔器下部的形式，但火药量太大容易造成筛管破裂。若直接将固体火药柱连接到聚能射孔器下部，火药量的使用不受限制，便于提高射孔效果，而且火药燃烧完毕后，井内不留任何残渣。其结构如图4-4-5所示。

下挂式复合射孔器的上半部分，也就是聚能射孔器部分的结构没有变化。它的下部安装爆燃接头，爆燃接头内安装一个爆燃发火管，压裂火药通过其中心管和爆燃接头连接，中心管内有适量的高爆温点火药。

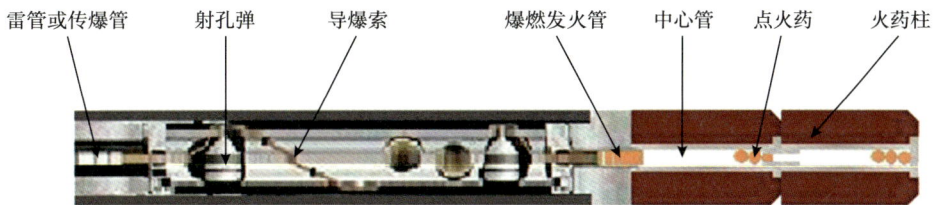

图 4-4-5 下挂式复合射孔器结构示意图

下挂式复合射孔器的点火过程：起爆器（雷管）引爆聚能射孔器内的导爆索 → 导爆索引爆射孔弹 → 聚能射孔器尾部导爆索引爆爆燃接头内的爆燃发火管 → 发火管喷火引燃点火药 → 点火药燃烧产生高温点燃火药柱。

三、外套式复合射孔器

该类射孔器采用在射孔枪外套装药筒的装药方式。在射孔时，射孔弹射流点燃外置药筒，爆炸与外置药筒的燃烧速度不一致，形成两个以上的压力脉冲波峰，产生的高温高压气体对地层反复加载，造缝效果大幅提高，提高了油气井产能。

1. 技术特点

（1）增加推进剂装药量，延长压力维持时间；

（2）避免射孔枪炸枪的危险；

（3）可以和多种射孔工艺相结合，适用范围广。

2. 适用性

（1）可作为油气井的增产工具；

（2）可作为压裂或酸化处理前的预处理措施，以提高注入能力，降低裂缝的迂曲（可大大改善水力压裂的效果）；

（3）在一定条件下，可以取代水力压裂，作为增产措施。

外套式复合射孔器由聚能射孔器、外套式推进剂药筒和固定环等组成（图4-4-6、表4-4-2）。它将压裂火药制成套筒状，套在射孔枪的外部，在射孔枪点火射孔之后（微秒级），射孔弹爆炸产生的高温高压射流将压裂火药套筒点燃，燃烧产生大量高温高压气体沿射孔孔眼进入地层。压裂火药套在射孔枪和套管的环空间隙处，容积很小，而且正对射孔位置，所以相对少量的压裂火药就能产生较好的作用效果。

为固定火药筒且防止火药筒在井下与套管摩擦，外套式复合射孔器的中间接头（或电缆输送射孔枪的上下接头）的外径都大于射孔枪管外径12~14mm，火药筒的直径小于扶正接头的直径1~2mm，外套火药筒的两端设计有专用的固定环，固定环安装在两个相邻盲孔之间的间隙处。

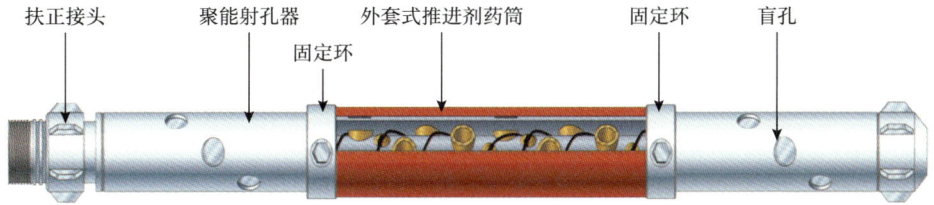

图 4-4-6 外套式复合射孔器结构示意图

表 4-4-2 外套式复合射孔器主要技术参数　　　　　　　　　　单位：mm

复合射孔器型号	外径	穿孔深度	裂缝宽度	适用套管外径
WTHF73DP86	86	≥400	≥120	127
WTHF86DP102	102	≥450	≥140	140
WTHF102DP117	117	≥550	≥170	177.8
WTHF114DP130	130	≥650	≥190	177.8

一般情况下，外套火药筒不是把整个射孔枪管全部包裹起来，特别是对于长段射孔枪，是根据具体情况分段安装火药筒。

外套式复合射孔器已在国内油气田大量应用，并取得很好的试油效果。

四、多级脉冲复合射孔器

复合装药式复合射孔器也叫多级脉冲复合射孔器，是在一支聚能射孔器上同时以不同方式安装两种以上的火药，或安装不同燃速的火药，以便在井下形成多级压力脉冲。最常用的有两种类型：内置式和下挂式组合在一起形成的复合射孔器及内置式和外套式组合在一起形成的复合射孔器。

1. 技术原理

三级装药多级脉冲射孔技术是利用聚能深穿透射孔弹和三级压裂火药的合理组合，形成高能金属射流和高温高压气体的复合作用。利用多级火药燃速的差异性，使之在射孔器中合理组装三级火药，来实现燃气对地层的多级压力脉冲加载，延长作用时间，有效消除射孔压实带，提高射孔孔道周围导流能力，达到造缝隙延缝隙效果，造缝长度超过 3m。在射孔器内部实施三级火药装药，大大提高总装药量，突破一体式复合射孔药量偏低的技术难题。采用燃烧控制技术，使三级火药分段燃烧，形成三个以上压力脉冲，对地层反复加载，压裂效率大幅度提高。有效调整三级装药升压速率和峰值压力，高效压裂地层的同时，能保证射孔器和套管不受到意外损伤，有效加载时间（峰值压力大于地层破裂压力时间）延长。保留了一体式复合射孔能量利用率高，枪内装药无需防水防磨的技术优势，燃气沿射孔孔眼直接冲刷孔道，行程最短，能量利用率最高，不影响射孔弹射流及穿深。

多级脉冲深穿透聚能射孔造缝长度可用下式表达（图 4-4-7）：

$$L = l_0 + l_1 + l_2 + l_3 \quad (4-4-1)$$

式中：L 为总造缝长度，m；l_0 为射孔弹平均穿深，m；l_1 为一级装药延缝长度，m；l_2 为二级装药延缝长度，m；l_3 为三级装药延缝长度，m。

一级装药在地层中产生水平方向的裂缝长度，可由岩石损伤理论推导：

$$l_1 = l_0 \sqrt{(p_1 - \sigma_\infty)/(\sigma_c + \sigma_\infty)} \quad (4-4-2)$$

式中：p_1 为一级装药产生的平均压力，MPa；σ_∞ 为原岩石破裂应力，MPa；σ_c 为岩石拉伸条件下，二次延缝临界应力，MPa。

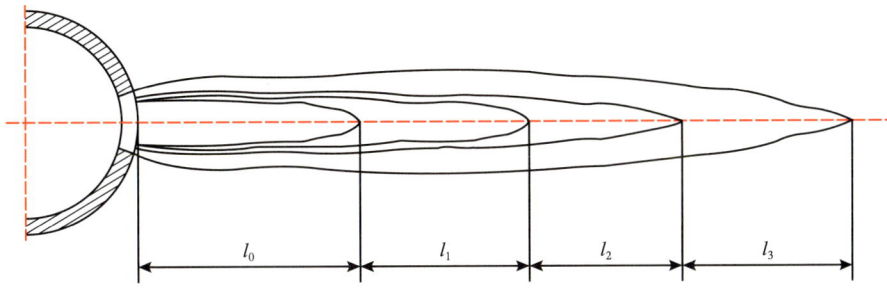

图 4-4-7 多级脉冲作用示意图

同理,二级火药在地层中产生水平方向的裂缝长度为:

$$l_2 = l_1\sqrt{(p_1-\sigma_\infty)/(\sigma_c+\sigma_\infty)}$$
$$= l_0\sqrt{(p_1-\sigma_\infty)/(\sigma_c+\sigma_\infty)}\sqrt{(p_2-\sigma_\infty)/(\sigma_c+\sigma_\infty)}$$
$$= \frac{l_0\sqrt{(p_1-\sigma_\infty)}\sqrt{(p_2-\sigma_\infty)}}{\sigma_c+\sigma_\infty}$$

裂纹水平宽度为:

$$B = \frac{\pi}{2E}(2p_0 l_0 + r_0 p_0 - 2l_0 \sigma_\infty - p_0 l) \tag{4-4-3}$$

式中:B 为裂纹宽度,m;E 为岩石弹性模量,N/m²;p_0 为燃气压强峰,MPa;r_0 为套管半径,m;l_0 为射孔弹平均穿深,m;l 为裂缝某点到套管中心距离,m。

从式(4-4-3)可以看出,压力越大裂缝越宽,第二次压裂缝宽会大于第一次,第三次压裂缝宽会大于第二次。

2. 技术特点

1)三级装药多级脉冲复合射孔器结构

在该类型射孔器中,第一级火药位于射孔弹肩部,第二级火药位于射孔弹之间,第三级火药外挂在弹架外侧,如图4-4-8所示。这种结构有效利用了射孔弹尾部的空间,导爆索和射孔弹的爆轰波首先侵彻第一级火药,产生的高温高压依次作用在第二级、第三级火药。这样装药结构利用火药点燃的时间差,延长三级火药的做功时间。

2)三级装药多级脉冲复合射孔器火药燃速设计

在兼顾能量和高、中、低燃速级差的设计思路下,选取环氧树脂为黏合剂和耐高温氧化剂,添加一定比例的能量调节剂和燃速调节剂构成火药的配方。三级火药作为射孔枪内置式装药,火药燃烧形成压力峰值高,保证施工时提供良好的动力。同时,多级火药燃速有时间差,压力峰值不叠加,可延长脉冲压力的有效作用时间。为此,通过不断测试完善,控制第一级、第二级和第三级火药测试燃速(20℃,10MPa)分别为12.4mm/s、8.3mm/s 和 4.5mm/s。这样有效保证火药燃烧形成不同梯次压力峰值,还延长了压力脉冲作用时间,相比于常规复合射孔器,无论是能量大小还是作用时间都得到了大幅提高。

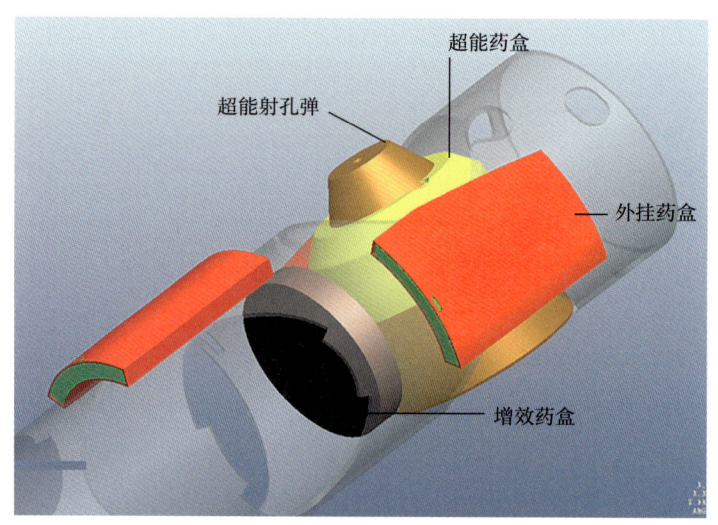

图 4-4-8 三级装药多极脉冲复合射孔器结构示意图

在模拟套管空间内，对不同装药类型的射孔器单元进行射孔起爆试验，以测试射孔器和火药产生的高能气体压力和持续时间（图 4-4-9），通过试验数据对比分析脉冲压力峰值和作用时间。首先按照常规射孔器（射孔弹）、两级装药（第二级＋第三级）和三级装药射孔器，组装不同装药类型的测试单元，然后起爆测试单元并实时记录测试数据。试验结果显示，由于各级火药燃速有差异，三级装药有效地控制了各级火药峰值压力叠加，有效作用时间大幅延长，达到 40ms，三级装药相比于两级装药作用时间增加了 700%。

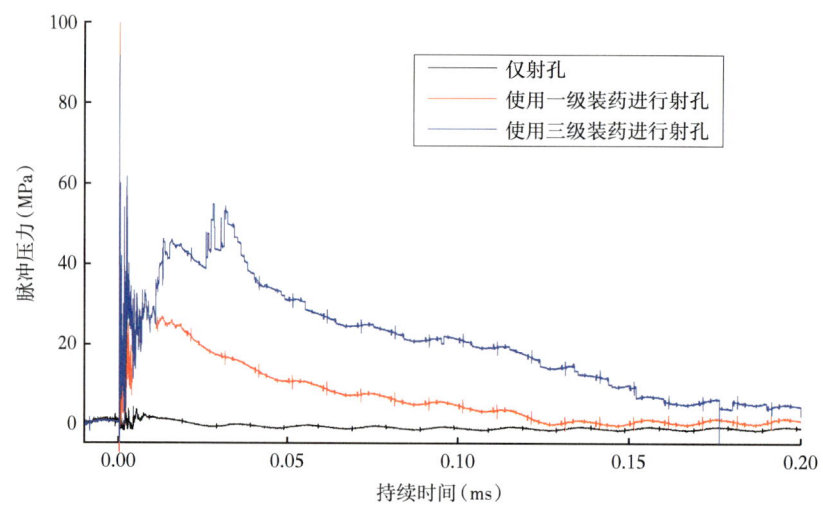

图 4-4-9 三级脉冲火药压力曲线

3）井下射孔管柱优化及安全技术

在实际应用中还应重点考虑安全问题，实射厚度大的三级装药多级脉冲复合射孔器在井下起爆瞬间能量更高，容易对套管及射孔管柱产生影响，尤其有封隔器的射孔完井管柱，封隔器受爆轰冲击和井内压力波共同作用，容易发生损伤失封或意外解封的事故。为了解决这类事故，需要依据相关数据准确计算封隔器与射孔枪串的安全距离。

根据已有的理论分析和计算模型，对管柱施工中封隔器与射孔枪的最小安全距离进行准确计算，合理设计封隔器在管柱中的位置。除此之外，纵向、横向减震装置也能有效减缓射孔爆轰对封隔器的冲击，这也是保护管柱安全的重要方法。

如何保护射孔器及套管的安全至关重要。通过设计贯通式枪间连接装置，使射孔器爆轰瞬间枪内压力平衡，在枪尾增加压力控制装置，有效泄放枪内的高压，防止枪内异常高压对射孔枪影响。同时，为了有效控制射孔后套管内压力峰值，设计开发套管压力控制装置，射孔管柱入井前，在地面预先设定销钉的压力剪切值，入井后射孔形成的压力峰值达到设定的压力值时，装置内部液压滑套动作，剪断剪切销并开孔，开孔后在套管和装置内部形成通道，压力进入装置内部，降低套管内压力峰值，使压力峰值处在地层破裂压力和套管的额定工作压力之间，这样既能有效对地层做功，又能保护井下套管，如图4-4-10所示。

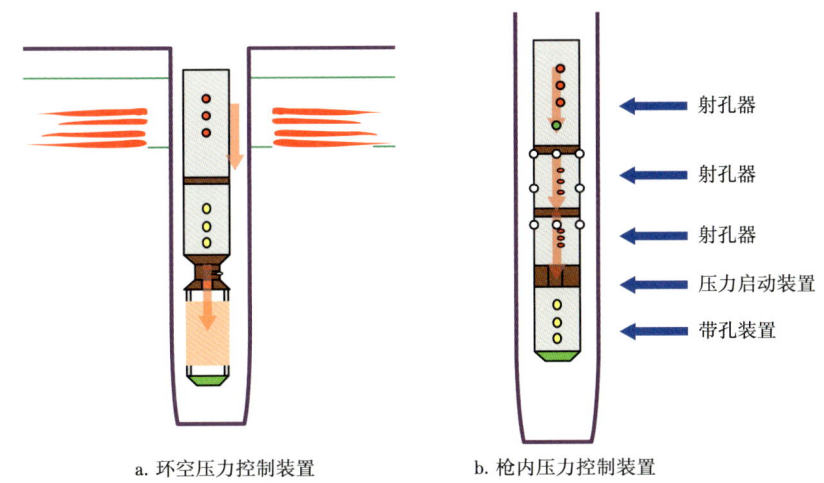

a. 环空压力控制装置　　b. 枪内压力控制装置

图 4-4-10　多级脉冲压力峰值控制技术示意图

3. 非爆复合射孔器的应用（后效体）

为减小常规复合射孔器使用火工品潜在的风险，同时为了便于运输及存储，研究人员借鉴军事上的云爆弹技术，研究了非爆复合射孔器。该射孔器改变了传统射孔器装药结构，在射孔弹前端加装由高能粒子等材料组成的非爆体，被射孔弹爆炸激发后，随射流进入射孔孔道，爆燃后延长并扩大射孔孔道，提高射孔施工效果。该射孔器从根本上摆脱了火炸药类含能材料对装药性能及使用安全的局限性，平衡了聚能射孔技术在扩孔与穿深发展中的分歧，极大地缓解了聚能效应在对储层的二次压实污染，降低地层表皮系数，显著提高孔道周边的渗流能力。

1) 技术原理

非爆复合射孔器是借鉴军事上利用粉尘爆炸制造云爆弹的技术原理，在射孔弹前端加装由多种非爆含能材料组成的非爆体，借助射孔弹爆炸后产生的涡流场引力，将这些含能材料曳入射孔孔道内并采用云爆弹技术对射孔孔道的压实层进行毁伤，这样可以大幅度提高导流面积，有效提高油气井的产能。

2) 技术特点

（1）非爆体易于运输和存储，安全性强；

（2）耐温 200 ℃，能够满足不同区块高温井段的工艺施工要求；

（3）该技术在扩大射孔孔眼直径和孔道容积的同时，降低了使用火工品而带来的风险；

（4）形成配套系列化的射孔技术，可适应各种弹型、工艺、管柱条件。

3）结构设计

（1）非爆体壳体结构设计：①根据各种弹型尺寸及枪内空间设计壳体结构，安装操作简便，工艺实施过程安全；壳体材料采用耐高温、不易变形、无毒、无害材料；②采用中心环绕式装料结构，大孔径、大剖面设计，便于金属粒子均匀搭载在射孔弹形成的射流上进入孔道内做功。

（2）扩容含能材料优选：采用密度大、耐温高、延展性好的超细粒度等级的含能材料装料，提高在孔道内形成粒子云的动能、动量，采用复合结构材料将其合成为功能结构材料，并施以特种工程造粒方法，使其具有耐高温性能，耐压、拉伸效果好、抗腐蚀，抗静电等优良材料性能。扩容装配体结构如图 4-4-11 所示。

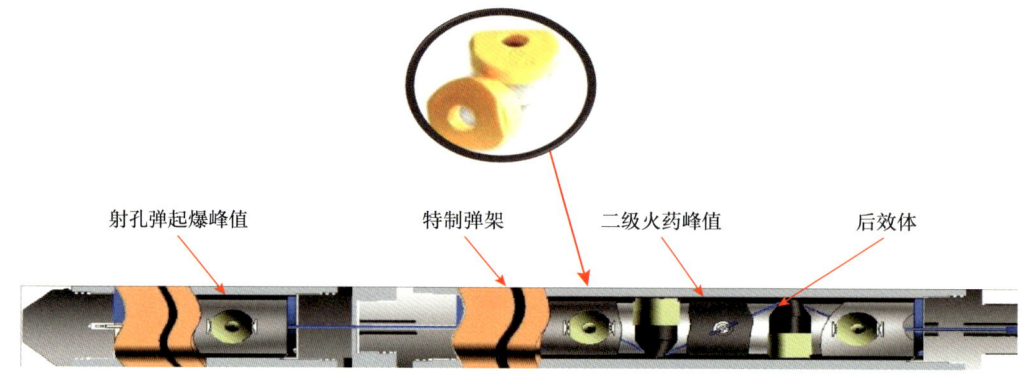

图 4-4-11　非爆装配体结构示意图

4）应用效果

为验证非爆复合射孔器能否解决常规射孔后孔道周围压实、渗透率下降、导流能力低等难题，进行了单口井的技术检测试验，油嘴直径为 8 mm，试验数据见表 4-4-3。

表 4-4-3　应用效果示意图

射孔方式	井号		日产气量（m³）	表皮系数
常规射孔	Xq3		9.631	0.09
	Xq11	C1-1	13.452	10.50
		S2-1	50.243	1.89
	Xq6		44.782	6.77
非爆复合射孔	Xq152		53.657	-5.70

从表 4-4-3 可以看到，非爆复合射孔效果与同区块常规射孔效果相比，平均采液强度提高 9.8%，平均注入强度提高 11.2%。非爆复合射孔器可以有效提高油气井完善程度和油气井产能。

4.适用性

我国陆地油田已探明的石油地质储量中大部分为低孔低渗储层，这类油藏在开发过程中通常具有产能低、采收率低、经济效益低的"三低"特点，因此对于低孔隙度低渗透率油藏的开发是所要面临的严峻挑战。

低孔低渗油藏储层性质主要表现为岩石致密、孔隙细小、渗透阻力大，具有非达西渗流的特征。

针对非常规中低孔渗致密油气藏中薄差层、顶底水近储层，常规射孔技术很难达到最大开发效益，如果后续压裂措施改造，施工成本增加，且工程中存在"窜层"风险。多级脉冲复合射孔器通过三级火药多级脉冲做功，提高低孔隙度低渗透率储层能力及解除近井带污染，达到储层改造效果，等同于小型压裂。

分段压裂体积改造中，页岩气、煤层气、致密油等非常规储层，由于储层特性，经常出现压裂裂缝单一，不能形成网状结构，达不到体积压裂的目的。如果通过多级脉冲复合射孔器先进行前期最大化沟通，为后续压裂建立良好的射孔通道和一定裂缝长度，将明显降低压裂工程难度，将射孔与火药压裂相结合成为一种较好的选择。

第五章 射孔器设计与制造

在射孔施工过程中，射孔枪的周围既承受井筒中压井液产生的外压，又要承受射孔弹起爆后产生的内压，射孔时须保证射孔枪体不炸裂、不严重变形，避免出现工程事故。就射孔器整体而言，需要结合勘探开发需求，对布弹方式、孔密、相位、配套射孔弹、枪管材料、密封结构、加工工艺、机械性能参数等要素进行系统化设计。本章基于射孔器总体使用要求，对射孔弹设计、射孔枪设计、射孔器制造技术等方面进行重点介绍。

第一节 射孔器设计原则

聚能射孔器是利用炸药爆轰聚能效应产生的高温高压高速射流完成射孔作业。射孔器的质量好坏和射孔工艺水平的高低决定射孔的完善程度及射孔对地层和井壁的损害程度，直接影响着油气产能和油气井的寿命。射孔器设计包括射孔弹和射孔枪设计。对于每一种射孔器，其技术性能的发挥必须综合考虑二者的匹配关系。根据射孔枪的内腔尺寸大小，以金属射流形成与侵彻理论为指导，开展射孔弹炸高、射孔孔密、射孔相位、布孔方式等的系统设计，充分利用射孔枪有效空间，减小各参数间的矛盾，发挥射孔弹的最佳穿孔性能，减少对射孔枪的损害。

一、设计要求

1. 作业环境对射孔器的要求

射孔器在井下某一深度具有一定温度和压力的环境下作业，这就对射孔器的耐温指标和承压指标提出了要求，即射孔器必须在一定的温度和压力下能正常工作。化学稳定性要求：射孔器在一定的射孔保护液（完井液）中，其材料必须具有一定的抵抗氧化及井筒内其他化学介质腐蚀破坏作用的能力。

由于射孔器需要在狭小的空间（井筒）内进行射孔作业，这就对射孔器的尺寸、外形等几何性质提出了要求。从井下施工作业安全的角度出发，规定射孔器与井筒间隙通常不能小于15mm。

2. 射孔器使用性能要求

材料的物理性能是固有的属性，包括密度、熔点、导热性、导电性、热膨胀性和磁性等。射孔器材料属于结构材料，为便于作业人员现场操作，其密度不宜过大。金属受热时体积发生胀大的现象称为金属的热膨胀。为便于射孔器的起下，射孔器材料的热膨胀性不宜过大。聚能射孔器的性能直接关系着射孔的效果和射孔后对井下环境的影响和破坏，因此对射孔器的评价一般通过穿透性能（包括穿深、孔径）、枪身变形（外径胀大、裂纹等)、套管伤害(外径胀大、内毛刺高、裂纹等)等指标进行评价。

3. 载荷对射孔器的要求

射孔器作为油气井射孔完井的主要载体之一，承受着来自井筒的压力、射孔火工器材的质量及射孔器的自重等静态载荷。射孔作业时，聚能射孔弹形成的高温高速高压射流穿透枪管、套管及地层，这是一个爆轰过程。爆轰过程伴随着爆轰波的产生，也是一个动态过程，瞬间形成强大的冲击波，冲击波形成的动态载荷会对射孔器做功。在工作过程中，射孔器所承受的静态载荷和动态载荷要求射孔器具有一定的力学性能。

二、射孔器整体配套设计对射孔弹穿孔性能的影响

射孔器材的配套设计对于保证作业施工质量是十分关键的，因此，设计上必须考虑其一体化。但是，由于市场和管理方面的原因，国内一些油气田在射孔器材使用过程中分开采购，造成了射孔器材不匹配，一定程度影响了射孔器材整体性能的发挥。

为验证射孔器材配套不同对穿孔性能、射孔枪抗爆性能的影响，1993年，中国石油天然气总公司委托大庆射孔器材检测中心，对国内几种常用的射孔弹进行了对比试验，结果发现：

(1) 同一种射孔枪、弹架配套不同的射孔弹对射孔的平均穿深、稳定性有影响；

(2) 同一种射孔弹配套不同的射孔枪、弹架，射孔效果有着显著差异，有的甚至差异悬殊；

(3) 同种射孔弹配套盲孔的射孔枪比配套无盲孔的射孔枪的穿孔深度更深。

近年来，射孔器材已成系列化，国内的射孔弹厂家加大了产品开发速度，品种达上百种。针对同一直径的射孔枪，也设计了不同装药量的射孔弹，形成新的射孔器品种。但必须说明的是，大药量射孔弹装配小直径射孔枪，并不是简单地将大药量射孔弹直接装配在小直径射孔枪中，而是射孔弹研制人员针对射孔枪的有限空间，通过缜密的设计、严谨的试验、严格的质量检验后推出的成型产品。

从我国多年的实践经验看，枪弹的配套(射孔器总体设计)和使用中应重点注意以下问题：

(1) 弹架是有枪身射孔器中射孔弹定位的关键部件。它不仅决定了射孔器的相位和孔密，很大程度上也决定了射孔器防震的可靠性和性能的稳定性。弹架的设计不合理、选材不当会造成射孔弹和导爆索在运输和下井施工时因震动和撞击而产生脱落或错位。因此，对定型后的产品(弹架)不允许随意更改、任意配套。

(2) 同一种聚能射孔弹与不同型号的射孔枪、弹架可以配套成不同的聚能射孔器，但射孔器的穿透性能往往会有较大的差异。同一种射孔弹也可以根据使用耐温要求的不同而分别装填不同的高能猛炸药(RDX、HMX、PYX、HNS等)，除射孔弹的耐温性能不同外，穿透性能也会有差别。选择使用射孔器时必须以射孔器而不是以聚能射孔弹的技术指标为依据。

(3) 对整个射孔器产品而言，射孔弹是主要部件，射孔枪(包括弹架等)是配套部件，在研制中是统一设计的，生产中也必须根据定型的图样来生产射孔弹和射孔枪，按要求配套出厂，不允许在生产中抛开原设计任意更改枪、弹配套(更改配套并经行业检测机构检测的产品是另一种射孔器产品)，以避免出现质量事故和安全事故。

（4）国外诸多的射孔器产品，相当一部分属于不同枪、弹、弹架的不同组合，但是这些组合都是经过了精心设计和试验验证，都能保证技术性能指标。我国在这方面尚需进行大量的工作，以开发适合不同地质条件和不同工程条件的多种型号产品，供射孔优化设计时选用。必须强调的是，此项开发只能由研究单位或生产厂家根据市场需要进行，且产品必须经过大庆射孔器材检测中心对穿深及套管和水泥环的损伤检测才能应用于现场。

三、射孔器的性能参数

射孔孔眼的几何形状可以用 4 个参数来描述其特性：射孔密度、射孔深度、射孔相位（角的形状或分布）及射孔孔眼的直径（在套管和油层中）。这些参数可以在射孔弹的设计过程中加以控制，以便达到最佳的出油效果。对油气的流动起决定影响的并不单纯是这些参数中的某一个，而是取决于完井的类型，即不同性质的油井需要强调不同的参数。井中存在着表皮效应，油层和井筒中存在压力降，这种相互作用阻碍了油气的流动，这个压力降叫作系统的表皮效应。为了降低表皮效应，就要根据不同完井类型选取不同的射孔参数。比如在自然完井当中，侵入深度、射孔相位和射孔密度是重要的；对于防砂完井，套管—油层的射孔直径和射孔密度比射孔深度更重要；对于水力压裂完井，套管—井眼的直径和射孔相位比侵入深度更重要。设计射孔器材时，需要根据不同的油气井性质采取不同的设计思想，不能一味强调侵彻深度或孔径，而忽视射孔密度和射孔相位。

第二节　射孔弹设计

射孔弹由壳体、炸药、药型罩三个部件组成，主要性能指标包括侵彻深度、穿孔孔径、孔容积和后效作用。其破甲威力与聚能装药的炸药性能、药型罩结构材料、壳体结构材料等诸多因素有关。射孔弹的设计包括炸药种类及用量确定、药型罩材料与结构、压制成形工艺、壳体与装药结构、射孔弹设计优化和聚能射孔弹仿真设计。

一、炸药选择

炸药是提供射孔弹爆轰穿孔的能量源泉。目前，我国对各类射孔弹单发装药量进行了明确规定，在 GB/T 20489—2006《油气井聚能射孔器材通用技术条件》中要求，每一种射孔弹的单发装药量均有一个数值范围，并规定了相关的深穿透射孔弹地面穿钢靶孔径、深度及贝雷砂岩靶平均穿孔深度的下限，还规定了相关的大孔径射孔弹地面穿钢靶孔径和深度的下限。

在射孔弹的开发设计中，随着炸药密度和爆速的增加，射流头部速度也相应增加，射流头部速度和截止侵彻速度之差、射流头部速度和截止侵彻速度之比也增大，造成射孔弹的聚能射流的侵靶深度增加。在射流形成的临界条件范围内和经济条件允许下应尽可能使用高密度、高爆速和高爆压的炸药作为射孔弹的主装药。此外，装药的密度均匀性对射孔弹的性能影响非常关键，所以射孔弹的主炸药选择还要考虑炸药的流动性、成型性、粒度分配和松装密度等参数。为了满足油气井开采作业中井下高温环境的要求，射孔弹主装炸药还要考虑其耐温性能，以保证射孔弹在井下施工作业时的稳定性。常温射孔弹主要采用以黑索金为主体的混合炸药，高温射孔弹主要采用以奥克托金为主体的混合炸药，超高温射孔弹主要采用以六硝基芪或者皮威克斯为主体的混合炸药，以满足常温、高温、超高温井射孔作业的要求。

聚能装药之所以具有很大的破甲作用，其根本原因是能量的高度集中。金属流的密度大，断面面积小，又具有很高的速度（射流头部速度在 7000m/s 以上），故在横断面上的能量密度大，可表示为：

$$E = \frac{1}{2}mv_j^2 = \frac{1}{2}\rho_0 v v^2 \tag{5-2-1}$$

式中：E 为射流微元的动能，J；ρ_0 为射流微元的质量密度，kg/m³；v 为射流微元的体积，m³；v_j 为射流微元速度，m/s。

从射流头部到尾部射流速度线性地下降（峰头略低于其后部），质量密度逐渐增大，而微元的动能则逐步降低。

形成聚能效应金属流的能量来源于炸药的爆炸能量。炸药爆炸后很快将能量传递给药型罩，药型罩在轴线上闭合，产生高速运动的金属射流，然后依靠金属射流破甲。理论分析和实验研究表明，在炸药性能方面影响破甲威力的主要因素是炸药的爆轰压力，而爆轰压力又是炸药密度和爆速的函数，因此，炸药密度和爆速是影响聚能效应的重要因素。聚能破甲深度随爆轰压力的变化情况见表 5-2-1。

表 5-2-1 破甲深度随爆轰压力的变化

炸药种类	密度 ρ_0（g/cm³）	爆速 D（m/s）	爆压（10³MPa）	破甲深度（mm）
奥克托金/梯恩梯（77/23）	1.80	8539	32.93	190
奥克托金/蜡（99/1）	1.71	8682	30.67	165
黑索金/梯恩梯（75/25）	1.70	8134	28.71	158
黑索金/蜡（95/5）	1.64	8380	28.71	152
黑索金/梯恩梯（60/40）	1.69	7843	26.75	157
黑索金/蜡（91/9）	1.60	8228	26.75	148

表 5-2-1 表明，炸药的性能对聚能效应影响较大，在设计聚能装药时，应尽可能采用高爆速炸药，并增大其装药密度，以提高爆轰压力。最常用的聚能装药为黑索金和奥克托金类的混合炸药。

炸药爆压是爆速和装药密度的函数，按照爆轰理论：

$$p = \frac{1}{\gamma + 1}\rho_0 D^2 \tag{5-2-2}$$

式中：p 为炸药爆轰压力，MPa；ρ_0 为装药密度，kg/m³；D 为炸药的爆速，m/s；γ 为炸药的多方指数。

对于固相炸药，γ可以近似取3，则式（5-2-2）可写为：

$$p = \frac{1}{4}\rho_0 D^2 \qquad (5\text{-}2\text{-}3)$$

由第二章第三节可知，对于同种炸药，爆速与装药密度间存在线性关系。为了提高射孔弹的穿孔性能，必须尽可能地选择高爆速炸药并提高装填密度。

射孔弹的耐热性也是一个十分重要的性能，满足射孔井段的温度范围和射孔器在井内停留的时间主要取决于所装填的炸药。通常，炸药受热时间增长，耐热性下降；不同炸药的耐热性差异很大，在选择炸药时，一般选择热安定性好、爆发点高的炸药。射孔施工作业时应根据目的层位的实测温度，参考图5-2-1所示的曲线，选择适宜的火工器材，以保证射孔施工安全。

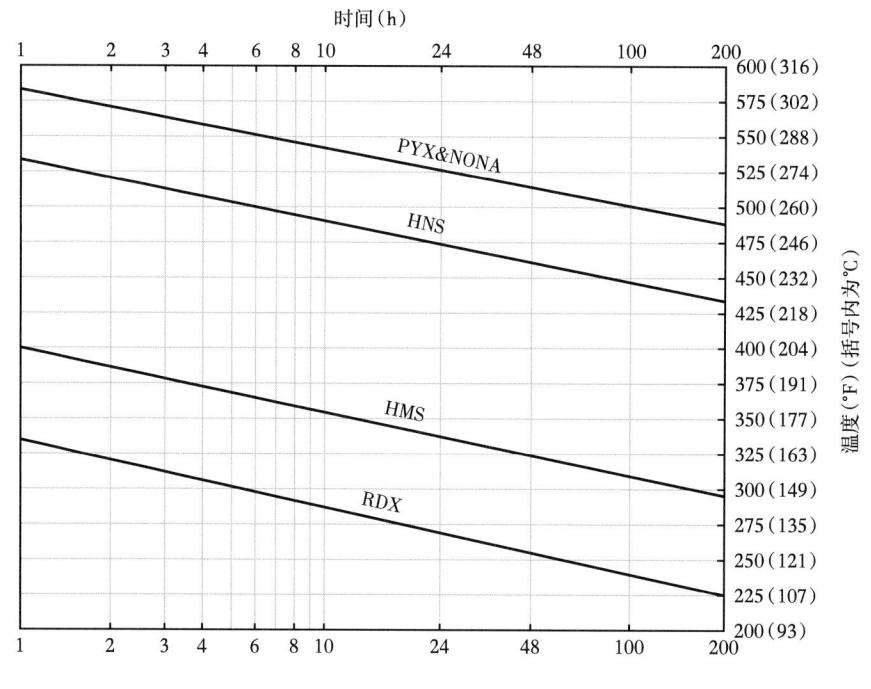

图5-2-1　炸药耐热温度与时间关系曲线

为适应井下高温高压环境，射孔弹的主装药选用耐热炸药。射孔弹常用混合炸药如下。

（1）造粒黑索金（Hexogen）：常温级射孔弹主体炸药，是由黑索金经钝化后进行造粒，其流动性得到增加，机械感度得到降低，商品名SH931，R852，松装密度为0.8g/cm³左右，炸药爆速为7500m/s（密度1.67g/cm³），耐温性能为120℃/48h，是目前在石油射孔行业中使用最多的炸药，占比80%左右。

（2）造粒奥克托金（Octogen）：高温级射孔弹主体炸药，由奥克托金经钝化后进行造粒，其流动性得到增加，机械感度得到降低，商品名H781，NGK，松装密度为0.75g/cm³左右，炸药爆速为8500m/s（密度1.70g/cm³），耐温性能为180℃/150h，是目前在石油射孔行业中使用量仅次于RDX的炸药，占比15%左右。

（3）造粒六硝基芪（HNS）：超高温级射孔弹主体炸药，由六硝基本-1，2-二苯乙烯经钝化后进行造粒，其流动性得到增加，机械感度得到降低，商品名S992，松装密度为0.55g/cm³左右，炸药爆速为5500m/s（密度1.70g/cm³），耐温性能为210℃/170h。

（4）造粒皮威克斯（PYX）：超高温级射孔弹主体炸药，耐热超高温炸药是以PYX为主体的塑料黏结炸药，用于超深井石油射孔弹聚能装药。商品名Y971，松装密度不小于0.65g/cm³；摩擦感度小于10%；冲击感度小于15%；装药密度为1.68g/cm³时，爆速为6800m/s；热安定性0.05%（100℃，48h，5g）；耐热260℃/100h、250℃/200 h，不燃不爆。

常温射孔弹一般选用R852、SH931、HZL-3炸药，高温射孔弹一般选用H781、NGK炸药，超高温射孔弹一般选用S992、Y971、CGK炸药。

二、药型罩材料和结构

1. 药型罩材料特性及配方

药型罩是射孔弹的核心部件。射流是聚能效应的载体。药型罩性能（射流密度、射流速度、连续射流长度等）直接影响射流质量的优劣。药型罩材料技术的发展是射孔弹发展的关键技术。从某种意义上说，新型药型罩材料技术的发展往往代表着新型射孔弹技术的发展。

根据定常理想不可压缩流体动力学理论，金属射流的侵彻深度 P 可表示为：

$$P = t_0 v_j \mathrm{e}^{-\int_{v_{j0}}^{v_j} \frac{\mathrm{d}v_j}{v_{j0}}} - H + b = (H-b)\left[\left(\frac{v_{j0}}{v_j}\right)^{\sqrt{\frac{\rho_j}{\rho_t}}} - 1\right] \quad (5\text{-}2\text{-}4)$$

式中：P 为射流的侵彻深度，m；t_0 为射流头部到达靶板的时间，s；v_{j0} 为射流头部速度，m/s；v_j 为射流尾部速度，m/s；ρ_j 为射流密度，kg/m³；ρ_t 为靶板密度，kg/m³；H 为炸高，m；b 为常数。

从式（5-2-4）中可以看出，射流头部速度与射流尾部速度比值越大，射孔弹穿孔深度越深。这就要求射流具有较强的稳定性，才能得到充分的拉长而不断裂。

有利于提高射流稳定性的材料因素包括密度、高声速、粉末晶粒结构、良好的晶粒取向、材料的延伸性、杂质含量等，具体如下。

（1）高密度射流的侵彻能力与材料密度有关，材料密度越高，射流在相同速度下的动能越高，能量越大，有利于提高侵彻深度。

（2）高声速根据射流的形成条件（$v_j < 2.41C$，C 为材料的声速）可知，只有射流的速度小于药型罩材料的声速时，才能形成金属聚能射流，高声速材料形成的头部射流速度较高，可以形成较长的射流，对目标靶材形成较高的侵彻深度。

（3）塑性好的材料易于成形，在生产中药型罩具有一定的强度，同时塑性好的材料在射流运动拉伸过程中不易被拉断，可以提高射流的连续性。

（4）材料的强度适当，药型罩在转运和装配时不易变形，在射孔弹压装过程中药型罩不易产生裂纹，质量稳定性才能得到保证。

要求制造药型罩的材料具备上述特性。

为消除穿孔过程中的杵堵现象,可采用粉末金属压制成形工艺,并添加铋、锡、锌、镁、铝等低熔点、易汽化的金属,把成为杵体的部分在爆炸过程中破碎、熔化或汽化,使之不形成大的实心杵体,从而解决射孔过程中的杵堵问题。

药型罩最初均采用铜板冲压制造而成,在20世纪50年代末,国外射孔器材专家提出了无杵堵药型罩材料研究,并于60年代中期在国外投入使用。国内在80年代之后,深穿透射孔弹才普遍采用金属粉末材料药型罩。金属粉末药型罩在完成射孔侵彻作用后,迅速破碎,避免在射孔孔道中形成杵堵,一般以金属碎末的形式存在于射孔孔道的内壁上。金属粉末主要有铜、铅、钨、铋、镍、锌、铝、钼、银、钛、钴、钽、锆、铼等金属元素,粉材有单质的也有合金形式的,粉末粒度在50目到500目之间,国外资料中还提到了使用纳米材料的金属粉末药型罩,国内目前射孔弹药型罩上还没有纳米材料的应用。粉末本身的特性直接决定着药型罩的成形质量,最终影响着射流的侵彻效果。

常用的粉末药型罩材料主要包括铝、镍、铜、铅、钼、钨、钽等粉末材料,具有高密度、高声速等特点。其主要射流性能参数见表5-2-2。

表5-2-2 药型罩常用粉末材料参数

材料名称	铝	镍	铜	铅	钼	钨	钽
密度(g/cm^3)	2.7	8.8	8.9	11.3	10.0	19.4	16.6
声速(km/s)	5.4	4.4	4.3	2.2	4.9	4.0	2.4
$v_{j0,\max}$(km/s)	12.3	10.1	9.8	8.6	11.3	9.2	5.4
$v_{j0,\max}\sqrt{\rho_j}$[(kg/m)$^{0.5}$/s]	20.2	30.0	29.2	28.9	35.7	40.5	22.0

药型罩的要求是:材料密度大、塑性好,且形成射流过程中不汽化。不同材料药型罩的破甲深度见表5-2-3,其实验条件是:采用TNT/RDX(50/50混合炸药),装药直径36mm,药量100g,密度1.6g/cm^3,药型罩锥角40º,罩壁厚1mm,罩的底部直径30mm,炸高60mm。

表5-2-3 不同材料药型罩破甲试验

药型罩材料	破甲深度(mm)			试验次数
	最小	最大	平均	
紫铜	103	140	123	23
生铁	98	121	111	4
钢	96	113	103	5
铝	70	73	72	5
锌	66	93	79	5
铅	—	—	91	1

表 5-2-3 表明，紫铜的密度较高，塑性好，因而穿孔效果最好；生铁虽然在通常条件下是脆性的，但在高速、高压的条件下具有良好的可塑性，因而穿孔效果也相当好；铝作为药型罩虽然延展性好，但密度太低，而铅的熔点和沸点都很低，因此铝和铅的穿孔效果均不好。生产过程中，需要将几种金属材料匹配在一起使用，结合各种材料的优点，提高射孔弹性能。

1）药型罩配方材料对金属粉末单颗粒的性质要求

金属粉末单颗粒的性质主要有理论密度、点阵结构、熔点、塑性、弹性、化学成分、电磁性质等。在深穿透射孔弹药型罩配方选材时，除了要尽量选用理论密度大、弹塑性高的物质外，还要结合烧结温度对材料的熔点进行考虑。同时，不同生产方法所生产的粉末性质也不相同，如粒度、颗粒形状、密度、表面状态、晶粒结构、点阵缺陷、颗粒的气体含量、氧化物、活性等特性。其中颗粒形状有球形、近球形、树枝状、片状、碟状、三角形、不规则形等形状；晶粒结构有单晶颗粒、多晶颗粒等。深穿透射孔弹药型罩配方选用材料时，应选取不同的颗粒形状、晶粒结构、粒度的物质进行搭配，这样对药型罩压制成型的致密性和密度都有很大的提高。表面发达和不发达的颗粒互相搭配使用，对最终的药型罩穿深有很大的提高，同时粉末药型罩的粒度配级与材料成分配比具有同等重要的作用，合适的粒度配级能明显提高射流的侵彻深度。

2）药型罩配方材料对金属粉末体的要求

除了金属粉末单颗粒的性质外，粉末体的其他性质如平均粒度、颗粒组成、比表面积、松装密度、振实密度、流动性、压缩性、成形性、颗粒间的摩擦状态等对药型罩的性能也有重要影响。其中流动性是一个非常重要的工艺参数，对生产工艺的稳定性及药型罩产品质量优劣都有重要影响。压缩性是金属粉末在规定压制条件下被压紧的能力，成形性是粉末压制后压坯保持既定形状的能力。一般来说，成形性好的粉末，压缩性差；压缩性好的粉末，成形性差；颗粒细的粉末成形性好，压缩性较差。在药型罩配方选用材料时，混合材料应具备适中的压缩性和成形性，这样可以提高药型罩的成型质量和射孔弹的穿深能力。不同材料形成的射流长度、射流头部速度、尾部速度、射流断裂时间有所不同。常见药型罩粉末配方有铜—铅、铜—铅—钨、铜—钨、铜—钨—铋等。

2. 药型罩结构

药型罩结构设计是射孔弹研制过程中的关键，决定了射孔弹的类型。结构设计的好坏，本质上决定着射孔弹穿孔性能的优劣。常见的药型罩形状有单锥形、多锥形和抛物线形，另外还有半球形、喇叭形等。药型罩形状基本决定了射流的形状。一般来说，小锥角的药型罩形成细而长的射流，大锥角的药型罩形成短而粗的射流。射流的形状和能量决定射孔弹的射孔孔径和深度。药型罩的结构、材料配比和制造工艺是射孔弹生产企业在激烈的市场竞争中赖以生存与发展的商业机密。

药型罩的结构形状设计主要考虑两方面：一方面是针对油气井射孔性能要求进行设计，结合各种射孔性能如穿深、孔径等参数要求设计出能形成相对应的射流形态的药型罩，通过调整药型罩的结构参数控制射流的拉伸形状、速度分布、能量梯度变化，实现射孔作业要求的穿孔深度、射孔孔径等技术指标；另一方面是针对药型罩的生产能力进行设计，针对模具加工能力、工艺设备水平、生产成本要求，实现理想结构形状、材料配方和批量生产能力、材料成本的有机结合。根据射孔弹性能要求进行射孔弹药型罩设计分类，药型罩结构分为深穿透射孔弹药型罩和大孔径射孔弹药型罩两类。形成深穿透或大孔径形态的射流的药型罩则取决于药型罩的结构形状和材料组成。

药型罩的锥角大小对穿孔性能有一定的影响。试验表明，减小药型罩的锥角，穿孔深度增大，相应地穿孔直径减小。不同锥角药型罩的穿孔试验结果见表 5-2-4。

表 5-2-4　不同锥角药型罩穿孔试验

罩锥角 (°)	装药尺寸（mm）		炸高 (mm)	射流头部速度 (m/s)	破甲深度（mm）			试验次数
	罩高	药高			最小	最大	平均	
0	75	115	40	14000	—	—	—	—
30	47	96	50	7800	104	155	132	12
40	36	93	60	7000	119	140	129	5
50	29	91	60	6200	114	135	123	7
60	24	90	60	6100	106	127	120	7
70	20	88	60	5700	113	124	121	7

从表 5-2-4 可知，药型罩锥角等于 30° 时，罩内空间狭小，可容纳的射流少，孔径很细，穿孔性能很不稳定；在 0° 时，射流质量极小，基本不能形成连续射流；当在 30°~70° 之间时，射流有足够的质量和速度。所以小锥角时射流速度较高，有利于提高破甲深度；大锥角时射流质量较大，穿孔深度降低，穿孔稳定性变好，穿孔孔径增大。药型罩锥角大于 70° 时，金属流形成过程将发生新的变化，使穿孔深度迅速下降，特别是药型罩的锥角达到 120° 以上时，药型罩在变形过程中产生翻转现象，出现反射流，其穿孔深度很小，孔径很大。

大量试验表明，药型罩的锥角选取在 35°~60° 之间较为合适，对于中小口径装药选取 35°~44° 最好，对于大口径装药选取 44°~60° 为宜。采用隔板时，角度应大些，若不用隔板，则角度应小些。

药型罩的厚度对穿孔也有一定的影响。最佳壁厚随药型罩材料、锥角、直径及有无外壳而变化。一般来说，最佳壁厚随药型罩材料的密度减小而增加，随罩锥角的增大而增加，随罩口径的增加而增加，随外壳的加厚而增加。

为了改善射流性能，提高穿孔效果，通常采用变壁厚的药型罩，适当采用顶部薄、底部厚的变壁厚药型罩。其原因主要在于增加了射流头部速度，降低了射流尾部速度，使射流拉长，从而使穿孔深度增加。

1）深穿透射孔弹药型罩

深穿透射孔弹药型罩的类型主要有单锥角等壁厚药型罩、单锥角变壁厚药型罩（内角小于外角）、喇叭形变壁厚药型罩、多锥角变壁厚药型罩、外锥与内锥弧结合的药型罩等。主要设计思路是增加药型罩的母线长度，外锥角一般在 38°~52° 之间。早期的无枪身射孔弹药型罩采用了铜板冲压制造，为减小杵体采取了顶端切口的工艺，药型罩外锥角可达到 60°。目前普遍应用的深穿透射孔弹药型罩均采用金属粉末压制而成，罩壁厚度一般在 0.8~2.5mm 之间，高径比一般在 1~1.5 之间。药型罩大端外部有 1~2.5mm 的直线边，便于和射孔弹壳体配合进行压药生产（郭红军等，2005）。此外，一般在壳体和药型罩压合处涂抹一定量的胶，使药型罩和炸药柱紧密结合，从而保证药型罩在爆轰作用下的压垮效果，实现射孔弹自身设计的穿深性能。

深穿透射孔弹药型罩的结构设计应针对不同物质的侵彻目标深度而进行变化，甚至对不同强度的混凝土靶，射孔弹药型罩的最佳结构设计都是需要相应变化的，因为侵彻目标的物质不同，其状态方程和本构关系也不相同。设计上主要针对射流侵彻目标靶的临界能量出发，一般来说，要针对 45# 钢靶提高穿孔深度，药型罩壁厚和顶部厚度一般较薄，可以提高射流头部速度，增加射流有效穿孔部分的动能，同一型号的射孔弹侵彻混凝土靶的深度相对于穿 45# 钢靶的深度要增加数倍，因而金属射流拉伸尤为重要。对钢靶穿深好的药型罩结构不一定对混凝土靶穿深就好，不是一种药型罩结构普遍适合于全部目标靶，需要针对目标靶的特征进行药型罩结构的具体设计。

近年来，随着深穿透射孔弹研究技术的逐渐深入，针对深穿透射流特性进行了药型罩的结构设计创新，出现了多锥角药型罩，大致可以分为两种情况：

（1）射孔弹药型罩外形为单锥角，内形为锥、弧相接的结构。该结构能提高射孔弹穿孔深度的原因是药型罩的内型锥弧结构增加了药型罩形成射流的母线长度。

（2）射孔弹药型罩外形为多锥角，内形为多个锥角相接。不同锥角使药型罩有壁厚变化，改变了爆轰波对药型罩的作用方向，从而调整射流的拉伸特性。如图 5-2-2 所示，射流拉伸形状更为细长，杵体质量明显减少，从而提高射流用于穿深的有效能量。

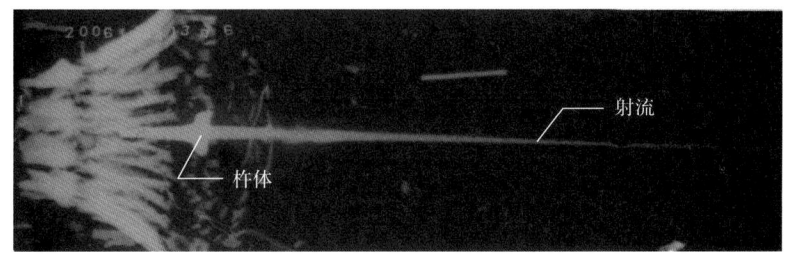

图 5-2-2 多锥角药型罩射孔弹爆轰测试 X 射线照片

2）大孔径射孔弹药型罩

根据破甲原理，射流穿孔半径的计算公式（Szendrei 公式）如下：

$$r_\mathrm{c} = r_\mathrm{j} v_\mathrm{j} \sqrt{\frac{\rho_\mathrm{j}}{2\sigma\left(1+k\sqrt{\frac{\rho_\mathrm{j}}{\rho_\mathrm{l}}}\right)}} \tag{5-2-5}$$

式中：r_c 为靶孔半径，m；r_j 为射流元半径，m；v_j 为射流元速度，m/s；ρ_j 为射流元密度，km/m³；ρ_l 为靶板密度，kg/m³；σ 为靶板强度，MPa；k 为常数。

式（5-2-5）表明：当药型罩和靶板材料给定后，靶孔孔径的大小与射流微元的半径和速度成正比，半径大、速度高的射流将获得较好的开坑和穿深效果。为了增加大孔径射孔弹的射流直径，大孔径射孔弹药型罩多数设计为半球形、半球接锥角形或抛物线形。大孔径射孔弹的药形罩顶部曲率半径较大，药型罩压垮汇聚形成较粗的射流和较大射流头部（图 5-2-3）。

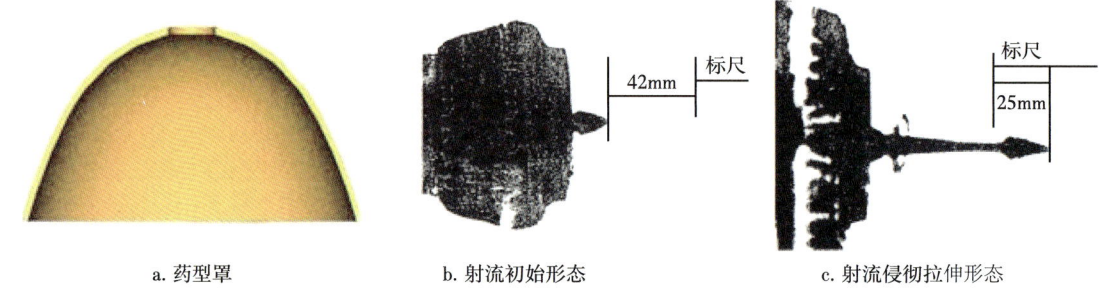

a. 药型罩　　　　b. 射流初始形态　　　　c. 射流侵彻拉伸形态

图 5-2-3　大孔径射孔弹铜板药型罩剖面图及爆轰测试 X 射线照片

大孔径射孔弹药型罩一般为铜板冲压制造，厚度在 0.6~1.5mm 之间，开口较大，高径比一般小于 1。当罩顶部为无孔光滑过渡结构时，大孔径射孔弹穿钢靶的孔径在入口处达到最大值，而后逐渐减小，穿深到 50mm 后，穿孔孔径迅速减小，初步实现了大孔径射孔弹的目的。从定性分析的角度看，射流的动能过分集中在头部，在实际射孔作业时，射流穿过枪身、套管内的液体时将损失较大的动能，不利于在套管上达到大孔径的目的，并且射孔后产生的杵体较大，不利于石油的开采。大孔径射孔弹存在的问题主要是罩顶部在压垮过程中翻转形成的射流头部质量太大，后续射流在运动过程中，通过能量交换后，速度和质量偏低，造成动能分布的不合理。

药型罩顶部切口是一种比较成熟的技术，既可以提高射流头部的速度，调整射流动能的分布，又可以减小杵体的质量。在不改变该大孔径射孔弹整体结构设计参数的前提下，通常对药型罩顶部切直径为 10mm 的通孔。

大孔径射孔弹药型罩的结构还有两个锥角结合的形式，顶部锥角角度较大，一般在 90°~120° 之间。此种药型罩可以采用金属粉末压制而成，解决了大孔径射孔弹的杵堵问题。

3）大孔径深穿透射孔弹药型罩

随着油田开采开发技术的不断发展，油气井射孔作业要求射孔器材在具有大孔径特性的同时还要具有一定穿深性能，产生了药型罩尖部为小锥角、口部为弧型的大孔径药型罩设计。药型罩的尖部为小锥角，一般为 40°~50° 之间，而口部为弧型结构，其设计思想为药型罩的锥体部分负责穿深，弧型部分负责形成大的孔径。该设计与尖部为弧型、口部为锥型的药型罩比较，其优越性在于锥形的药型罩顶部增加了母线长度，提高了射孔弹的穿深性能，口部的弧型结构降低了扩孔的炸高损失，有利于形成大孔径效果。

类似的还可以采用药型罩顶部为小锥角、中间为弧形、口部为锥角的大孔径药型罩设计。其作用是药型罩顶部形成的射流首先打开枪体和套管及水泥环，并形成一定的穿深，中间弧形部分形成大孔径并继续穿深，口部的锥体部分在已经打开的孔道中进行射孔穿深。国内某弹厂设计的该类型药型罩，39g 药量的产品，孔径达到 20mm，混凝土靶穿孔深度达到 400mm 以上。

大孔径深穿透射孔弹药型罩结构还可以设计成三锥角相接的结构形式。此种结构是数值模拟计算和实验相结合的结果，通过药型罩内外部三个锥角不同度数的合理设计，爆轰波作用在药型罩不同的锥角部分的加载角度不同，不同锥角部分的压垮速度不同，射流头部在拉伸过程中造成射流前端 20mm 处产生伞状叠加，该处射流叠加可在套管上产生较大孔眼。该结构药型罩形成的射流以深穿透特征为主，确保了深穿透效果。大孔径深穿透射孔弹药型罩采取针对套管处形成大孔径的设计，减少了射流能量的损失，提高了射孔弹能量的有效利用率。射孔作业时可在套管上形成大孔径效果，地面穿 45# 钢靶效果如图 5-2-4 所示，最大孔径位于 45# 钢靶开口处以下 15~25mm 处，并且具有较好的穿深性能，穿深 186mm。

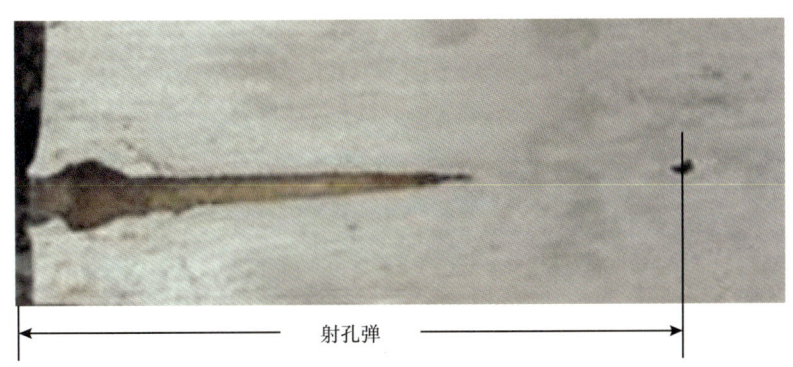

图 5-2-4　多锥角药型罩结构大孔径深穿透型射孔弹穿 45# 钢靶剖开照片

三、金属粉末压制工艺成形理论

药型罩里面包含不同成分的金属粉末，其压制压力和密度可由黄培云双对数方程求得：

$$m \lg \ln \frac{(d_m - d_0) d}{(d_m - d) d_0} = \lg p - \lg M \quad (5\text{-}2\text{-}6)$$

式中：p 为压制压力，Pa；d 为药型罩密度，kg/m³；d_0 为粉末松装密度，g/cm³；d_m 为致密金属密度，g/cm³；M 为压制模量，Pa。

但是在粉末压制过程中，外摩擦力的存在会使压制压力沿药型罩高度降低，从而导致药型罩密度的不均匀。为了克服这种现象，一方面可以使用高强度和高硬度的模具，另一方面可在粉末混料中加入成形剂。对于成形剂的选择有以下要求：（1）成形剂的加入不会改变混合料的化学成分，成形剂在之后的低温烧结过程中可以分解，所放出的气体对人体无害；（2）成形剂具有较好的分散性能，即少量的成形剂就可以达到满意的结果，并且易于和粉末料均匀混合；（3）对混合后粉末的松装密度和流动性影响不大；（4）低温烧结后对药型罩性能和外观没有不良影响。对于成形剂的用量，一般来说，细颗粒粉末所需的成形剂用量比粗颗粒所需的量要多一些。实践表明，成形剂的加入量在 1% 以内，就可以对药型罩材料粉末的压制性和流动性有很大的改善。

黄培云压制理论与药型罩钨铜体系的压制过程符合性好，黄培云对粉末压形问题进行理论分析及试验研究之后，充分考虑了不同粉末间的非线性弹滞体的特征与压形时应变大幅度变化的事实，根据理论推导和粉末压制验证，提出了一种新的理论，其内容如下。

对于一个理想弹性体，根据胡克定律有如下关系：

$$\sigma = M\varepsilon \tag{5-2-7}$$

式中：σ 为应力，Pa；M 为弹性模量，N/m^2；ε 为应变。

对式（5-2-7）进行时间求导，得：

$$\frac{d\sigma}{dt} = M\frac{d\varepsilon}{dt} \tag{5-2-8}$$

对一个同时具有弹性和黏滞性的固体，Maxwell 曾指出有如下关系：

$$\frac{d\sigma}{dt} = M\frac{d\varepsilon}{dt} - \frac{\sigma}{\tau_1} \tag{5-2-9}$$

在恒应变条件下 $d\varepsilon/dt=0$，对式（5-2-9）积分后可，得：

$$\sigma = \sigma_0 e^{-\frac{t}{\tau_1}} \tag{5-2-10}$$

式中：σ_0 为 $t=0$ 时的应力，Pa；τ_1 为应力弛豫时间，s。

随后凯尔文等根据应变弛豫的概念，得出描述同时具有弹性与应变弛豫性质的固体（称为凯尔文固体）的方程为：

$$\sigma = M\varepsilon + \eta\frac{d\varepsilon}{dt} = M\left(\varepsilon + \tau_2\frac{d\varepsilon}{dt}\right) \tag{5-2-11}$$

式中：η 为黏滞系数，Pa·s；τ_2 为应变弛豫时间，s。

阿夫雷与多特等综合考虑了应力弛豫与应变弛豫的关系，引入标准线性固体的概念，并指出它服从如下关系：

$$\sigma + \tau_1\frac{d\sigma}{dt} = M\left(\varepsilon + \tau_2\frac{d\varepsilon}{dt}\right) \tag{5-2-12}$$

标准线性固体的概念尽管已广泛地应用于金属蠕变的研究中，但不适用于粉末体的压制研究，因为在应力与应变都已充分弛豫或接近充分弛豫的情况下，标准线性固体的应力与应变呈线性关系，而粉末体则不然；粉末体在压形时的变形程度比金属蠕变时要大得多，此时，必然有粉末体的加工硬化，所以粉末体在压制时的应力应变关系不可能维持线性关系，而应有某种非线性弹滞体的特征。粉末体的压制用如下关系式描述：

$$\left(\sigma_0 + \tau_1\frac{d\sigma}{dt}\right)^n = M\left(\varepsilon + \tau_2\frac{d\varepsilon}{dt}\right) \tag{5-2-13}$$

式中：n 为系数，一般 $n < 1$。

在压力为恒应力的情况下，$d\sigma/dt = 0$，式（5-2-13）可简化为：

$$\sigma_0{}^n = M\left(\varepsilon + \tau_2 \frac{d\varepsilon}{dt}\right) \tag{5-2-14}$$

变换后得：

$$\frac{dt}{\tau_2} = \frac{d\left(\dfrac{\sigma_0{}^n}{M} - \varepsilon\right)}{\dfrac{\sigma_0{}^n}{M} - \varepsilon} \tag{5-2-15}$$

求式（5-2-15）得：

$$\varepsilon = \varepsilon_0 e^{-t/\tau_2} + \frac{\sigma_0{}^n}{M}\left(1 - e^{-t/\tau_2}\right) \tag{5-2-16}$$

当粉末压制过程充分弛豫，此时 $t \gg \tau_2$、$e^{-t/\tau_2} \to 0$，式（5-2-16）可简化为：

$$\varepsilon = \frac{\sigma_0{}^n}{M} \tag{5-2-17}$$

$$\lg\varepsilon = n\lg\sigma_0 - \lg M \tag{5-2-18}$$

假设粉末在压制前的体积为 V_0，压坯体积为 V，相当于致密金属所占的体积为 V_m，压制前粉末体中孔隙体积为 V_0'，压坯中孔隙体积为 V'，实际上粉末在压制过程中的体积变化可用 $V_0' - V'$ 来表征，其中 $V_0' = V_0 - V_m$，致密金属所占的实际体积 V_m 没有变化或变化很小，只有孔隙体积发生了改变，可视为粉末体在压制过程中所发生的应变。

根据自然应变的定义，可得到：

$$\begin{aligned}\varepsilon &= \ln\frac{V_0'}{V'} = \ln\frac{V_0 - V_m}{V - V_m} = \ln\frac{V_0/V_m - 1}{V/V_m - 1} = \ln\frac{\rho_m/\rho_0 - 1}{\rho_m/\rho - 1} \\ &= \ln\frac{(\rho_m - \rho_0)\rho}{(\rho_m - \rho)\rho_0}\end{aligned} \tag{5-2-19}$$

将式（5-2-17）代入式（5-2-16），并用单位压制压力 p 代替应力 σ_0 得到压制理论的双对数模型：

$$\lg\ln\frac{(\rho_m - \rho_0)\rho}{(\rho_m - \rho)\rho_0} = n\lg p - \lg M \tag{5-2-20}$$

式中：ρ 为压坯密度，g/cm³；ρ_0 为压坯原始密度即粉末装填密度，g/cm³；ρ_m 为理论密度，g/cm³；p 为单位压制压力，N；n 为硬化指数的倒数，$n=1$ 时，无硬化出现；M 为压制模量，Pa。

1980 年，黄培云对双对数压制理论又做了新的推导，提高了对数方程的适用性，过程如下：

对式（5-2-19）的双对数模型进行量纲分析，指出 M 的量纲与 p^n 相同，不同粉末的 n 值与 M 值各不相同，因此不同粉末的 M 量纲也不同，很难比较。如果改用数学模型：

$$p + \tau_1 \frac{dp}{dt} = M\left(\varepsilon + \tau_2 \frac{d\varepsilon}{dt}\right)^m \tag{5-2-21}$$

在维持恒压力即 $\frac{dp}{dt}=0$ 时，解式（5-2-21），可得：

$$\varepsilon = \varepsilon_0 e^{-t/\tau_2} + \left(\frac{p}{M}\right)^{1/m}\left(1 - e^{-t/\tau_2}\right) \tag{5-2-22}$$

当粉末压制过程充分弛豫，此时 $t \gg \tau_2$、$e^{-t/\tau_2} \to 0$，有：

$$\varepsilon = \left(\frac{p}{M}\right)^{1/m} \tag{5-2-23}$$

对式（5-2-23）两边取对数，并应用自然应变概念后，可得改进后的黄培云双对数方程：

$$m \lg \ln \frac{(\rho_m - \rho_0)\rho}{(\rho_m - \rho)\rho_0} = \lg p - \lg M \tag{5-2-24}$$

把式（5-2-19）代入式（5-2-24）并积分得：

$$\frac{(\rho_m - \rho_0)\rho}{(\rho_m - \rho)\rho_0} = e^{\varepsilon} \tag{5-2-25}$$

变换式（5-2-25），得：

$$\rho = \frac{\rho_0 \rho_m e^{\varepsilon}}{\rho_m + (e^{\varepsilon} - 1)\rho_0} \tag{5-2-26}$$

式（5-2-24）中，$\lg \ln \frac{(\rho_m - \rho_0)\rho}{(\rho_m - \rho)\rho_0}$ 仍然与 $\lg p$ 呈线性关系，如果以前者为横坐标，后者为纵坐标，则所得直线的斜率为 m，直线与纵坐标的截距为 $\lg M$，如图 5-2-5 所示。

通过绘制不同粉末坯体的 $\lg p$ 与 $\lg \ln \frac{(\rho_m - \rho_0)\rho}{(\rho_m - \rho)\rho_0}$ 的关系曲线，计算出粉末的 M 与 m，便可计算出对应的粉末坯体密度需要的压制压力，指导药型罩或射孔弹炸药的压制工艺设计。

M 的量纲与 p 相同，M 的大小表征粉末压制的难易程度。M 越大，表示粉末越难压制。m 代表粉末压制过程的非线性指数，m 的大小表征粉末体压制过程中硬化趋势的大小。m 越大，表示粉末体硬化趋势越强。$m=1$ 时，表示粉末体压制过程呈线性变化，无硬化趋势。一般情况下，$m > 1$。

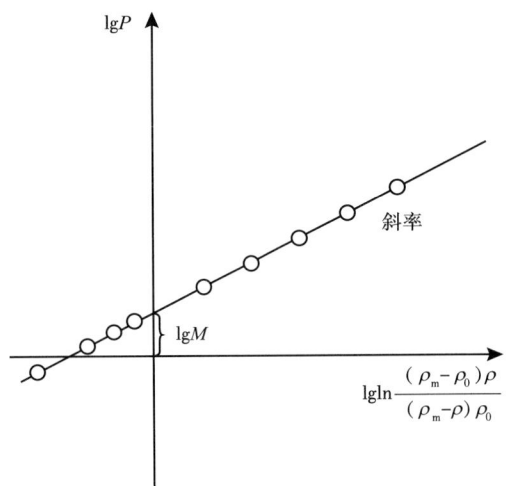

图 5-2-5　$\lg p$ 与 $\lg \ln \dfrac{(\rho_m - \rho_0)\rho}{(\rho_m - \rho)\rho_0}$ 的关系

根据式（5-2-20），计算口径直径 D_1 为 44m、压力机缸 D 为 225mm 的药型罩的压制压力，通过对该型射孔弹药型罩混合粉末的分析计算，采用冶金粉末测试标准容器法测试 ρ_0 为 5.7g/cm³、设计药型罩密度 ρ 为 13g/cm³、全致密金属密度 ρ_m 为 15.41g/cm³、m 取根据绘制的曲线数值 1、M 取 260MPa，代入改进后的黄培云双对数方程[式（5-2-24）]可以得出单位压制压力 p：

$$\lg \ln \dfrac{(15.41 - 5.7)13}{(15.41 - 13)5.7} = \lg p - \lg 260000000$$

得：

$$p = 577111585 \text{N}$$

换算成压机压力表显示的油压压力为：

$$p_表 = p \left(\dfrac{D_1}{D_2} \right)^2 \tag{5-2-27}$$

式中：p 为药型罩所需单位面积压制压力；D_1 为药型罩端部直径，$D_1=0.044$m；D_2 为压机液压缸直径，$D_2=0.225$m；$p_表 = 57711185 * \left(\dfrac{0.044}{0.225} \right)^2 = 22069887$N，计算取整后，DP44RDX45 型射孔弹压罩机表显压制压力为 22×10^6N。

四、壳体与装药结构

壳体的内腔和药型罩外表面在压制成形后共同构成了射孔弹的装药结构。装药结构决定射孔弹炸药能量分布、爆轰波波形、药型罩压垮角等参数。合理的装药结构是射孔弹设计的关键。

同样装药量、同等结构条件下，与有壳射孔弹相比，无壳射孔弹的穿深和孔径都显著降低，这是因为壳体强度限制了爆轰波的释放和外界稀疏波的进入。无壳体射孔弹由于爆炸能量随空气冲击波的迅速扩散而降低了药柱的爆炸威力。通过数值模拟，壳体厚度一般要大于1.5mm，并且在相同厚度情况下，射孔弹的穿深和孔径等性能随着壳体材料强度的降低而逐渐下降，即45#钢材料的效果优于10#钢，而后者优于普通铁质粉末冶金壳体和铝合金材料。同样，高强度、高密度的粉末冶金壳体也是提高普通粉末冶金壳体产品性能的研究方向。与45#钢材料比，低碳钢材料便于射孔弹壳体挤压成形，可以降低加工成本。采用高强度材料可以提高射孔弹爆炸后的临界侵彻速度，延长射流的断裂时间，以提高射孔弹射流能量的有效利用率。

1. 壳体材料

石油射孔弹的壳体主要有三个作用：支撑、确定装药结构、减缓稀疏波的入侵并产生一次反射波。炸药爆轰波可以在壳体上产生反射波；同时，在壳体破裂解体的过程中，使稀疏波的入侵得到延滞，从而使炸药的爆轰能量更好地传递给药型罩微元，提高有效装药量。深穿透射孔弹壳的材料均采用钢壳，钢壳的材料、加工方法及热处理方式对壳体裂解时间和一次反射波的强度都有一定的影响。实验统计和理论分析表明，壳体达到一定厚度后，再增加厚度对穿孔深度的影响基本无变化，反而会增加生产和使用难度。

有枪身射孔弹应用最多的弹体材料是45#钢，A3钢、铸铁和锌铝合金也有应用；对于无枪身射孔弹，密封、承压均由弹体承担，对材料的力学性能要求较高，常用的材料是45#钢。

低碎屑射孔弹要求射孔弹爆炸后弹体形成细小颗粒，弹体的材料一般采用球墨铸铁、锌铝合金等碎性材料（郭红军等，2002）。

对于大孔径射孔弹，由于射孔作业中防砂措施的特殊要求，射孔后要使壳体尽可能破碎，已经研究开发的锌铝合金材料可以实现小碎屑的要求。该材料在爆轰波作用下迅速燃烧，壳体碎屑直径可以达到1mm以内。在全通径射孔作业中，要求射孔弹射孔后碎屑较小，顺利进入口袋枪，采用粉末冶金壳体，实现射孔弹穿深性能和小碎屑要求的统一。

2. 装药结构

射孔弹的装药结构以充分提高炸药的有效利用率为设计思想。针对深穿透或大孔径的要求，结合药型罩的具体几何形状，增加药型罩对应单位微元上的有效药量。针对混凝土靶的状态参量，调整射流的整体能量分布，注重速度梯度的调整，使装药结构达到针对混凝土靶的合理分配能量，实现设计要求指标。

当聚能装药爆炸时，一部分炸药将能量传递给药型罩，另一部分炸药向四周飞散，这部分爆炸能量对药型罩的聚能压缩不起任何作用，而是消耗在破碎壳体、膨胀枪身和变形损坏套管的作用上。聚能射孔弹炸药能量的有效利用率在20%~40%之间。

要确定实际爆轰过程的有效药量是很困难的，为了简化问题，假设爆轰波速极大，认为药柱各部分同一时刻完成爆轰，依此来分析一个平面装药在各个方向的有效药量问题，如图5-2-6所示。当平面装药 $ABCD$ 瞬间完成爆轰后，爆轰产物向 AB、BC、CD、

AD 四个方向同时向外飞散，产物飞散的方向与四边形的周边垂直，由外向里一层层地深入。在时刻 t_1，平面装药剩下 $A'B'C'D'$ 部分，在时刻 t_2（$t_2 < t_1$），平面装药只剩下 $A''B''C''D''$ 部分。实际上，平面装药被分成四个区域，其中包括三角形 AOB、$DO'C$，梯形 $AOO'D$、$BOO'C$。四个区域的产物向四个不同的方向飞散，它们的分界线就是四边形 $ABCD$ 的四条角平分线和一条中平分线 OO'。这四个区域所包围的炸药量就是平面装药分别在四个方向（箭头所示方向）上的有效药量。实际上，根据爆轰理论可知，这些角平分线和中平分线正是从不同方向来的稀疏波的交线。对于圆柱形装药，过它的轴线做许多截面，每一个截面可以看作是一个平面装药。划分圆柱形装药的有效药量的方法不变，根据瞬时爆轰作图法，可以类似地决定聚能药柱在聚能方向的有效药量。对于有药型罩和壳体的聚能装药，聚能方向的有效药量受到壳体和药型罩的强度和密度的影响。当壳体的强度和密度大于药型罩时，爆轰产物向药型罩方向膨胀得快一些，稀疏波的交线相应向壳体方向移动，向药型罩方向的有效药量要大一些，相反，向药型罩方向的有效药量少一些。

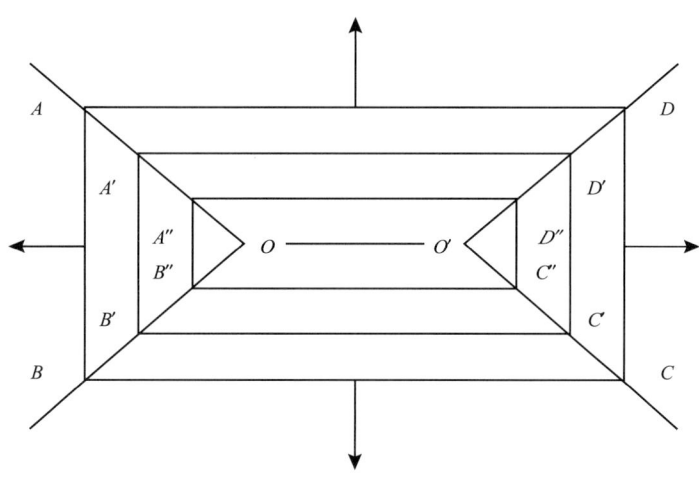

图 5-2-6 平面装药有效药量分析示意图

随着射孔弹装药爆轰的数值模拟技术的不断发展，有效药量精确计算需要二维程序进行整体优化设计。射孔弹计算二维程序是根据二维不定常流体力学理论，采用二维欧拉弹塑性流体力学有限差分与多虚拟源点解析分段耦合的方法，进行数值模拟射孔弹的整体作用过程。即从炸药起爆开始，到药型罩在爆轰作用下变形压垮，再到射流的形成及运动最后到开坑及穿靶的全部过程，其可以对各种形状复杂的射孔弹进行模拟计算。通过计算可以获得射流速度、质量、累计质量、密度、能量等空间分布情况及随时间变化的情况和穿靶深度、孔径等主要参数。射孔弹计算二维程序的设计效率比人工设计明显提高，设计方案更优化，实现了射孔弹设计方案的优化选择，降低了设计成本，提高了射孔弹的设计效率。

3. 外形设计

射孔弹爆轰后，爆轰波在弹壳内外壁进行多次反射，直至爆轰产物的压力下降到装药稳定爆轰爆压的 1/8 时，将不再对药型罩的压垮起作用。在这个过程中，弹壳发生膨胀—塑性变形—裂解形成碎片，因而壳体的形态对射流的形成有一定的影响。

另外，壳体外形是针对射孔器配套性能设计的。国内射孔弹一般设计出导爆索槽，便于射孔弹和导爆索连接固定，实现射孔弹中心起爆，确保射孔弹的性能；固定导爆索与射孔弹一般是在壳体导爆索槽旁设计压丝，而国外相应处采用了弹夹卡簧的设计，如图 5-2-7 所示。

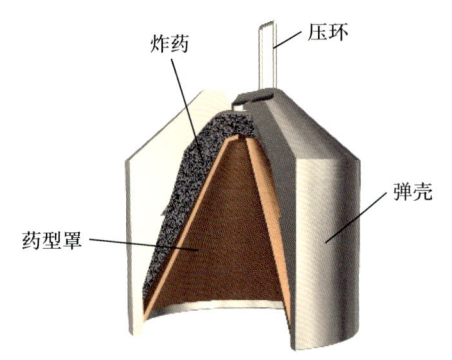
a. 国内压丝结构射孔弹剖面示意图

b. 国外射孔弹外形照片

图 5-2-7　射孔弹外形及结构示意图

射孔弹起爆端为平面，这样可节约壳体材料，有利于射孔弹壳体的加工，便于射孔弹自动化生产；在射孔弹装枪连接时不考虑射孔弹导爆索槽的方向分布，操作更简便。国内射孔弹的压丝和壳体连接一般采用胶粘结在一起。胶的选择须考虑产品的使用环境温度，确保射孔作业的可靠。压丝采用机械压制固定在射孔弹壳体的压丝孔内，以适用各种耐温环境。

国内的大孔径射孔弹、无枪身射孔弹、与高孔密射孔器配套的射孔弹一般采用卡簧固定导爆索。壳体在设计上须考虑射孔弹与射孔弹之间的距离，提高射孔枪的空间利用率。

无枪身射孔弹由于需要承受井内液体的压力，在壳体设计上整体考虑壳体的厚度和强度，设计相应的密封机构。射孔弹的传爆孔既要保证射孔弹能够被导爆索正常引爆，又要保证在井筒液体压力下不泄漏，在井下能够起爆，完成射孔作业要求。

五、聚能射孔弹仿真设计

射流成形仿真分析重点关注装药爆轰过程及药型罩压垮成型过程，为实现有限元仿真分析，需要对结构进行合理简化。

建模流程：射孔弹结构为三维对称旋转体，采用二维模型进行计算可在有效保证计算精度的情况下减小计算量，本书以 AUTODYN 软件为例，进行二维旋转对称模拟。但 AUTODYN 仅具备较为简单的几何模型前处理及网格划分功能，复杂模型的前处理能力较弱。该射孔弹模型具有多部件，特别是药型罩结构为变锥角及变壁厚的曲面结构，在 AUTODYN 中难以开展建模，需要从外部导入网格模型。

AUTODYN 界面的二维分析模块中仅支持导入 Turegride 的 .zon 格式网格文件，但 Turegride 交互性及操作性较差，难以用于开展复杂结构研究。在 ANSY 的 WORKBENCH 软件中，已内嵌 AUTODYN 软件，可通过 WORKBENCH 平台实现复杂模型建立及网格划分，并直接导入 AUTODYN 中进行有限元分析计算求解。

网格划分：由于欧拉域在 AUTODYN 中建立，现有结构体采用拉格朗日网格进行划分，在 AUTODYN 中使用部件填充方式转化为欧拉网格。

将射孔弹网格模型导入 AUTODYN，并建立长 1m，宽 0.1m 的欧拉场，边缘网格尺寸约为 1mm。

材料模型：各种材料所用的材料模型见表 5-2-5。

表 5-2-5 材料模型方程

模型	壳体	药型罩	靶板	炸药
状态方程	Shock	Shock	Shock	JWL
强度模型	Johnson-Cook	Johnson-Cook	Johnson-Cook	Von-Mises
失效模型	Johnson-Cook	Johnson-Cook	—	—
侵蚀参数	2	2	2	2

其中 Shock 状态方程一般用于金属承受高过载的情况，Johnson-Cook 模型考虑了应变、应变率和温度软化效应的影响，适合描述高速冲击下材料的动态响应，其中 Johnson-Cook 强化方程具体形式为：

$$\sigma = \left(A + B\varepsilon_p^n\right)\left(1 + C\ln\dot{\varepsilon}_p^*\right)\left[1 - \left(T^*\right)m\right] \quad (5\text{-}2\text{-}28)$$

$$T^* = (T - T_r)/(T_m - T_r) \quad (5\text{-}2\text{-}29)$$

$$\dot{\varepsilon}_p^* = \dot{\varepsilon}_p / \dot{\varepsilon}_p^0 \quad (5\text{-}2\text{-}30)$$

式中：A、B、n、C、m 为材料参数；$\dot{\varepsilon}^*$ 为无量纲应变率；$\dot{\varepsilon}_p$ 为有效塑性应变率，s^{-1}；$\dot{\varepsilon}_p^0$ 为参考塑性应变率，s^{-1}；T^* 为无量纲温度；T_r 为参考室温，℃；T_m 为熔点温度，℃。

Johnson-Cook 失效方程具体形式为：

$$D = \sum \frac{\Delta\varepsilon}{\varepsilon^f}$$

其中：

$$\varepsilon^f = \left(D_1 + D_2 e^{D_3\sigma^*}\right)\left(1 + D_4\ln|\dot{\varepsilon}^*|\right)\left(1 + D_5 T^*\right) \quad (5\text{-}2\text{-}31)$$

式中：D 为材料损伤累积参数，当 $D=1.0$ 时材料发生断裂失效；$\Delta\varepsilon$ 为发生一在个积分周期内的等效塑性应变增量，s^{-1}；ε^f 为等效断裂应变，s^{-1}；σ^* 为无量纲的压力—应变率，$\sigma^* = \sigma_H/\sigma_{eq}$；$\sigma_H$ 为平均应力，MPa；σ_{eq} 为等效应力，MPa；T^* 为无量纲温度，由式 5-2-28 求得。

D_1、D_2、D_3、D_4、D_5 为材料损伤参数，通常通过实验数据拟合得到，其中，D_1、D_2、

D_3 通过拉伸实验确定，考虑不同应力三轴度下的失效应变，D_4 通过不同应变率下的实验求得，反映材料在高速加载下的硬化行为，D_5 通过不同温度下实验求得，反映材料在高温下的软化行为。

炸药未反应物和产物均采用 JWL 状态方程。该方程能描述爆轰产物压力—比容—比内能（p-V-E）关系，广泛应用于流体力学数值模拟中。JWL 状态方程是根据实验结果使用流体力学计算程序表定的，因而它可以精确地描述某些实验现象。JWL 状态方程的参数由 Hugoniot 数据、CJ 方程和 Von Neumannspik 方程确定，其中炸药未反应物的 JWL 状态方程具体形式为：

$$p_e = A_e\left(1 - \frac{\omega_e}{R_{1e}V}\right)e^{-R_{1e}V} + B_e\left(1 - \frac{\omega_e}{R_{2e}V}\right)e^{-R_{2e}V} + \frac{\omega_e E_e}{V} \quad (5\text{-}2\text{-}32)$$

其中：
$$V = V_e / V_0$$

式中：V 为相对体积；V_e 为未反应炸药的比容；V_0 为炸药初始比容，m³/kg；p_e 和 E_e 分别是未反应炸药的压力和能量密度，单位分别为 MPa 和 J/m³；A_e、B_e、R_{1e}、R_{2e}、ω_e 为常数，对于未反应的凝聚炸药来说 B_e 为负值，即允许炸药受拉伸；ω_e 为格林艾森参数。

式（5-2-32）中的常数通过拟合 Hugoniot 数据和初始声速来确定。

产物的 JWL 状态方程具体形式为：

$$p_p = A_p\left(1 - \frac{\omega_p}{R_{1p}V}\right)e^{-R_{1p}V} + B_p\left(1 - \frac{\omega_p}{R_{2p}V}\right)e^{-R_{2p}V} + \frac{\omega_p E_p}{V} \quad (5\text{-}2\text{-}33)$$

起爆点：由于射孔弹是单点起爆，设置起爆点为装药轴线的端点。

观测点：为观测射流轴线速度，在 X 轴上设置多个欧拉场固定观测点。

第三节　射孔枪设计

射孔枪的设计主要包含原材料选择、射孔枪与射孔弹匹配设计、密封结构设计及射孔枪承压能力、连接螺纹强度校核。射孔枪与射孔弹的匹配设计是指根据使用井况确定射孔枪与射孔弹的型号，并针对射孔枪内腔尺寸大小，开展射孔弹炸高、射孔孔密、射孔相位、布孔方式等系统设计，充分利用射孔枪有效空间，调整各参数间的矛盾，发挥射孔弹的最佳穿孔性能，并减少对射孔枪的损害。

一、枪体材料选择

射孔作业时射孔枪不仅要承受射孔弹的爆轰冲击，还受到射孔弹碎片的撞击作用，其材料必须具备高的机械强度。射孔枪材料通常选用热轧或冷轧无缝钢管制造。无缝钢管是一种具有中空截面，周边没有接缝的圆形钢管。与圆钢等实心钢材相比，在抗弯抗扭强度相同的条件下，无缝钢管质量较轻，是一种经济截面钢材，广泛用于石油钻杆、石油射孔枪及汽车传动轴等环形零件。目前，国内射孔枪常用无缝钢管的外径和壁厚见表 5-3-1。

表 5-3-1 射孔枪常用无缝钢管外径和壁厚对应关系

外径（mm）	壁厚（mm）
40.0	5.00
51.0	5.00
60.30	5.00
68.00	5.50、6.30
73.00	5.51、7.82、9.19
82.50	9.00
83.00	9.00
88.90	6.45、7.10、8.00、8.80、9.19、10.00、12.00
95.00	8.00、10.00
96.00	10.00
101.60	7.00、9.00、9.50、10.00、11.00
108.00	8.00
114.30	850、9.50、10.00、11.10、12.50、13.00
127.00	9.50、11.00、12.50
159.00	12.00、12.50、13.00
178.00	12.00

钢管外径和壁厚的允许偏差：外径为 ±1%，壁厚为 ±12.5%；钢管通常长度为 8~12m；钢管弯曲度应不大于 1.0mm/m。

射孔枪通常采用优质合金钢材料，在普通钢中掺入铜、钛、铝、钴、硅等就可以获得性质不同的合金钢。合金元素的加入使钢的性质发生了质的飞跃，获得了许多优异性能。射孔枪常用材料牌号有 32CrMo4、25Mn2MoV、30CrMo 等。钢的牌号及化学成分（熔炼分析）应符合表 5-3-2 的规定。

表 5-3-2 钢的牌号及化学成分对应表

牌号	化学成分（熔炼分析）[%（质量分数）]							
	C	Si	Mn	P	S	Cr	Mo	V
32CrMo4	0.29~0.36	0.17~0.37	0.50~0.80	≤0.015	≤0.010	0.90~1.20	0.20~0.30	—
25Mn2MoV	0.21~0.29	0.15~0.50	1.30~1.90	≤0.015	≤0.010	—	0.10~0.30	0.05~0.20
30CrMo	0.26~0.33	0.17~0.37	0.40~0.70	—	—	0.80~1.10	0.15~0.25	

32CrMo4、25Mn2MoV、30CrMo 等高级优质合金钢材料的主要成分是铁和碳，其余元素含量虽然很少，但也能影响其性质。硅能增加钢的强度和硬度；镐能增加钢的强

度、硬度和韧度，提高耐磨性；磷和硫都是有害杂质，它们使钢在高温下或低温下的脆性增加，易破坏断裂（表 5-3-3 和表 5-3-4）。

表 5-3-3　钢的质量分类　　　　　　　　　　　　　　　　　单位：%（质量分数）

分类	硫含量	磷含量
普通碳素钢	＜ 0.035	＜ 0.035
优质钢	＜ 0.030	＜ 0.030
高级优质钢	＜ 0.020	＜ 0.025

表 5-3-4　主要合金元素对钢性能影响对比

元素名称	对性能的主要影响
C	含量增加，钢的硬度和强度也提高，但塑性和韧度随之下降
Cr	提高钢的淬透性，并有二次硬化作用，增加高碳钢的耐磨性，是不锈耐酸钢及耐热钢的主要合金元素。含量超过 12% 时，使钢具有良好的高温抗氧化性和耐氧化性介质腐蚀作用，提高钢的热强性；但含量高时易产生脆性
Mn	降低钢的下临界点，增加奥氏体冷却时的过冷度，细化珠光体组织以改善其力学性能，为低合金钢的重要合金元素，能明显提高钢的淬透性，但有增加晶粒粗化和回火脆性的不利倾向。
Mo	提高钢的淬透性，含量 0.5% 时，能降低回火脆性，有二次硬化作用。提高热强性和蠕变强度，含量 2%～3% 时，提高抗有机酸及还原性介质腐蚀能力
P	一般情况下，有害物质，能增加钢的冷脆性，使焊接性能变坏，降低塑性，使冷弯性能变坏。通常要求钢中含磷量小于 0.045%，优质钢的要求更低些
S	在通常情况下是有害物质，使钢产生热脆性，降低钢的延展性和韧度，在锻造和轧制时造成裂纹。对焊接性能不利，降低耐蚀性。通常要求钢中含硫量小于 0.055%，优质钢要小于 0.040%
Si	常用的脱氧剂，有固熔强化作用，提高电阻率，降低磁滞损耗，改善磁导率，提高淬透性和抗回火性，对改善综合力学性能有利，提高弹性极限，增加自然条件下的耐蚀性。含量较高时，降低焊接性，且易导致冷脆。中碳钢和高碳钢易于在回火时产生石墨化
V	固溶于奥氏体中，可提高钢的淬透性，但化合状态存在会降低钢的淬透性，增加钢的回火稳定性，并有很强的二次硬化作用；固溶于铁素体中，有极强的固溶强化作用。细化晶粒以提高低温冲击韧度，碳化机是最硬、耐磨性最好的金属碳化物，明显提高工具钢的寿命，提高钢的蠕变和持久强度。钒、碳含量比超过 5.7 时，可大大提高钢抗高温高压氢腐蚀的能力，但会稍微降低高温抗氧化性

二、密封材料选择

射孔枪枪身两端用螺纹与枪头、枪尾联接，并通过"O"形密封圈形成密封空腔，弹架、射孔弹等爆炸器材放置于其中，以保证不受井下复杂环境的影响而能正常起爆。"O"形密封圈的材料有很多种，材料的性能直接影响其使用性能，材料的选择对射孔器的密封性能和使用寿命有着重要的影响。为了适应不同的工作要求，应选择合适的材料，且满足以下条件：富有弹性和回弹性；适当的机械强度，包括拉伸强度、伸长率等；性能稳定，在钻井液介质中不易溶胀，热收缩效应小；易加工成形，并能保持精密的尺寸；不腐蚀接触面，不污染介质等。

满足上述要求的最合适且最常用的材料是橡胶，所以"O"形密封圈大多用橡胶材料制成。常用橡胶材料的技术特性见表 5-3-5。橡胶的品种很多，而且不断有新的橡胶品种出现，设计与选用时，应结合各种橡胶的特性，合理选择。

表 5-3-5 射孔器常用密封圈橡胶材料特性

等级	材质	中文名称	使用环境温度（℃）	最高环境压力（MPa）	工作介质
普通级	NBR	丁腈橡胶	-40~120	140	钻井液、石油、天然气、泥沙、硫化氢、硅油
	HNBR	氢化丁腈橡胶	-40~150		
高温级	FKM	氟橡胶	-20~200	210	
超高温级	FFKM	全氟橡胶	-20~320	245	

注：密封圈与密封槽的设计必须同时达到额定耐压等级，必要时应添加挡圈，才能满足工作条件。

在选择射孔器"O"形密封圈的材料时，要注意考虑到以下几点因素：

（1）"O"形密封圈用于静密封；

（2）射孔器的工作状态是处于连续的工作状态还是处于断续的工作状态，并要考虑到每次断续时间的长短，是否有冲击载荷作用在密封部位；

（3）工作介质是液体还是气体，并要考虑到其物理化学性质；

（4）工作压力的大小、波动幅度及瞬时出现的最大压力等；

（5）工作温度及在井下停留的时间。

三、枪内炸高设计

合适的炸高才能发挥聚能装药的穿孔威力，与最大穿孔深度相对应的炸高称为有利炸高。有利炸高是一个区间，设计时应选择有利炸高的下限，既可保证穿孔深度，又可以减小弹体的长度。

炸高的确定与药型罩的锥角、材料、炸药性能及有无隔板都有关系。通常，有利炸高随着罩锥角的增加而增加。对于一般药型罩，有利炸高是药型罩直径的 1~3 倍。但是受射孔枪直径的限制，枪内实际炸高小于有利炸高，往往只有二三十毫米，有的甚至只有几毫米，这就给射孔性能的充分发挥造成了一定的障碍。因此，合理的炸高是设计者关注的问题之一，在射孔器总体设计时，必须充分考虑到射孔弹的炸高特性，在药型罩开口直径、锥角和炸高之间寻找最佳结合点，以确保其聚能效应的有效利用。片面强调任何一个参数都没有意义的和不现实的。

四、射孔孔密及相位设计

国内常用的射孔孔密有 13 孔/m、16 孔/m、20 孔/m、32 孔/m、40 孔/m 等。相位是指相邻两发射孔弹之间的夹角，它确定了射孔弹在弹架上的布孔方式。常用的布孔方式是螺旋式的，包括单螺旋、双螺旋及三螺旋。高孔密射孔器的布孔方式一般采用双螺旋。

当射孔孔密达到一定界限时，射孔弹的穿孔深度存在着明显的波动现象，弹间干扰是引起这一现象的主要原因。弹间干扰是指射孔弹爆炸过程中上一发射孔弹爆炸产生的冲击波对下一发射孔弹爆炸产生强烈的影响，从而形成冲击波干扰，使射孔性能大大降低。

在射孔弹爆炸过程中，壳体的形态对射流的形成有一定的影响作用。一般壳体的裂解时间均超过 20μs，而在高孔密条件下，弹间距较小（几毫米），相邻两发射孔弹的起爆时间为几微秒，因此弹壳碎片引起干扰的可能性很小；射孔弹爆轰产生的冲击波传播速度很快，影响相邻弹的压力场，使压力场不对称，从而引起弹间干扰，即前一发射孔弹产生的冲击波穿透的壳体后加载到下一发射孔弹上（冲击波随着距离的增大而衰减）。当下一发射孔弹爆轰时，弹壳已处于一个不对称的压力场，从而引起第二发射孔弹的射流不对称、不完全，影响穿孔性能（图 5-3-1）。

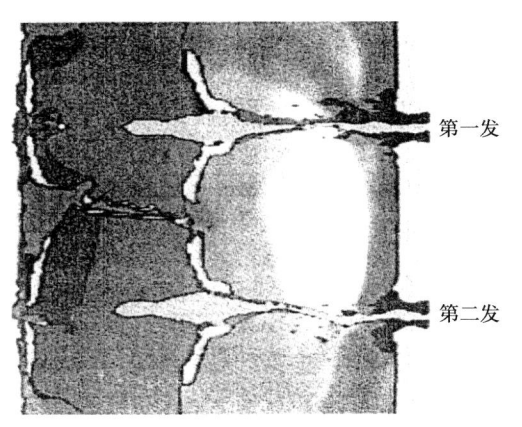

图 5-3-1 相邻两发射孔弹的弹间干扰

对于弹间干扰，其发生的条件可以用时间参数进行判定：

$$t_{导} > t_{扰} \tag{5-3-1}$$

其中：

$$t_{导} = \frac{l}{v_1} = \frac{2\pi r \sqrt{1+(\cot\beta)^2}}{v_1} \left(0 < \beta < \frac{\pi}{2}\right) \tag{5-3-2}$$

$$t_{扰} = f(p, v_2, \sigma_1, \sigma_2, \cdots) \tag{5-3-3}$$

式中：$t_{导}$ 为相邻两发射孔弹之间的导爆索完成爆轰的时间，s；$t_{扰}$ 为射孔弹弹体破裂爆轰的干扰时间，s。l 为相邻两发射孔弹间导爆索的直线（弧线）长度，m；v_1 为导爆索的稳定爆轰速度，m/s；r 为圆柱形弹架半径，m；β 为射孔弹布局螺旋角，（°）；p 为射孔弹爆炸后形成的爆压，MPa；v_2 为主装炸药爆速，m/s；σ_1 为弹体应力强度，MPa；σ_2 为外力约束强度，MPa。

理论模拟结果表明，高孔密射孔弹中的弹架干扰与导爆索、弹架直径、弹架强度、相位角、射孔弹弹体强度及射孔弹主装炸药瞬时爆压有关。目前普遍认为，提高导爆索的爆速、优化布弹方式、增加弹体强度等可有效避免弹间干扰的发生。

五、装弹方式设计

装弹方式是指射孔弹和导爆索在弹架上的固定方式。合适的固定方式可以保证导爆索与射孔弹的传爆孔对正并保持接触良好，保证射孔弹的近似中心起爆，还能保证射孔弹在枪内有足够大的内炸高。射孔弹、导爆索及弹架的定位都必须十分准确、牢固，以防止产生拒爆、穿孔偏斜等事故。

目前国内油田的装弹方式各有不同，通常分为正装、反装两种方式，以管式弹架为主。正装就是射孔弹从弹的口部方向装入弹架中，通过导爆索固定射孔弹（图 5-3-2）；反装是将射孔弹从传爆孔方向装入弹架内，并用弹架上的压弹夹或压弹卡片压住口部来固定射孔弹（图 5-3-3）。

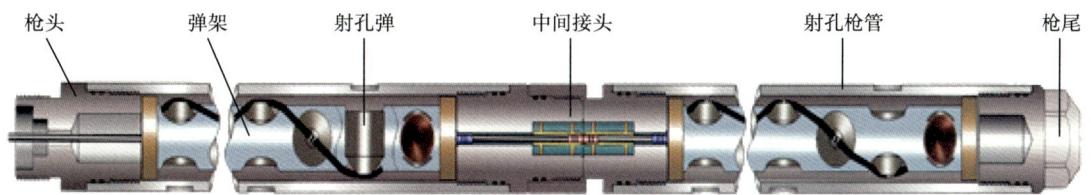

图 5-3-2　射孔弹正装示意图

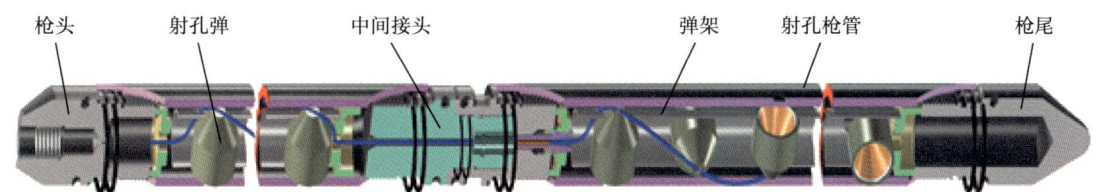

图 5-3-3　射孔弹反装示意图

正装和反装有两点不同：一是装枪后固有炸高不同，在常规孔密（如 16 孔 /m）使用方式中，反装的固有炸高小于正装的固有炸高（图 5-3-4），固有炸高的提高有助于射孔弹穿孔性能的提高；二是射孔弹的外形不同，采用正装的射孔弹，同一装药内腔，其壳体的顶部较厚，可减少弹间干扰及减弱稀疏波的破坏作用，提高炸药能量的利用率，提高射孔弹的穿孔深度。

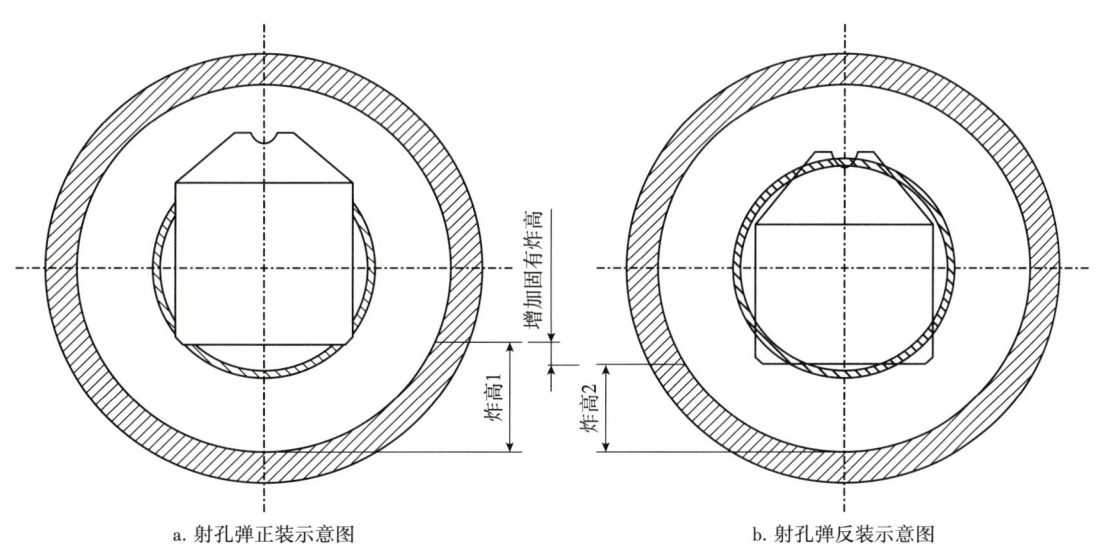

a. 射孔弹正装示意图　　　　　　　　　　b. 射孔弹反装示意图

图 5-3-4　射孔弹采用正装与反装的炸高差别示意图

虽然射孔弹正装可以提高固有炸高，且壳体顶部厚，对提高射孔弹的穿孔性能有利，但是其在弹架中的固定只依靠导爆索，在下井过程中易发生射孔弹偏斜，造成传爆孔与导爆索接确不良，易发生起爆率偏低等射孔事故；反装方式是由壳体锥部和口部固定，射孔弹在弹架上固定良好，是目前国内常用的装枪方式。

六、弹架设计

弹架是确保射孔弹在射孔枪内按设计位置可靠定位的载体，一般由钢管制作。钢管的选择和弹架设计须充分考虑强度要求，弹架的设计应满足以下几点：

（1）长度应根据射孔枪的长度设计，通常比射孔枪短0.15m；
（2）弹架上安装射孔弹的大孔直径应大于射孔弹外径0.75mm±0.25mm；
（3）定位环直径应小于射孔枪螺纹小径0.5mm，大于射孔枪内径；
（4）支撑环直径应小于射孔枪内最小直径2.5mm±0.5mm，并能保证灵活通过；
（5）定位环和支撑环与扶正杆连接处的螺纹应为M16；

弹架的孔密、相位、两端导爆索引导槽、射孔弹卡槽等技术参数根据需求设计，应能保证射孔弹安装灵活、牢固，与支撑环和定位环固定可靠等。弹架的总体强度应能承载射孔弹。

七、射孔枪连接螺纹选择

射孔枪连接螺纹应在满足抗拉强度和抗压强度的前提下，根据相关要求进行设计，两端结构应相同。常用射孔枪的连接螺纹技术参数见表5-3-6。

表5-3-6　射孔枪常用连接螺纹技术参数

射孔枪类型	额定工作压力（MPa）	枪管连接螺纹		
		规格	射孔枪螺纹长度（mm）	精度
40型	140	M33×2	30	7H
51型	140	M43×2	30	7H
60型	105	M53×2	30	7H
73型	105	M65×2	44	7H
73型	140	2-1/2-6ACME	44	2G
86型	140	2-13/16-6ACME	44	2G
89型	105、140	Tr78×4	44	7H
102型	105、140	Tr90×4	44	7H
127型	105、140	Tr115×4	44	7H
73型	175	Tr60×3	46	7H
89型	175	2-13/16-6ACME	44	2G
121型	175	Tr100×4	44	7H

八、射孔枪密封结构设计

射孔枪密封主要是保证下井后射孔枪与钻井液隔离,使枪管内腔形成密封空间,保护枪管内射孔弹、导爆索等火工品,确保射孔弹可靠起爆形成射流,防止炸枪。射孔枪密封为静密封。根据密封原理及特点不同,静密封主要有垫片密封、自紧密封、研合面密封、"O"形密封圈密封等。射孔枪密封采用的是"O"形密封圈密封中的非金属"O"形密封圈密封,如图5-3-5所示。"O"形密封圈装入密封沟槽后,其截面一般受到15%~30%的压缩变形,在钻井液介质压力的作用下,移至沟槽的一边,封闭需密封的间隙,达到密封的目的。"O"形密封圈密封结构密封性能好,结构紧凑,装拆方便,选择不同的密封圈材料,可在-100~260℃的温度范围内使用,尤为适用射孔枪密封。

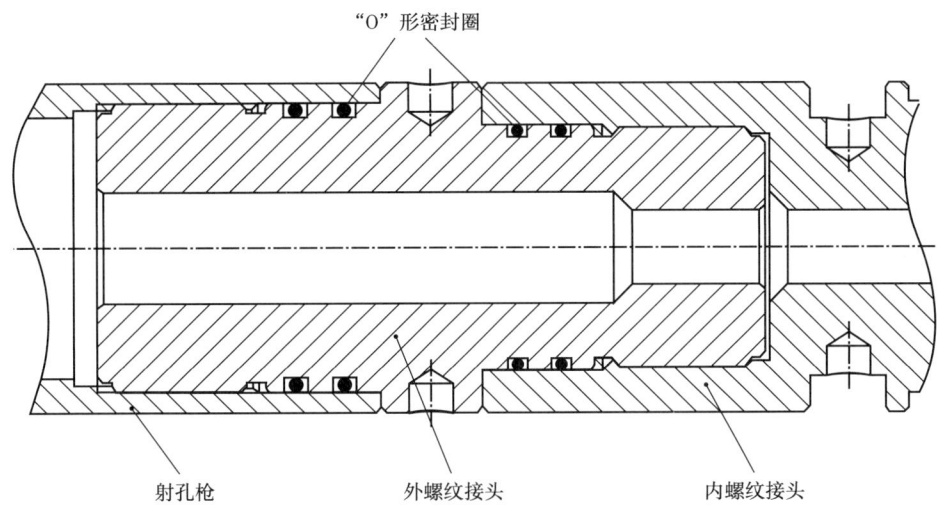

图 5-3-5 射孔枪密封结构示意图

射孔枪密封面、接头密封面、槽尺寸、尺寸公差及同轴度应符合 GB/T 3452.3—2005《液压气动用 O 形橡胶密封圈 沟槽尺寸》的规定。射孔枪、内螺纹接头的内密封面应设计在螺纹前端,接近射孔枪和接头端面,螺纹接头应设计两道密封槽,提高密封可靠性。

九、射孔枪强度校核

1. 枪体承压理论

射孔枪是射孔管柱的主要组成部分,需要承受井筒的外部压力,射孔瞬间还要承受射孔弹爆轰产生的内部压力,对强度性能要求很高。射孔枪是一个圆筒,外径和壁厚取决于井况条件。工程上将圆筒分为薄壁圆筒和厚壁圆筒两种。当圆筒壁厚 t 远小于内径 d($t < d/20$)时,称为薄壁圆筒;当 $t > d/20$ 时,称为厚壁圆筒。薄壁圆筒的壁厚和内径相比是一个微量,可认为沿壁厚的应力分布是均匀的;厚壁圆筒沿壁厚的应力分布是不均匀的,但其几何形状和受力对称于圆筒轴线,应力分布和变形情况也对称于圆筒轴线,因此可将后壁圆筒承压看作是轴对称问题。根据射孔枪壁厚和内径的关系可以判断射孔枪属于厚壁圆筒。

厚壁圆筒沿着圆筒轴线受均匀分布且沿中心轴线对称分布的内压力 p_1 和外压力 p_2，如图 5-3-6 所示。计算圆筒的应力和变形时，需要从几何变形、静力平衡、物理三方面进行分析。

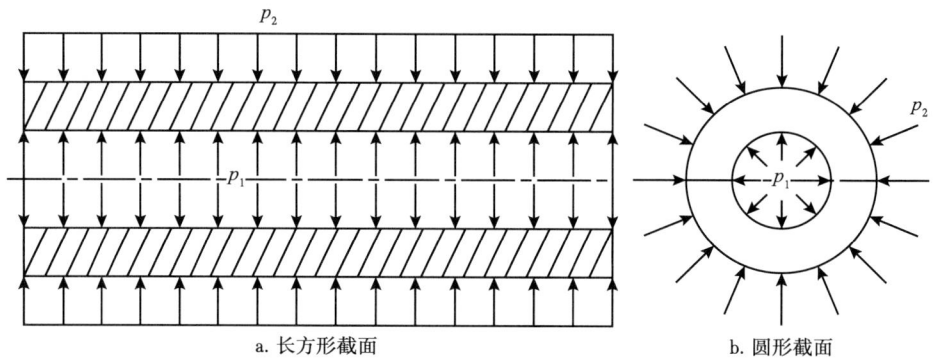

图 5-3-6　厚壁圆筒内、外压力分布示意图

1）几何变形关系

在离厚壁圆筒两端点较远处，用两个垂直于轴线的横截面取出一段单位长度，再以半径为 r 和 $r+\mathrm{d}r$ 的两个相邻圆柱面和夹角位 $\mathrm{d}\theta$ 的两个相邻径向面，从圆筒中取出单元体，再将单元体放大，如图 5-3-7 所示，由于变形是对称的，筒内各点径向方向的位移 u 只与半径有关，与 θ 无关。若 a 点的径向位移为 u，则 b 点的径向位移为 $u+\mathrm{d}u$，变形后单元体 ad 边位移到 $a'd'$ 边，周向应变为：

$$\varepsilon_\theta = \frac{(r+u)\mathrm{d}\theta - r\mathrm{d}\theta}{r\mathrm{d}\theta} = \frac{u}{r} \tag{5-3-4}$$

a 点的径向应变为：

$$\varepsilon_r = \frac{[\mathrm{d}r - u + (u+\mathrm{d}u)] - \mathrm{d}r}{\mathrm{d}r} = \frac{\mathrm{d}u}{\mathrm{d}r} \tag{5-3-5}$$

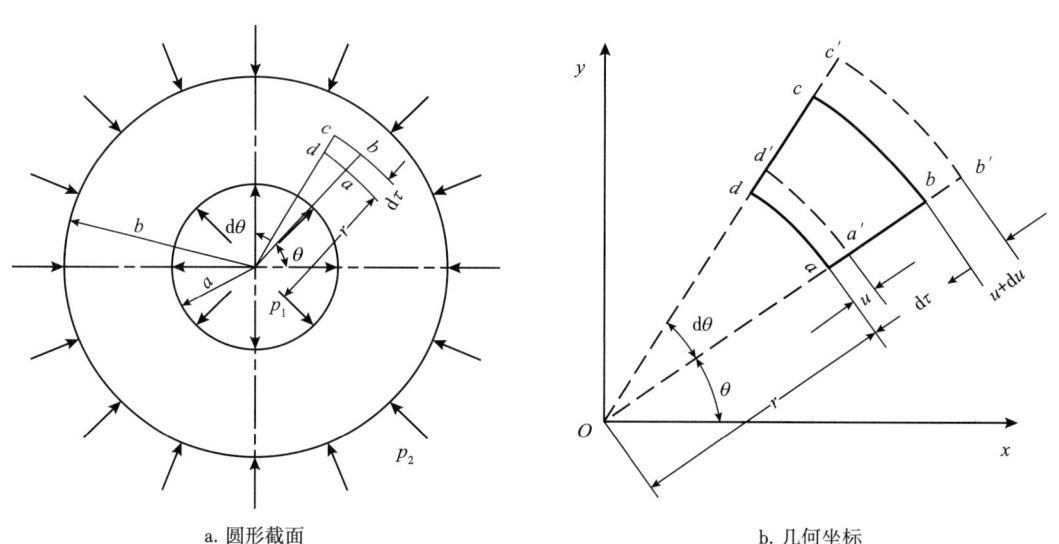

图 5-3-7　厚壁圆筒的几何变形关系

2）静力平衡方程

如图 5-3-8 所示，作用于单元体 ad 面上的正应力用 σ_r 表示，称径向应力；作用在 ab 面上的正应力用 σ_θ 表示，称周向应力。根据轴对称性质，σ_r 和 σ_θ 都是半径 r 的函数，与 θ 无关，cd 面上的应力与 ab 面上的应力相同，用 σ_θ 表示，bc 面上的正应力比 ad 面上的正应力多一增量 $d\sigma_r$，单元体周边没有剪应力作用，单元体上的正应力向半径 r 方向投影，径向静力平衡方程为：

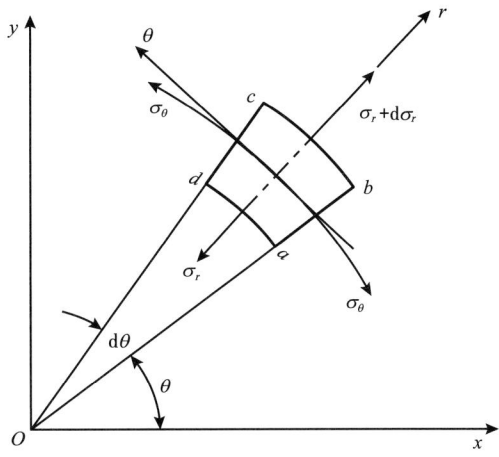

图 5-3-8 投影解析

$$(\sigma_r + d\sigma_r)(r + dr)d\theta - \sigma_r r d\theta - 2\sigma_\theta dr \frac{d\theta}{2} = 0 \qquad (5\text{-}3\text{-}6)$$

省略去高阶微量得：

$$\frac{d\sigma_r}{dr} + \frac{\sigma_r - \sigma_\theta}{r} = 0 \qquad (5\text{-}3\text{-}7)$$

3）物理方程

假设圆筒两端敞开，垂直于圆筒轴线 z 横截面上的正应力为 $\sigma_z = 0$，单元体在两向应力状态下，由广义虎克定律得到应力应变关系如下：

$$\varepsilon_r = \frac{1}{E}(\sigma_r - \mu\sigma_\theta) \qquad (5\text{-}3\text{-}8)$$

$$\varepsilon_\theta = \frac{1}{E}(\sigma_\theta - \mu\sigma_r) \qquad (5\text{-}3\text{-}9)$$

综合几何变形、静力平衡和物理三方面的方程，求解出厚壁圆筒的应力：

$$\sigma_r = \frac{a^2 p_1 - b^2 p_2}{b^2 - a^2} - \frac{(p_1 - p_2)a^2 b^2}{r^2(b^2 - a^2)} \qquad (5\text{-}3\text{-}10)$$

$$\sigma_\theta = \frac{a^2 p_1 - b^2 p_2}{b^2 - a^2} + \frac{(p_1 - p_2)a^2 b^2}{r^2(b^2 - a^2)} \qquad (5\text{-}3\text{-}11)$$

距圆心 r 的任意一点受力后在半径方向的位移为：

$$u = \frac{1 - \mu}{E} \frac{a^2 p_1 - b^2 p_2}{b^2 - a^2} r + \frac{1 + \mu}{E} \frac{(p_1 - p_2)a^2 b^2}{(b^2 - a^2)} \frac{1}{r} \qquad (5\text{-}3\text{-}12)$$

2. 枪体承压能力分析

常规射孔器在射孔施工过程中，枪体周围既承受井筒中压井液产生的外压，又要承受射孔弹起爆后产生的内压，因此，可以将枪体看作是内外壁同时受压的厚壁圆筒。根据第三强度理论，枪体能承受的最大内压为：

$$p_{\text{imax}} \leqslant \{[\sigma](1-k^2)+2p_0\}/(1+k^2) \quad (5\text{-}3\text{-}13)$$

其中：
$$k=r_i/r_o$$

式中：r_i 为枪管内径，m；r_o 为枪管外径，m；p_{imax} 为枪体的最大内压，MPa；p_0 为井筒内的液柱压力，MPa；σ 为枪体材料的许用应力，$\sigma=\sigma_s/n$，MPa；σ_s 为材料的屈服强度，MPa；n 为安全系数，静载时 $n=1$~1.2，受强冲击、动载时 $n=2.0$~2.2。

由式（5-3-13）可以看出，当枪体尺寸和材料一定时，井筒内的液柱压力越大，射孔枪承受内压的能力也越强。但在负压条件下施工时，井筒内液柱压力很小或几乎为零，因此其承压能力也随之削弱。

3. 连接螺纹强度校核

射孔枪在起爆过程中产生的巨大载荷主要作用在枪管内壁及中间接头端面上，设计时除了考虑枪身的耐压强度外，还必须考虑螺纹的连接强度。螺纹承受的载荷是通过螺纹牙面相接触来传递的，各圈螺纹牙载荷分布是不均匀的，分布规律与枪管外径、接头通孔直径、螺纹牙形及基本尺寸密切相关。

螺纹牙剪切与弯曲条件分别如下：

$$\frac{F_s\lambda}{\pi Db} \leqslant [\tau] \quad (5\text{-}3\text{-}14)$$

$$\frac{3F_s\lambda h}{\pi Db^2} \leqslant [\sigma_b] \quad (5\text{-}3\text{-}15)$$

式中：$[\tau]$ 为螺纹牙许用剪切强度，MPa；$[\sigma_b]$ 为许用抗拉强度，MPa；F_s 为螺纹牙受剪切许用载荷，N；λ 为螺纹牙最大载荷系数；h 为螺纹牙高，mm；D 为螺纹大径，mm；b 为螺纹牙底宽度，mm。

第四节 射孔器制造技术

随着我国工业化进程的进一步加快，射孔器制造业不断引入先进的制造技术与装备，推动了射孔器材制造技术的快速发展，具有行业特色的专业化成套装备不断涌出，确保了射孔器材制造技术实现质量、安全和效益的稳步提升，并为用户提供了更多选择。本节主要介绍射孔弹、射孔枪及其他配套器材的制造工艺。

一、射孔弹制造

油气井用射孔弹的制造工艺流程如图 5-4-1 所示，主要包括金属粉末混料、药型罩加工、药型罩烧结、射孔弹壳体编码、射孔弹装药、射孔弹压装及检验包装等。本部分重点介绍金属粉末混料、药型罩加工、药型罩烧结、射孔弹压装四项核心工艺技术及其装备。

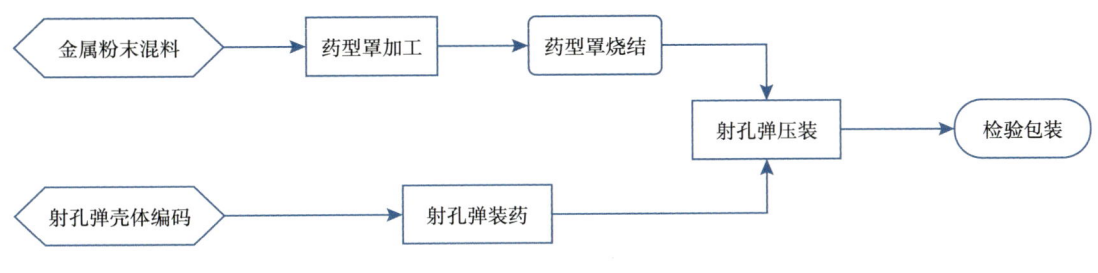

图 5-4-1 射孔弹制造工艺流程图

1. 金属粉末混料

药型罩金属粉末混料是一个实时操作过程，目的是将不同种类的粉末均匀混合在一起。参与混合的粉末在外力（重力或机械力等）作用下发生运动速度和运动方向的改变，随着时间的推移使各组粉末在一定空间内均匀分布。具体混料步骤如图 5-4-2 所示。

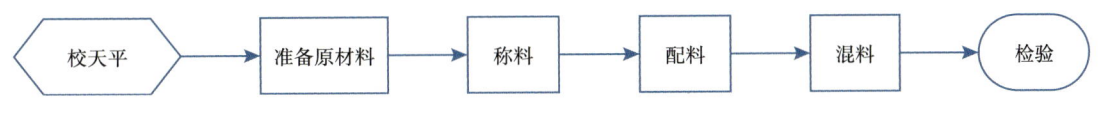

图 5-4-2 药型罩粉末混料步骤

1）粉末混合影响因素

物料粉末所具有的形状、粒度（粒径）及粒度分布、密度、表面性质、休止角、流动性、含水量、黏结性等物理特性都会影响混合过程，其中影响最大的是密度、粒径和流动性。

过去药型罩的原材料选用配比较为单一，近几年，随着粉末药型罩技术的飞速发展，原材料的成分配比越来越向多元化、多体系方向发展。根据需要，在一个粉末药型罩里面常需包含各种不同金属粉末和添加剂，并且对粉末的要求也更为严格。参与混合的各种粉末密度越接近就越容易混合均匀，反之会给粉末混合均匀带来困难。比如轻、重粉的混合就是一个经典的混合难题。

参与混合的各种粉末粒径越接近，流动性越好，越容易混合均匀，如图 5-4-3 所示。粒径太小的超细粉末（1000 目以上）轻盈易漂浮（重力的束缚减弱了），给混合均匀带来困难。原材料的选择一方面根据粉末颗粒和粉末性质进行粒度配级，另一方面根据药型罩的要求进行成分配比。

粉末颗粒本身的特性有理论密度、点阵结构、熔点、塑性、弹性、化学成分、电磁性质等。粉末的性质有平均粒度、颗粒组成、比表面、松装密度、振实密度、流动性、压缩性、成形性、颗粒间的摩擦状态等。其中松装密度和流动性是一个非常重要的工艺性能，对生产工艺的稳定及产品质量优劣都有重要影响。颗粒在规定的自然装填条件下单位体积的质量称为松装密度，其测定如图 5-4-4 所示。这时的体积就是颗粒体积＋颗粒上的开孔和闭孔体积+自然状态下颗粒间空隙体积。成分配比主要根据药型罩的要求并结合粉末特性进行计算确定。

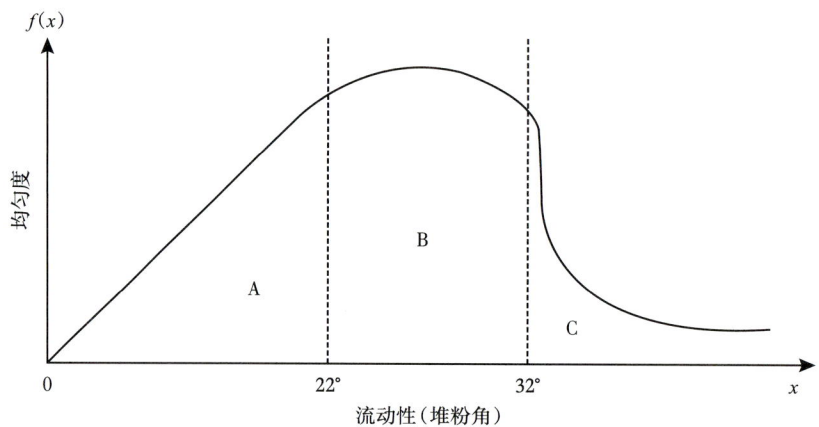

图 5-4-3 粉末流动性与均匀粒径关系

图 5-4-4 松装密度测定流程示意图

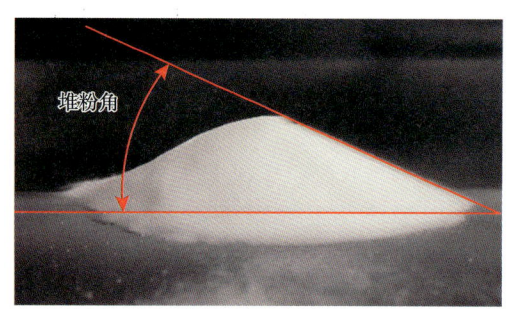

图 5-4-5 堆粉角

粉末流动性是粉末在力的作用下发生移动的能力，表示粉末在相同力的作用下运动的性能。一般情况下流动性越好，粉末混合进程进行得就越快。在实际应用中通常用堆粉角来表示粉末流动性，这是因为这种方法操作方便、直观且易于理解（图 5-4-5）。对于粉末药型罩来说，多采用铜粉作为主体粉末。主要是铜粉较其他粉末具有较大的密度，且具有熔点适中、声速较高等优势，铜粉形成的射流延展性更好，且不易出现断裂等现象。目前，铜粉制作工艺主要有电解法、气雾化法两种方法。球形铜粉价格低、流动性更好，但成形性不佳，易破碎。枝形铜粉成形较好，粉末罩结合强度更高，但是较易出现杵堵现象。为了避免出现单一粉末的问题，在实践应用中，多将多种粉末结合到一起使用。参加混合的粉末中如果有超轻粉（密度小于0.1）就会给混合均匀带来困难。这是因为太轻的粉末容易飘荡起来，混合机构不易控制该粉末。

2）混料工艺与设备

混料涉及整个工业领域，是现代工业不可缺少的生产工艺。随着我国工业的不断发展，混料系统及混料设备的发展越来越迅速。

混料工艺技术经过长期的发展，方式更加科学细化。药型罩粉末混料包括成分和添加剂加入的顺序、预混、筛分、机混等几个工序过程，每一个过程都有严格的质量参数控制。对于混料机的选择，传统方式是采用"V"形和哑铃形进行，图5-4-6为"V"形混料机，但现在已逐步被三维混料机（图5-4-7）所取代。在主轴的驱动下，三维混料机的筒体反复移动，使物料沿筒化体向三个方向移动，从而实现各种物料的相互流动、扩散、堆积和掺杂。一方面混料的均匀性有了进一步的提高，另一方面也缩短了混料时间。

图5-4-6 "V"形混料机实物图　　　　图5-4-7 三维混料机实物图

选择合适的混料设备很重要，市场上的混合设备多种多样，要根据混料任务的难易程度选择有针对性的混料机才能有效完成混合任务。常用混料机及其优缺点见表5-4-1。

表5-4-1 常用混料机及其优缺点对比

类型	优点	缺点
"V"形混料机	混料无死角，宏观上容器中的各个部分粉末均匀一致	微观上粉末颗粒混料均匀度不足，混料效率较低
单锥混料机	混料效率高，微观上粉末颗粒相对均匀	混料有死角，设备能耗高
双运动混料机	混料均匀度高，能做到宏观均匀和微观均匀；混料效率高；物料装载率高；能耗低	设备相对复杂，采购成本相对高一些
三维混料机	混料效果好，适用范围广，操作简便，清洗方便，结构紧凑	混料时间较长，能耗较高，对物料粒度要求较高

3）混料后的检验分析

粉末混合是个跨行业、广谱性的研究课题且粉末品种繁杂，所以无法找到一个通用、方便且十分精确的检验方法，只能根据粉末的具体情况灵活确定检验分析方法。药型罩混合粉末的检验分析常用感官检验法、射孔弹打靶检验法和显微镜观察法。

（1）感观检验法。

这是一种难度较高的检验法，依靠有丰富经验的专业人员进行眼力观察，再通过颗粒手感等进行分析、判断混合均匀度是否达标。该方法缺乏科学性，不能量化结论，但仍是常用的方法。

（2）射孔弹打靶检验法。

该方法是用射孔弹的质量来检验混合均匀度的一种常用的方法，优点是方便、直接。通常，对于药型罩混合粉末，操作者依据正常的制造工艺生产样品进行打靶，通过打靶判定粉末混合是否合格。

（3）显微镜观察法。

从混合工作完成后的容器内选出若干个有代表性的位置（比如上部、下部、左部、右部、中心等），用专用的取粉器取出若干份粉末试样。再用显微镜观察微观粉末颗粒的存在状态，是均匀离散还是抱团、黏结、团聚。该方法的优点是直观，缺点是不易量化结论，而且深色物料不易清晰观察。

2. 药型罩加工

早期的药型罩，如板材冲制药型罩、卷制药型罩、车制药型罩，由于始终未能解决聚能射流拉伸后的颈缩、断裂和穿孔后的杵堵等问题，限制了射孔弹穿透性能的提高。金属粉末药型罩的出现，特别是低温烘干粉末药型罩的出现，使聚能射孔弹的穿透性能有了很大的提高，实现了真正的无杵堵。金属粉末药型罩也为射孔弹自动化生产提供了可能，这是聚能射孔弹制造史上的一大进步。目前，国内外 90% 以上的药型罩都是采用金属粉末材质。

药型罩的生产过程主要包括金属粉称量、加压成型、质量检测等工序，其中粉末加压成形是核心。国内外传统的药型罩制造方法主要有手工压制、振动压制、旋压成形等工艺。

1）手工压制工艺

粉末药型罩手工压制工艺采用手工称料、手工装料、手工组模、手工压制、手工拆模、手工取罩，生产效率比较低，投入人力多，劳动强度大，产品质量不稳定。其优点是模具选配简单，模具选型、更换容易，可以实现产品快速转形，模具成本比较低，使用起来灵活性强，比较适于试验使用的一种生产工艺方式。目前，国内一些厂家还在使用这种制造工艺。

2）振动压制工艺

振动压制工艺是现代工业生产中一种重要和广泛应用的粉末成形工艺，是在粉末成形过程中施加振动，以加速成形过程、使压坯致密的方法。振动源可以是机械的、电磁的、气动的或超声振动的。金属粉末振动成形可使粉末压制力降低，为用小吨位压力机成形大压件开辟了一条新的途径。同时，由于振动成形的单位压制力小，压坯密度均匀，有利于形状复杂、高径比大、薄壁类制品的成形，有利于脆性材料粉末的成形。

振动压制工艺的自动投料装置采用振动下料的方式，确保粉末物料均匀、连续地进入模具。通过控制振动频率、振动次数和振幅来调节质量和粉材分布的均匀性，使其达到设计要求，通过模具的配合，保证壁厚差。振动生产方式极大地降低了劳动强度，提高了生产效率和产品稳定性。

振动压制工艺影响压件的因素较多：振动成形时的压制压力明显低于静压成形时的压制压力，振动成形硬粉末较软粉末更为有利；振动频率越高的，压件密度也越高；在振动压制初始阶段密度显著增大，随着时间的延长，密度逐渐降低最后趋近水平走向；振前加压得到的压坯密度低于边振边压的压坯密度，先振后加压不成形或下部出现层裂。

3）旋压压制工艺

旋压压制工艺是利用离心作用原理将药型罩粉末均匀分布，通过旋转压力成型模具来生产药型罩。目前国内大多数采用此压制工艺，该工艺要求金属材料必须具有塑性变形或流动性能。旋压成形不等同于塑性变形，是集塑性变形和流动变形的复杂过程于一体，不是单一的强力旋压和普通旋压，而是二者的结合。强力旋压是用于各种筒、锥体异形体等旋压成型壳体的加工技术，是一种比较成熟的方法和工艺。旋压成形的工件，可消除纵向焊缝，减少环向焊缝，提高综合质量。旋压塑性变形近似于点变形，可充分细化晶粒组织，提高产品的强塑性。

旋压压制生产效率高，产品一致性好，通过转速、压力、保压时间等参数的选择可以改变药型罩轴向的密度分布，以达到设计要求。

国外的全自动生产线把混料、送料、称装、压制、退模、清除残渣等工序连为一体，生产效率高，产品更稳定。国内多采用单机单模旋压生产，利用自动称粉机称量已经混合好的粉末，智能机械手自动送料取料。旋压压制工艺对模具的加工精度和一致性要求高，设备自身精度也对产品质量有着非常大影响。

3. 药型罩烧结

药型罩材料密度越大，所形成的射流形态具备越高的单位射流能量密度。药型罩经过烧结后，一方面可以使晶粒间空隙减少和消失，提高其致密性，另一方面可以使颗粒间的黏结力增加，提高其强度。目前行业内普遍采用的是低温烧结药型罩工艺，以前的高温烧结工艺已经被取代。但是，药型罩经过烧结后稳定性有所降低。常见的烧结药型罩材料是钨铜合金。钨铜合金药型罩兼具了钨的高密度和铜的良好延展性，穿深比纯铜提高45%，是很有发展前景的药型罩材料。

图5-4-8为烧结工艺流程。烧结时，粉末表面原子都试图成为内部原子，使其本身处于低能位置。粉末粒度越细，其表面能就越大，所储存的能量就越高，烧结也就易于进行。药型罩烧结后，它的强度和致密化程度都有很大的提高，有利于射流形成。药型罩致密性越高，形成的射流聚能效果越佳，越有利于穿深的提高。

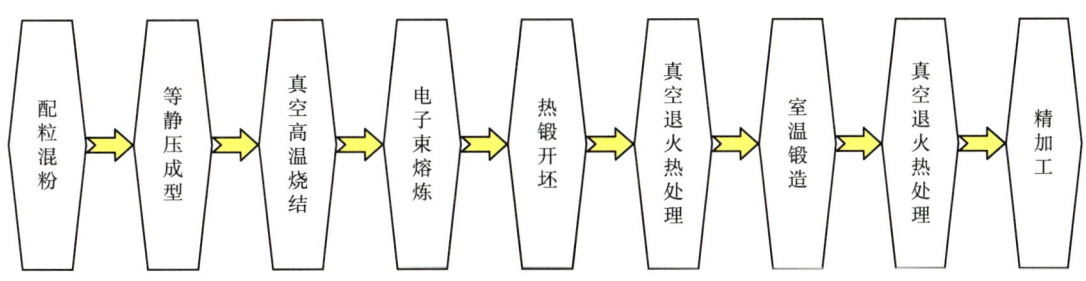

图5-4-8 药型罩烧结工艺流程图

对于烧结温度，应比成分里的最低熔点略低。除了烧结温度外，保温时间对药型罩的致密性和强度也有影响。适当延长保温时间也可提高药型罩的致密性和强度。通过试验发现，烧结罩比不烧结罩的穿深有明显的提高，从而提高射流的侵彻深度。

4. 射孔弹压装

射孔弹压装是指将散药放入模具内，先预压出成形药柱，然后再把药型罩、药柱、壳体三者一起组装成射孔弹的过程。随着射孔弹加工技术的进步，预压—合压的加工工艺被一次合压成型工艺所取代，即把药型罩、炸药、壳体三者一起直接压制成射孔弹。这种方式生产效率比较高，劳动强度小，安全性有保障，但要求药型罩有足够的强度，能承受一定的压力。

射孔弹的质量及可靠性除了与其正确的设计、所用材料质量等因素有关外，还与其生产工艺及生产过程中参数的控制密切相关。药剂是心脏，"压药"是生产最为关键的工艺之一。压药压力、加压速度、保压时间、加压次数等参数都直接影响射孔弹质量。因此严格控制工艺过程及参数是保障产品质量的关键。运用先进的科学技术，改善生产工艺，提高产品质量及可靠性，加强质量管理是当今射孔弹生产事业发展形势所需。

20世纪80年代以前，国内射孔弹压装完全依赖于人工操作。80年代以后，我国射孔弹生产技术在吸收国外先进技术的基础上已有了长足的进步，普遍采用半自动合压工艺。随着中华人民共和国工业和信息化部印发《民用爆炸物品行业"十二五"发展规划》《关于推进民爆行业高质量发展的意见》等文件的陆续发布，国内射孔弹制造企业纷纷通过与科研院所和专业机器人公司合作组织关键装备技术攻关，开展技术改造创新，推进智能制造，提升本质安全水平，实现民爆行业安全、高质量发展。目前采用较多的是全自动合压压制工艺。

全自动合压压制工艺是一条自动化生产线，设有自动称药装置，能够将称量好的炸药注入壳体。装有炸药的壳体、药型罩通过不同的传送带输送到压装设备，机器人将壳体、药型罩等组装好后送入压弹机压制，压制完成的射孔弹被机械手送到盛弹盘中。负责射孔弹压装的人员只需负责简单的摆放工作和产品检验等工作，劳动强度较低，生产效率较高，产品质量一致性比较好。国内四川石油射孔器材有限责任公司和物华能源科技有限公司建设的射孔弹自动化生产线均已量产应用，实现了射孔弹生产线各工序"机器换人""人机隔离"，本质安全水平得到有效提升。

二、射孔枪制造工艺

射孔枪制造工艺的好坏直接影响到射孔器性能的优劣，是顺利完成射孔作业任务的必要条件。

射孔枪用热轧或冷轧工艺制成。射孔枪的枪头、枪尾和接头等部件在没有特殊加工要求时，只需严格按照机械切削加工工艺和技术要求进行加工即可。无枪身射孔器的弹架和有枪身射孔器的枪身及弹架在生产时，则应根据各型弹架和枪身的不同设计要求，严格选择加工工艺，确保产品性能达到所设计的施工要求。

1. 无枪身射孔器弹架加工工艺

1）加工方式的选择

无枪身射孔器弹架的加工方法主要有三种：管材切割法、板材冷挤压法和激光切割法。管材切割法是指利用专用的切割工装，采用激光切割或其他切割方式，将管材精确切割成所需的形状。这种方法具有加工精度高、弹架形状稳定的优点。由于无须经历复杂的模具成形过程，此生产效率也较高。然而，管材切割法需要大量的专用工装和切割设备，制造成本较高。

相比之下，板材冷挤压法则更加经济实用。该方法利用专用模具，将板材冷压成形得到所需形状的弹架。这种方法设备投入相对较低，且批量生产时具有一定优势，但同时也存在一些缺陷，比如弹架易产生弹性后效，使弹架形状变化不规则，变形较大。这种情况下，弹架在射孔后很难顺利地从油管中取出，容易导致卡枪事故的发生。

为了克服板材冷挤压法的缺点，大多数生产厂家更倾向于采用激光切割法来加工弹架。激光切割法通过使用专用的激光切割设备，可以精确地切割出所需形状的弹架。该方法既保证了加工精度，又避免了冷压成型过程中可能出现的变形问题。这种加工方法虽然设备投入较高，但弹架的质量和性能得到有效保证。

2）加工工艺流程

无枪身射孔器弹架的加工步骤如下。

（1）原材料的选择及采购。

（2）对原材料进行热处理或精轧。通过热处理，可以增加弹架的硬度，提供合适的塑性，并清除加工残余应力，从而提高弹架的综合机械性能。精轧工艺则能够改善材料的组织结构，提升其力学性能。

（3）激光切割：保证弹架加工质量的稳定性，切割精度高，且加工效率较高。

（4）钻孔：弹架钻孔是一个难题，为提高工作效率，并确保钻孔质量，一些生产厂家专门设计了专用的弹架钻孔工装。这种工装不仅提高了工作效率，还保证了钻孔质量。

（5）攻扣：为提高工效、保证质量，须采用攻丝机和专用夹具工装进行攻扣。

（6）焊接连接块。

（7）去毛刺。

（8）检验入库。

2. 有枪身射孔器枪身加工工艺

有枪身射孔器枪身的加工工艺主要有两种：手动加工和自动化加工。手动加工工艺是较为传统的工艺流程，依靠人工操作完成各个工序，包括车削、钻孔、铣削等。这种工艺具有灵活性强、个性化程度高的优点，能够满足定制化的生产需求，但同时也存在效率较低、劳动强度大等缺点。

相比之下，自动化加工工艺能够大大提高生产效率。该工艺采用数控机床和机器人等先进设备，实现了生产流程的自动化，具有高精度、高效率、节省人力等优势，适合大批量标准化生产，不过设备投入成本较高，需要较大的资金支持。

1）有枪身射孔器长枪加工工艺

有枪身射孔器长枪的加工工艺步骤如下。

（1）锯切下料：根据所需加工的射孔枪型号选取相应的管材采用带锯床或圆锯机下料，下料需预留加工余量，并在材料上标识。

（2）精车：用车床（或专用数控车床）对枪身两端镗内孔和车螺纹。

（3）钻盲孔：用盲孔专机按图样要求钻盲孔，钻完孔后应剔除盲孔中部突出的毛刺。

（4）铣键槽：用专用铣床按图样要求铣键槽，应保证键槽中心与第一相位上盲孔的中心在同一直线上，铣完键槽后必须剔除边缘的毛刺。

（5）标识：根据生产订单的需求，使用喷码机按照相应的标识规范喷涂标识。

（6）出厂检验：按图样要求检验各部位尺寸。

（7）装配：装配弹架，密封面抹黄油或硅脂，并旋上丝堵。

（8）总检入库：由质量检验部门负责检验。

2）有枪身射孔器长枪自动化加工工艺

有枪身射孔器长枪自动化加工工艺步骤如下。

（1）上料：原材料从室外料场的待料架通过传输架输送到室内翻料架，再由翻料架翻转到锯切工序待料架。

（2）锯切下料：原材料从待料架上翻转到送料架上，由送料机构将原材料送入圆盘锯床。原点感应器感应到原材料后，主夹爪夹紧，锯切料头；锯切完成料头排出后，定尺送料机构开始工作，将材料移动到设定尺寸后开始锯切，锯切完成后半成品由传输架输送到打码工序。若原材料余料不足半成品长度要求，则判定为尾料，由传输线后段尾料处理机构推出到移动式尾料收集料架上。

（3）激光打码：半成品输送进入打码工序区域，挡板挡停后固定机构夹紧半成品，打码机启动，开始打二维码和制造厂标识。打码动作完成后激光打标机移至扫码位置，开始扫码检验二维码清晰度，扫码读取成功后半成品经传输架输送进下一工序；若读取失败则打码机移至另一位置，重新打二维码，打码完成后进行扫码检验。

（4）车螺纹1：半成品输送进入车螺纹1工序区域，经挡板挡停，举升机构开始动作，将半成品举升到自动送料机构的高度。之后堵水机构开始动作，夹紧机构向下动作后平移到半成品位置，夹紧半成品，堵水机构开始前移，将堵头送进半成品管内，推入管口深200mm位置后停止。向下移动20mm后，往回运动退出管口，至此堵水动作完成。半成品由滚轮输送进入自动送料机构，机构开始动作，双向气缸压紧半成品后，送入数控车床。半成品进入数控车床，经数控车床尾座硬挡机构挡停，前后气动卡爪夹紧半成品。自动送料机构气缸松开，尾座硬挡机构收缩回原位，举升机构料尾压紧轮工作，压紧半成品尾部。数控车床开始自动运行程序，先外圆刀平端面，然后车内孔密封面，最后车螺纹，去扣头。数控车床加工完成后，尾压紧轮松开，自动送料机构双向气缸压紧半成品，气动卡爪松开，自动送料机构反转将半成品传送出数控车床，输送到举升机构，挡板挡停后堵水机构取出堵头，传输架将半成品输送到翻料机构，翻转到下一工序的待料架上。

（5）车螺纹2：该道工序前半部分同步骤（4），前后气动卡爪夹紧半成品后，定尺机构开始动作，接触杆往前运动，直到接触到半成品尾部停止，生成半成品长度测量数据并传输至中控系统，定尺机构后退至原位。中控系统自动运算半成品长度比设定数值多出来的差值，再发送至数控车床2号，数控程序根据差值调整切断刀加工路径。自动送料机构气缸松开，尾座硬挡机构收缩回原位，举升机构料尾压紧轮工作，压紧半成品尾部。数控车床开始自动运行程序，先切断刀切除半成品长度差值，然后车内孔密封面，最后车螺纹，去扣头。数控车床加工完成后，尾压紧轮松开，自动送料机构双向气缸压紧半成品，气动卡爪松开，自动送料机构反转将半成品传送出数控车床，输送到举升机构，挡板挡停后堵水机构取出堵头，传输架将半成品输送到下一工序。

（6）螺纹检测：半成品输送进入螺纹检测区域，半成品螺纹一端接触挡板挡停，举升机构启动，将半成品举升到螺纹检测设备探针检测区域。举升机构到位后，螺纹检测设备开始工作，探针沿半成品轴心线进入管内。首先检测接触半成品密封面内不同平面上的6个点，确定基准，然后检测密封面直径，选取3个点测出相对坐标数值，计算出密封面直径输出数据；最后探针进入螺纹区域，选取12个点测出相对坐标数值，计算机将测量数据与设定数值比较，输出对比结果，探针退回到安全位置，举升机构下降，半成品降到传输架，检测动作完成。半成品螺纹一端检测完成后，由传输架往回输送，另一端接触挡停板。挡停后举升机构启动，将半成品举升到螺纹检测设备探针检测区域。举升机构到位后，螺纹检测设备开始工作，探针沿半成品轴心线进入管内。首先检测接触半成品密封面内不同平面上的6个点，确定基准，然后检测密封面直径，选取3个点测出相对坐标数值，计算出密封面直径输出数据。最后探针进入螺纹区域，选取12个点测出相对坐标数值，将测量数据与设定数值比较，输出对比结果，探针退回到安全位置，举升机构下降，半成品降到传输架，检测动作完成。传输架将半成品传输到下一工序。

（7）钻盲孔键槽：半成品输送到盲孔加工工序区域进入翻料架，挡板上升，挡停后翻料架开始动作，将半成品翻转到待料架上。待料架感应器感应到半成品后，上料机构开始动作，翻料板将半成品翻到送料架上，举升机构上升到送料高度，滚轮开始转动，将半成品送入盲孔机。拖拽气动卡爪夹紧半成品往前拖拽，停止后固定气动卡爪夹紧固定半成品，伺服电机开始推进两动力头到钻孔预备位置，动力头起转进给，探测器探测到半成品，U钻开始进给钻孔，加工到设定深度后退出，回到安全位置。固定卡爪松开，拖拽卡盘继续拖拽并旋转半成品到指定位置，固定卡爪夹紧固定半成品伺服电机开始推进两动力头到钻孔预备位置，继续之前的动作。当拖拽卡盘运动到铣槽位置后动作暂停，铣槽启动，铣槽机构从半成品轴心位置伸入管内铣螺纹一端键槽，完成后铣槽机构退回安全位置，钻孔动作继续。钻孔动作整体完成后，拖拽卡盘将半成品旋转拖拽至设定位置，铣槽动作启动，铣槽机构从半成品轴心位置伸入管内铣螺纹另一端键槽，完成后铣槽机构退回安全位置，出料机构将成品输送出盲孔机，经翻料架翻转到下料待料架上。该工序有两台设备（相同设备），上工序输送半成品按AB逻辑依次输送到两台设备区域，A件输送进数控盲孔机1号，B件输送进数控盲孔机2号。

（8）人工抽检：成品在下线输送动作中，流经人工抽检工序。操作人员根据实际情况进行产品抽检，抽检频次参考质量控制文件。操作人员在抽检工序控制台按下抽检按键，抽检机构对下一件成品开始抽检动作。举升机构上升，将成品举起，操作人员进行检测，记录数值从控制台输入系统。抽检完成后，按下结束按键，举升机构在当前工件输送完成后下降，抽检成品降到传输架上，输送下线。

（9）下线至入库：成品在下料待料架上，由翻料架翻转到传输线上，经传输架运输到下料口，由翻料架翻转到下线待料架上。产线操作人员操作叉车，将成品流转报检入库。

3）有枪身射孔器短枪自动化加工工艺

有枪身射孔器短枪自动化加工工艺步骤如下。

（1）锯切下料：短枪原材料由长枪自动化生产线数控圆盘锯床锯切下料，人员辅助搬运。原材料从室外料场的待料架通过传输架输送到室内翻料架，再由翻料架翻转到锯切工序待料架。原材料从待料架上翻转到送料架上，由送料机构将原材料送入圆盘锯床。原点感应器感应到原材料后，主夹爪夹紧，锯切料头；锯切完成料头排出后，定尺送料机构开始工作，将材料移动到设定尺寸后开始锯切。锯切完成后，由链板带动往后传输，经尾料挡板挡停，推料气缸将半成品推到移动料架上。

（2）上料：桁架机械手抓取料框里的管材，放置到"V"形架上。对中机构启动，气缸带动两端挡板往中间运动，将管材推至中心位置。桁架机械手抓取对中完成的管材至下一工序。

（3）激光打码：桁架机械手将管材放置到打码工序"V"形架上，激光打标机移动至打标位置，开始打二维码和出厂标识，打码动作完成后激光打标机移动至扫码位置，开始扫码检验二维码清晰度，扫码读取成功后半成品由桁架机械手抓取放置下一工序；若读取失败则打码机移动至另一位置，重新打二维码，打码完成后重新扫码检验。

（4）车螺纹：桁架机械手抓取半成品，移动到双头数控车床内部卡盘轴心位置后，向左轴向平移将半成品放入固定卡盘中，移动卡盘移动将半成品套入内轴后，两卡爪夹紧，桁架机械手松开退至安全位置。双头数控车床加工程序启动，同时加工管材两端端面及管内部密封面，粗车分两刀加工，半精加工一刀，精加工一刀。密封面加工完成后，先加工首端内螺纹去扣头，再加工尾端内螺纹去扣头。加工完成后，刀架更换吹气刀位，移动至半成品轴心位置使动高压水流冲洗半成品内部。双头数控车床加工程序完成后，机床顶部移动护板移开，桁架机械手移动至夹取位置，夹紧半成品，两卡盘松开，移动卡盘至安全位置。桁架机械手右移，半成品离开卡盘夹持范围后，上升至吹气位置，吹气装置启动吹净管内壁，先吹首端再吹尾端。桁架机械手上升至桁架移动位置，将半成品运输至下一工序。

（5）螺纹检测：桁架机械手将半成品放在"V"形工装上，退回安全位置后，两端螺纹检测设备同时开始工作，探针沿半成品轴心线进入管内。首先检测接触半成品密封面内不同平面上的6个点，确定基准。然后检测密封面直径，选取3个点测出相对坐标数值，计算出密封面直径输出数据。最后探针进入螺纹区域，选取12个点测出相对坐标数值，计算机将测量数据与设定数值比较，输出对比结果，探针退回到安全位置，检测动作完成，桁架机械手抓取半成品进入下一工序。

（6）钻盲孔铣槽：桁架机械手抓取半成品，移动到盲孔专机内部卡盘轴心位置后，向左轴向平移将半成品放入固定卡盘中，移动卡盘移动将半成品套入内轴后，两卡爪夹紧，桁架机械手松开退至安全位置。首端铣槽机构启动，铣首端内键槽。铣槽完成后，黄铜毛刷启动，打磨键槽毛刺。整体动作完成后，刀塔移动到打盲孔起始位置，接触探杆移动至盲孔首孔位置，直线进给接触到半成品表面，确认盲孔位置后退回，刀塔主动力头移动探测位置，起转直线进给，U钻钻进给到设定深度后退回停转。卡盘旋转设定角度，探杆移动到指定位置探测下一钻孔位置，重复之前的加工动作。盲孔加工动作完成后，铣后端内键槽。整体加工程序完成后，机床顶部移动护板移开，桁架机械手移动至夹取位置，夹紧成品，两卡盘松开，移动卡盘至安全位置。桁架机械手右移，成品离开卡盘夹持范围后，上升至吹气位置，吹气装置启动吹净管内壁，先吹首端再吹尾端。

桁架机械手上升至桁架移动位置，将成品运输至下一工序。

（7）人工抽检：桁架机械手将成品放在"V"形工装上，抽检平台气缸动作，将成品推至人工检测位置。操作人员按照作业指导书要求进行产品尺寸全检，并记录检测结果数值。检测完成后，操作人员按下确认按键，气缸将成品退回机械手动作位置，桁架机械手将成品抓至料箱相对位置。

（8）产品下线及入库：桁架机械手将检验合格的成品依次放置在成品料箱内，检验未通过的次品放置废品料箱内等待二次判定处理。放满成品的料箱将由AGV运输设备运至成品缓存区域。

3．射孔枪加工专用设备

1）激光切割机（以SLCF-X15X32型为例）

（1）用途：激光切割机在射孔枪的加工过程中主要用于切割无枪身射孔器弹架和有枪身射孔器弹架的装弹孔及锁弹槽。

（2）组成：激光切割机由床身、飞行横梁、活动工作台、Z轴装置、气路及油路、电控等六大部分组成。该机床能够在管材上切割各种圆孔、椭圆孔、支管孔等，能在AUTOCAD软件下绘制图形，能够在板材上切割各种较为复杂的平面图案及文字、字母等图形，各种机械零件，以及普通设备无法加工的异形零件；

（3）特点。

①结构好：整体焊接床身，具有较好的刚度、稳定性和抗震性。

②精度高：通过精密滚珠丝杠、直线导轨传动运行。

③速度快：最大运行速度达24m/min。

④配置好：AC伺服电机惯性小，动态性能好；光路稳定；配有专用CAD/CAM自动编程、排料软件。

⑤辅助功能多：配有排尘拖链，废渣料可自动排除；配有排烟尘装置；配有上、下料滚珠台，减轻劳动强度；配有自动聚焦系统，反应灵敏准确。

⑥操作性佳：配有可回转CRT操作台，操作方便；配有切割和焊接管材的高精度旋转轴，可实现机床的板、管两用切割。

（4）主要技术参数见表5-4-2。

表5-4-2 SLCF-X15X32型激光切割机主要技术参数

参数名称	参数指标	参数名称	参数指标
最大切割板材尺寸	3200mm×1500mm	旋转轴回转精度	20″
最大切割管材尺寸	ϕ130mm	旋转轴回转重复精度	2″
X轴行程	3200mm	最大定位速度	48m/min
Y轴行程	1500mm	数控系统	FAGOR8055
Z轴行程	180mm	激光器功率	2000W
X、Y轴定位精度	0.03mm/1000mm	工作台最大载重	600kg
X、Y轴重复定位精度	0.01mm	机床总重	9000kg

2）数控盲孔专用机床（以 ZKHYHT-8000 为例）

（1）用途：数控盲孔专用机床主要用于加工枪身外壁的盲孔。

（2）组成：数控盲孔专用机床主要由床身、镗铣动力头、液压系统、导轨滑台、气路及油路、电控等七大部分组成。

（3）特点：结构可靠，操作方便，控制系统功能全面。

（4）主要技术参数见表 5-4-3。

表 5-4-3　ZKHYHT-8000 型数控盲孔专用机床主要技术参数

参数名称	参数指标	参数名称	参数指标
加工直径	ϕ50~200mm	钻削动力头主轴转速	200~1400r/min 无极调速
最大加工长度	8000mm	钻削动力头主电机功率	4kW
Z 轴最大行程	8000mm	钻削动力头主轴数	2
Z 轴最高线速	6m/min	钻削动力头刀柄直径	ϕ32mm
Z 轴定位精度	±0.1mm/1000mm	钻孔直径范围	ϕ25~35mm
Z 轴电机扭矩	10N·m	主轴头到 A 轴距离	40~290mm
X 轴最大行程	250mm	主轴中心距范围	0~250mm
X 轴最高线速	8m/min	冷却泵流量	400L/min
X 轴定位精度	±0.02mm	数控系统	KND-K1000M4i
X 轴电机扭矩	18N·m	所需电源	22kVA
A 轴重复定位精度	30″	所需气源	不小于 0.6MPa
A 轴定位精度	30″	电压	380V（85%~110% 变化波动范围内）
最高转速	10r/min	机床中心高	1120mm
A 轴最大承重	300kg	机床外形尺寸（长×宽×高）	11000mm×3100mm×2400mm
A 轴电机扭矩	10N·m	机床质量	8000kg

3）数控管螺纹车床（以 S1-400A 型为例）

（1）用途：数控管螺纹车床主要用于加工枪身内密封面和内螺纹。

（2）特点：结构可靠，操作方便，控制系统功能全面，主要技术参数见表 5-4-4。

表 5-4-4　S1-400A 型数控管螺纹车床主要技术参数

参数名称	参数指标	参数名称	参数指标
最大工件直径	180mm	主电机转速	970/1460r/min
最大工件长度	14000mm	冷却电泵型号	YSB-Ⅱ-50

续表

参数名称	参数指标	参数名称	参数指标
主轴转速级数	8级/90~605r/min	冷却电泵功率	90W
主轴孔径	205mm	液压电机型号	Y802-4-B3
刀架工位	4	液压电机转速	1360r/min
X轴快移速度	4m/min	液压电机功率	0.75kW
Z轴快移速度	8m/min	电源电压	380V
X轴进给最小设定单位	0.0005mm	电源频率	50Hz
Z轴进给最小设定单转速位	0.001mm	机床耗电	40kVA
主电机型号	YD160L-6/4	控制系统	FUNACOi-Mate
主电机功率	9/11kW	机床质量	4500kg

三、其他爆炸物品制造

除了射孔弹、射孔枪制造技术以外，其他爆炸物品主要指油气井用传爆管、油气井用大电阻点火器、油气井用导爆索、油气井用电雷管、油气井用起爆器、油气井用桥塞慢燃火药等。

1. 油气井用传爆管制造工艺

油气井用传爆管制造工艺步骤主要包括原材料准备、零件清洗及刻字、药剂压制、成品检验包装、性能测试等。

（1）原材料准备：包括炸药及相关辅料的准确计量和处理。①炸药称量：根据生产所需药剂的质量，精确称取药剂；②辅料称量：根据需要精确称取各辅料的质量。

（2）零件清洗及刻字：使用表面活性剂将零件表面的油污、杂质清洗干净并烘干，然后在外壳体上根据产品要求进行激光刻字。

（3）药剂压制：将称量好的炸药使用压力机压入壳体中，完成传爆管的压制。

（4）成品检验包装：成品经外观及尺寸的最终确认，经检验合格后进行产品装箱包装。

（5）性能测试：整个批次产品生产完成后，按照技术标准要求，对传爆管进行抽检，主要检验外观、尺寸、抗震动性、耐低温性、耐潮性、耐高温性等关键技术指标，经抽检合格后方能交付用户使用。

2. 油气井用大电阻桥塞点火器制造工艺

油气井用大电阻桥塞点火器制造工艺步骤主要包括原材料准备、零件清洗及刻字、内部零件焊接、药剂压制、产品总装、成品检验包装、性能测试等。

（1）原材料准备：主要包括烟火药及相关辅料的准确计量和处理。①烟火药称量：根据生产大电阻桥塞点火器的数量，准确计算所需烟火药的质量，精确称取药剂；②辅料称量：根据需要精确称取各辅料的质量。

（2）零件清洗及刻字：使用表面活性剂将零件表面的油污、杂质清洗干净并烘干，然后在外壳体上根据产品要求进行激光刻字。

（3）内部零件焊接：使用高温焊锡将电极组件焊接在壳体中间。

（4）药剂压制：将称量好的烟火药等药剂使用压力机压入壳体中，完成烟火药的压制。

（5）产品总装：完成壳体内部线路焊接及药剂压制后，将盖帽和绝缘套安装在序号1壳体的左端，并涂适量胶固定，完成产品总装。

（6）成品检验包装：成品经外观及尺寸的最终确认，经检验合格后进行产品装箱包装。

（7）性能测试：整个批次产品生产完成后，按照技术标准要求，对起爆器进行抽检，主要检验外观、尺寸、抗震动性、耐低温性、耐潮性、耐温性、发火性能试验等关键技术指标，经抽检合格后方能交付用户使用。

3. 油气井用导爆索制造工艺

油气井用导爆索制造工艺步骤主要包括原材料准备、药浆混制、半成品编织及干燥、挤塑及喷码、成品检验包装、性能测试。

（1）原材料准备：主要包括炸药、编织材料、挤塑材料及相关辅料的准确计量和处理。①炸药称量：根据生产所需炸药的质量，精确称取炸药；②辅料称量：根据混制炸药药浆的比例，精确称取各辅料的质量；③编织材料准备：将大盘卷的尼龙丝采用分线机器分成编织机需要的小盘卷，便于安装在编织机上；④挤塑材料准备：将挤塑材料提前称量，倒入烘干供料机中烘干备用。

（2）药浆混制：主要目的是将炸药与水及添加剂混合成一定黏度的药浆，便于后续进行半成品的编织。主要使用的设备是药浆混制机器，先将水倒入混制器中，然后依次倒入炸药及添加剂，按照特定程序混合均匀。

（3）半成品编织及干燥：半成品编织是在高速编织机上进行的，将混制好的药浆在编织的同时约束在编织好的索中，然后送入干燥箱中干燥。

（4）挤塑及喷码：挤塑工序是采用挤塑机在半成品的外表面挤塑一层包覆塑料，烘干备用的塑料颗粒自动加入螺杆料筒，在螺杆旋转挤压及高温的共同作用下，形成熔融液态的塑料，均匀包覆在编织层表面。挤塑完成后的成品随即在水中冷却成型。最后在塑料皮外喷涂产品标志及相关生产信息。

（5）产品检验包装：除了在生产过程中监控质量指标外，产品需要经过外观及尺寸的最终确认，经检验合格后进行盘卷包装。

（6）性能测试：整个批次的产品生产完成后，按照技术标准要求，对每盘卷的导爆索进行抽检，主要检验外观、尺寸、线密度、爆速、耐温性能等关键技术指标，经抽检合格后方能交付用户使用。

4. 油气井用电雷管制造工艺

油气井用电雷管制造工艺步骤主要包括原材料准备、零件清洗及刻字、药剂压制、产品总装、成品检验包装、性能测试等。

（1）原材料准备：主要包括点火药、起爆药、炸药及相关辅料的准确计量和处理。①点火药、起爆药、炸药称量：根据生产所需药剂的质量，精确称取药剂；②辅料称量：根据需要精确称取各辅料的质量。

（2）零件清洗及刻字：使用表面活性剂将零件表面的油污、杂质清洗干净并烘干，然后在外壳体上根据产品要求进行激光刻字。

（3）药剂压制：将称量好的点火药、起爆药、炸药等药剂使用压力机压入壳体中，完成电发火件及基础雷管的压制。

（4）产品总装：将电发火件、基础雷管依次装入电雷管外壳中，完成产品总装。

（5）成品检验包装：成品经外观及尺寸的最终确认，经检验合格后进行产品装箱包装。

（6）性能测试：整个批次的产品生产完成后，按照技术标准要求，对电雷管进行抽检，主要检验外观、尺寸、电阻、抗震动性、安全电流、耐低温性、耐潮性、耐高温性、耐静电性能等关键技术指标，经抽检合格后方能交付用户使用。

5. 油气井用起爆器制造工艺

油气井用起爆器制造工艺步骤主要包括原材料准备、零件清洗及刻字、药剂压制、产品总装、成品检验包装、性能测试。

（1）原材料准备：主要包括炸药、击发药及相关辅料的准确计量和处理。①炸药、击发药称量：根据生产所需药剂的质量，精确称取药剂；②辅料称量：根据需要精确称取各辅料的质量。

（2）零件清洗及刻字：使用表面活性剂将零件表面的油污、杂质清洗干净并烘干，然后在外壳体上根据产品要求进行激光刻字。

（3）药剂压制：将称量好的击发药、炸药等药剂使用压力机压入壳体中，完成击发药及基础雷管的压制。

（4）产品总装：将火台、基础雷管依次装入起爆器外壳中，完成产品总装。

（5）成品检验包装：成品的外观及尺寸经最终确认，检验合格后进行产品装箱包装。

（6）性能测试：整个批次的产品生产完成后，按照技术标准要求，对起爆器进行抽检，主要检验外观、尺寸、抗震动性、耐低温性、耐潮性、耐高温性等关键技术指标，经抽检合格后方能交付用户使用。

6. 油气井用桥塞慢燃火药制造工艺

油气井用桥塞慢燃火药制造工艺步骤主要包括原材料准备、主火药药浆混制、主火药浇注、主火药固化、粘贴爆炸品标签、真空包装、成品检验、性能测试。

（1）原材料准备：主要包括火药原材料及相关辅料的准确计量和处理。①火药原材料称量：根据生产所需火药的质量，按照配方中各组分的比例精确计算各组分的质量并称量；②辅料称量：根据混制药浆的质量，精确称取各辅料的质量。

（2）主火药药浆混制：主要目的是将氧化剂、还原剂及黏合剂混合成一定黏度且具有流动性的药浆，便于后续进行火药的浇注。主要使用的设备是药浆自动混制机器，流程是将称量好的原材料倒入混药器中，倒入的顺序为氧化剂、黏合剂和还原剂，按照特定程序搅拌混合均匀。

（3）火药浇注及固化：桥塞慢燃火药是在自动浇注机器上进行，首先对自动浇注机器设置好相关参数，将混制好的药浆定量浇注于桥塞慢燃火药壳体中，随后取出并称量，如果质量不满足要求则需要手动补药，最后送入干燥房间进行固化。

（4）粘贴标签及真空包装：除了在生产过程中监控质量指标外，最终的产品需要经过外观及尺寸的最终确认，经检验合格后进行产品的包装。首先将爆炸品标签粘贴于桥塞慢燃火药壳体上，然后将桥塞慢燃火药放于锡箔纸包装袋内，并对锡箔纸包装袋进行抽真空处理，最后放于纸筒内，完成包装。

（5）成品检验及性能测试：整个批次产品生产完成后，按照技术标准要求，对每批的桥塞慢燃火药进行抽检，主要检验外观和关键技术指标（发火试验中丢手时间、丢手压强及峰值压强等），经抽检合格后方能交付用户使用。

第六章　射孔器材检验技术

射孔器材检验技术是指以科学的方法、基于可靠的标准和程序，通过对射孔器材样品、产品或数据进行测量、观察和分析，确定其是否符合规定的一种技术手段。射孔器材检验技术能够客观地提供数据和结果，为决策和判断提供科学依据，主要包括聚能射孔器检测技术，起爆类、传爆类器材检测技术，增效类器材检测技术等。

起爆类、传爆类器材检验主要包括油气井用电雷管检验、油气井射孔起爆装置检验、油气井用导爆索检验、油气井用传爆管检验四大类产品的检验方法；增效类器材检验主要包括油气井复合射孔器的地面混凝土靶射孔检验、复合射孔器压力—时间测试检验、火药耐温性能检验三种方法。

第一节　聚能射孔器检验技术

国内外聚能射孔器常用的检验技术主要包括油气井射孔器混凝土靶射孔检验、油气井射孔器应力条件下砂岩靶射孔检验、油气井射孔器模拟井底条件下射孔流动性能检验、油气井射孔器高温常压钢靶射孔检验、油气井射孔器模拟井射孔检验、油气井射孔枪耐温耐压检验、油气井射孔弹高温高压射孔检验、射孔碎屑检测方法、温度与三向应力条件下砂岩靶射孔检验、高温高压多场耦合三轴应力射孔大物理模型试验等，用于检验及评价射孔器穿孔性能和对油气层的损害情况。

一、油气井射孔器混凝土靶射孔检验

1. 方法原理

在常温常压条件下，用混凝土靶模拟井下套管和地层、用清水模拟射孔液及模拟射孔器在井下的位置进行试验来检验、评价射孔器的性能。

油气井射孔器混凝土靶射孔检验方法是目前国内外公认的评价聚能射孔器穿孔深度的方法，国内执行的是 SY/T 6163—2018《油气井用聚能射孔器材通用技术条件及性能试验方法》标准。

2. 试验准备

1）混凝土靶制作

试验准备主要是制作混凝土靶（图 6-1-1）。

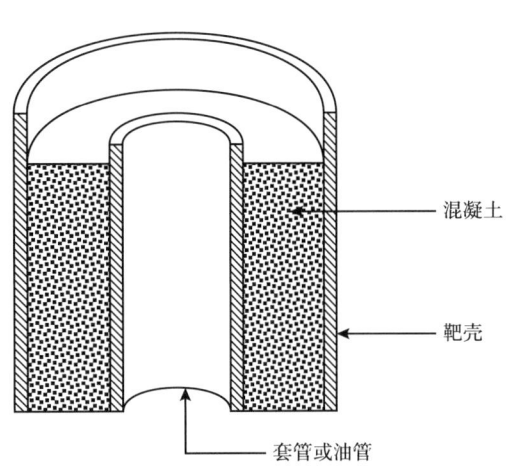

图 6-1-1　混凝土靶结构示意图

混凝土靶由三部分组成，即混凝土、靶壳和套（油）管。浇注成型的混凝土靶靶壳高度应高于混凝土靶上表面76mm以上，用以蓄水来养护混凝土靶。套（油）管的规格符合SY/T 6163—2018。

套（油）管在靶中的位置由试验所使用的射孔器相位来确定。对于零相位射孔器所用的靶，套（油）管周围混凝土厚度应不小于76mm。

混凝土靶和样块的混凝土应采用下列质量组分的水泥—砂浆混合而成。

（1）1份API A级水泥，应符合GB/T 10238—2015《油井水泥》要求，质量偏差为±1%。

（2）2份干压裂砂，质量偏差为±1%，砂子应满足粒径为1.25~0.63mm（16目~30目）的要求，其粒径及储存要求如下：

①砂子粒径为1.25~0.63mm（16~30目）；标准筛组合为1.6mm（12目）、1.25mm（16目）、0.9mm（20目）、0.7mm（26目）、0.63mm（30目）、0.45mm（40目）、底盘；筛析结果满足落在粒径范围内的质量，不应低于砂子总质量的90%，大于顶筛（1.6 mm）的砂子的质量不应超过总质量的0.1%，小于底筛（0.45 mm）砂子的质量不应超过总质量的1%。

②在使用之前，砂子应储藏在干燥的地方。

（3）0.52份清水，质量偏差为±1%。

制靶前要进行含水率测试，如超过0.5%，制靶时应考虑消除其影响。

将搅拌均匀的混凝土浇筑到靶壳中，振动均匀，浇注至不低于1.4m的高度时将上表面抹平、编号。混凝土靶浇注成型后应在0℃以上，最少经28天养护而成。在整个养护期间内，混凝土的顶面应覆盖不小于76mm深的清水。

在制靶的同时制作样块，在靶高的1/3、2/3处取样放在模具中制作。模具内表面是平面且应满足允许的公差（表6-1-1），且其底板厚度不应小于6.4mm。

表6-1-1　模具允许公差

序号	参数	新模具允许公差	使用中的模具允许公差
1	侧面平面度	小于0.025mm	小于0.05mm
2	相对侧面的距离	50mm±0.13mm	50mm±0.13mm
3	每个间隔小室的高度	$50^{+0.25}_{-0.13}$ mm	$50^{+0.25}_{-0.38}$ mm
4	相邻面的夹角	90°±0.5°	90°±0.5°

装有样块的模具放在室内，在2h内将样块模具放入混凝土靶顶部的水中。在20~23h后将模具从水中取出，然后取出试块放入装有清水的塑料容器中，再将该容器放入对应靶顶部的水中，直到整个养护过程结束。

2）抗压强度测试

应在试验前24h或试验后24h之内测试混凝土样块强度，其平均抗压强度应不低于34.5MPa（5000psi），一般选试验前24h测试。

用游标卡尺测量样块的边长，用压力试验机测试样块的破坏压力。为了保证测量结果的有效性，压力加载速度为1.5kN/s，按下面公式计算试块的抗压强度值：

$$p = f/(L_1 L_2) \times 1000 \tag{6-1-1}$$

式中：p 为试块抗压强度，MPa；f 为破坏压力，kN；L_1、L_2 分别为试块承压面边长，mm。

计算 6 个试块的平均值为该混凝土靶的抗压强度，当每 2 个试块的最大值或最小值与平均值的差超过 8.7% 时，剔除误差大的数据，直到合格为止，但计算平均值的试块数据不少于 3 个。

3. 试验程序

1）靶体选择

以厂家提供的射孔器穿孔深度数据为参考选择试验用混凝土靶，必须保证混凝土靶各孔道末端的未穿透部分的厚度平均值不小于 76mm，且抗压强度不低于 34.5MPa。

2）射孔器装配

对于多相位射孔器的试验，应选择连续装弹最少 12 发或有效射孔长度不小于 1m 的射孔器中装弹多的一种进行试验。

没有定位装置的单相位射孔器应在两个位置上进行试验。在一个位置上，所有的射孔弹应在最大间隙处引爆；在另一个位置上，所有射孔弹应在最小间隙处引爆。每个位置上至少应引爆 8 发，带有定位装置的射孔器应按设定的位置引爆至少 12 发。

3）安放射孔器

射孔器可居中地放置在套管中，也可根据现场使用情况放置在套管中。在环形空间注入清水，液面应低于枪头但必须高于射孔弹。

4）引爆、剖靶

由安放射孔器的操作人员引爆。沿孔眼排列方向纵向剖开混凝土靶，沿轴向无孔眼处剖开套管。

5）数据采集和处理

根据套管、混凝土靶确定测量的第一发弹的位置，以此作为起点由上往下依次测量。

（1）穿孔深度：套管或油管内壁到射孔孔道末端的距离，用钢板直尺测量。

（2）套管或油管的孔眼直径：将卡尺量爪从套管外侧伸入孔眼内，按垂直方向分别测量长轴和短轴的值，其平均值记作孔眼直径。

（3）内毛刺高度：将套管剖开后，测量套管内壁射孔孔眼凸起的最大值。如果射孔器的碎屑进入套管或油管中的射孔孔眼，且不能用手指排除，那么，这种障碍物的总高度应作为内毛刺高度记录下来，并加以解释。

（4）测量结果的表述如下。

①测量精度：穿孔深度的测量精度为 1 mm；内毛刺高度和穿孔孔径精度为 0.1 mm。

②测试结果的有效性：记录完全穿透靶、距靶的顶面 300mm 以内或距靶的底面 150mm 以内的穿孔深度，但不列入平均穿孔深度计算。混凝土靶各孔道末端的未穿透部分的厚度平均值小于 76mm 时，试验无效。

二、油气井射孔器应力条件下砂岩靶射孔检验

1. 方法原理

采用天然均质砂岩制成试验岩心（如贝雷砂岩），经干燥、抽真空、饱和后，将岩心固定在橡胶套内制成砂岩靶，在常温、规定的压力和介质的井筒中射孔，以模拟油层

所承受的上覆岩层压力来检验射孔器的穿孔性能。

2. 试验准备

1）砂岩靶的制备

（1）尺寸选择。

岩心外径应为102mm至178mm之间，公差为±2.5mm，对于深穿透、大孔径射孔弹应选择更大直径的岩心，依据预期穿孔深度确定岩心的长度。岩心的两端应平整且相互平行。

（2）烘干。

按尺寸切割的岩心应在93.3~98.9℃的通风恒温箱内烘干至少24h或达到恒定质量（24h内质量变化不超过0.01%）。一旦靶材干燥，应将其保持在烘箱中，直到准备抽真空，质量变化百分比（MPC）按下式计算：

$$\mathrm{MPC} = \frac{M_{n-1} - M_n}{M_{n-1}} \times 100\% \qquad (6\text{-}1\text{-}2)$$

式中：M_n为最近测量的岩心质量，g；M_{n-1}为前期测量的岩心质量，g。

（3）抽空、饱和。

岩心烘干后，在不低于98.2kPa的真空状态下至少持续抽空3h。在靶仍处于完全真空的情况下，缓慢地使饱和流体进入腔室底部，饱和液应为无味矿物油（OMS），使靶饱和。在任何情况下，液位不得超过靶外表面上可见的饱和线。当饱和线与岩石的顶部表面相交时，靶完全饱和，并且可以在视觉上识别为完全饱和。完全饱和后，真空应保持至少2h，之后压力应缓慢增加至大气压，直到试验前，才从饱和溶液中取出。

（4）孔隙度测定。

取出饱和后的岩心，应轻轻地擦去表面游离的无味矿物油饱和液并立即称其质量，孔隙度按下列公式计算：

$$\phi = (V_\mathrm{P} / V_\mathrm{b}) \times 100\% \qquad (6\text{-}1\text{-}3)$$

其中：

$$V_\mathrm{P} = (M_1 - M_2)/\rho \times 10^3 \qquad (6\text{-}1\text{-}4)$$

$$V_\mathrm{b} = \pi (D/2)^2 / L \qquad (6\text{-}1\text{-}5)$$

式中：ϕ为孔隙度，%；V_P为岩心孔隙体积，mm^3；V_b为岩心体积，mm^3；M_1为饱和后的岩心质量，g；M_2为饱和前的岩心质量，g；ρ为饱和液密度，g/cm^3；D为岩心直径，mm；L为岩心长度，mm。

岩心孔隙度在18.5%~21.5%之间时为合格品。

（5）单轴抗压强度（UCS）测定。

UCS测定包括岩心柱测定式和划痕指数测试。

①岩心柱测试。

应沿着射孔方向从靶的两端各切割三个岩心柱，所有三个岩心柱应来自同一层面区域。岩石试样应为最小直径24.1mm的直立圆柱体，长径比为2：1，最大为2.5：1，不可用立方体样品做此测试。岩心柱的两端应磨平或加工平整，并相互平行。所有岩心柱和靶的制备应相同，应特别注意确保在UCS测试期间岩心柱或靶不会变干。测量所有六个岩心柱的UCS，只有当观察到的主要破坏面是剪切时，岩心柱测量才应被视为有效（与加载方向成对角线）。有关剪切破坏的示例，如图6-1-2所示，证明有效UCS试验所需的剪切破坏角。

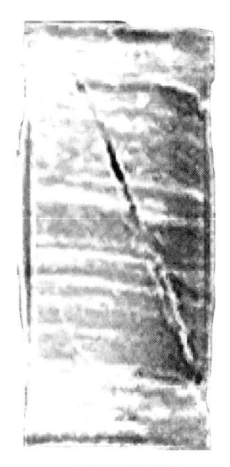 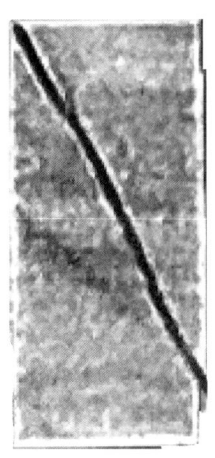

a. 剪切破坏前　　　　　b. 剪切破坏后

图6-1-2　剪切破坏前后对比

取UCS试验中所有有效端岩心柱测量值的平均值。对于考虑进行射孔测试的靶，至少进行四次有效的岩心柱测量。应以0.20~1.0MPa/s之间的速率连续施加载荷，且无冲击。在试验过程中，应力施加速率的变化不得超过10%，应在2~15min完成样品压缩破坏。样品在剪切模式下被破坏，则试验结果有效；沿层面或平行于层面方向被破坏，则试验结果无效。

单轴抗压强度应不小于39.3MPa。

②划痕指数测试。

划痕指数测试使用专用设备沿轴向在靶的外侧面（OD）获得强度指数分布。测量已知宽度的多晶金刚石刀具（PDC）上的剪切力和法向力。该刀具以恒定速度切割恒定深度，计算产生测力所需的岩石材料抗压强度。

初步清理切割，以确保切割器沿着靶的整个长度进行完整切割（刮擦）。为确保充分清理切割，应检查并验证原始数据，确保在刮擦过程中测得的载荷没有下降。通常在光滑表面靶上，需要大约三次清理切割以确保获得良好的划痕值。

完成初步切割后，需要按照制造商的机器说明，对非可见层面的岩石至少进行两个单独的擦痕；对可见层面的岩石，建议至少有三条擦痕。通过将靶材旋转90°至120°重新定位在装置中，然后重复刮擦过程。对划痕数据进行分析，计算每个划痕切割的平均UCS指数和总体平均UCS值。

3. 试验装置

试验装置结构如图6-1-3所示。

1）靶和套管板组件

如图 6-1-3 所示，靶射孔端的面板是厚度为 12.7mm±0.51mm 的钢板用以模拟套管，板的直径应至少为 38mm，或边长至少为 38mm 的正方形板。

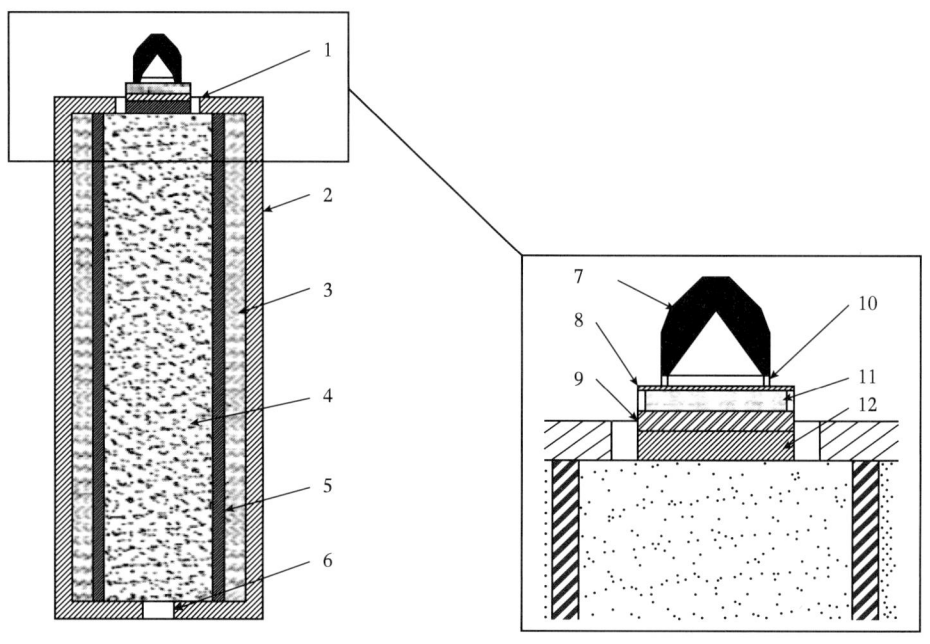

图 6-1-3 试验装置结构示意图

1—孔隙口（可选）；2—密闭容器；3—加压流体；4—砂岩岩心；5—岩心套筒；6—孔隙口；7—射孔弹；
8—模拟射孔枪板；9—模拟套管板；10—炸高；11—水间隙；12—水泥隔离垫

模拟套管和岩心之间的水泥环厚度应为 19mm±0.762mm，直径至少为 38mm。由标准 API A 级、ASTM Ⅰ 型或 ASTM Ⅱ 型水泥制成。水泥应在环境条件下至少养护五天。

靶周围的柔性套筒应由如丁腈橡胶、聚氨酯或其他与工作流体相容的柔性材料制成，柔性套筒的厚度不应超过 19mm。

2）井筒液体间隙

在模拟套管与射孔枪之间建立一个充满液体的间隙，间隙为 19mm，液体为水或无味矿物油。

3）枪体

模拟枪体是厚度与实际枪体相同的低碳钢，在模拟枪体内侧与射孔弹之间设置一个模拟射孔弹枪内炸高。

4）压力容器

如图 6-1-4 所示，压力容器是一个内径至少比靶柔性套筒大 25.4mm 的承压装置。对于试验压力为 65.3MPa 时，压力容器的承压能力应不低于 103MPa。试验期间井压不高于 689kPa 时，不考虑井压条件。孔隙压力系统中应有直径不小于 1.9mm 的排气孔。

4．试验程序

1）试验条件

在常温条件下进行 10.3MPa、37.9MPa、65.5MPa 三个不同压力条件的试验，每个压力条件下应进行4发有效的试验。

2）射孔器装配

按要求装配射孔器。

3）砂岩靶装配

射孔器安放在砂岩靶上部，射孔弹与靶端面垂直，并对准靶板和隔离垫的中心。

4）加压及引爆

加压使容器压力达到设定压力，保持足够长的时间以确保孔隙压力已从整个孔隙空间完全扩散，然后引爆射孔器。

5）起出砂岩靶

系统泄压，待围压降到大气压后取出砂岩靶。

6）数据测量

（1）穿孔深度：测量靶板外部到射孔孔道末端的距离。

（2）穿孔孔径：用卡尺的量爪伸入孔眼内，按垂直方向分别测量靶板孔眼长轴和短轴的值，取其平均值。

（3）测量精度：穿孔深度的测量精度为1mm；穿孔孔径的测量精度为0.1mm。

（4）测试结果的有效性：射孔孔道的端部与岩心外侧面距离应不小于19mm，射孔孔道端部距离未射孔端应不小于76mm。

三、油气井射孔器模拟井底条件下射孔流动性能检验

1. 方法原理

利用现场条件进行射孔岩心的流动性能测试，可以为射孔性能的比较、开发和评估提供基础。为确保所有进行此类射孔器测试以提高实验室性能转化为提高现场性能的方式开展，给出了一套标准试验条件，来评价射孔弹的射孔孔眼流动特性。

2. 试验准备

1）试验靶

使用柱状天然砂岩靶，砂岩可从采石场、地面露头或从油气井取心获得。沿砂岩层理方向垂直或者平行切割砂岩靶。根据射孔弹选择砂岩靶，当射孔弹装药量不大于15g时，砂岩靶直径为102mm；当装药量大于15g时，砂岩靶直径为178mm。也可根据需要选择相应规格的砂岩靶，可把小直径的取心制作成复合靶。

砂岩靶直径范围为102~508mm，通用尺寸为102mm、127mm、152mm、178mm、229mm、292mm、394mm，增大砂岩靶直径能降低试验数据波动。砂岩靶的外径和长度允许有±2.5mm误差，砂岩靶两端应平整并相互平行。此外，应有足够的砂岩靶长度，使末端效应不影响穿透深度和流量测定。射孔孔眼的最末端和靶背面间的距离不应小于靶的直径，更大长度的砂岩靶能降低试验波动。砂岩靶应没有明显裂缝或缺陷。

在进行抽真空与饱和前应将切割好的岩心应在93.3~98.9℃的通风恒温箱内烘烤至少24h或达到恒定质量［24h内质量百分比MPC不超过0.01%，MPC按式（6-1-2）计算］。

2）砂岩靶的抽真空与饱和

砂岩靶的饱和可用单相流体（水、油或气），或多相流体（水—油、水—气、油—气或水—油—气）。单相流体饱和可简化测试，某些情况下更接近模拟钻井和完井井筒

周围区域的条件；多相流体饱和更接近模拟原始、流动油藏、无钻孔和完井污染的情况。饱和状态能影响射孔孔道的几何结构。用于单相砂岩饱和的典型流体有无味矿物油（OMS）、盐水（3%KCl）和氮气；用于多相饱和的典型流体是盐水，用无味矿物油（OMS）或氮气置换。

用天平称量砂岩靶的干燥质量，放置于密闭装置内。将砂岩靶放置在密闭装置内至少抽空6h，装置应有尺寸合适的抽气孔和泵用于提供不高于133Pa的压强。对低孔隙度低渗透砂岩靶需要增加抽真空时间和（或）增加其他流程以确保砂岩靶充分饱和。

在稳定真空压力下饱和溶液由砂岩靶底部浸入，饱和溶液注入的速率不应比液体浸入砂岩靶的速率快。砂岩靶在完全饱和后，维持真空至少2h，以稳定的速率升至大气压，升压时间不少于10min。

清除饱和后砂岩靶表面多余的液体，立即称量质量。对于大于1000g的岩心应使用精度为1g的天平在室温下进行测量，砂岩靶的孔隙度按式（6-1-3）计算。

如果砂岩靶用第二相流体饱和，将砂岩靶放置在与哈斯勒渗透率测试仪相似的有围压的容器中，砂岩靶围压和孔隙压力与测试时砂岩靶的压力条件相匹配。在压力条件下，第二相流体从砂岩靶一端沿轴向流入，置换第一相流体，以不引起非达西流或不产生粉末、黏土颗粒在孔喉中运动的压差的流量流动，直到压差达到稳定状态。砂岩靶应在相同条件下置换，如第二相流体和第一相流体的密度不同，考虑到重力影响，从垂直砂岩靶顶端或底端注入流体。

砂岩靶饱和后到特性描述前，应储存在将其饱和或最后将其置换的流体中；砂岩靶特性描述结束后到射孔试验前，砂岩靶应储存在最后置换它的流体中。

3）砂岩靶特性描述及渗透率测量

天然砂岩是最佳靶体，单个砂岩一致性较好，但不同组砂岩之间存在差异。质量差的砂岩能引起较大的试验误差，为了减少试验结果波动，靶的选择和特性描述十分重要。靶的特性描述包括渗透率、孔隙度、密度和几何尺寸及机械特性，如抗压强度等，最好的做法是评估更多的砂岩样本，然后剔除特性异常的砂岩。

渗透率测量应考虑使用砂岩及希望从测试中得到的数据结果，依据流动特性评价方法选择渗透率测量方法，采集压差、流量、黏度和温度用于计算流动特性。

用产能比（PR）描述流动特性时，宜使用层理与砂岩靶轴线平行的岩心，此时应测量轴向渗透率。为了获得强各向异性砂岩的数据可以进行汇聚流动测试。

图6-1-4给出了渗透率测量的典型轴向流动边界条件，在砂岩靶两端提供稳定压力边界条件，在砂岩靶圆柱侧面提供非流动的边界条件。可在砂岩靶外径上装柔性套，在砂岩靶两端装配流量分配器，宜使用同心环形分配器，分配器应对局部应力和流动影响小，为了降低分配器的影响，可与筛网配合使用。

汇聚流动测试用类似于图6-1-4的装置进行，只是在砂岩靶末端出口处安装了液流收集器，液流收集器应包含一个仅限于流体进入中心孔的密封垫。液流收集器导流孔的面积与砂岩靶的开放区域面积比大约是1:50，例如直径为127mm的砂岩靶导流孔的直径为19mm，直径为178mm的砂岩靶导流孔直径为25.4mm。

用砂岩靶流动效率（CFE）描述流动性能时，宜使用层理与砂岩靶轴线垂直的岩心。此时应测量轴向渗透率和直径方向渗透率。

如图 6-1-5 所示，在砂岩靶上建立测试段长度为 L'、呈 90° 弧形的稳定压力边界条件。L' 的长度至少应是预期射孔孔道的长度，柔性套和砂岩靶外表面间应充填压力传递介质，介质的渗透率不小于测试砂岩靶预期渗透率的 100 倍。

试验中宜使用钢棒或高强度支撑剂。砂岩靶两端应密封，让所有流体沿直径流过砂岩靶。选用高渗透特性的砂岩可减少试验误差。

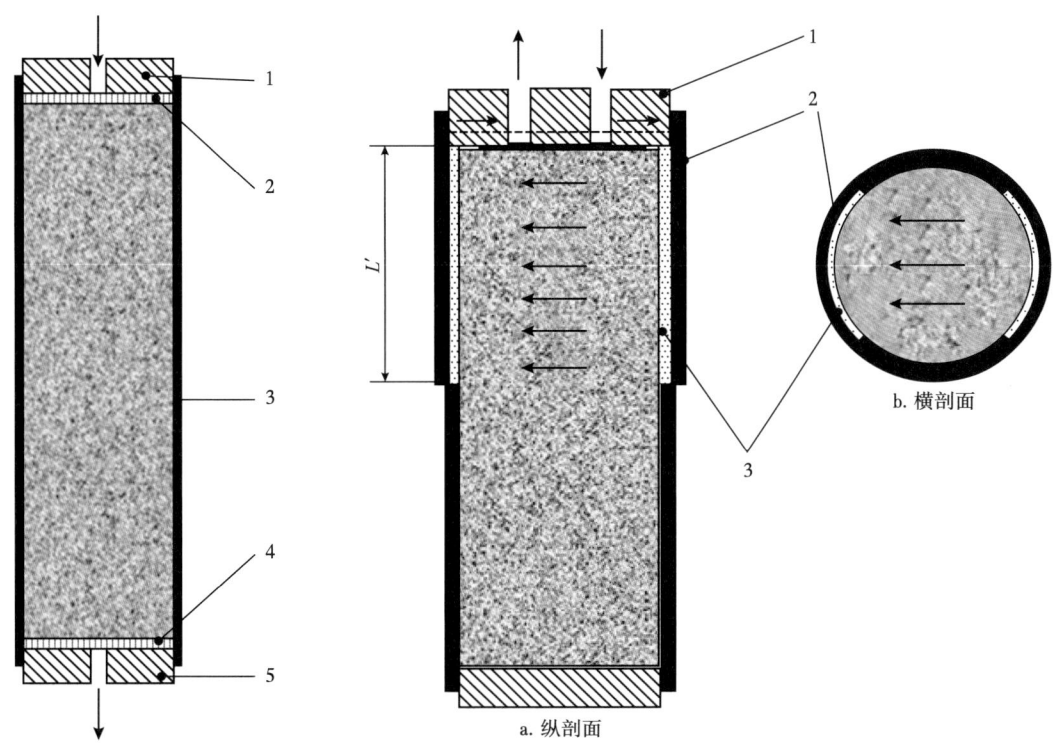

图 6-1-4　轴向流动渗透率试验
　　　　　装置结构示意图

1—液流分配器；2—筛网；3—柔性套筒；
4—筛网；5—液流收集器

图 6-1-5　直径方向流动渗透率试验装置结构示意图

1—液流分配器；2—柔性套筒；3—柔性可渗透材料

试验应满足以下要求：

（1）宜在与射孔试验相同的有效应力和孔隙压力条件下测试；
（2）也可在与射孔测试时相同的有效应力条件下测试；
（3）流体饱和条件应与射孔测试时相同；
（4）流体流量范围及压差应与射孔测试时相同；
（5）应注意减少误差来源。

砂岩靶间存在机械性能差异，在批量接收砂岩靶前宜对其进行多项性能测试，如抗压强度、粒度分布、矿物成分、孔喉直径等。选取机械性能相近的砂岩靶可以减少试验差异。

3. 试验装置

试验装置结构如图 6-1-6 所示。试验所需的检测设备主要包括靶约束系统、井筒模拟系统、湍流模拟系统、射孔枪模拟系统、压力控制检测系统、流量控制检测系统、数据采集系统。

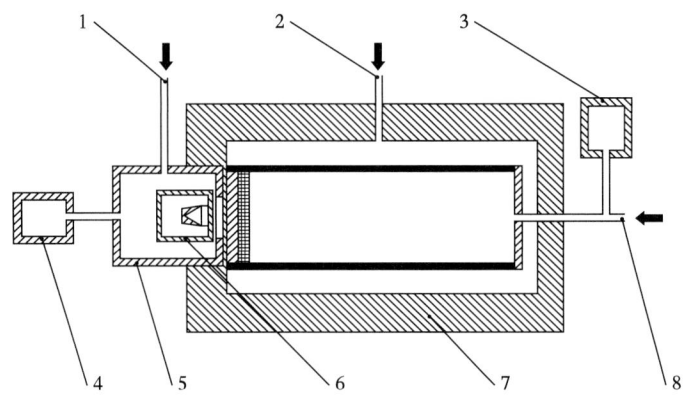

图 6-1-6 试验装置示意图
1—井眼压力入口;2—围压入口;3—充气储罐;4—充气储罐;
5—模拟井;6—射孔器;7—模拟围压容器;8—孔隙压力入口

1) 靶约束系统

靶约束系统由靶总成和能够将静压力均匀加载到靶上的围压容器组成,要求容器内径应足够大以免引起测试误差。加压时应使用合适的速率,保证加压时样品不出现问题。靶外套应使用弹性材料,并考虑温度与流体环境的影响。可选择加压流体,使用与试验过程不相容的流体会污染靶体并导致试验结果无效。

2) 井筒模拟系统

模拟井筒系统的压力容器与靶围压系统连接时,可建立三个独立的压力环境:围压、井压和孔隙压力。

3) 湍流模拟系统

为了模拟油藏响应,在射孔过程中用蓄能器提供流入或流出砂岩靶体的"湍流"。为靶边界提供恒定的压力边界条件,应减少孔隙压力蓄能器与砂岩靶之间连接管道的流动限制,增加孔隙压力蓄能器容积可以减少射孔后的孔隙压力损失。孔隙压力蓄能器的气体预充填量影响射孔后湍流的流量和射孔后孔隙流体的最终压力。

4) 射孔枪模拟系统

射孔枪模拟系统是一个包括射孔弹、导爆索、雷管的密闭装置。模拟的射孔枪应与试验中的射孔弹相匹配,射流方向与现场用枪厚度相同,炸高应与现场射孔枪中的枪内炸高相匹配,模拟射孔枪与模拟靶板的间隙应与现场相匹配。可根据射孔动态冲洗的效果调整射孔枪的内部体积。

常见的模拟方式有两种:一种与现场用枪结构相同,另一种模拟现场用枪。

5) 压力控制检测系统

压力控制检测系统由泵、传感器、阀等组成,用于提供、保持和控制试验中需要的围压、孔隙压力和井筒压力。应提供充分的泄压能力,避免因设备故障或误操作引起容器超压。

6) 流量控制检测系统

流动控制检测系统由流量泵、控制器、流量计和阀等组成,用于提供、保持和控制进出试验靶的流体。试验流体可包括单相油、水、气或者混合物。依据流量测量装置的精度要求，应考虑如下两个方面：

流量测量和速度控制非常重要，设计系统缺陷会产生错误的检测结果，建议通过控制流速测量液体流动的压力，通过控制压差测量气体流动流速；流体过滤极为重要，不适当或不充分的过滤将导致岩心堵塞，造成压差测量误差。

7）数据采集系统

数据采集系统应包括所需的设备，能够精确记录满足要求的数据。采集时应注意下列事项：

（1）使用高分辨率模—数转换器有助于提高精度；

（2）射孔时系统应有快速采集数据的能力，测试应至少采集井筒压力，射孔时枪的峰值压力和孔隙压力也有助于理解系统响应。采集速率应不低于 5000 S/s；

（3）应注意减少雷管起爆和电器干扰引起的噪声，选择合适的传感器位置，避免由于振动反射产生误差。

4. 试验靶设置

（1）使用柱状砂岩靶进行射孔试验，将岩心放入柔性套筒中，在射孔端安装模拟靶板，在非射孔端安装端盖。对于轴向流动，只在砂岩靶的非射孔端施加恒定的孔隙压力；对于径向流动，可以施加两种不同方式的孔隙压力：一是将恒压通过护套和砂岩靶间的高渗透材料施加到圆柱侧面及非射孔端，二是将恒压只施加到砂岩靶的圆柱侧面。设置时应注意下列事项：

① 靶直径不小于 102mm；

② 射孔后，入口孔眼应位于靶板中心，且射孔孔道末端距靶轴线的距离应不大于靶直径的 1/4；

③ 射孔后，射孔孔道末端和靶未射孔端面的距离不小于靶的直径；

④ 轴向流动测试应采用层理与轴平行的砂岩靶，当垂直于层理的渗透率与平行于层理的渗透率的比值很小时误差显著增大，而比值接近于 1 时误差较小；

⑤ 模拟上覆岩层应力应均匀地加在岩心上；

⑥ 保证用于试验靶的几何结构不会造成射孔孔道的旁路分流。

（2）对于径向流动测试，靶的圆柱侧面应设定恒定压力边界条件，靶的非射孔端可设定另一个压力边界条件，靶的射孔端设定一个无流动的边界条件。柔性套筒和砂岩靶外径间的环形间隙应填充压力传递介质，介质的渗透率不小于试验砂岩靶渗透率的 100 倍，如图 6-1-7 所示。砂岩靶射孔端面应密封，以确保所有流出砂岩靶的流体都通过射孔孔道。砂岩靶非射孔端端盖应配置一个流量分配器使流体进入砂岩靶端面和（或）砂岩靶周围的多孔介质中。

（3）对于轴向流动测试，在靶的非射孔端设置一个压力边界条件，圆柱侧面及砂岩靶射孔端无流动边界条件。宜在砂岩靶圆柱侧面安装柔性套筒，在非射孔端安装液流分配器，在射孔端安装密封垫，如图 6-1-8 所示。

（4）对于所有测试，应尽量减少射孔孔道周围的旁路流量，例如：使用柔性套筒消除砂岩靶和柔性套之间的流动；使用密封垫消除射孔端水泥隔离垫和砂岩靶间的流动；使用固化时不收缩、不膨胀的水泥或浆料混合物消除靶板和水泥隔离垫间的流动；确保所有流体进入并通过测试靶，从射孔孔道流出。

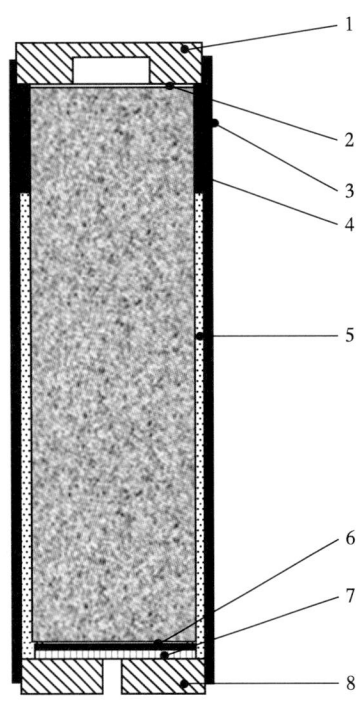
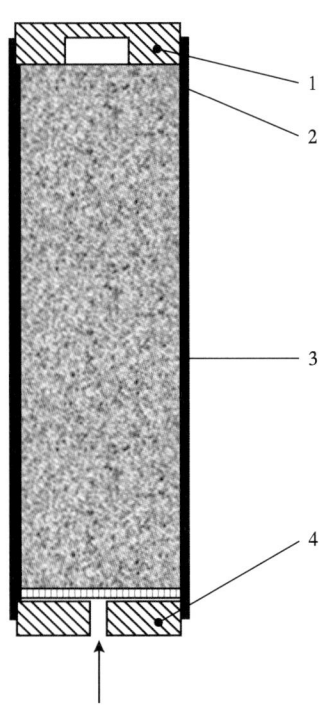

图 6-1-7 径向流动测试装置结构示意图

1—靶板；2—隔层；3—柔性套筒；4—密封垫；5—柔性可渗透材料；6—密封垫；7—缓冲挡板；8—液流分配器

图 6-1-8 轴向流动测试装置结构示意图

1—靶板；2—隔层；3—柔性套筒；4—液流分配器

（5）液流分配器应采用一系列同心环槽和径向连接的槽，使轴向应力传递与恒压边界条件达到平衡，应注意以下因素：径向槽和同心环槽的面积太小会导致压降过大；径向连接的槽和同心环槽的面积太大会导致砂岩靶和端板之间的接触面应力过高，使砂岩靶局部破坏，产生细屑，从而影响结果；在砂岩靶端部和液流分配器之间可以使用筛网，以便更好地将流体和载荷分配到靶的端部；径向流动测试需要筛网，以避免支撑剂进入流动管线；根据使用的孔隙流体选择液流分配器的材质。

（6）砂岩靶射孔端端盖平整，宜使用纯油井水泥或防缩浆制作隔离垫，避免由于收缩产生间隙，影响试验结果。

（7）端盖中水泥的直径应至少为 50.8mm，并应至少为模拟套管上预期孔径的 2 倍。

5. 射孔试验基本程序

（1）将围压提高到适当的水平，不高于岩心的应力条件。一旦达到适当的限制压力，同时或依次增加围压、孔隙压力和井筒压力，直到达到所需的测试条件。在建立最后的压力条件前，孔隙压力和井筒压力之间的旁路管线可以使孔隙压力和井筒压力平衡。

（2）对于低渗透率靶可能需要更长时间使孔隙压力达到均衡。

（3）启动数据采集系统，引爆射孔器。

（4）允许井筒压力和孔隙压力达到平衡。可将已平衡的井筒压力/孔隙压力缓慢降至大气压力，同时应保持有效应力恒定。有效应力大幅偏离预定值或孔隙和井筒之间的压差大幅波动可能使试验无效。使用"背压"可以减少测试时间。

（5）将湍流系统与流动管线隔离，施加所需的压降或流速，使流体流过砂岩靶，但应不超过砂岩靶的黏土或细粒移动的临界速率。

（6）以初始速率流动，直到流速和压降达到恒定，并且温度不再波动。在获得砂岩靶特征时相同的速率或压降下流动不应超过初始特性的最大流速或最大原始压差的两倍。射孔和流量试验的具体程序应进行验证。

6. 系统校准和测试要求

（1）每年至少应对所有传感器、仪表、控制器等仪器校准一次，最好在现场对装配上电缆、放大器的传感器进行校准，避免对测试系统和后续结果引入误差。

（2）在下列情况下应对系统进行验证测试：

①在任何新的测试系统启用之前；

②在对任何现有系统进行任何重要修改后；

③即使没有重大变化，每两年需进行一次。

（3）验证测试应包括以下内容。

①系统流量：液体或气体流量的精度不超出满量程的±1%，对于中等和低渗透率砂岩靶，液体流速可以在10mL/min和1000mL/min之间，对于较高渗透率砂岩靶，液体流量在1001mL/min至10000mL/min之间；

②系统压降：测量6.9~345kPa之间的压降，精度为±3.4kPa；测量346~1724kPa之间的压降，精度为6.9kPa；测量1725~3450kPa之间的压降，精度为13.8kPa；测量高于3450kPa的压降，精度为测量值的0.5%；

③黏度、温度、液体密度：流体黏度应使用合适的设备测量，以表格形式给出结果；温度测量精度为±1℃；液体密度测量精度为测量值的1%。

（4）系统校准应包括以下内容。

不装配砂岩靶进行测试，以确定系统的压力损失。用一个渗透率极大的测试装置代替砂岩靶，测试任意位置与砂岩靶端面（入口或出口）之间的压力损失，压降测量应在实验系统提供的整个流量范围内进行。

验证测试装置没有绕过射孔孔道的旁流，应包括以下验证：

①轴向流动测试。砂岩靶圆柱侧面与柔性套之间不存在流量泄漏，即所有的流量应穿过砂岩靶，而非绕过砂岩靶；

②径向流动测试。砂岩靶出口表面与砂岩靶圆柱侧面之间不存在流量泄漏，即所有的流量应穿过砂岩靶，而非绕过砂岩靶；

③所有流量应通过射孔孔道流出砂岩靶；

④所有流量应通过模拟水泥环孔眼和模拟套管孔眼。

对流体过滤系统的性能进行试验验证，对没有射孔的砂岩靶进行流动测试，并测量达到恒定流动时的压降，任何压差的增加均表明发生了孔喉堵塞。

7. 数据记录

试验应记录下列数据。

（1）测试几何结构和流动边界条件。

（2）靶属性，包括：类型；直径、长度和层理方向；制备条件；渗透率、孔隙度和密度；单轴抗压强度；套管和水泥的结构和材质。

(3)流动和射孔过程中的测试条件。

(4)所有流动测试后的射孔几何数据,包括以下内容:

①两个互相垂直方向的套管入口的直径、最小通径和水泥出口直径。

②孔道探针深度,用长610mm、直径3mm的探针不加外力垂直放入孔道中探测穿孔深度。清除过的孔道深度——靶表面到孔道第一个坚硬结构的长度,可以通过适中力量探测、温和冲洗松散碎屑和视觉检查综合确定。

③砂岩靶总穿孔深度——靶表面到孔道最末端距离,可直接从剖开的砂岩靶上测得或用CT等无损扫描方法测得。

④射孔孔道断面直径——沿孔道长度方向以13mm或25mm间隔测量各断面的孔道直径,孔道直径应精确到1mm。

⑤最大孔道几何结构——潜在的最大孔道直径和深度。用黄铜丝刷刷洗孔道周围的碎屑获得最大孔道几何结构。刷洗应参照完好的岩石进行"校准",避免刷洗掉孔周围完好的岩石。沿孔道长度方向以13mm或25mm间隔测量孔道直径。

(5)在表格中记录所有采集和计算得到的流动数据,包括流量、入口压力、出口压力、差压、入口和出口温度、黏度、流体密度、渗透率等。

(6)射孔过程中的高速压力曲线图。

8.液体流动数据整理

流动数据可以用CFE或PR描述,汇聚流动产能比(CFPR)可以用来代替各向异性强的靶的产能比。径向流动测试更适合于CFE或修正的CFPR分析,而轴向流动测试更适合于使用PR和CFPR进行分析。

生产指数(PI)定义为经过流体黏度校正后的流量Q^*与压降的比,由校正的流量与压降数据线性拟合曲线的斜率确定,如图6-1-9所示。

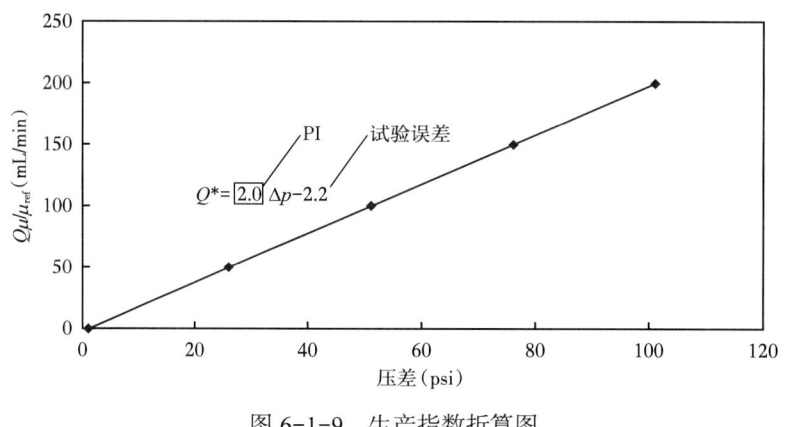

图6-1-9 生产指数折算图

PI仅在给定的测试条件下有效,并取决于边界条件、靶特性和流体特性等。校正流量项Q^*为:

$$Q^* = \frac{Q\mu}{\mu_{\text{ref}}} \tag{6-1-6}$$

式中:Q^*为校正流量,cm³/s;Q为实测流量,cm³/s;μ为流体黏度,mPa·s;μ_{ref}为在

24℃温度、1大气压条件下流体黏度，mPa·s。

生产指数为：

$$PI = \frac{Q^*}{\Delta p} \tag{6-1-7}$$

式中：PI为生产指数，cm³/（kPa·s）；Δp为压差，kPa。

PI可用来计算孔道性能和各种边界条件下的渗透率。

沿轴向流动的渗透率K_a为：

$$K_a = 5.37 \times 10^3 \times \frac{PI \mu_{ref} L}{R^2} \tag{6-1-8}$$

式中：K_a为轴向流动几何结构渗透率，D；μ_{ref}为参考流体黏度，mPa·s；R为岩心半径，mm。

沿直径方向流动的渗透率K_d为：

$$K_d = 1.69 \times 10^4 \times \frac{PI \mu_{ref}}{FL'} \tag{6-1-9}$$

式中：K_d为直径方向流动渗透率，D；F为直径方向流动校正系数；L'为岩心测试段长度，mm。

由于流动超出测试区的表象直径渗透率误差，流动校正对于K_a/K_d较大时非常重要，即使各向同性的靶也要降低表象渗透率的10%。

流动校正是依赖于直径方向流动装置的几何形状，对于直径178mm、长457mm的砂岩靶，应使用长304 mm的90°入口和出口流量分配器，F可表示为

$$F = 1.232 - 0.2371\tanh[0.7162\log(K_d/K_a)] + 0.612 \tag{6-1-10}$$

对于其他几何结构靶的直径方向流动，需要开发类似F的校正系数。

（1）岩心流动效率（CFE）。

CFE可表示为：

$$CFE = \frac{PI_{perf}}{PI_{OT}} \tag{6-1-11}$$

式中：PI_{perf}为实测射孔生产指数；PI_{OT}为"打开孔道"的生产指数。

CFE取决于PI_{OT}及直径方向流动测试的几何结构，二者都可以产生试验误差。CFE是描述整个孔道的流动性能的量，主要体现穿过穿孔侧壁的流动性能。此外，由于CFE通常与径向流几何结构结合使用，是通过径向流动测试得出的，通常不同于轴向流动射孔测试。

CFE通常用于估算孔道周围的渗透率，简单地表示为孔道周围一定厚度的渗透率"损伤区域"。CFE也用于井筒流入模型的输入参数。

根据最大孔道几何形状、K_a、K_d和压力边界条件，采用适当的方法计算PI_{OT}。计算PI_{OT}的最佳方法是使用数值计算流体动力学模型（CFD）。对于层理垂直于砂岩靶轴线

的径向流动靶：

$$\mathrm{PI_{OT}} = 3.721 \times 10^{-4} \times \frac{1}{\mu_{\mathrm{ref}}} \left[\frac{K_1 D_p}{\ln(R/r)} + \frac{K_2 rR}{R-r} \right] \quad （6\text{-}1\text{-}12）$$

其中：
$$K_1 = K_d; \quad K_2 = \sqrt[3]{K_a K_d^2}$$

式中：$\mathrm{PI_{OT}}$ 为最大孔道几何形状的生产指数，$\mathrm{cm^3/(s \cdot kPa)}$；$D_p$ 为穿孔深度，mm；r 为最大孔道半径，mm。

上面的分析方法通常高于 CFD 模拟的结果。

（2）产能比。

产能比（PR）定义为靶的射孔后 $\mathrm{PI_{perf}}$ 与射孔前 PI 的比值：

$$\mathrm{PR} = \frac{\mathrm{PI_{perf}}}{\mathrm{PI}} \quad （6\text{-}1\text{-}13）$$

（3）汇聚流动产能比（CFPR）。

CFPR 定义为出口处限制流动的靶的射孔后的 PI 与射孔前 PI 的比值：

$$\mathrm{CFPR} = \frac{\mathrm{PI_{perf}} - r}{\mathrm{PI_r}} \quad （6\text{-}1\text{-}14）$$

式中：$\mathrm{PI_{perf}}$–r 为出口处限制流动的靶的射孔后实测射孔生产指数；$\mathrm{PI_r}$ 为出口处限制流动的靶的射孔前生产指数。

9. 气体流动测试

与液体流动测试相比，气体流动测试需要进行额外的处理。测试可以用干燥的岩心/干燥的气体、盐水饱和后的岩心（S_{wi}）/加湿的气体，或是油饱和后的岩心（S_{or}）/干燥的气体。

可压缩性效应和非线性摩擦，即使在相对较低的速率下，气体的生产或注入流动也明显不同于液体流动。因此简单的单参数达西定律不足以完全表征压降。研究人员提出了一种简化实验数据的方法，可以直接确定渗透率和福希海默惯性阻力系数（c_f）。数据简化分析的选择将取决于用于测试的靶，并由测试公司自行决定。

建议在气相中使用湿润或干燥的氮气。对于等压或等温条件，黏度和密度等特性可从 NIST 化学网络手册（http://webbook.nist.gov）中确定。在许多情况下，在测试期间忽略压降和温度在整个岩心上的变化，使用恒定的黏度和密度进行数据简化操作，仅会引起较小的误差。

（1）靶的准备。

按照前面所述方法制备饱和砂岩靶，对于最初使用盐水饱和的靶，在 S_{wi} 处理和测试期间应使用加湿的气体，以保持一致的饱和水平。靶饱和时，应使用比所需最大试验压降高 10% 至 25% 的压降。靶应随时称重，以保证饱和状态，并尽快进行试验。

加湿气体可以通过使气流流过位于紧邻靶入口的管线中的淡水室来产生，增加蒸发表面积有助于减少实验误差。

（2）靶的特性。

靶应具有轴向流动和径向流动两个正交方向上的流动特征。由于 S_{wi} 的局部变化，汇聚流动测试不能用于多相饱和的靶。如图6-1-10所示，通过绘制压力和质量流动数据，分别获得一次和二次系数 a_1 和 a_2，计算得到二次方程曲线拟合。拟合方程为 $y=a_2x^2+a_1x+c$，汇聚流动中 K 和 c_f 分别为：

$$K = 5.79 \times 10^6 \frac{\mu L}{a_1 \beta} \tag{6-1-15}$$

$$c_f = 3.55 \times 10^{-6} \frac{a_2 \sqrt{K} \beta}{L} \tag{6-1-16}$$

式中：K 为轴向渗透率，mD；c_f 为福希海默系数；μ 为平均压力下的平均流体黏度，mPa·s；p 为入口和出口压力的平均值，psi；L 为岩心长度，in；β 为理想气体等温压缩系数，g/(cm³·psi)。

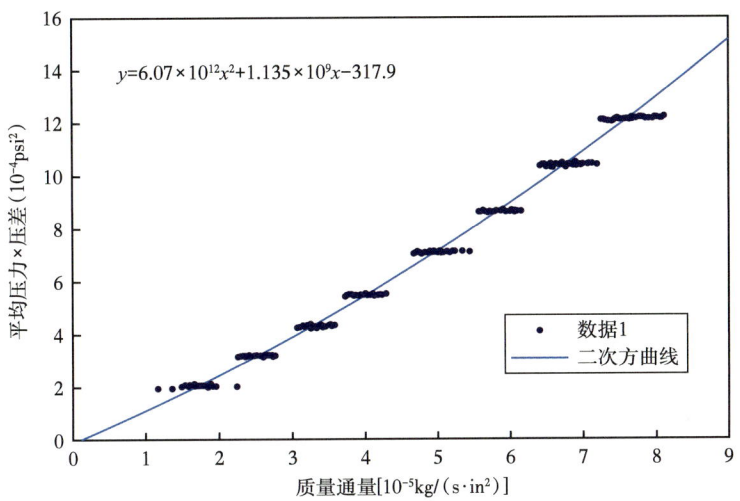

图6-1-10　确定 a_1 和 a_2 的气体流动力曲线拟合示例

由式（6-1-17）、式（6-1-18）可获得与轴向流动类似的沿直径方向可压缩流动的结果，流动长度是岩心横截面的四分圆的弦长，流动面积是弦长和流动长度的乘积。同样，a_1 是线性系数，a_2 是二次系数。

$$K_h = 5.79 \times 10^6 \frac{\mu \sqrt{2} D}{2 a_1 \beta} \tag{6-1-17}$$

$$c_f = 3.55 \times 10^{-6} \frac{2 a_2 \sqrt{K} \beta}{L} \tag{6-1-18}$$

式中：K_h 为直径方向渗透率，mD；μ 为流体的平均黏度，mPa·s；D 为岩心直径，in；β 为理想气体等温压缩系数，g/(cm³·psi)。

（3）产能比。

气体流轴向产能比（PR）定义为 PI_{perf} 与靶的预估 PI 的比值：

$$PR = \frac{PI_{perf}}{PI} \quad (6-1-19)$$

（4）岩心流动效率（CFE）。

CFE 为生产指数（PI_{actual}）与理想生产指数（PI_{ideal}）的比值：

$$CFE(Q_m) = \frac{PI_{actual}}{PI_{ideal}} = 5.79 \times 10^6 \times \frac{\frac{\mu}{2K_h \beta \pi D_{op}} \ln\frac{R}{r} + \frac{C_f Q_m}{\sqrt{K_h} \beta (2\pi L)^2 L_{eff}}}{a_{1,actual} + a_{2,actual} Q_m} \quad (6-1-20)$$

式中：Q_m 为质量流量，kg/s；D_{op} 为穿透深度，in；R 为岩心半径，in；r 为射孔孔道半径，in；L_{eff} 为有效流动长度，in，$L_{eff} Rr/(R-r)$。

10. 标准测试条件

制定标准测试条件以便在相同条件下收集和比较数据，由射孔引起的渗透率损害与在实际储层岩石和实际井下压力条件下可能有所不同。标准测试的目的是获得一致性工业结果。随着射孔测试技术的发展，在本试验中没有给出的其他关键变量可以被识别，不排除任何试验进行其他测试或修正模拟方法。

砂岩靶应从批量标准砂岩靶中获取，射孔弹应从批量标准射孔弹中获取。

（1）砂岩靶样品。

测试样品应为贝雷砂岩或等同物。对于型式检验，应选用层理与轴线平行的砂岩靶。

（2）射孔弹样品。

理想情况下，应选用两种一定批量的特定型号的射孔弹，装药为 15gHMX 和 25gHMX。对于型式检验，可以根据射孔弹选择砂岩靶。

（3）孔隙压力边界。

砂岩靶应进行轴向流动测试，孔隙压力应仅施加到砂岩靶未射孔端，上述有关靶结构的建议均适用。

（4）测试流体。

测试流体为煤油（OSM），根据要求对砂岩靶进行单相饱和。应提供在测试过程中所用流体的温度范围内的黏度、温度和压力曲线。

（5）射孔前靶特性描述。

按要求进行特性描述和填写数据报告，包括并仅限于轴向渗透率、孔隙度、密度、尺寸和可选的机械性能的测量。轴向渗透率宜在 60mL/min、90mL/min、120mL/min 和 180 mL/min 的流量下测量。

（6）射孔条件。

①套管模拟靶板应为厚 12.7mm 的低碳钢（4140HT，洛氏硬度 28~32），隔离垫应为厚 19mm 的油井水泥。在隔离垫和砂岩靶表面之间应使用密封垫圈。

②水泥的直径至少为 50.8mm，直径至少为模拟靶板预期孔径的 1.5 倍。枪和套管模拟靶板之间的间隙为 19mm（含盲孔深度）。据现场使用情况确定射孔弹炸高和射孔枪内部空间。

③ 射孔器在如下静压力条件下起爆。

围压 44.8MPa、孔隙压力 24.1MPa、井筒压力 20.7MPa。

这里给出了 20.7MPa 的有效应力和 3.45MPa 负压。

（7）射孔后流动性能评价：

射孔后的砂岩靶采用轴向流动测试，但不限于 60mL/min、90mL/min、120mL/min 和 180mL/min 的流量。按要求测试、记录、处理数据。

四、油气井射孔器高温常压钢靶射孔检验

1. 方法原理

在常压下，将射孔器加热到给定的温度后，进行钢靶射孔试验，并与常温常压条件下钢靶射孔试验（基准试验）进行性能对比，以评价射孔器的性能。

2. 试验准备

试验靶采用一块副靶（50mm×50mm×10mm 或 φ50mm×10mm）和若干主靶（50mm×50mm×25mm 或 φ50mm×25mm）的低碳钢板构成的组合靶。钢靶结构如图 6-1-11 所示。组合靶的厚度应比被测产品平均穿孔深度至少大 12.5mm。

3. 试验装置

试验装置由加热系统和控制系统组成。射孔器高温常压试验系统主要包括加热炉、爆炸容器、靶架、机械装置、液压系统及控制部分。加热温度上限为 300℃，控制精度为 ±5℃；加热到温度上限的时间不大于 3h。爆炸容器设置了缓存加固装置。

装置可以满足 4 相位、5 相位、6 相位射孔试验要求，使用雷管与导爆索对正装置。雷管夹持装置位于试验釜体内，不进行加热。导爆索夹持装置安装在靶架体上，与射孔器一同进行加热。试验时，机械手臂将靶架放置到试验釜体内指定位置，通过驱动执行机构，带动雷管夹持器下移，准确与导爆索夹持机构对接，实现起爆功能。

4. 试验条件

（1）射孔间隙采用零间隙。

（2）射孔器在规定时间内暴露于额定温度环境下，在额定温度下进行发射，温度误差范围为 ±5℃。射孔器保温时间按照耐温性能分为 48h、100h、150h、170h 四个级别。

（3）常温常压试验和高温常压试验应在同样的大气或适宜液体环境下进行，高温常压试验加热应使用连续流动介质将热量均匀地传给射孔器。

（4）在暴露期间，暴露环境的平均温度变化控制在 ±5℃ 之内，但允许超出范围的时间小于总暴露时间的 10%。

（5）射孔器暴露环境的最大升温速率为 3℃/min。

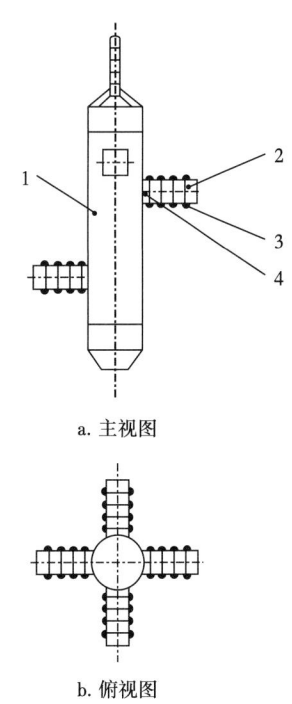

a. 主视图

b. 俯视图

图 6-1-11 钢靶结构示意图

1—射孔枪；2—主靶；3—平头焊接；4—副靶

5. 试验程序

1）射孔弹选择

试验时，高温常压射孔和常温常压射孔各至少装 6 发射孔弹，射孔器在整个试验期间必须密封。

2）射孔器装配

按射孔枪的长度、孔密、中接长度等选配射孔器装置，枪、靶准确对位，确定点火位置。

3）射孔试验

射孔试验分为常温常压射孔和高温常压射孔两种方式。对于常温常压射孔，确定枪和靶之间的相对位置后引爆射孔器；对于高温常压射孔，首先将射孔器按要求加热到额定温度并持续一段时间，然后引爆射孔器。

4）数据测量

（1）穿孔深度：对未穿透靶的孔，用直径为 1.5~2.0mm 的探针插入孔内测得的值加上已穿透的主、副靶厚度之和。

（2）穿孔孔径：将卡尺量爪伸入副靶孔眼内，成 90° 方向测量出通孔长轴和短轴的值。

5）测量结果的表述

（1）测量精度：穿孔深度精度为 1mm；穿孔孔径精度为 0.1mm。

（2）数据记录：高温常温对比试验平均穿孔深度数据表示为高温常压穿孔深度与常温常压穿孔深度之比。穿孔孔径为孔眼长轴和短轴的平均值。最小值和最大值数据表示为高温常压穿孔孔径与常温常压穿孔孔径之比。孔眼圆度为长轴平均值与短轴平均值的比值。应分别计算高温常压和常温常压条件下的孔眼圆度。

五、油气井射孔器模拟井射孔检验

1. 方法原理

将射孔器下入模拟井内，对井筒内介质加压至规定值，引爆射孔器。通过对射孔后试验套管、射孔枪的检测来评价射孔器的性能。

2. 试验准备

主要是制作试验用套管靶。试验套管靶结构如图 6-1-12 所示。

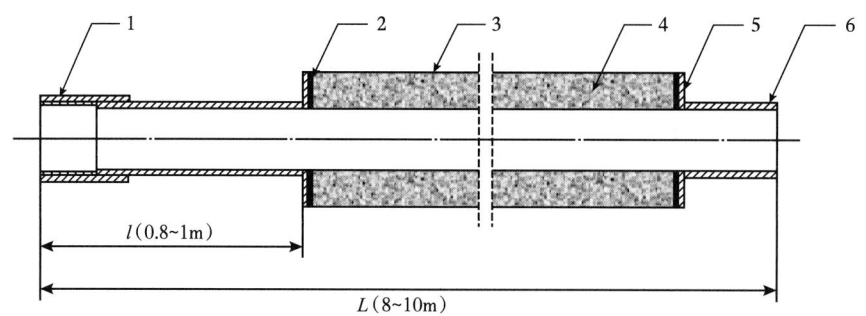

图 6-1-12 套管靶结构示意图

1—套管接箍；2—上扶正套；3—养护套；4—水泥环；5—下扶正套；6—试验套管

1）套管靶材料

根据试验射孔器型号选定适合的套管，应符合表6-1-2的规定。

表6-1-2 标准套管规格及钢级

套管外径（mm）	套管壁厚（mm）	套管钢级
114.3	6.35	J-55
127.0	7.52	J-55
139.7	7.72	J-55
177.8	8.05	J-55

2）靶壳

一般采用2.0~2.5mm厚的钢板（GB/T 708—2019《冷轧钢板和钢带的尺寸、外形、重量及允许偏差》）卷制的圆筒制作养护套。靶壳与套管外表面之间留有不小于25mm的环形空间，靶壳总长不小于6m，上、下两端各焊接有扶正套。

3）水泥环

在靶壳与套管之间浇注水泥浆来制作水泥环。水泥采用A级油井水泥（GB/T 10238—2015《油井水泥》），水泥浆相对密度为1.85~1.93。

4）套管靶制备

（1）试验套管从经检验合格的批次中选取，并通过超声探伤检查；

（2）将靶壳固定在试验套管上，并下入模拟井中；

（3）配制水泥浆，将水泥浆灌入套管与靶壳之间的环形空间内；

（4）待水泥浆初凝后，在常温的井筒中养护，总养护时间不少于72h；

（5）将养护完毕的套管水泥靶取出待用。

3．试验设备

（1）模拟试验井一口，井深不小于200m、内径不少于350mm，结构如图6-1-13所示；

（2）钻机一部，提升力不小于300kN；

（3）高压泵一台，额定工作压力不小于50MPa；

（4）电缆绞车一台，电缆长度不小于500m；

（5）清水池一个；

（6）超声波探伤仪一台。

4．试验条件

（1）试验介质为清水；

（2）试验压力为18~20MPa。

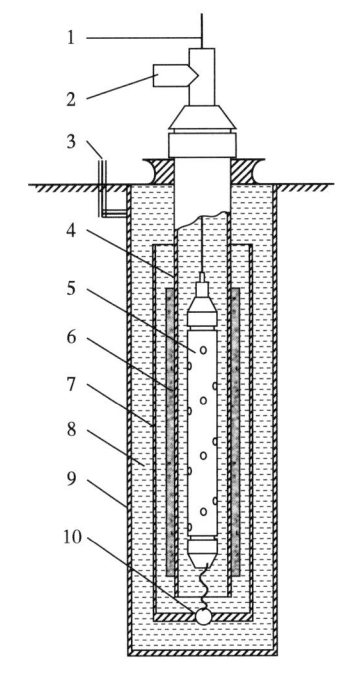

图6-1-13 模拟试验井结构示意图

1—电缆；2—加温加压入口；3—加温循环出口；
4—试验套管；5—射孔器；6—水泥环；7—承压套管；
8—射孔介质；9—模拟井筒；10—承压阀球/座

5.试验程序

1）试验选择

下井射孔器的有效长度不大于6m，每次下井射孔弹数量一般为48发，同时，从保护井壁的角度出发，规定每次下井爆炸品总装药量不大于1.8kg。

2）射孔器装配

按要求装配射孔器。

3）下套管

将试验套管与憋压套管联接后，下入模拟井中预定深度，然后安装密封加压装置。

4）加压与引爆

将射孔器下到预定深度处，对井筒介质加压，当压力达到规定要求时，引爆射孔器。

5）起套管

射孔器起爆炸后停泵泄压，分别起出试验套管靶和承压套管。

6）剖靶

剖开试验套管靶上的养护套和水泥环。

7）数据测量与采集

（1）对于承压套管只检查穿孔数。

（2）对于试验套管应采集如下数据。

①裂孔数量；

②穿孔孔径：将游标卡尺量爪伸入孔眼内成90°方向测量长轴、短轴的值，单位为mm；

③裂缝长度：裂缝长度取孔眼单侧裂缝长度，单位为mm；

④套管外径胀大：射孔后套管外径与原始外径差值，取最大值，单位为mm；

⑤内毛刺高度：任取邻近的至少五个孔的一段试验套管剖开，用深度游标卡尺在套管内壁孔眼处进行测量，单位为mm。

（3）对于射孔枪应采集如下数据。

①枪头、枪尾及接头脱落情况；

②非孔眼处裂纹及横向断裂情况；

③射孔孔眼与盲孔对位情况；

④外径胀大，射孔后枪身外径与原始外径的差值，取最大值，单位为mm；

⑤孔眼裂缝长，单位为mm。

（4）测量精度：穿孔孔径、内毛刺高度、外径胀大精度为0.1mm；裂缝长度精度为1mm。必要时，可对样品和试验结果进行拍照，将照片作为补充的正式检测记录。

六、油气井射孔枪耐温耐压检验

1.方法原理

通过对密闭系统加热，使系统中介质升温。当温度达到预定值后，对系统加压，在预定温度、压力条件下对射孔枪进行试验。

2.试验装置

试验装置主要由高压容器、加热器、高压泵、压力平衡阀、温度—时间曲线记录仪和控制台等组成。

3. 试验条件

1）试验介质

试验介质为导热油。

2）试验温度

试验温度为额定工作指标的 1.05 倍，控制精度为 ±5℃。

3）试验压力

常温级、中温级试验压力为额定工作指标的 1.15 倍，控制精度为 ±3MPa；高温、超高温级试验压力为额定工作指标的 1.2 倍，控制精度为 ±5MPa。

4）枪体恒温、恒压时间

试样恒温、恒压时间为 30min，特殊情况下，根据现场使用需要进行确定。密封件恒温、恒压时间为最长额定时间。

4. 试验程序

1）样品选取

每批产品至少试验 2 支射孔枪。

2）射孔枪装配

按设计要求组装射孔枪（不含爆炸品）。射孔枪内腔长度不应小于 8 倍枪的标称外径，如果枪体内需填充支撑棒，其最大外径比射孔枪内径至少小 6.5mm。

3）温度、压力条件

按试验要求加温、加压，达到规定值后，恒温、恒压至试验规定时间。

4）取样、结果的表述

泄压、降温后取出试样，进行射孔枪渗漏、枪体变形检查。

七、射孔碎屑检测方法

1. 方法原理

模拟井筒条件射孔，对可能落入井筒中的射孔碎屑进行量化检测，以比较射孔器性能。射孔碎屑检测方法主要包括射孔时射孔器的质量损失检测、射孔后射孔器中可从孔眼中散出来但仍留在枪中的碎屑检测、射孔弹壳碎屑检测及无枪身射孔器碎屑检测。

2. 试验装置

试验装置主要包括两部分：一是用于射孔弹碎屑收集的试验容器，试验射孔弹装药量不低于 50g；二是用于压力条件下射孔碎屑收集的压力容器，试验压力 34.5MPa，射孔器有效装弹长度不小于 305mm。

3. 试验程序

1）射孔枪

本试验旨在量化起爆后从射孔枪中散出的碎屑（是指在起爆时从射孔枪的出口孔中喷出或在起出射孔器时从孔眼中掉出的所有固体材料），并确定和量化残留在射孔枪中可能散出的碎屑。

射孔器应满足以下要求：现场使用的射孔器材；至少 762mm 的连续装射孔弹的射孔器；射孔器按最大孔密满装配；枪头、枪尾应密封；试验在充水套管内进行，射孔器按地面混凝土靶射孔试验的位置放置；如果射孔器中连续装射孔弹不少于762mm，则可与地面混凝土靶射孔试验同时进行，否则，宜用充满水的套管单独进行试验，且用水或混凝土作为套管外的缓冲；套管尺寸、质量和等级符合地面混凝土靶射孔试验的要求，且尺寸相同；射孔弹应满足老化、抽样基数等规定；射孔后，射孔枪应保留在套管内并保持站立。

第一阶段测试射孔时从枪孔眼中喷出的碎屑，第二阶段测试小到足以从孔眼中出来但仍留在枪中的碎屑。使用以下方法测量、记录测试数据：第一阶段和第二阶段的结果表示为每英尺射孔的质量和体积；计算应基于满载段长度，不包括串联长度或其他非穿孔段长度；所有计量器具或设备都经过检定或校准。

2）第一阶段

该阶段目标是确定射孔时固体碎屑的损失量，通过测量在爆炸中未消耗的固体材料在射孔时所形成的质量损失量实现的。

（1）试验前装配的射孔器总质量。

称量已装配的各组件，包括所有炸药，并以kg为单位记录该质量，精确到10g。

（2）爆炸中消耗的所有固体材料的总质量。根据设计数据计算的炸药中所有炸药的总质量；所有导爆索（包括护套）的实际总质量；基于设计数据或实际质量的所有药型罩的总计算质量；在爆炸时消耗的枪内的任何其他固体材料的实际总质量；根据需要可以确定（按弹壳碎屑条款要求执行）爆炸中消耗的弹壳碎屑量。将上述所有项的质量相加并记录，精确到1g。

（3）组件的试验前净重。

从测试前的总质量中减去所有耗材的总质量，并记录，精确到10g。

（4）射孔。将射孔器放置在充满水的套管中，与地面混凝土靶射孔试验中的位置相同。固定射孔器然后起爆。之后将射孔器小心取出、运送到干燥区，以保留枪内的剩余碎屑。

（5）干燥质量。

将射孔器水平放置在烘箱中，所有端口打开，烘干温度在150°F（65℃）和200°F（93℃）之间，至少12h，测量质量，并记录，精确到10g。但是要注意干燥温度不得超过任何潜在未引爆炸药的时间和温度等级。

（6）爆炸时损失的碎屑总质量（W_{DT}）。

通过从射孔器的测试前净重（W_{GN}）中减去消耗的组件的干重（W_{GD}）来计算损失的碎屑的总质量（W_{DT}），精确到1g：

$$W_{DT} = W_{GN} - W_{GD} \tag{6-1-21}$$

注意：如果计算出的数字小于零，则记录为零。

（7）爆炸时每英尺射孔损失的碎屑质量（W_{DI}）。

用爆炸时损失的固体碎屑总质量（W_{DT}）除以炸药总数（N），再乘每英尺射孔数（SPF），精确到1g：

$$W_{DI} = W_{DT} / N \cdot SPF \tag{6-1-22}$$

（8）爆炸时射孔每英尺损失的碎屑体积（V_{D1}）。

用每英尺射孔时损失的碎屑总质量（W_{D1}）除以第二阶段中确定的每立方厘米碎屑的平均质量（ρ_D），精确到1cm³：

$$V_{D1} = W_{D1} / \rho_D \qquad (6\text{-}1\text{-}23)$$

3）第二阶段

该阶段目标是确定通过射孔孔眼散出的固体碎屑的质量、体积、筛孔尺寸和材料类型。该阶段中收集水平位置滚动射孔枪散落的碎屑，从而确定为最坏情况下散出的碎屑的质量和体积。

射孔枪中掉出的总碎屑包括从射孔靶中取出、输送到干燥区、称重和滚动设备散落的碎屑总和。

（1）射孔枪滚出的碎屑总质量（W_{DR}）。

将完全干燥的射孔枪水平放置在光滑表面上的两组滚筒上（水平度在1/6.35mm以内）。以10~30r/min的速度旋转100圈，对所有回收的碎屑进行称重并记录，精确到1g。

（2）每英尺射孔枪中滚出的射孔碎屑质量（W_{D2}）。

将从枪中滚出的碎屑的总质量（W_{DR}）除以装药总数（N），再乘每英尺的射孔数（SPF），精确到1g：

$$W_{D2} = W_{DR} / N \cdot \text{SPF} \qquad (6\text{-}1\text{-}24)$$

（3）射孔枪中滚出的碎屑总体积（V_{DL}）。

使用适当尺寸的刻度量筒来确定从枪中滚出的碎屑的体积。量筒符合标准要求，可轻轻敲打量筒，直到达到恒定体积。对于含有大量碎屑的射孔枪，将所有测量值的总和相加，并记录，精确到1cm³。

（4）每英尺射孔枪中滚出的碎屑体积（V_{D2}）。

将从枪中滚出的碎屑总体积（V_{DL}）除以电荷数（N），再乘每英尺电荷数（SPF），记录体积，精确到1cm³：

$$V_{D2} = V_{DL} / N \cdot \text{SPF} \qquad (6\text{-}1\text{-}25)$$

（5）每立方厘米碎屑的平均质量（ρ_D）。

将从射孔枪中滚出的每线性英尺碎屑的总克重（W_{D2}）除以从射孔枪中滚出的每英尺碎屑的总体积（V_{D2}），记录，精确到0.1g/cm³：

$$\rho_D = W_{D2} / V_{D2} \qquad (6\text{-}1\text{-}26)$$

（6）爆炸和滚动过程中每线性英尺损失的碎屑总质量和体积。

为了进行体积计算，必须假设在爆炸过程中从枪中吹出的碎屑与从枪中滚出的碎屑具有相同的筛子尺寸和密度。

（7）每英尺射孔损失的岩屑总体积（V_D）。

将爆炸时损失的线性英尺碎屑体积（V_{D1}）与从枪中滚出的每线性英尺碎屑体积（V_{D2}）相加，记录总体积，精确到1cm³：

$$V_{\mathrm{D}} = V_{\mathrm{D1}} + V_{\mathrm{D2}} \tag{6-1-27}$$

(8)每英尺射孔损失的碎屑总质量（W_{D}）。

将爆炸时损失的每线性英尺的碎屑质量（W_{D1}）与从枪中滚出的每线性英尺的碎屑质量（W_{D2}）相加，记录总质量，精确到1g：

$$W_{\mathrm{D}} = W_{\mathrm{D1}} + W_{\mathrm{D2}} \tag{6-1-28}$$

(9)碎屑筛粒度说明。

测量和记录从射孔枪中滚出的所有碎屑尺寸，以确定碎屑筛尺寸。记录保留在每个筛网上的质量分数，同时确定每个筛子上保留的材料类型。

(10)射孔枪平均孔径。

从射孔枪的外侧测量孔眼椭圆短轴和长轴尺寸，卡尺量爪穿过开口，测得的最小通径为短轴。记录平均孔径，精确到0.1mm。

4）弹壳碎屑

记录爆炸过程中消耗的弹壳材料量。只有当弹壳的材料是消耗品或部分消耗品时，才记录结果。本试验用射孔弹与射孔枪碎屑试验所用射孔弹为同一批产品。射孔弹在密封容器内射孔，用一个钢靶来捕捉射流，收集弹壳碎屑。

(1)试验组件的试验前总质量。

称量射孔弹和组件质量，包括钢靶和所有炸药，但不包括试验容器，记录总质量，精确到1g。

(2)安全壳和试验组件的试验前总质量。

称量封闭和密封的安全壳，包括充电测试组件，并记录总质量，精确到1g。

(3)已知在爆炸中消耗的固体材料总质量。

称重并计算下列项目，精确到1g：根据设计数据计算的所有炸药的总质量；所有导爆索（包括护套）的实际总质量；根据设计数据计算出的起爆器中所有炸药的总质量。

(4)试验容器和试验组件的试验前净重。

从试验前试验容器和试验组件的总质量[即（1）和（2）的总质量]中减去所有耗材的总质量，记录精确到1g。

(5)射孔程序。

射孔弹固定在装置中，然后射孔。

(6)未消耗材料的试验后总质量。

内部压力释放后，称量试验容器和试验组件的质量，精确到1g。

(7)确定炸药以外的消耗材料的百分比。

从试验前试验容器和试验组件的净重中减去试验后未消耗材料的总质量。如果差值小于5%，则认为弹壳材料不是消耗品；如果差值大于5%，则继续执行第（9）步，并确定爆炸中消耗的弹壳碎屑质量。

(8)试验组件的试验后质量。

打开试验容器，取出所有固体碎屑和试验组件部件，称量所有试验组件部件和碎屑，并记录，精确到1g。

（9）试验组件的试验前净重。

通过从试验组件的试验前总质量中减去已知在爆炸中消耗的固体材料的总质量来确定。

（10）爆炸中消耗的弹壳材料质量。

爆炸中消耗的弹壳材料质量可通过试验前试验组件净重减去试验后试验组件质量来确定。重复该试验三次，并记录消耗的外壳材料的平均质量，精确到0.1g。将其乘射孔枪碎屑试验中的射孔弹数量，精确到1g，填写到第一阶段记录中。

5）无枪身射孔器

识别和量化无枪身射孔器留在井筒中的所有碎屑。井筒环境极大地影响碎屑的大小，因此在相同条件下进行所有测试是很重要的。碎屑是指回收已用射孔器后仍留在井筒中所有固体物质。

（1）试验要求。

现场使用的射孔器材有以下要求：

①至少有1ft连续装射孔弹的射孔器。

②线性枪部分应满载至最大射击密度。

③组装好的射孔枪部分可以从标准长度的条带上切割下来，但包括标准第一阶段试验中使用的所有配件和射孔硬件。

④如果在不同的射孔阶段使用不同的硬件来连接射孔弹，则分别进行测试和报告。

⑤试验应在环境温度下，在水（饮用水）压力为5000psi的密闭容器中进行。

⑥除射孔器外，射孔后，试验容器应保持密封；如果破裂，则试验无效。

⑦射孔弹应满足老化、抽样规定。

（2）试验程序。

①将装配好的射孔器放置在压力容器中，其位置与地面混凝土靶试验中的位置相同。

②关闭容器并加压至5000psi。

③射孔。如果有必要将压力容器运输到另一个区域打开。

④取出所有固体碎屑。

⑤移除所有可回收的弹架等载体材料。

⑥移除内部常见的雷管导线和碎屑及导爆索残余物。

⑦在称重和测量之前，在150~200°F（65~93°C）之间的温度下彻底干燥剩余碎屑至少1h。

⑧所有测量和称重设备都应进行适当校准。

（3）碎屑体积测量。

使用以下方式测量并记录测试数据：

①使用适当尺寸的刻度量筒来确定碎屑的体积，精确到1cm³。

②量筒应符合相关标准要求。

③轻轻敲打量筒，直到达到恒定的体积。

④体积应为每发射孔弹的总量和每英尺射孔器的总量。

（4）碎屑质量测量。

称重并记录每发射孔弹的质量和每英尺（或米）射孔器的总质量，精确到1g。

(5)每立方厘米射孔碎屑的平均质量。

将碎屑的总克重除以总体积,并记录到最接近的 0.1g/cm³。

(6)碎屑筛分粒度分析。

通过测量和记录射孔枪部分产生的所有固体碎屑来确定筛子尺寸。按相关要求测量,记录每个筛子上保留的质量分数,同时确定每个筛子上保留的材料类型。

八、温度与三向应力条件下砂岩靶射孔检验

1. 方法原理

采用天然露头岩石或人工砂岩制成试验岩心,经通风恒温干燥和真空饱和后,在高温高压试验容器中,同时加载温度、井筒压力、上覆围岩压力、孔隙压力条件下进行射孔试验,用于模拟射孔器在井下射孔时的实际工况来检验射孔器的穿孔性能。

2. 试验岩心制备

1)岩心尺寸

试验用岩心直径为 178mm±2mm,岩心的长度根据射孔器的性能确定,且保证射孔试验后未穿透岩心长度不小于 76mm。

天然岩心以野外采集的岩石为原材料,通过切割分块、车削、端面磨平等加工工艺制作满足尺寸要求的试验岩心。

人工砂岩是以石英砂、水泥、水为原材料,以一定比例混合,通过专用模具压制、脱模、候凝、端面加工等,制作满足尺寸要求的试验岩心。

2)岩心干燥

按尺寸切割的试验岩心应在 93.3~98.9℃ 之间的通风恒温箱内烘干至少 24h 或达到恒定质量(24h 内质量变化不超过 0.01%)。试验岩心一旦干燥,将其保存在通风恒温箱中,直到开始进行试验时才从通风恒温箱中取出。试验岩心的质量变化百分比计算见式(6-1-2)。

3)岩心饱和

将试验岩心放入饱和容器,饱和容器为透明容器,便于观察岩心饱和线及饱和液液位。在不低于 98.2kPa 的真空状态下至少持续抽空 3h;在试验岩心仍处于完全真空的情况下,通过缓慢地将水进入饱和容器底部使试验饱和。注意让液体吸入或通过毛细管作用进入试验岩心。在任何情况下,液位不得超过试验岩心外表面上可见的饱和线。当饱和线与岩石的顶部表面相交时,试验岩心完全饱和,并且可以在视觉上识别为完全饱和。完全饱和后,真空保持至少 2h,之后压力缓慢增加至大气压。饱和后的试验岩心应一直保存在饱和液体中,直到开始进行射孔试验才从饱和液体中取出。

4)孔隙度计算

取出饱和后的试验岩心,轻轻地擦去表面的水并立即称其质量,孔隙度按式(6-1-3)计算。

5)单轴饱和抗压强度测试

单轴饱和抗压强度测试方法本章前面方法。

3. 试验装置

温度与应力条件下的射孔试验装置由高温高压试验容器、升温降温系统、升压降压系统、压力分隔装置、电气控制系统等组成。试验装置结构如图 6-1-14 所示。

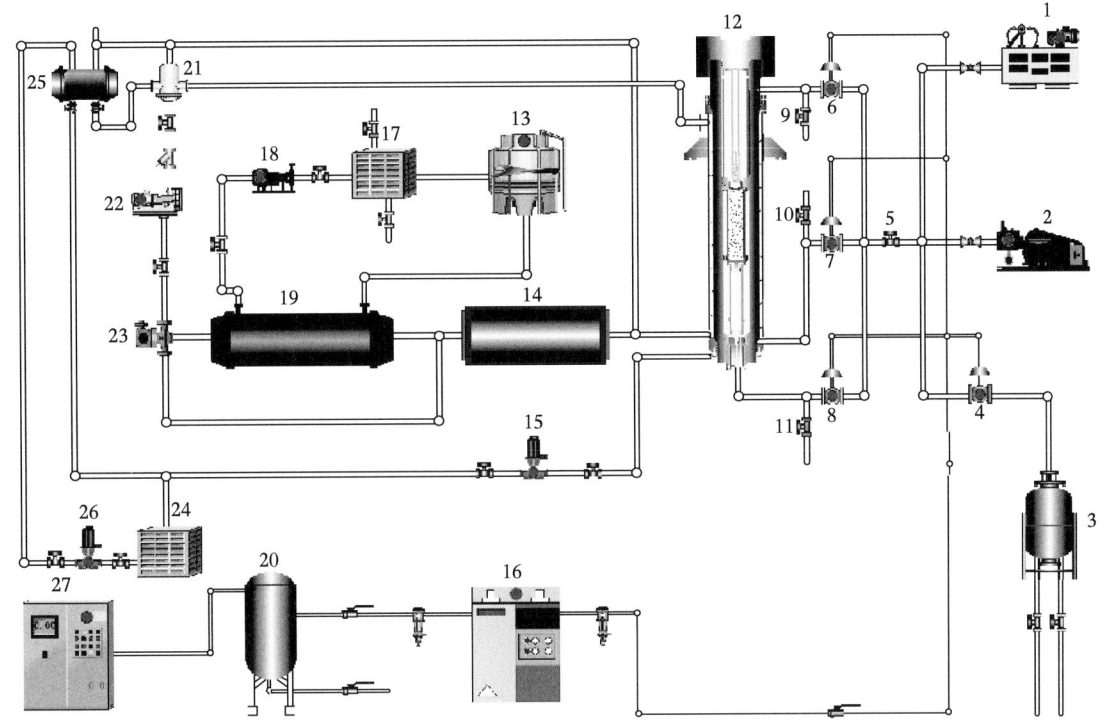

图 6-1-14 温度与应力条件下射孔试验装置结构示意图

1—高压泵；2—超高压泵；3—波动罐；4—液压阀；5—控制阀；6—井筒压力加压阀；7—围岩压力加压阀；8—孔隙压力加压阀；9—井筒压力卸压手阀；10—围岩压力卸压手阀；11—孔隙压力卸压手阀；12—高温高压试验容器；13—冷却塔；14—电加热炉；15—排油阀；16—冷干机；17—冷却水箱；18—冷却水泵；19—冷却器；20—储气罐；21—油气分离器；22—循环油泵；23—电动三通阀；24—低位油箱；25—高位油箱；26—补油泵；27—空气压缩机

试验装置包括温度、压力、流体流量等测量仪器仪表，测量范围满足试验装置额定工作温度、工作压力要求。试验装置所有仪器、仪表应在检定周期内。

1）高温高压试验容器

（1）试验容器的内径不小于330mm。

（2）试验容器设置独立的井筒压力、围岩压力、孔隙压力加载口。

2）压力分隔装置

压力分隔装置主要作用是将高温高压试验容器的内部空间分隔为相互独立的三个部分，分别用于建立井筒压力、围岩压力、孔隙压力。压力分隔装置结构如图6-1-15所示。

3）升温降温系统

升温降温系统以导热油为介质，通过高温高压容器外的加热夹套与容器内部的液体介质之间的热交换，实现对高温高压容器的升温和降温。

（1）升温至设定的试验温度所需时间应不超过3h。

（2）从设定的试验温度降温至室温所需时间不超过3h。

（3）恒温过程中，温度波动范围为±5℃。

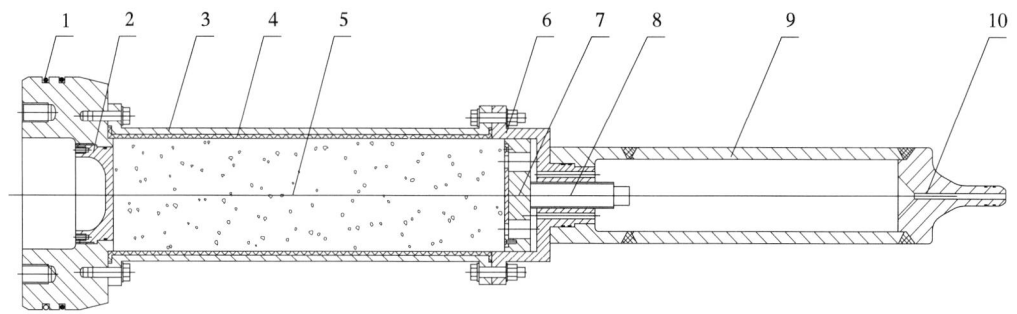

图 6-1-15 压力分隔装置结构示意图

1—隔离环；2—内隔离环；3—人造岩心靶外钢套；4—密封橡胶套；5—人造岩心靶；6—下法兰；
7—钢板；8—岩心固紧螺栓；9—孔隙压力加载筒；10—孔隙压力加载孔

4）加压降压系统

加压降压系统以流体为介质，实现井筒压力、围岩压力、孔隙压力的加载。

（1）加压降压系统有三个独立的加压降压管路，分别对井筒、围岩、孔隙独立加载。

（2）升压至设定的试验压力所需时间不超过 0.5h。

（3）恒压过程中，压力波动范围不超过 5MPa。

5）射孔单元枪

射孔单元枪应放置在间隙上方，厚度应与实际使用的射孔枪的壁厚一致，且与实际装枪条件的炸高一致。

6）射孔弹

射孔弹从最小为 1000 发的生产批中抽取（中温射孔弹、高温射孔弹和超高温射孔弹的生产批量至少为 300 发）。在进行试验前，射孔弹至少储存 28 天。射孔弹从未开封的一箱或多箱中抽取。

7）导爆索

符合 SY/T 6753—2023《油气井用电导爆索和传爆管通用技术条件》的要求，导爆索耐温要求与相应型号的射孔弹匹配。

8）油气井用电雷管

符合 GB/T 13889—2025《油气井用电雷管》的要求，油气井用电雷管耐温要求与相应型号的射孔弹匹配。

9）油气用起爆装置

符合 SY/T 6791—2010《油气井射孔起爆装置通用技术条件及检测方法》的要求，油气用起爆装置耐温要求与相应型号的射孔弹匹配。

10）模拟套管

模拟套管采用压力分隔装置中的内隔离环模拟，厚度为 12.7mm±0.51mm，采用 45 号钢加工制作，并经过热处理，硬度为 18~22 洛氏硬度，屈服强度不小于 551MPa。

11）间隙

射孔单元枪与内隔离环之间的距离用于模拟射孔枪与套管之间的间隙，除带偏靠装置的零相位射孔器，其余射孔器测试间隙均为 12.7mm，带有偏靠装置的零相位射孔器以井内所设定的间隙进行试验。

12）水泥环

模拟套管与人造砂岩靶之间应有水泥环，厚度为19mm±0.762mm，直径为178mm，水泥符合GB 10238—2015《油井水泥》要求，水泥环应常温条件下至少固化5天。

4. 试验程序

1）组装射孔试验装置总成

（1）取出密封橡胶套，检查有无裂缝和砂眼。

（2）从危险品库房中取出射孔弹、导爆索、油气井电雷管或油气井用起爆装置。

（3）将射孔弹、导爆索、射孔单元枪、人造岩心靶、密封橡胶套、油气井电雷管或压力起爆装置、压力分隔装置按设计要求组装成射孔试验装置总成。

（4）将组装好的射孔试验装置总成放入高温高压试验容器内。

（5）封闭高温高压试验容器。

2）温度和压力监测

整个测试过程中，分别对高温高压容器的底部和顶部的清水温度及井筒压力、围岩压力、孔隙压力进行监测。对于整个测试，为了获得实时连续的温度、压力分布记录，采用热传感器、压力传感器和遥测记录设备，所有设备按通用条件进行校准和检定，并保证在检定周期内。

试验采用"先加温后加压、先降温后降压"的方法进行。

3）加温

启动电热设备，对高温高压容器进行加温，到达设定温度后，恒温30min，控制精度为±5℃。

4）加压

启动加压设备，分别加载井筒压力、围岩压力和孔隙压力。正压射孔时，孔隙压力比井筒压力低10MPa；负压射孔时，孔隙压力比井筒压力高10MPa。围岩压力比孔隙压力高20MPa。到达设定压力时，恒压30min，控制精度±5MPa。

5）起爆

达到设定的温度、压力后，采用油气井电雷管时，按下控制台下起爆按钮，起爆射孔弹；若采用压力起爆装置，对井筒加压以起爆压力起爆装置，开启高温高压容器上密封头，将射孔试验装置总成起出，拆卸射孔试验装置总成，取出岩心靶。

6）数据测量

（1）套管孔径使用游标卡尺测量，分别测量长轴和短轴，测量精度0.1mm。

（2）人造岩心穿孔深度，即从人造岩心靶表面到射孔孔道末端的距离，测量精度1mm。

（3）总穿孔深度，即从模拟井筒内壁到人造岩心靶上射孔孔道末端的距离。

（4）测试结果的有效性，射孔孔道末端到人造岩心靶底表面的距离不小于76mm时试验有效。

（5）射孔孔道与人造岩心靶外表面直径距离不小于19mm。

九、高温高压多场耦合三轴应力射孔大物理模型试验

射孔的作用目标是埋藏于地下几千米甚至上万米的岩石，岩石在地层中受温度、地壳中的水平主应力、垂直应力及侧向应力等多场耦合作用（图6-1-16）。在多场耦合作

用下，射孔后如何最大化径向（横向）裂缝、最小化轴向（纵向）裂缝、最小化裂缝破裂压力等科学问题需要实验室内进行测试和验证。

斯伦贝谢公司建立了一套三轴应力射孔大物理模型试验装置，试验岩石高度为1219mm，长度为711mm，宽度为711mm，加载三轴地应力最高为55MPa，孔隙压力、井筒压力均为34.5MPa，能够在实际井下压力测试整体射孔器的性能，用以评价水力压裂的起裂压力及裂缝的发展情况。

成都理工大学、中国石油大学（北京）克拉玛依校区、中国石油集团工程技术研究院有限公司等也建立了岩石大物理模型试验系统，用于开展水力压裂试验、钻井试验等，但不具备射孔试验条件。2023年，中国石油集团测井有限公司联合国内研究机构，开展了高温高压多场耦合三轴应力射孔大物理模型试验系统设计。

高温高压多场耦合三轴应力射孔大物理模型试验系统主要由试验主舱、环境载荷控制辅舱组成。

图 6-1-16　岩石三轴应力示意图

1. 试验主舱

试验主舱主要为岩石模型试样提供三轴应力（X、Y、Z 三个方向应力加载与反力）、温度、上覆围岩压力、孔隙压力等深地环境，也是容纳形变、温度、声波、电极、光缆等监测传感器的压力容器。试验主舱主要包括压力腔单元、扁平作动器单元及辅助工装单元。压力腔单元包括压力容器组件和密封组件，压力容器组件包括上下密封头的金属密封部件和橡胶密封部件；扁平作动器单元包括扁平作动器和标定台架；辅助工装单元包括拆卸工装组件、压紧工装组件、液压拆卸组件、端部垫块组件、组装机架组件等部分。试验主舱结构如图 6-1-17 所示。

2. 环境载荷控制辅舱

环境载荷控制辅舱的功能是为试验主舱提供油压源、热源并进行控制，对设备工况和试验过程进行监测显示、故障预警与保护。辅舱主要包括压力载荷单元、温度载荷单元及电气控制单元。压力载荷单元主要包括试验主舱加压泄压组件和稳压组件，实现给试验主舱和4个扁平作动器加压、泄压、保压，同时按试验要求对试验组件进行加载卸载等功能。温度载荷单元主要包括导热油组件、冷却水组件和电阻加热组件。以导热油组件为工作介质实现压力腔单元的升温和降温，同时与试验主舱外表面安装的电阻加热组件配合实现试验主舱预热、升温、持续保温等功能。电气控制单元包括压力载荷控制组件、温度载荷控制组件、综合集中控制组件和配电系统组件等。该单元与压力载荷单元、温度载荷单元有序配合，实现精准控制压力腔单元内介质的温度和压力的升降，在完成试验任务的同时，保证整个试验装置安全。环境载荷控制辅舱构成如图 6-1-18 所示。

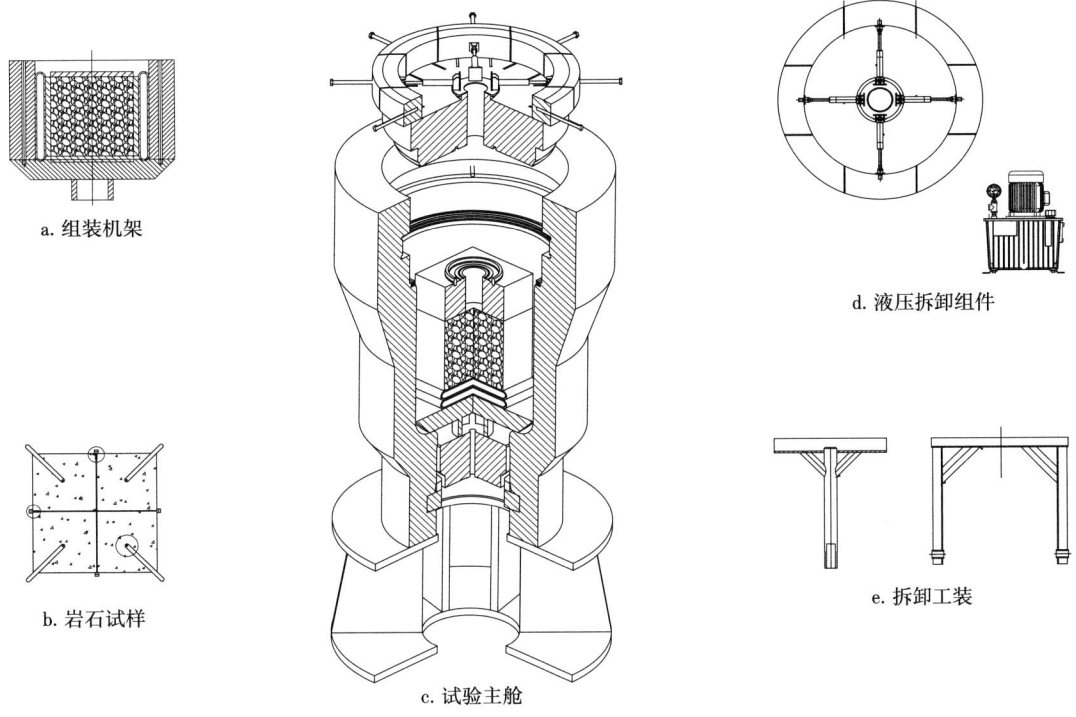

图 6-1-17　试验主舱结构示意图

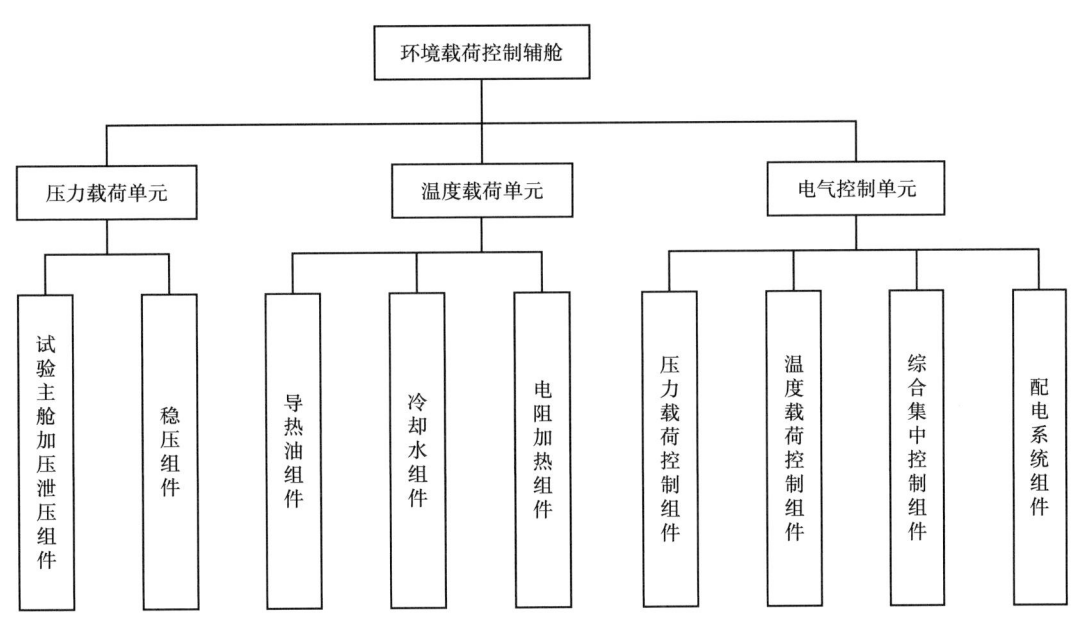

图 6-1-18　环境载荷控制辅舱构成示意图

3. 功能与特点

高温高压多场耦合三轴应力射孔大物理模型试验系统用于模拟岩石三轴地应力、孔隙压力、地层温度多场耦合作用下，进行射孔器穿孔性能实验、水力压裂裂缝起裂与裂缝发展实验、套管变形机理实验等，揭示射孔、水力压裂等对储层岩石裂缝起裂与发展

- 239 -

机理与规律。

（1）试验主舱能够模拟地下应力、温度条件，并且能够精细观察和控制内部结构或外部行为演化；

（2）试验岩样尺寸长度710mm、宽度710mm、高度1210mm，试验用射孔器长度1.3m，可真实模拟岩石在单轴或三轴地应力、孔隙压力、地层温度多场耦合作用下，进行可控冲击波—射孔对储层岩石致裂规律实验、射孔器穿孔性能实验、水力压裂裂缝起裂与裂缝发展实验、套管变形机理实验；

（3）采用声波等监测传感器，可定性监测射孔后岩石起裂与裂缝发展。

第二节　起爆类、传爆类器材检验技术

本节介绍了国内常用起爆类、传爆类器材检测技术，主要包括油气井用电雷管、起爆装置、导爆索和传爆管检测，能够全面反映产品的起爆、传爆性能。

一、油气井用电雷管检验

1. 油气井用电雷管检验技术简介

油气井用电雷管主要包括：（1）桥丝电雷管，是直接由电冲能通过桥丝激发的电雷管。（2）磁电雷管，是利用变压器的耦合原理由电磁感应产生的电冲能激发的电雷管。（3）爆炸桥丝电雷管（EBW），是利用金属丝在高压强电流作用下迅速气化发生物理爆炸的效应，是引爆与之接触的炸药，实现无起爆药起爆的一种电雷管。（4）爆炸箔电雷管（EFI），又名冲击片雷管。桥箔在高压强电流作用下气化并被加热为等离子态，等离子膨胀剪切并驱动飞片向下穿过加速膛，飞片被加速后撞击猛炸药柱实现无起爆药起爆的一种电雷管。（5）数码电子雷管，是采用电子控制模块对起爆过程进行控制的电雷管。

油气井用电雷管检验项目主要有包装、外观尺寸编码、电阻、抗震性能、封口牢固性、安全电流、静电感度、抗工频电、耐低温与耐潮性、耐温性能或耐温耐压性能、输出能力、发火等。

2. 检测流程图

桥丝电雷管检测流程如图6-2-1所示，磁电雷管检测流程如图6-2-2所示，EBW与EFI电雷管检测流程如图6-2-3所示，数码电子雷管检测流程如图6-2-4所示。

3. 检测方法

1）电阻

（1）样本量：20发。

（2）检测仪器和设备：①防护体应满足电雷管爆炸后对外不构成破坏；②电阻测量仪量程0.1~200Ω，精度0.1Ω，输出电流应不大于30mA；③阻抗测量仪频率使用范围应满足1~50kHz；④示波器带宽不小于200MHz。

（3）桥丝电雷管电阻测试。将电雷管置于防护罩内，用电阻测量仪测量每一发电雷管的全电阻值，检查断路、短路、电阻不稳和电阻超差。

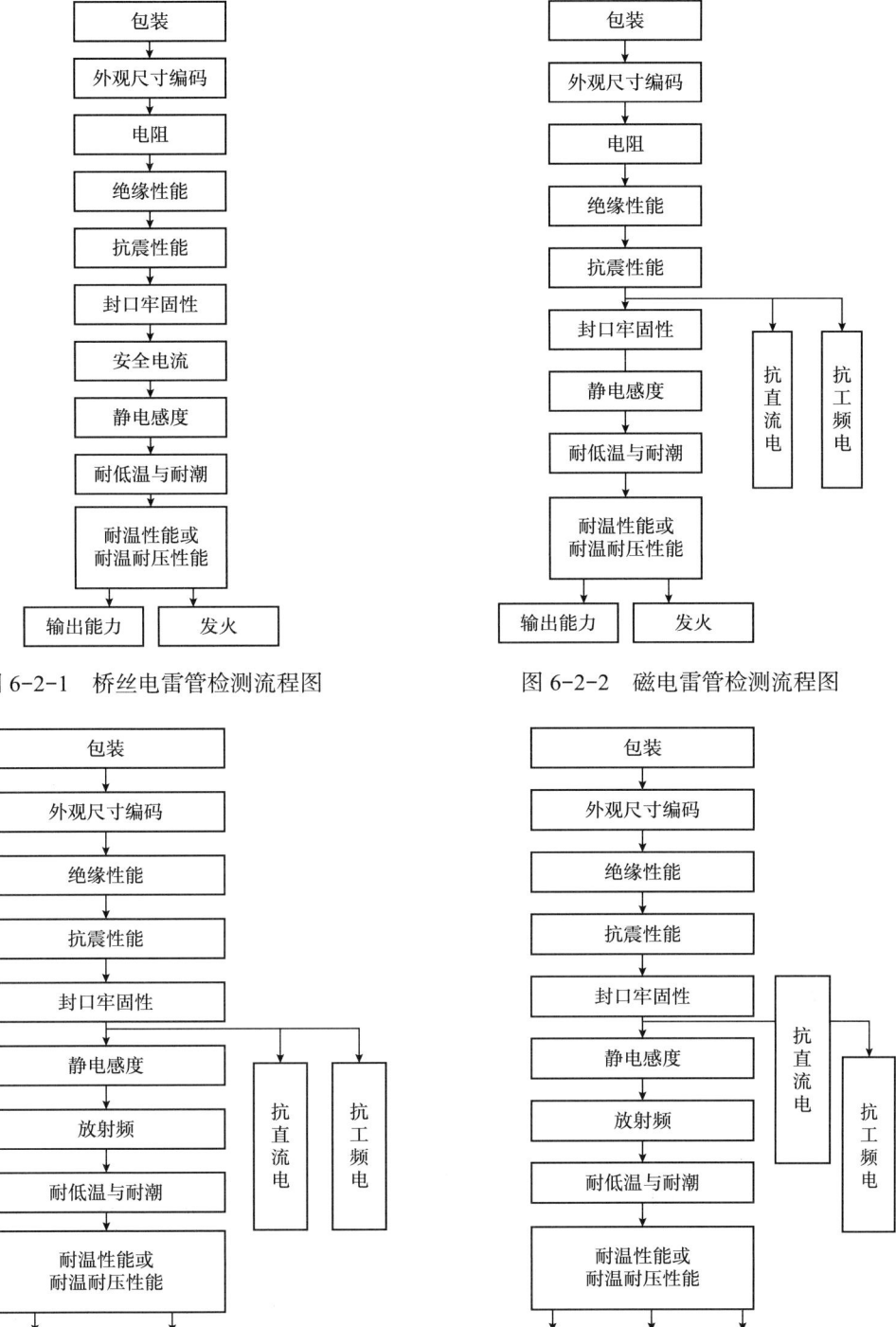

图 6-2-1 桥丝电雷管检测流程图　　图 6-2-2 磁电雷管检测流程图

图 6-2-3 EBW 与 EFI 电雷管检测流程图　　图 6-2-4 数码电子雷管检测流程图

（4）磁电雷管全电阻测试。将电雷管置于防护罩内，如图 6-2-5 所示连接线路，用示波器测量 A、B 和 B、C 两端的峰值电压，用式（6-2-1）计算电雷管的全电阻（电雷管引线间的电阻）。

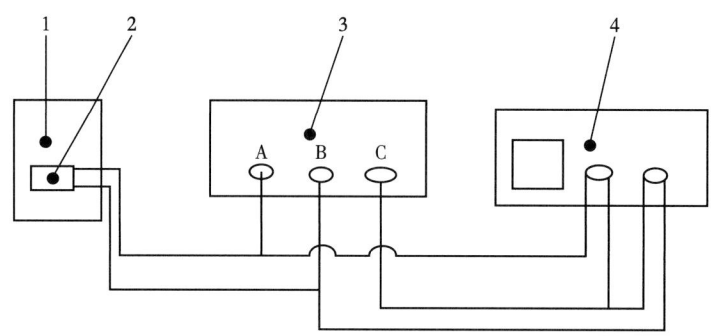

图 6-2-5 磁电雷管电阻测量示意图

1—防护体；2—磁电雷管；3—阻抗测量仪；4—示波器

$$r = \frac{\Delta u_{AB}}{i^2 \Delta u_{BC}} R \qquad (6-2-1)$$

式中：r 为磁电雷管电阻，Ω；ΔU_{AB} 为 A、B 两端峰值电压，V；i 为磁线圈匝数比；ΔU_{BC} 为 B、C 两端峰值电压，V；R 为阻抗测量仪参考电阻，Ω。

2）绝缘性能

（1）样本量：20 发。

（2）检测仪器和设备：直流电压兆欧表，允许偏差 ±10%，直流输出电压 100V。

（3）试验方法：在环境温度 21℃±3℃、相对湿度 65%±5%RH 条件下，取 20 发桥丝电雷管、EBW、EFI 或数码电子雷管，使 100V 直流电压兆欧表处于工作状态；用 100V 直流电压兆欧表测量电雷管两短路脚线与壳体之间的绝缘电阻。

3）抗震动性能

（1）样本量：20 发。

（2）震动试验机：设备频率为 60 次/min±1 次/min、落高 150mm±2mm。

（3）试验方法：将保持原有最小包装的电雷管平放入木箱底部中央用黄纸板塞紧，连续震动 10min 后取出电雷管，测量电雷管电阻。

4）封口牢固性

（1）样本量：20 发。

（2）测试仪器为额定拉力 20N 的拉力试验仪。

（3）试验方法：将 1 发待测电雷管按图 6-2-6 所示固定于拉力试验仪夹具上，再用 2kg 重锤与通过定滑轮的雷管脚线连接，持续 1min 后取下重锤，检查雷管的封口塞是否松动、脚线是否损坏。

5）安全电流

（1）样本量：13 发。

（2）仪器和设备：①防护体应保证电雷管爆炸后对外不构成破坏；②恒流源输出电流 10~2000mA，

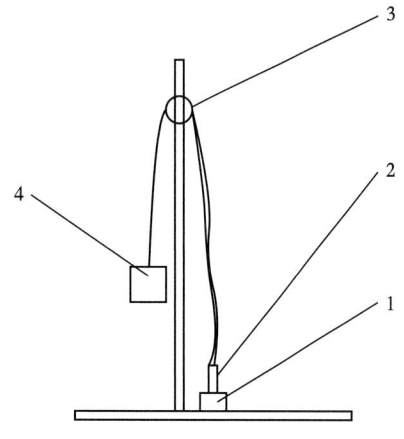

图 6-2-6 雷管封口牢固性试验示意图

1—夹具；2—电雷管；3—定滑轮；4—2kg 重锤

精度 10mA。

（3）试验方法：①普通电雷管在室温条件下试验，将电雷管逐一（或串联）放入防护体内，利用恒流源输出该产品额定安全电流 5min，检查电雷管是否发火；②其他类型电雷管的安全电流（电压）试验按相应技术条件规定的试验方法进行。

6）静电感度

（1）样本量：13 发。

（2）仪器和设备：①防护体应满足电雷管爆炸后对外不构成破坏；②推荐使用 JGY-50 型静感感度仪。

（3）试验方法：①如图 6-2-7 连接测试装置；②将 1 发雷管放入防护罩内，将两根脚线从防护罩里引出与仪器输出端相连，测定雷管脚—脚间静电感度；③打开仪器电源，电压表从零开始逐渐升高到指定电压 25kV±0.5kV，按起爆键对雷管放电，观察雷管是否被引爆。

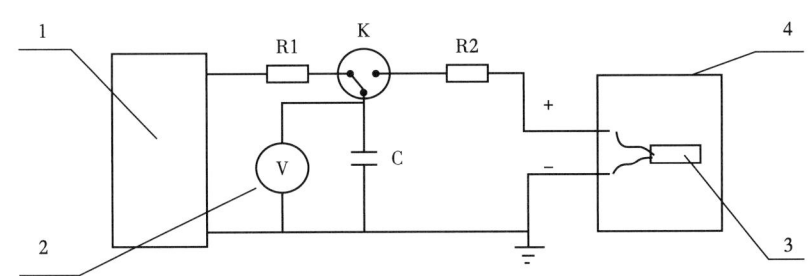

图 6-2-7 静电感度检验电路示意图

1—直流高压源；2—静电电压表；3—电雷管；4—防护罩；R1—充电电阻；R2—串联放电电阻；
K—高压开关；C—电容器

7）防射频

（1）样本量：13 发。

（2）设备：射频电磁场辐射抗扰度试验屏蔽室：符合 GB/T 17626.3—2023《电磁兼容　试验和测量技术　第 3 部分：射频电磁场辐射抗扰度试验》要求。

（3）试验方法：取 13 发数码电子、EBW 或 EFI 电雷管放入屏蔽室的均匀域中，按 GB/T 17626.3—2023 方法试验，使电雷管在频率 0.26~500MHz，场强 50V/m；频率 0.5~1GHz，场强 100V/m；频率 1~18GHz，场强 200V/m 的射频电磁场中，保持 10s。

8）低温与受潮

（1）样本量：13 发。

（2）设备：①低温湿热箱：量程 -60~100℃，精度 2℃，40~99%RH，精度 2%RH；②电阻测量仪。

（3）试验方法：将电雷管放入低温试验箱中，在 -40℃±3℃ 条件下存放 2h。取出电雷管，在室温下存放 30min，然后将电雷管放入室温、相对湿度大于 95% 的湿热箱中存放 24h；取出电雷管，在室温下放置 2h 后测量电阻，同时检查断路、短路、电阻不稳定及表面锈蚀、电阻超差等缺陷情况。

9）耐温性能

（1）样本量：13 发。

（2）仪器和设备：①防护体满足电雷管爆炸后对外不构成破坏；②安全型烘箱量程 2~260℃，精度 2℃；③电阻测量仪。

（3）试验方法：将 2 发电雷管置于安全烘箱内，按产品技术要求将温度升至该电雷管额定温度并保温 2h 后，自然冷却至常温，取出电雷管，测量电雷管电阻。

10）耐温耐压性能

（1）样本量：13 发。

（2）仪器和设备：①高温高压装置温度控制精度为 5%，压力控制精度为 3%，能承受电雷管的爆炸冲击；②电阻测量仪。

（3）试验方法：将 2 发电雷管置于高温高压装置内，按产品技术要求升温升压至该电雷管额定值并保温保压 2h 后，自然冷却至常温，取出电雷管，测量电雷管电阻。

11）抗直流电

（1）样本量：3 发。

（2）仪器和设备：直流电源发生器，输出电压 380V±10V，输出频率 50~60Hz，最大输出电流 20A。

（3）试验方法：使用直流电源发生器对雷管两脚线之间通以试验电压，保持 10s，电雷管不应发火。

12）抗工频电性能

（1）样本量：3 发。

（2）仪器和设备：①防护体应保证电雷管爆炸后对外不构成破坏；②工频电源发生器输出电压 380V，输出频率 50Hz，输出电流应满足 2A±0.5A。

（3）试验方法：取 3 发磁电雷管，逐一将磁电雷管置于防护体内，用工频电源发生器给磁电雷管通电 1min，检查磁电雷管发火情况。

13）自锁性能

（1）样本量：3 发。

（2）仪器和设备：能够输出满足数码电子雷管要求范围的电子信号。

（3）试验方法：取 3 发磁电雷管，逐一用计算机对数码电子雷管两脚线之间任意输出非解锁的数码信号时，数码自控仪解锁指示灯应不亮。

14）发火

（1）样本量：3 发。

（2）仪器和设备：针对不同雷管采用相应起爆仪。

（3）试验方法：按照相应产品技术要求，用相应的起爆仪输出电雷管规定的发火信号，电雷管应发火。针对数码电子雷管，先用数码自控仪对数码电子雷管两脚线之间输出解锁的数码信号，数码自控仪解锁指示灯亮后，按产品技术要求，用起爆仪向数码电子雷管两脚线之间输出数码电子雷管规定的发火刺激，数码电子雷管应发火。

15）输出能力

（1）轴向输出压力：

①样本量：2 发。

②材料和仪器：锰铜压力计，测量范围为 1~20GPa；脉冲恒流源，精度为 3%；起爆仪，引爆电雷管；数字示波器，采样速率为 400MS/s；同步机，精度为 10ns。

③测试方法：系统连接如图6-2-8所示（此时雷管不与起爆仪连接），应力计连接方法如图6-2-9所示；将电雷管与起爆仪连接，引爆雷管，记录示波器的波形和数据，计算电雷管轴向输出压力：

$$p = 0.60 + 30.86\frac{\Delta U}{U} + 21.16\left(\frac{\Delta U}{U}\right)^2 - 6.61\left(\frac{\Delta U}{U}\right)^3 \qquad (6\text{-}2\text{-}2)$$

式中：p 为电雷管轴向输出压力，V；ΔU 为锰铜压力计受压与后电压最大变化量，V；u 为锰铜压力计初始电压，V。

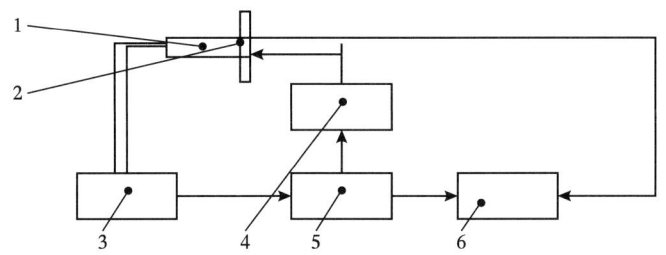

图 6-2-8　电雷管轴向输出压力检测示意图

1—电雷管；2—锰铜压力计；3—起爆仪（数码自控仪）；4—脉冲恒流源；5—同步机；6—示波器

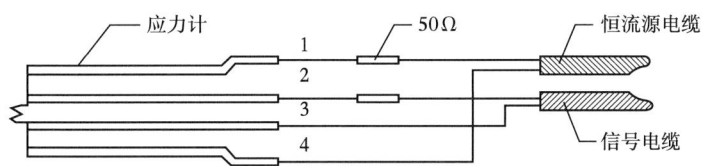

图 6-2-9　应力计接线示意图

（2）引爆导爆索：

①样本量：2发。

②材料和仪器：按照相应产品技术要求，用相应的起爆仪输出电雷管规定的发火刺激。

③测试方法：提取电雷管样品，截取长度100mm±5mm的油气井用导爆索。把电雷管和导爆索连接，发火后，导爆索应爆炸完全。

二、油气井射孔起爆装置检验

1. 检测流程

起爆器检测流程如图6-2-10所示。

图 6-2-10　起爆器检测流程图

撞击起爆装置检测流程如图6-2-11所示，压力（压差）起爆装置检测流程如图6-2-12所示，撞击与压力双效起爆装置检测流程如图6-2-13所示。

- 245 -

图 6-2-11　撞击起爆装置检测流程图

图 6-2-12　压力（压差）起爆装置检测流程图

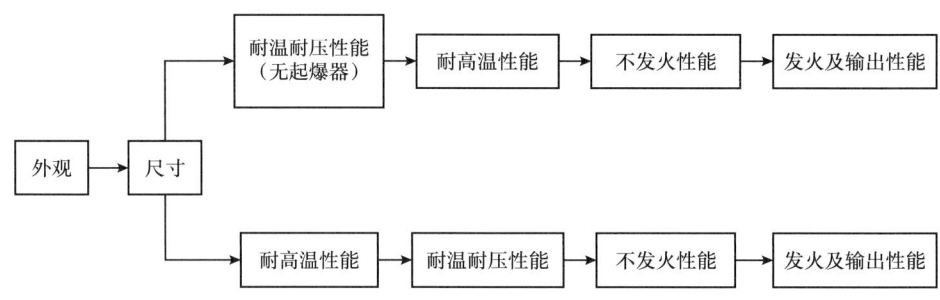

图 6-2-13　撞击与压力双效起爆装置检测流程图

2. 检验方法

1）起爆器

（1）抗震性能。

将处于包装状态下的样品放在震动试验机上，在凸轮转速为 60r/min±1r/min，落高为 150mm±2mm 的条件下震动 10min，检查产品外观。

（2）抗跌落性能。

将处于包装状态下的样品从 1.5m 高处自由跌落，检查产品外观。

（3）尺寸。

用卡尺从三个不同位置测量起爆器密封面处的外径并计算平均值，测量起爆器长度。

（4）耐低温性能。

将样品放入低温装置中，使样品在 40min 内达到 -40℃±2℃，恒温 2h，测量起爆器长度，精确到 0.05mm，并检查炸药是否外漏，结构是否损坏。

2）起爆装置

（1）尺寸。

用卡尺从三个不同位置测量起爆装置外径并计算平均值，精确到 0.1mm；用钢直尺测量起爆装置长度，精确到 1mm。

（2）耐温耐压性能。

①压力（压差）起爆装置。

将起爆装置放入图 6-2-14 所示的设备中，在产品规定的压力、温度条件下保持 30min。

②撞击起爆装置。

将起爆装置（不含起爆器）放入图 6-2-15 所示的设备中，在产品规定的温度条件下保持 30min。

③撞击与压力双效起爆装置。

将两套起爆装置分别按①和②进行试验。

（3）耐高温性能。

将起爆装置与传爆管装配到一起，放入图 6-2-15 所示的设备中，在产品规定的压力、温度和时间条件下进行试验。

（4）不发火性能。

①压力（压差）起爆装置。

将起爆装置装配最大压力 1/2 所对应数量的剪切销放入图 6-2-14 所示的设备中，在规定的温度条件下，施加产品最大压力 1/2 所对应数量的剪切销的不发火压力。该压力由单剪切销不发火压力值计算得到，试验后检查剪切销切断情况。

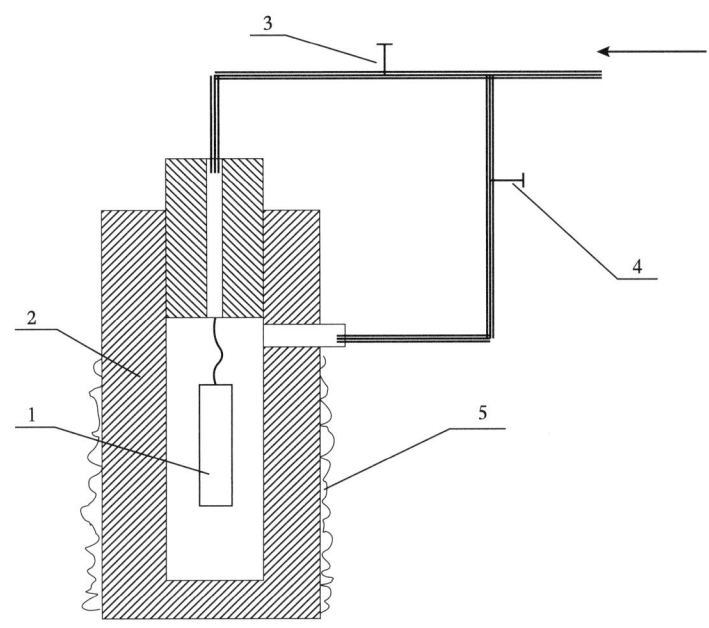

图 6-2-14　压力（压差）起爆装置发火试验装置结构示意图
1—起爆装置（无起爆器）；2—高压釜体；3，4—截止阀；5—加热板

②撞击起爆装置。

将撞击起爆装置放入图 6-2-15 所示的设备中，将 2.0kg±0.1kg 落锤在落高为 15cm±1cm 的条件下落下，撞击起爆装置不发火。

③撞击与压力双效起爆装置。

将两磁起爆装置分别按①和②进行试验。

（5）发火及输出性能。

①压力（压差）起爆装置。

将起爆装置装配最大压力 1/2 所对应数量的剪切销并与传爆管联接后放入图 6-2-14 所示的设备中，在规定的温度条件下，施加产品最大压力 1/2 所对应数量的剪切销的发火压力。该压力由单剪切销发火压力计算得到，检查传爆管爆轰情况。

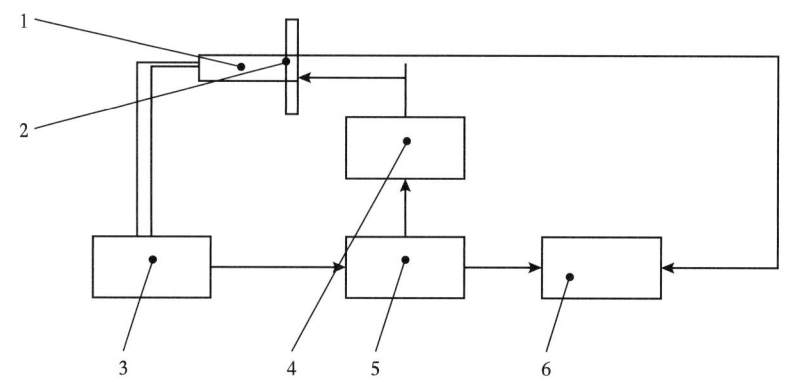

图 6-2-15 高温撞击发火试验装置结构示意图

1—电雷管；2—锰铜压力计；3—起爆仪（数自控仪）；4—脉冲恒流源；5—同步机；6—示波器

②撞击起爆装置。

将装有传爆管的撞击起爆装置放入图 6-2-15 所示的设备中，在产品规定的温度和时间条件下，用产品规定的机械能量起爆，检查传爆管爆轰情况。

③撞击与压力双效起爆装置。

将两套起爆装置分别按①和②进行试验。

三、油气井用导爆索检测技术

1. 检测内容

检测内容包括外观检测、装药质量检测、尺寸检测、爆速检测、耐温性能检测、收缩率检测、耐压性能检测、耐寒性能检测、抗拉性能检测、径向输出压力检测。对于有其他规定的导爆索，还可以依据相应的方法检测。

2. 检验程序及方法

1）外观检测

（1）包覆层：目视检查包覆层，包覆层颜色见表 6-2-1，金属包覆层导爆索应有相应的颜色标记，间隔不大于 1m；表面不应有凸起、杂质、气泡、砂眼、裂纹。

（2）索干：索干不应折扭、破损。

表 6-2-1 包覆层颜色

产品型号	包覆层颜色
常温级	黑
中温级	绿
高温级	黄
超高温级	红

2）装药质量

（1）样本量：200mm。

（2）检验方法：用直尺准确量取导爆索 200mm，用天平称出该导爆索的质量 m_1、全部包缠物和芯线的质量 m_2，计算药量，精确到 0.1g：

$$m = (m_1 - m_2) \times 5 \qquad (6\text{-}2\text{-}3)$$

式中：m 为装药量，g；m_1 为 200mm 导爆索质量，g；m_2 为 200mm 导爆索除去药粉后的质量，g。

3）尺寸检测

（1）样本量：1m。

（2）检验方法：用镀铜游标卡尺在索干的任意不同 5 处测量直径，每处取互相垂直的方向各测一次，共测 10 次。

4）爆速检测

（1）样本量：1.2m。

（2）检验方法：截取 1.2m 长的导爆索，从距一端 300mm±0.5mm 处开始，每隔 100mm±0.5mm 布一对探针，共布八对，每对按顺序编号。按图 6-2-16 所示连接检测系统，在导爆索 300mm 端搭接好电雷管并引爆。爆速为：

$$v_i = \frac{100}{\Delta t_i} \times 10^6 \qquad (6\text{-}2\text{-}4)$$

式中：v_i 为距离为 100mm 探针间的平均爆速，m/s；Δt_i 为距离为 100mm 探针间爆轰波传播时间，ns；i 为探针编号。

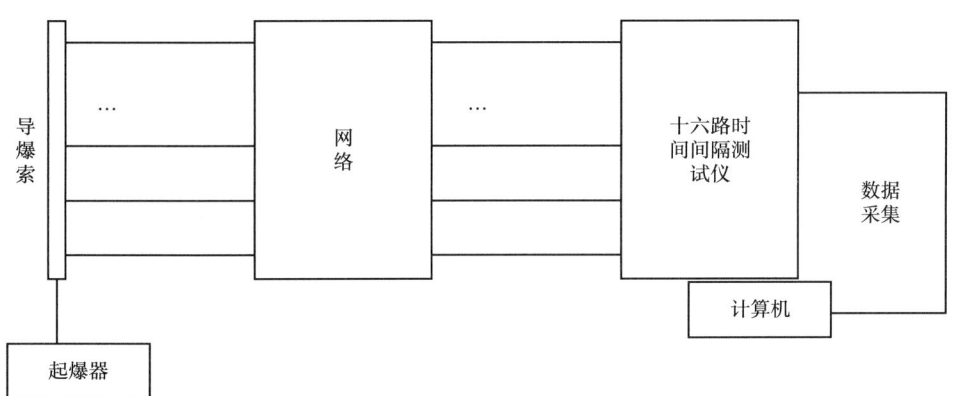

图 6-2-16　爆速测定示意图

5）耐温性能检测

（1）样本量：3m。

（2）检验方法：截取 3m 长的导爆索盘成直径 200mm±10mm 的索卷，将盘好的索卷放入高温装置内，按产品技术指标加温恒温。待样品冷却至常温后取出样品检查其包覆层，在一端连接电雷管，引爆。

6）收缩性能检测

（1）样本量：1.5m。

（2）检验方法：截取三段 500mm±1mm 的导爆索，放入如图 6-2-17 所示的装置。加温、恒温测量温度、收缩情况。待恒温箱内的温度冷却至室温，取出测试样品。

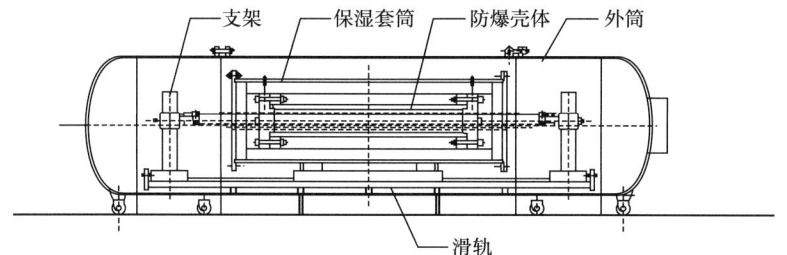

图 6-2-17 测量系统整体结构示意图

7）耐寒性能检测

（1）样本量：3m。

（2）检验方法：截取 3m 长导爆索盘成直径 200mm±10mm 的圆环，在 -42~-38℃ 之间保持 2h。取出样品，分别在直径为索干直径三倍的圆棒上缠绕三圈，然后调直，反复三次，导爆索包覆层不允许破裂；在一端连接电雷管，引爆。

8）耐压性能试验

（1）样本量：500mm。

（2）检验方法：截取 0.5m 导爆索，在一端连接电雷管。将组装好的样品放入高温高压装置内按产品技术指标设定温度和压力值进行保温保压。试验结束后引爆电雷管。

9）抗拉性能试验

（1）样本量：1000mm。

（2）检验方法：两端紧固在重锤式拉力试验机的夹具上，两夹具之间的距离不小于 200mm。一端用钩悬挂，另一端挂上重锤，缓慢加载，重锤离开支持物并保持 1 min，导爆索不应被拉断。重锤的质量按产品的技术条件选取：普通型导爆索不小于 490N，持续 1min 后观察是否被拉断；低收缩率型导爆索不小于 980N，持续 1min 后观察是否被拉断。

10）径向输出压力检测

（1）样本量：500mm。

（2）检验方法：取一段 500mm±1mm 长的导爆索，如图 6-2-18 所示，将系统连接好，引爆的同时记录波型和数据，计算输出压力见式（6-2-2）。

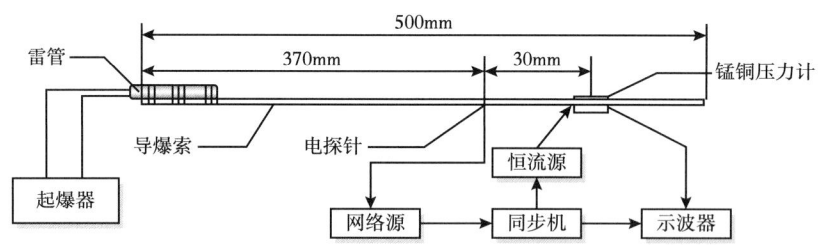

图 6-2-18 导爆索横向输出压力试验连接示意图

四、油气井用传爆管检测技术

1. 检测内容

检测内容包括包装检测、震动性能检测、尺寸检测、低温与受潮性能检测、耐热性能检测、传爆性能检测。

2.检验程序及方法

1)包装

包装应符合 GB 12463—2009《危险货物运输包装通用技术条件》要求。

2)震动性能

(1)震动试验装置:能够提供垂直跌落距离为 150mm±2mm,频率 60 次/min±1 次/min 条件的震动装置。

(2)检验方法:将 50 发样品保持原有最小包装平放入木箱底部中央用黄纸板塞紧,压紧箱盖。木箱在震动试验机上固紧,连续震动 30min 后检查包装和样品外观。

3)尺寸

(1)样本量:13 发。

(2)检验方法:随机抽取 13 发震动后样品,用游标卡尺测量样品的长度、内径、外径及内腔深度,测量精度为 0.02mm。

4)低温与受潮性能

(1)样本量:13 发。

(2)检验方法:随机抽取 13 发震动性能检测合格后的样品,于室温、相对湿度大于 95% 的试验箱内放置 4h。取出样品检查后将受潮检测合格的样品放入低温装置中在 -40℃±2℃ 的条件下放置 2h,待样品温度恢复至室温后取出检查。

5)耐热性能

(1)样本量:13 发。

(2)检验方法:按产品的温度指标要求将 13 发低温与受潮检测合格的样品放入高温装置中恒温试验,保温至规定时间,待样品温度恢复至室温后取出检查。

6)传爆性能

(1)样本量:12 发。

(2)检验方法:取耐热性能检测合格的样品 2 发,取 500mm、1200mm 各一段,如图 6-2-19 所示安装样品,其中 L 为殉爆距离,d 为轴线偏心距离,常温、中温级两传爆管间殉爆距离为 50mm±2mm,轴线偏心距离为 3mm±0.2mm;高温、超高温级两传爆管间殉爆距离为 30mm±2mm,轴线偏心距离为 2mm±0.2mm。传爆序列应能可靠传爆,被测试段导爆索的爆速应符合要求,记录检测结果,重复测量五次。

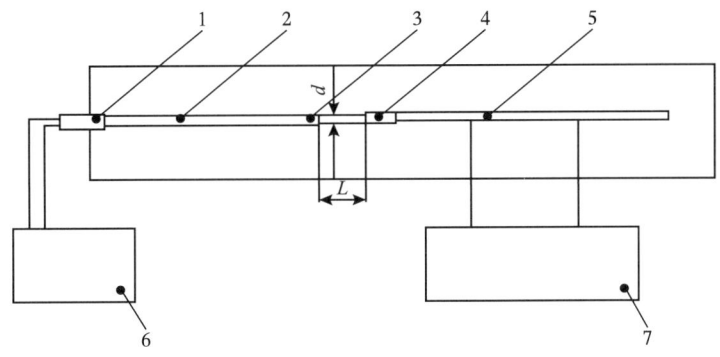

图 6-2-19 传爆管传爆性能试验连接示意图

1—电雷管;2—500mm 导爆索;3、4—传爆管;5—1200mm 导爆索;6—起爆仪;7—爆速测试仪

第三节　增效类器材检验技术

本节介绍了增效类射孔器材检验技术，主要包括油气井复合射孔器地面混凝土靶射孔检验、复合射孔器压力—时间测试检验、火药耐温性能检验，用于检验及评价增效射孔器材性能和对油气层的作功能力。

一、油气井复合射孔器地面混凝土靶射孔检验

1. 方法原理

在常温、常压条件下，用混凝土靶模拟井下套管和地层、用清水模拟射孔液及模拟射孔器在井下的位置进行检验、评价复合射孔器的穿孔性能及对套管的损害程度等。与油气井聚能射孔器地面混凝土靶射孔检验的主要差别为：一是用于下挂式复合射孔器的靶体结构不同，二是复合射孔器检验参数不同。

2. 混凝土靶的制备

混凝土靶的制备与第六章第一节"一、油气井聚能射孔器混凝土靶射孔检验"相同，内置式复合射孔器使用的混凝土靶结构如图 6-3-1 所示。外置式复合射孔器使用的混凝土靶结构特殊，为了适应火药燃烧所需要的压力，试验套管上、下部要密封，上部仅留直径 10mm 的起爆/泄压孔。下挂式复合射孔器是由聚能射孔器下部挂接火药组成，因此其试验套管长度要加上连接器和火药燃烧器所占的长度，即下挂式复合射孔器要求套管预留出下挂药所需的空间。其结构如图 6-3-2 所示。

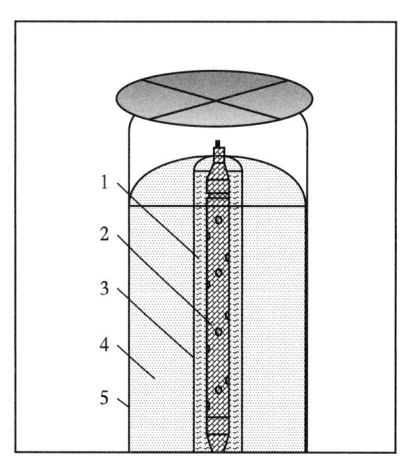

图 6-3-1　内置式复合射孔器用靶结构示意图

1—复合射孔器；2—介质；3—套管或油管；
4—混凝土靶；5—靶壳

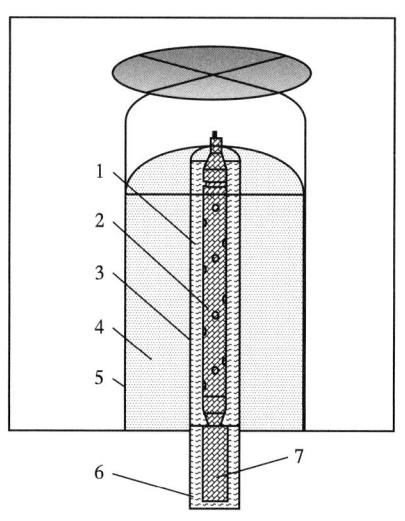

图 6-3-2　下挂式复合射孔器用靶结构示意图

1—复合射孔器；2—介质；3—套管或油管；4—混凝土靶；
5—靶壳；6—延长的套管或油管；7—下挂火药

3. 试验程序

1）复合射孔器装配

按要求装配复合射孔器。

2）靶的选择

靶外径的选择与聚能射孔器相同，试块的抗压强度不低于34.5MPa。

3）安放复合射孔器

复合射孔器可居中地放置在套管中，也可根据现场使用情况放置在套管中。在环形空间注入清水，液面应低于枪头但必须高于射孔弹和火药。

4）引爆、剖靶

由安放复合射孔器的人员引爆，沿孔眼排列方向纵向剖开混凝土靶，沿轴向无孔眼处剖开套管。

5）数据采集和处理

根据套管、混凝土靶确定测量的第一发弹的位置，以此作为起点由上往下依次测量。

（1）穿孔深度。

测量套管或油管内壁到射孔孔道末端的距离，用钢板直尺测量。

（2）套管或油管的孔眼直径。

测量套管或油管上椭圆形孔眼直径的长轴和短轴的值，测量值应用游标卡尺从套管或油管的外侧进行测定。

（3）内毛刺高度。

测量射孔孔眼套管或油管内壁凸起的最大值。如果射孔器的碎屑进入套管或油管中的射孔孔眼，且不能用手指排除，那么，这种障碍物的总高度应作为内毛刺高度记录下来，并加以解释。

（4）穿孔率。

穿孔孔眼数与试验弹数之比。

（5）火药残留量。

未燃烧火药的质量。

（6）射孔枪上裂纹。

射孔枪上产生的裂纹长度。

（7）射孔枪外径胀大。

射孔枪试验后外径与试验前外径之差。

（8）扶正器。

扶正器是否脱落。

（9）射孔枪盲孔对位率。

在盲孔中的孔眼数与总孔眼数之比。

（10）测量结果的表述。

①测量精度。穿孔深度的测量精度为1mm；内毛刺高度和穿孔孔径精度为0.1mm。

②测试结果的有效性。混凝土靶各孔道末端的未穿透部分的厚度平均值小于76mm时，试验无效；完全穿透靶的数据，应在报告数据中注明，但不计入平均穿孔深度；记录距靶的顶面300mm或距靶的底面150mm以内的穿孔深度，但不列入平均穿孔深度计算。

二、复合射孔器压力—时间测试检验

1. 方法原理

采用人造砂岩制作试验用砂岩靶,并干燥、清水饱和。在模拟井下温度、模拟现场套管环空条件下(介质为导热油)利用复合射孔器单元对砂岩靶射孔,测量复合射孔器产生的高能气体压力和持续时间,以评价复合射孔作功能力。

2. 试验装置(设施)

试验装置由釜体、压力传感器接口、复合射孔器单元及辅助填充体、循环加热装置和靶组成,结构如图 6-3-3 所示。砂岩靶由低碳钢板、固结剂、混凝土充填物、靶壳和底端盖组成,结构如图 6-3-4 所示。

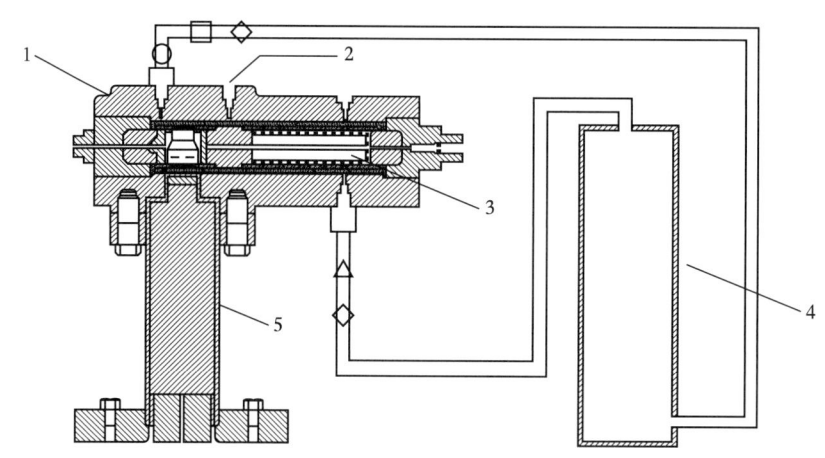

图 6-3-3 试验装置结构示意图

1—釜体;2—压力传感器接口;3—复合射孔器单元及辅助填充体;4—循环加热装置;5—砂岩靶

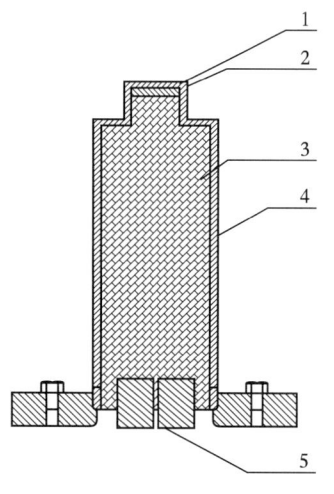

图 6-3-4 砂岩靶结构示意图

1—模拟套管的低碳钢板;2—模拟水泥环的固结剂;3—模拟储层的混凝土充填物;4—靶壳;5—底端盖

3. 试验条件和靶制备

1)试验条件

(1)压力容器内液体应为导热油,在整个测试期间提供温度条件。

(2)除带偏心装置的零相位复合射孔器外,复合射孔器居中旋转。带有偏心装置的零相位射孔器应以在井内所设定的间隙进行试验。

(3)引爆前,容器中的压力为常压。

2)靶制备

(1)靶壳。

钢质套筒内径不小于 200mm、壁厚不小于 6mm,且应保证未穿透岩心长度不小于 76mm。

(2)制作砂岩靶。

靶和样块的混凝土应采用下列质量组分的水泥—砂浆混合而成。应满足如下要求:

① 1份A级油井水泥，符合GB/T 10238—2015要求，质量偏差为±1%；

② 6份干压裂砂，质量偏差为±1%，砂子应满足粒径为1.25~0.63mm（16~30目）的要求，其粒径要求如下：

砂子粒径为1.25~0.63mm（16~30目）；标准筛组合为1.6mm（12目）、1.25mm（16目）、0.9mm（20目）、0.7mm（26目）、0.63mm（30目）、0.45mm（40目）、底盘；

筛析结果满足落在粒径范围内的质量，不低于砂子总质量的90%，大于顶筛（1.6mm）的砂子的质量不应超过总质量的0.1%，小于底筛（0.45mm）的砂子的质量不应超过总质量的1%；

③ 在使用前，沙子应储存在干燥的地方；

④ 1.5份清水，质量偏差为±1%。

（3）浇注。

将水泥—砂浆混合后浇注到靶壳、模具中，振动3min，制作复合射孔单元试验靶和样块。

（4）固化条件。

靶应在0℃以上，最少经过14天养护。

（5）靶的要求。

复合射孔器单元试验靶的抗压强度不低于2MPa。用清水饱和靶，将靶垂直放置，从下部缓缓注入清水，流速不能大于浸润速度，直到上部的清水稳定渗出为止。

（6）试样。

试验用复合射孔器单元为模拟现场使用的复合射孔器的单发段。

4. 试验程序

1）复合射孔器单元装配

按要求装配复合射孔器单元。

2）釜体装配

将复合射孔器单元放在釜体中，射孔弹与靶面垂直并对准靶板中心，固定。

3）间隙

除带偏心装置的零相位复合射孔器外，复合射孔器居中放置。带有偏心装置的零相位射孔器应以在井内所设定的间隙进行试验。

4）温度条件

试验时，平均温度变化应控制在±5℃之内，但允许超出范围的时间小于总暴露时间的10%；引爆时，容器中为要求的温度。

5）起爆

启动数据采集软件，当系统内部的同步控制器给出起爆与触发信号后起爆。

6）数据测量

（1）穿孔深度：测量靶板外部到射孔孔道末端的距离。

（2）穿孔孔径：用卡尺的量爪伸入孔眼内成90°方向测量靶板孔眼长轴和短轴的值。

（3）峰值压强：p—t曲线上0点到气体峰值最高点的读数值。

（4）持续时间：p—t曲线上气体峰值两个有效压强点间的时间。

（5）测量精度：穿孔深度的测量精度为1mm，穿孔孔径的精度为0.1mm，峰值压强的精度为 0.1MPa，压力持续时间的精度为 1μs。

三、火药耐温性能检验

1. 方法原理

将压裂火药放置在通风烘箱中，在模拟井下温度条件下来评价压裂火药的耐温性能。

2. 实验装置（设置）

试验装置主要由加热器、传感器和控制器等组成，如图 6-3-5 所示。

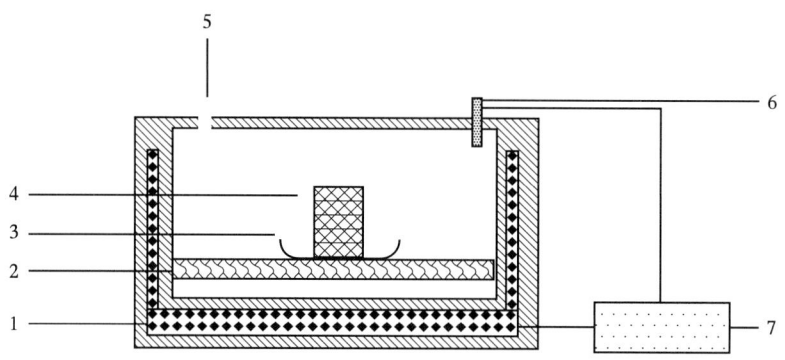

图 6-3-5　压裂药耐高温试验装置结构示意图

1—加热器；2—支架；3—托盘；4—压裂药；5—排气孔；6—传感器；7—控制器

3. 试验条件

试验介质为空气，试验温度为额定工作指标的 1.05 倍，控制精度为 ±2℃。

4. 主要程序

（1）称量样品质量。

（2）将压裂火药放在托盘中，将托盘放在烘箱的支架上。

（3）按试验要求加温，温度上升速率不大于 2℃/min。当温度达到预定值后，恒温至试验规定时间。

（4）降温后，取出试样进行外观检查，称量样品质量。

5. 结果描述及数据测量

1）结果描述

观察试验后的样品，压裂火药以无流变、不自燃为合格。

2）数据测量

用天平称量试验前后压裂火药的装药质量，测量精度为 0.1g。

第七章 射孔安全技术

石油射孔行业所使用的射孔弹、导爆索、起爆器、雷管等都是易燃易爆的爆炸物品,在生产、使用、储存、运输过程中均存在易燃、易爆、中毒的危险,事故频率高,造成人员和财产的损失大,具有较大的危险性和伤害性。多年来,国内外发生过多起射孔地面爆炸事故,造成从业人员的人身伤害和财产的重大损失,这其中有的是在生产过程中出现的安全事故,有的是在运输过程中出现的安全事故,也有的是在现场使用过程中出现的安全事故。这些安全事故给企业和从业人员造成了无法挽回的损伤,因此射孔安全是非常重要的。

本章重点从射孔器材安全要素分析、制造安全技术、存储、运输、使用和销毁等环节对射孔器材的安全技术进行了阐述。

第一节 射孔器材安全要素分析

射孔用爆炸物品在整个寿命周期内要经受到自然环境和诱发环境的影响。自然环境是指自然界中存在的各种条件,包括大气环境、深井环境等。诱发环境是指任何一种人为的或设备造成的环境,如生产运输、储存环境、现场使用时的任务环境(程呈,2022)。

爆炸物品在任何时间和任一地方只有一种环境。这种环境是各种作用于其上的自然的环境和材料、设备、人或其他有机体造成的诱发环境的总和。图 7-1-1 是爆炸物品在整个寿命周期可能经历的环境条件。

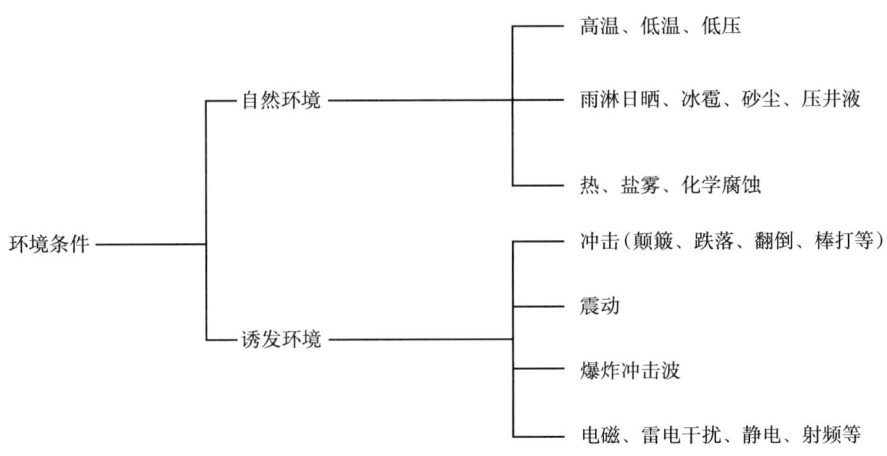

图 7-1-1 产品整个寿命周期的环境条件

一、温度

高温能改变材料的物理特性,从而暂时或永久地损害材料的性能;低温对一切材料都有影响,导致材料物理特性改变、性能钝化、高低温环境效应,见表7-1-1。

温度对爆炸物品的影响很大,尤其是高温的影响,高温加温药剂分解。

表 7-1-1 高温、低温环境效应对比

效应	高温效应	低温效应
特点	材料膨胀、尺寸改变、润滑剂黏度降低、电器件性能改变、固体药柱破裂、焊药熔化流出、密封的射孔弹内产生压力、工作寿命缩短、火工条件失效或自爆(燃)	材料发硬变脆、润滑剂黏度增加、电导元件性能改变、固体爆炸物品产生裂缝、燃烧速率改变、人的灵活性、听力、视力改变、水冷凝和结冰

温度对药剂的影响可以用阿伦纽斯(Arrhenius)方程表示:

$$R'(T) = Ae^{-(E/RT)} \tag{7-1-1}$$

式中:E 为活化能,kJ/mol;R 为气体常数,J/(mol·K);T 为绝对温度,K;A 为常数,Hz;$R'(T)$ 为反应速率,Hz。

药剂在任何时候都在进行热分解,在常温度时分解速度较慢,$R'(T)$ 很小,一旦温度升高,化学分解被加速,特别是在密封的药室内,分解产生的气体不能释放压力,最终发生热爆炸(即自爆)或失效(即瞎火)。热爆炸是指炸药吸收了周围环境的热量而发生热自燃(热点火)现象,是一种自发的人们并不希望发生的意外爆炸现象。热爆炸温度并非描述炸药性能的特征量,而是描述热环境与产品形成的系统的特征量。热爆炸与产品结构、环境热学性质,以及产品在热环境中的压力和停留的时间有关。

二、压力

大气压力和井下压力都是客观存在的,通常情况下射孔器材常用火工品在高压环境下的药剂并没有太显著的影响,因为大多都密封在射孔枪枪管内部,一般情况下不承受井下高压的直接作用。高压主要对产品外壳有较大损害,如果壳体强度不够,那么产品会因变形而失效。有枪身射孔、火工件都密封在枪身内,一般只考虑枪身的耐压问题,无枪身射孔中所有火工器材都裸露在钻井液中,所以在设计中必须考虑器材的耐压问题,如采用耐压雷管和耐压导爆索。

三、湿热

湿气能使材料的物理性能和化学性能发生改变,湿度和温度的交替变化,将会引起如下问题:

(1)造成金属壳体的电腐蚀;

(2)表面有机涂层的化学或电化学破坏;

(3)造成药剂吸潮、分解和钝化;

(4)电性能和热性能降低;

（5）材料因吸潮而产生形变。

在湿热条件下，一方面在设计层面要考虑湿热环境对产品性能的影响，在产品设计时，选取的金属材料应具有耐湿能力，设计合理的结构，设法将药剂密封起来，以排除或缓解湿气对药剂的侵蚀；另一方面要考虑火工品的存储环境，控制合适的湿热条件，防止因湿热环境而引起产品性能的变化。

四、震动

震动是环境试验中很重要的参数，在实际应用中震动可能会导致产品的结构损坏、工作性能失灵和工艺性能破坏。通常情况下，震动会导致火工品产生如下问题：

（1）紧固件松动、焊点脱离开；

（2）构件疲劳、结构改变、密封件失效；

（3）电子元器件接触或短路，引起功能失效；

（4）光学系统失调；

（5）火炸药装药结构松动，引起功能失效。

五、电磁干扰

电起爆器最危险的问题是伪信号的意外起爆问题，因为在大多数情况下，一个由电起爆的电雷管是不能分辨外来信号的真伪的。真信号是人们有意地给电雷管发出的信号，而伪信号是外界电场提供给电雷管的意外信号，这种伪信号可能来自静电或雷电。

1. 静电、射频等电磁干扰

静电是产生意外事故的危险源之一，人体或衣服的摩擦等均可产生静电，而一般电雷管起爆只需要 2~10mJ。人体产生的静电若全部作用于雷管，就能引起意外爆炸事故。所以在生产和运输、装卸储存及现场使用均要采取防静电措施，电爆装置的防静电措施有两种：静电屏蔽和短路接地。

2. 雷电

打雷是很强的放电过程，放电电流几万到几十万安培，电磁辐射达 20kV/cm，电量达几亿到几百亿焦耳。打雷过程会产生强烈的电磁辐射，并在周围空间产生很强的感应电源，若导体构成间隙不大的闭合回路，间隙处会放电。在野外施工时，雷电对电起爆器的危害是极其严重的，国内外都发生过因雷电而产生的意外事故。雷电引发意外事故的原因主要有两条：一是产生电火花起爆，二是雷电对产品施加感应电能量。为杜绝雷电对产品的危害，应设计对电火花放电钝感的产品，减少感应能量，在雷电天气环境必须立即停止射孔施工。

3. 电磁干扰

野外施工中电磁干扰也是危险源之一。现场施工电环境十分复杂，周围空间及地面处处存在电磁波和杂散电流，这成为影响电起爆器的致命隐患。安全的措施主要是安装电雷管，设计时必须考虑有较强的防电磁能力，在野外施工时远离高压线，现场杂散电流也应控制在一定的范围内。

六、时间

爆炸物品从生产、储存直到使用即为其整个寿命过程，其中的任一环节都与时间有关。时间与产品环境参数相结合对产品质量有极其重要的影响，如高温环境中，爆炸物品分解加速，导致产品性能下降，甚至产生热自爆。因此时间问题是产品设计与使用都必须考虑的重要问题。与时间有关的产品参数主要有产品的可靠工作寿命、产品的有效储存年限、外界环境持续时间。

外界环境持续时间是指应用爆炸物品作业的时间。把爆炸物品从进入作业场所到作用的这段时间称为爆炸物品的工作时间。产品的有效储存年限是指产品可以发挥功能的最长储存时间，产品在储存期间性能不断退化。一般来说，产品的可靠工作寿命比有效储存年限短。

第二节 射孔弹制造安全技术

射孔弹制造安全技术涉及设备安全条件、安全操作、工艺安全、定置管理、劳动保护、生产过程中的安全卫生共六个方面。本节针对安全管理、因素、要求及其预防措施进行详细阐述。

一、设备安全条件

生产易燃易爆危险品的设备应长期保持良好状态。接触易燃易爆危险品的设备管道应光滑，结构要尽量简单，管道应采用法兰盘连接，禁止用螺纹连接，法兰连接处应有跨接线。易燃易爆工房使用的工具和设备零部件，应采用摩擦撞击时不产生火花并且与产品不起化学反应的材料制成。生产易燃易爆危险品的设备应按规定安装，机械传动部位，如齿轮、链轮等，应有密封防护罩。对突然停止运转时有发生火灾爆炸危险的设备，应配有双电源供电系统或相应安全措施，并能自动切换电源同时发出危险报警信号。压药生产设备应有过负荷限制器和行程限制器、卡壳报警器。易发生燃烧爆炸的压药生产过程应有隔离防护钢板或钢筋混凝土防爆墙，其抗爆强度应保证爆炸时操作人员安全（王海福等，2004）。

二、安全操作及管理

必须穿戴好防静电工作服，劳保用品符合国家管理规定；进入生产工房必须释放静电，禁止携带火种、通信器材等火工区禁用物品和器具；操作过程必须严格遵守安全操作规程，出现紧急情况时要按照制订的应急预案程序进行救援。

1. 炸药及火工品防火安全管理

防火安全管理的重要实践工作应当置于核心首要地位，企业如果缺少针对危险化学物品的全面防火监管工作，那么意味着企业生产环节中的安全隐患因素将会显著增加。在具体实践中，管理人员针对现有的化学品防火安全监管规范制度应当予以完整的确立，督促企业技术人员认真遵守现有的防火安全监管实施规则。企业技术人员在操作与使用易燃易爆的化学物品时，应当禁止将明火丢弃在化学品的存储空间区域，防止发生明火引燃化学品的重大安全事故。

对于危险系数较高的各种化学品，在全面施行防火安全监管的前提下，管理人员需要做到熟练运用网络智能化监测仪器平台。管理人员通过操作与使用智能化远程监测装置设备，可以了解与判断危险化学物品所在空间的环境安全隐患因素。企业技术人员应熟练使用传感监测的信息化仪器，实时监测与调整化学物质存储空间的湿度与温度条件，确保达到延长火工品与炸药使用期限的目标。

2.炸药及火工品的防雷安全管理

雷电如果进入到火工品及炸药的储存空间内部，将会引发雷电火灾，造成规模较大的化学危险品爆炸。因此，防雷安全管理的实践技术手段应当贯穿融入于企业的日常管理运行过程。企业管理人员必须深刻认识到危险化学物品的防雷管理工作的重要意义，通过布置建筑物的避雷针及防雷屏蔽装置来避免雷电引发火灾。具体针对专门存储炸药及其他危险化学物质的企业库房建筑空间而言，管理人员应当妥善做好建筑物的防雷屏蔽措施。管理人员对避雷针等专门技术仪器应当予以正确的安装使用，以增强企业安全监管与控制力度。

目前，工程建设企业及化工生产企业针对危险化学品的安全存储监管规范制度都要尽快建立。企业管理人员对混乱的火工品及炸药化学品管理实施状况应当进行全面的优化整改，确保将规范化的危险化学物质存储管理思路贯穿于企业的生产运行过程。管理人员必须要经常督促危险化学品的操作使用人员，确保操作人员可以做到严格遵守危险化学品的安全监管技术指标规定。企业管理人员应能正确使用远程智能化的管理辅助手段，切实有效保证各种类型的危险化学材料与物品得到妥善的安全保管。

三、工艺安全技术

1.射孔弹生产工序安全因素

目前各国依然广泛应用的射孔弹装药方式是压装法。在压装生产中，尽管松散炸药经过钝化处理，但其机械感度还是比较高的，所以发生爆炸的可能性还存在。在给散粒体炸药加压过程中，炸药承受很大的压力，局部地方可能受力更大，而且凸模与模壁或弹壳、炸药与弹壳及炸药与炸药之间都发生着激烈的摩擦。夹在凸模与弹壳间的炸药，不仅存在着剧烈的摩擦，还承受着较大的侧压力，可能使炸药温度升高，易于形成"热点"，从而发生爆炸。炸药中混入坚硬杂质是影响安全生产的重要因素。资料显示，TNT含砂量增加0.1%，标准落锤感度将由4%~8%增加至20%，其他感度也相应增加。

2.工序中导致发生爆炸的因素

（1）炸药压装过程中，爆炸事故大部分发生在压到位时，即压力达到最高压力时发生。同时，保压过程中也易发生爆炸，即保压时爆炸的危险性同样存在。因此在没卸压时，不能打开防爆门。

（2）退模时发生爆炸也占有一定比例，说明退模同样处于危险状态中。

（3）模具清擦不净，模具上的划痕及毛刺都增加了爆炸的危险性。

（4）由于某种原因，使压药过压，易引起爆炸。但并不是每次过压都会发生爆炸，有时只发生模具破裂。

3.工序中爆炸事故的预防措施

为了避免爆炸事故的发生，就要针对机理和现象采取措施，逐项检查，严格遵守有关规定，绝大多数爆炸是可以避免的。从技术上应做好以下几点：

（1）防爆门上安装联锁开关，确保不关好门压机不动。
（2）合理地确定配合间隙，控制加工质量，确定最佳模具结构。
（3）使用圆角代替可替代的尖角。
（4）采用新技术和自动控制。
（5）严格技术和安全的各项制度。
（6）可能与药粉接触的工装应固定联接，避免使用黑金属螺纹。

综上所述，工艺安全技术主要从健全安全法规、设置防爆设施和树立安全思想及加强技术改进四方面进行。

4. 定置管理要求

（1）厂房、库区要有明确的文明生产及完善的现场管理制度。
（2）厂房要科学合理地设计定置管理图，并标注准确、清楚。
（3）所有物品、设备严格按定置管理图标注位置摆放。
（4）各种材料、半成品、成品按规格、品种和分类整齐摆放。
（5）工房整洁、地面无油污，室内通道畅通，区域标志界线明显，物流有序。
（6）库存物资的储存按规定标准执行，料签填写清楚，签物相符。
（7）室外料场的物品，要在专用场地整齐分类存放。
（8）危险品生产、检验厂房及仓库有定量储存标志牌。
（9）各区域内标牌准确、规范。
（10）各区域、场所应有安全负责人，并且进行周期检查和维护。

5. 劳动保护

概括地说，劳动保护就是对劳动者在生产中的安全与健康所实施的保护，主要内容就是防止职工伤亡，预防职业病，以及保护职工的生命安全和国家物资财产。劳动保护的基本任务是预防生产中发生的人身、设备事故，形成良好的劳动环境和工作秩序，基本措施是制定劳动法规，采取各种安全技术和工业卫生方面的技术、组织措施，以及经常开展群众性安全教育和安全检查活动。

劳动中发生灾害的因素：

（1）人为因素。虽然其他条件都正常，但人在操作中由于某种原因出现差错，如忽略规章制度、误操作、精神不集中、疲劳等。
（2）环境因素。如工艺布置、作业面积、颜色、照明、湿度、明火、雷电、震动、通风、温度等。
（3）物的因素。如结构不良、强度不够、设备磨损老化、机器设备故障、危险物、安全装置失灵、操作对象有毒等。

劳动生产过程是人、物和环境组成的系统，危险因素的性质、能量和感度是发生事故的三个基本因素。

6. 生产过程中的工业卫生

装药生产过程中使用的炸药都是具有一定毒性的化合物，其粉尘和蒸汽对人体均可产生毒害作用。药型罩的原材料也越来越趋向重金属化和粉末化，其中大多数对人体有害。

有害物进入人体的途径有皮肤侵入、呼吸道侵入、消化道侵入等。其中，皮肤吸收和呼吸道侵入是中毒的主要途径。因此，除加强工艺（如通风、设备密闭化）和工艺布局的合理性外，还应采取综合措施，并养成良好的卫生习惯，有效地预防中毒。

导致中毒的因素：

（1）作业环境中炸药与有机溶剂的浓度大小。

（2）温度、湿度、直接接触时间、劳动强度、性别、个人卫生习惯及身体素质，都会影响中毒的速度和程度。当生产环境气温升高、毒物扩散严重，皮肤血管扩张，排汗量加大，则中毒性也越大。当劳动强度大时，呼吸加快，空气中有害物通过呼吸侵入体内的量也越多；空气中有害物浓度越大，中毒越快。

预防措施：

（1）要改进生产工艺条件，做到设备密闭化、自动化，防止药粉飞扬，降低环境中毒物浓度。

（2）采用先进工艺和技术，以减少直接接触。

（3）防静电服装、口罩等穿戴齐全。

（4）养成良好的卫生习惯。

（5）加强管理，提高对防病防毒的认识。

（6）定期进行操作间浓度监测和工人体检。

第三节　其他爆炸物品制造安全技术

除了射孔弹制造安全技术以外，其他爆炸物品主要指油气井用传爆管、油气井用大电阻点火器、油气井用导爆索、油气井用电雷管、油气井用起爆器、油气井用桥塞慢燃火药等。本节主要阐述了射孔器材用其他爆炸物品的制造安全技术。

一、油气井用传爆管制造安全技术

油气井用传爆管是油气井射孔作业中的传爆元件，连接于传爆管的端头，接收雷管或传爆管的爆轰能量，输出爆轰引爆导爆索或下一级传爆管。油气井具有高温的特性，因此油气井用传爆管中使用均为耐热单质炸药，目前使用的炸药有黑索金（RDX）、奥克托金（HMX）、六硝基芪（HNS）和皮威克斯（PYX）。

传爆管用炸药具有分解、燃烧、爆炸等不安全隐患，在生产过程中稍有不慎，便容易形成发生爆炸的条件，其工房安全性、生产过程安全性与起爆器生产大致相同。在生产过程中着重考虑对人员的安全防护，主要注重以下几点。

1. 工房温度湿度控制

在炸药的称量、装药、压实过程中，控制房间内的温度和湿度，防止过于干燥产生静电累计，在称量过程中意外发火。通常采用防爆空调、防爆除湿机和防爆增湿机对温湿度进行有效控制。

2. 生产过程中浮药的有效清理

敏感药剂的浮药往往会成为各种生产事故的导火索，本身具有敏感性，少量的浮药易被忽略，因此在易产生浮药的工装、设备表面，应采用湿态溶剂润湿后再进行浮药清擦，防止因摩擦导致药剂发火。

3.人机隔离防护

为了保证操作者的人身安全，敏感药剂的压制过程均在防护罩内进行，实行人机隔离防护。目前采用的是全自动转盘式压力设备，可以实现模具的自动放入、压合、拔模，最大限度地保证人员安全。

二、油气井用大电阻点火器制造安全技术

大电阻桥塞点火器用于电缆输送复合射孔作业中，通电后被引燃，然后输出高温火焰和残渣，引燃输出端下一级火工品，其内部装药主要是烟火药。油气井用大电阻桥塞点火器传爆序列为电缆通电，导电组件通电，电阻产生热量从而引燃序号2烟火药，序号2中的烟火药引燃下一级火工品，如图7-3-1所示。

由于点火器用烟火药具有易分解、燃烧、爆炸等隐患，在生产过程中稍有不慎，容易形成爆炸的条件，其工房安全性、生产过程安全性与桥塞慢燃火药生产大致相同。油气井用大电阻桥塞点火器中烟火药比猛炸药敏感，因此在生产过程中着重考虑对人员的安全防护，主要注重以下几点：

（1）工房温度湿度控制。

在烟火药的称量过程中，控制房间内的温度和湿度，防止过于干燥产生静电累计，在称量过程中意外发火。通常采用防爆空调、防爆除湿机和防爆增湿机对温湿度进行有效控制。

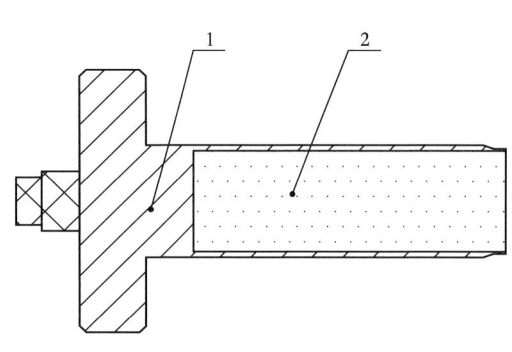

图7-3-1 油气井用大电阻桥塞点火器典型结构示意图

1—点火器；2—火药

（2）生产过程中浮药的有效清理。

敏感药剂的浮药往往会成为各种生产事故的导火索，本身具有敏感性，少量的浮药往往成为极易忽略的环节，因此在易产生浮药的工装、设备表面，应采用湿态溶剂润湿后再进行浮药清擦，防止因摩擦导致药剂发火。

（3）人机隔离防护。

为了保证操作者的人身安全，敏感药剂的压制过程均在防护罩内进行，实行人机隔离防护。目前采用的是全自动转盘式压力设备，可以实现模具的自动放入、压合、拔模，最大限度地保证人员安全。

三、油气井用导爆索制造安全技术

工业导爆索是指以猛炸药为药芯，药芯外包包覆层，在外界能量作用下，以一定爆速传递爆轰波的工业索类火工品。油气井用导爆索是在油气井中所使用的工业导爆索，主要用途是在射孔枪中引爆传爆管及射孔弹，也用于爆炸松扣等井下特种工程作业。

油气井具有高温的特性，因此油气井用导爆索中均使用耐热单质炸药，目前使用的

炸药有黑索金（RDX）、奥克托金（HMX）、六硝基芪（HNS）和皮威克斯（PYX）。

猛炸药不同于其他化学品，具有易分解、燃烧、爆炸等不安全隐患，在生产过程中稍有不慎，容易形成发生爆炸的条件。需从工房安全设计、生产过程安全性及安全防护措施三个方面保证制造过程中的安全。

1. 工房安全设计

危险品生产工房及库房的安全设计，符合 WJ2470—1997《火药、炸药、弹药、引信及火工品工厂设计安全规范》，同时应满足 GB 50016—2014《建筑设计防火规范》。因为火工品和烟火生产和使用中存在爆炸、燃烧风险，还可能散发大量蒸汽、粉尘和毒性。在工房安全设计上，要针对性采取一些安全技术措施。

（1）采取预防事故发生的安全措施。

工房安全设计建造时，采用不易发生火花的地面材料，比如铺设防静电环氧地坪漆等。防止门窗在阳光下直射的聚焦作用及建造结构上防止积尘并便于清洗等。

（2）减少事故发生的损失。

工房进行定员定量设计，尽可能减少事故发生时造成的破坏作用及后果，防止事态扩大，使工房便于修复，早日恢复生产。

（3）保障人员安全与健康。

工房安全设计建造时，人员疏散通道应科学合理，能够实现尽快疏散，减少人员伤亡。应设置安全窗，不应采用玻璃窗，有利于人员尽快从安全窗跨出去。针对性检测有毒有害气体产生的区域，并设有通风措施，保障操作人员健康。

2. 生产过程安全性

火炸药生产过程中，造成燃烧爆炸事故的起因以热作用、机械作用和静电作用为主。因此主要对这三个因素设计安全措施。

（1）防止热作用的安全措施。

严禁在炸药生产区内出现火源，比如打火机、火柴等。确因需要进行动火作业时，必须事先采取严格的清理措施，将周围的爆炸品彻底清理干净。

导爆索挤塑机是产生高温的重要环节，必须对设备定期进行检修，保证设备顺利运转，防止挤塑时炸药在高温下持续加热引起自燃自爆。同时注意挤塑后的冷水冷却环节，防止因缺水造成无法及时冷却。

（2）防止机械作用的安全措施。

保证机器设备运转正常，严格执行检修制度，保证检修质量，防止因设备运转不正常使炸药受到挤压、撞击或摩擦，而导致意外燃烧或爆炸。

在药浆混制环节，应防止铁屑等异物进入搅拌机中，对原材料准备环节进行严格把控，及时进行检查。

（3）防止静电作用的安全措施。

工房内的所有机器设备均进行接地处理，并定期检查接地情况。操作者穿戴防静电工服、导电工作鞋，防止人体本身的静电积累。有效控制工房内的湿度，防止工房内湿度过低，容易产生静电。

3. 安全防护措施

（1）自动雨淋装置的设置。

针对炸药易燃烧的特性，工房内均设置有自动雨淋装置。自动雨淋装置一般由管网、火灾敏感元件、控制部分和喷头组成。当起火时，火焰传感器检测到火苗存在，控制系统打开喷头的阀门，开始向外喷水，使火被扑灭。

（2）阻爆装置的设置。

在可能发生爆炸危险的干燥、挤塑等工序，在导爆索卷盘的一端或两端分别安装了阻爆装置。当导爆索在工序中发生意外爆炸时，阻爆装置处的导爆索将通过沟槽切断（而不是殉爆）临近的导爆索，使卷盘导爆索不被殉爆而处于安全状态，从而大大降低事故的风险和损失，如图7-3-2所示，导爆索A意外爆炸，当爆轰波传递到隔爆装置压力通道时，冲击波通过压力通道作用在导爆索B上，将导爆索B切断，从而终止爆轰波继续往下传播。

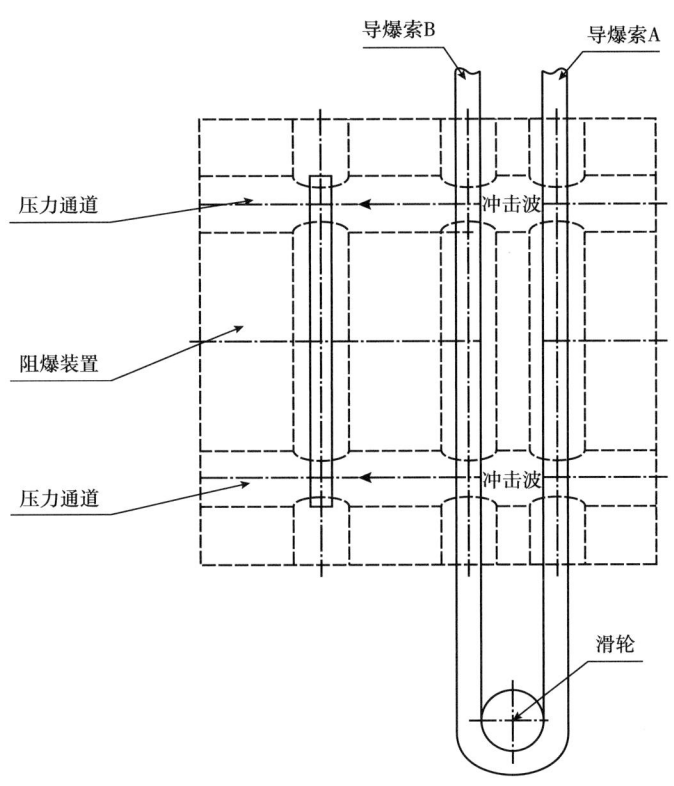

图7-3-2 阻爆装置工作原理示意图

四、油气井用电雷管制造安全技术

油气井用电雷管是一类以电能为激发能量的工业雷管（图7-3-3），主要用途是在油气井电缆传输有枪身射孔作业中作为起爆源，接收地面电缆输入的电流后起爆，输出冲击波引爆传爆管或导爆索等下级火工品，最终引爆射孔弹。

电雷管传爆序列为地面通电后电流作用于点火药，使其激发，输出火焰引燃基础雷管，雷管输出爆轰波。油气井具有高温的特性，因此油气井用电雷管主装药均为耐热单质炸药。目前使用的炸药有黑索金（RDX）、奥克托金（HMX）、六硝基芪（HNS）和皮威克斯（PYX）。

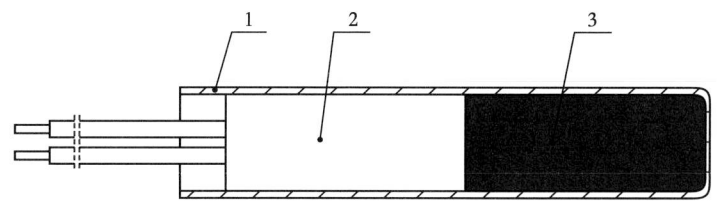

图 7-3-3　油气井用电雷管典型结构示意图

1—壳体；2—电发火件；3—基础雷管

电雷管生产过程中所用的点火药、起爆药、炸药等与起爆器基本一致，具有分解、燃烧、爆炸等不安全隐患，工房安全设计、生产过程安全性与起爆器生产大致相同。电雷管对静电较敏感，在生产过程中要特别注意对人体静电的释放和对人员的安全防护，主要注重以下几点。

（1）起爆药转运时的安全防护。

起爆药是电雷管生产中最敏感的药剂，其转运时要特别注意安全防护。起爆药的转运称量过程需要穿防爆服、防爆头盔，防止意外发火时对人体造成损害。

（2）静电控制措施。

工房内的所有机器设备均进行接地处理，并定期进行接地情况检查。操作者穿戴防静电工作帽、上衣和下装分开式的防静电工作服装、防静电工作鞋、有绳防静电手腕，防止人体本身的静电积累。使用防爆空调、防爆除湿机和防爆增湿机控制工房内的温度湿度，防止工房内环境湿度过低导致产生静电火花，使起爆药发生爆炸。

（3）生产过程中浮药的有效清理。

敏感药剂的浮药往往会成为各种生产事故的导火索，本身具有敏感性，少量的浮药易成为易忽略的环节，因此在易产生浮药的工装、设备表面，应使用湿态溶剂润湿后再进行浮药清擦，防止因摩擦导致药剂发火。

（4）人机隔离防护。

为了保证操作者的人身安全，敏感药剂的压制过程均在防护罩内进行，实行人机隔离防护。目前采用的是全自动转盘式压力设备，可以实现模具的自动放入、压合、拔模，最大限度地保证人员安全。

五、油气井用起爆器制造安全技术

油气井用起爆器又称撞击雷管，是由撞击冲能激发的工业雷管（图 7-3-4），主要用途是在油管传输射孔作业中作为起爆源，接收一定的机械冲击能量后起爆，殉爆传爆管或延期起爆传爆管。

起爆器传爆序列为击针撞击击发药，使其激发，输出火焰引燃基础雷管，雷管输出爆轰波。

击针撞击起爆的发火机理：撞针作用于火

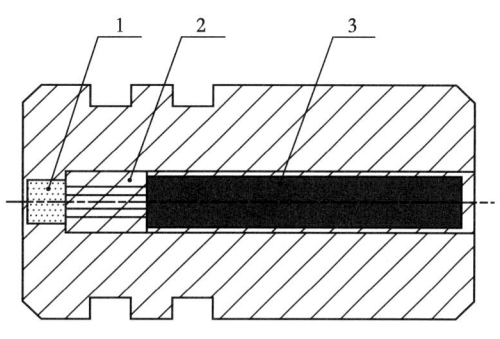

图 7-3-4　油气井用起爆器典型结构示意图

1—击发药；2—火台；3—基础雷管

帽（内装有击发药）上，火帽的底部变形向内凹入，因为火台是紧压在火帽上并且固定在起爆器中，火帽管中的药剂受到火台和底火底部变形引起的挤压而发火。当药剂受到挤压时，其中的起爆药受到撞击、压碎、摩擦等形式的力的作用，药粒之间相互摩擦，在起爆药的棱角或棱边上产生热点，这些热点很快扩散，使整个装药发火，产生火焰点燃下级基础雷管。

油气井具有高温的特性，因此油气井用起爆器的主装药均为耐热单质炸药。目前使用的炸药有黑索金（RDX）、奥克托金（HMX）、六硝基芪（HNS）和皮威克斯（PYX）。由于击发药、猛炸药具有易分解、燃烧、爆炸等不安全隐患，在生产过程中稍有不慎，容易形成发生爆炸的条件，其工房安全设计、生产过程安全性与导爆索生产大致相同。油气井用起爆器中击发药比猛炸药敏感，产品的整体输出威力相当于8号雷管，因此在生产过程中着重考虑对人员的安全防护，主要注重以下几点。

（1）工房温度湿度控制。

在击发药的称量过程中，控制房间内的温度和湿度，防止过于干燥产生静电累计，在称量过程中意外发火。通常采用防爆空调、防爆除湿机和防爆增湿机对温度湿度进行有效控制。

（2）生产过程中浮药的有效清理。

敏感药剂的浮药往往会成为各种生产事故的导火索，本身具有敏感性，少量的浮药易成为极易忽略的环节，因此在易产生浮药的工装、设备表面，应采用湿态溶剂润湿后再进行浮药清擦，防止因摩擦导致药剂发火。

（3）人机隔离防护。

为了保证操作者的人身安全，敏感药剂的压制过程均在防护罩内进行，实行人机隔离防护。目前采用的是全自动转盘式压力设备，可以实现模具的自动放入、压合、拔模，最大限度地保证人员安全。

六、油气井用桥塞慢燃火药制造安全技术

桥塞慢燃火药包括三级火药，其原理是通过电缆引燃电缆桥塞坐封工具中的桥塞一级火药，桥塞一级火药输出能量引燃桥塞二级火药，桥塞二级火药再引燃桥塞三级火药（简称桥塞火药，又称主火药）。主火药是外包覆壳体，在外界能量的作用下，快速燃烧产生高温高压气体的火工品。其中桥塞二级火药在某些情况下可以不使用。

桥塞慢燃火药用于电缆桥塞坐封作业中，置于桥塞坐封工具燃烧室内。当桥塞慢燃火药被引燃后以一定速度燃烧，产生高温气体，气体推动桥塞坐封工具进行活塞运动，为桥塞坐封作业提供动力，最终完成桥塞坐封作业。

油气井用桥塞慢燃火药分为高温桥塞慢燃火药及超高温桥塞慢燃火药。高温桥塞慢燃火药适用于温度160℃及以下的油气井，超高温桥塞慢燃火药适用于温度200℃及以下的油气井。

桥塞慢燃火药不同于其他化学品，具有易燃烧等不安全隐患，在火药生产、运输和使用过程中稍有不慎就会形成燃烧的条件。因此需从工房安全设计、生产过程安全性及安全防护措施三个方面保证制造过程中的安全性。具体要求与第七章第三节"三、油气井用导爆索制造安全技术"相同。

第四节 射孔器材储存要求

射孔器材储存单位必须持有国家有关部门核发的"爆炸物品储存许可证",并按时年检,保证其有效性。射孔器材必须在火工品库房内存放,库房应符合 GB 50089—2018《民用爆炸物品工程设计安全标准》及 GB 50057—2010《建筑物防雷设计规范》的要求。

存放场所环境要求为阴凉通风,避免阳光直射,较适宜的相对湿度为 65%,最大相对湿度不宜超过 70%。库房内严禁存放任何非火工品,严禁使用电源、热源、光源、音频源、声频源、感应源、辐射源、放射源等危险源及易产生静电、火花等的物品;射孔器材储存执行定量管理及同库存放或同车运输规定,见表 7-4-1。

表 7-4-1 射孔器材同库存放或同车运输规定表

火工品分类及名称		雷管类	黑火药	炸药及其制品					
				射孔弹类	导爆索类	属1.1级单质炸药	属1.2级单质炸药	导火索	硝铵类炸药
雷管类		C	×	×	×	×	×	×	×
黑火药		×	C	×	×	×	×	×	×
导火索		×	×	C	○	×	×	×	○
炸药及其制品	射孔弹类	×	×	×	×	C	○	×	○
	导爆索类	×	×	○	×	×	C	○	○
	单质炸药类	×	×	×	×	×	○	×	C
	硝铵类炸药	×	×	C	C	C	C	C	C

注:(1)"○"表示可以同库存放或同车运输,"×"表示不得同库存放或同车运输;
(2)雷管类含火雷管、电雷管、导爆管雷管、继爆管;
(3)单质炸药类炸药为黑索金、奥克托金、太安、苦味酸、梯恩梯和以上述单质炸药为主要成分的混合炸药或药柱(块);
(4)射孔弹类指上述单质炸药为主要装药的油气井射孔器材;
(5)导爆索类指导爆索和爆裂管等;
(6)硝铵类炸药指铵梯类炸药、铵油类炸药、铵松蜡炸药、乳化炸药、水胶炸药等。

一、储存一般原则

射孔弹、导爆索和雷管应单库存放,当受条件限制时,不同品种的射孔器材可以同库存放;危险级别相同的射孔器材同库存放时,总药量不应超过其中一个品种的单库允许最大存药量;危险级别不同的射孔器材同库存放时,同库存放的总药量不应超过其中危险级别最高品种的单库允许最大存药量。库房的危险等级应以危险级别最高品种的等级确定,任何废品射孔弹、导爆索和雷管不应和成品射孔弹、导爆索和雷管同库存放;不同种类射孔弹同库存放时,应分区摆放,包装完整,标识清楚,严禁在仓库内开箱取产品,取试验样品在仓库管理人员的参加下,将产品箱移至库房防护屏障外指定地点进行，启箱工具使用不产生火花的工具。

二、储存环境安全要求

库区的选址、设计及构建，必须符合 GB 50089—2018 及 GB 50057—2010 的要求，库区不准违规增加其他建筑物，不准通过高压线，不准拉临时电线，照明线不准通过库房屋顶，库房内照明采用外投光灯，库区消防水源必须充足，配置适当种类和数量的灭火器等其他灭火设备，布置在明显且便于取用的地点；消防器材设备附近严禁堆放其他物品，库区避雷装置必须有效，库房周围的树木不得高于避雷针，库区内道路应该平坦，树木等不能阻挡人员视线，库区内严禁存放其他易燃物品，每年对其内部及周围的荒草进行一次除草清理。

三、射孔弹库房要求

库房的防护土堤应保持完好；库房周围 25m 以内，不得有干草枯树及其他易燃物。库房的门应向外平开，门洞宽度不应小于 1.5m，高度不应小于 2m，不应设置门槛，库房内任一点到门的距离不应超过 15m。库房的门、窗、护栏、铁丝网均要严密完好，在基脚处应设置百叶窗；库房不准漏雨、积水，要注意通风防潮，备有温度计、湿度计并做好温度、湿度记录；库房不准有虫、鼠、鸟，不准阳光直接射入库房内；库内保持清洁，严禁存放其他非火工品；地面应采用不发火的材料，仓库应设置防止静电积聚的接地释放装置和避雷装置，库房管理应做到"十防"：防潮、防热、防冻、防霉、防洪、防火、防雷、防虫、防盗、防破坏；"十无"：库内无禁物，无水汽凝结，无漏雨，无积水，无渗水，无包装破损，无锈蚀霉烂，无鼠虫蛀，库边无杂草，库房周围 25m 内无易燃物；火工品库房实行"五双"管理制度，即双人保管、双锁、双账、双人领取、双人发放，火工品库房如一般门窗等小修时，要移至室外指定地点；库房大修时，要将库内火工品全部移走，清理干净后方可施工。

四、库房摆放要求

1. 射孔弹和导爆索库房摆放要求

射孔弹和导爆索应分区摆放，堆码高度不超过 5 层，堆垛高度不应大于 1.8m，堆垛与墙面之间、堆垛与堆垛之间应设置不小于 0.8m 宽的检查通道和不小于 1.2m 宽的装运通道；射孔弹应保持包装完好，包装箱应堆放在垫木上，垫木高不应小于 10cm。堆码要稳固、整齐，便于通风、检查，利于搬运安全；射孔弹必须标识清楚，标识至少包括名称、规格型号、厂家和生产日期等内容。摆放的火工品应与库房内的信息板上的位置、数量相一致，便于对账和检查。

2. 雷管库房摆放要求

雷管应分区摆放，区与区之间应设置不小于 0.8m 宽的检查通道和不小于 1.2m 宽的装运通道。雷管应保持包装完好，并保持雷管引线有效短接；包装箱应堆放在垫木上，垫木 高不应小于 10cm。堆箱要稳固、整齐，便于通风、检查，利于搬运安全。雷管库房摆放 的特殊要求：堆垛高度不应大于 1.6m，严禁叠放，雷管堆放时，每堆不超过 300 箱。雷管必须标识清楚，标识至少包括名称、规格型号、厂家和生产日期等内容；雷管库房单库最大允许存量，按每发药量折算合计不应超过 10000kg。除电雷管、火雷管可以同库存放外，雷管不可以和其他爆炸品同库储存。

第五节　射孔器材运输要求

射孔器材运输要求主要是对射孔弹、导爆索和雷管的运输要求。爆炸危险品汽车运输必须严格执行国家相关的安全设计规范及法令。

一、一般要求

公路运输爆炸危险品应采用汽车运输，且必须配备灭火器。不宜采用三轮车和畜力车运输，严禁采用翻斗车和各种挂车运输。爆炸危险品运输路面应坚固平坦。不同种类的危险品，原则上不准同车运输，在任何情况下雷管和炸药不得同车装运。装运爆炸危险品的汽车，应配备押运人员，配合司机完成危险品的运输任务；无关人员禁止搭乘装运爆炸危险品的汽车。爆炸危险品运输应保持包装严密。

特别要注意，必须要确保雷管不得和其他非雷管类爆炸品同车装运。

二、车辆要求

爆炸危险品运输车，必须按规定配挂明显的危险品标志。车上悬挂黄底黑字"危险品"字样的信号旗，夜间行车应打开车前后的红色信号灯。爆炸危险品运输汽车车厢的黑色金属部分，应用木板衬好，短途运输汽车可用铝、铜等有色金属或橡胶板衬垫，但不得用谷草等松软易燃材料。运输爆炸危险品的汽车排气管，应安装隔热和熄灭火星的装置，排气管应设置在车前下侧。运输爆炸危险品的车辆应限速行驶，在平坦公路上行驶时，速度不应超过 60km/h；在不平坦公路、土路行驶时，车辆时速不应超过 40km/h；在危险品库区行驶时速不应超过 15km/h。运输爆炸危险品的汽车，电路系统应有切断总电源和隔离电火花的装置，并挂防静电接地链条。运输爆炸危险品的汽车，出车前、收车后都必须清扫干净，废药送到指定地点及时处理。

三、车辆行驶要求

运输火工品的车辆应限速行驶，在平坦公路上行驶时，速度不应超过 60km/h；在不平坦公路、土路行驶时，速度不应超过 40km/h；车辆应当保持安全车速；前后两车之间的距离不应小于 50m，禁止超车、追车；在道路不平、视线不好、人员聚集的地方，应有相应的安全措施。厂内车辆车速不应超过 15km/h；在运输途中要避免紧急制动。车辆严禁超过额定负载，载重量宜为原车标准载重量的 3/4 左右；车辆载有火工品时不准检修油路、电路部分；如需要修理，应将火工品卸下，汽车远离火工品后可以进行维修；两台运载火工品的车辆同路行驶时，要保持一定距离。运输火工品的汽车中途暂时停歇，要远离建筑设施和人口稠密地区，并由专人看管；车辆通过铁路道口时，应注意观察铁路信号；遇有火车通过时，车辆应停于停车线以外的地方，无停车线时，应停在距铁轨 5m 以外，严禁超车抢行；雷电、雨、大雾天气禁止进行火工品运输，如果途中遇到以上天气，要采取防雨淋、雷击的措施，冰雪、泥泞路面要采取防滑措施。火工品运输全过程严禁吸烟，车辆停放时严禁在车辆附近吸烟。

四、安全装卸要求

装卸人员应牢记所装卸火工品的危险性质及应急措施，如果装卸人员是第一次从事装卸作业，必须由组织装卸单位的现场人员对其进行相关火工品安全知识培训教育；进入装卸作业区内禁止携带火种，关闭手机、对讲机及闪光灯等电讯工具、器材的电源。装卸人员要按规定穿戴好劳动保护用品，禁止穿带钉子的鞋及易产生静电的化学纤维衣服作业。装卸作业须稳拿轻放，严防摔砸、跌落，禁止撞击、拖拉、翻滚、投掷、侧置、倒置、重压；装运的火工品要堆放整齐、码平、捆扎牢固，做到装车不超高、不超宽、不超载；对散落的粒状或粉状火工品应先用水润湿后，再用锯末等柔软材料收集干净；装卸火工品严禁使用明火灯具照明，装卸现场的道路、灯光、标识、消防设施等须满足安全装卸的条件；装运火工品应采取遮阳、控温、防火、防震、防水、防冻、防撒漏等措施。

五、驾驶人员要求

驾驶员应具有 3 年以上、50000km 的驾驶经历，技术好、责任心强，并掌握一定的火工品常识及发生故障时的应急处理方法；驾驶员必须由工厂安全管理部门批准并备案。驾驶员及押运人员在执行任务过程中不准吸烟、不可携带火种，严禁搭乘其他无关人员；运输途中驾驶员、押运员不准擅离车辆，停歇住宿要按危险品运输规定执行；在火工品装卸过程中，司机不准远离车辆。

六、押运人员要求

押运人员应随车携带符合行政许可审批要求的有关证件，押运人员必须在装卸现场进行当面清点交接，并办理好相关手续；押运人员必须掌握押运火工品的数量、质量、规格、批次和装载情况及所载火工品的主要危险特性及安全防护知识；押运人员在执行任务过程中不准吸烟、不可携带火种并监督他人；押运人员在运输途中不准擅离车辆，停歇住宿要按火工品运输规定执行；如需施封上锁的车厢，应负责施封上锁。

七、人力车运输要求

生产车间内部火工品转运可以使用人力车，装载质量不宜超过 100kg。转运过程中应采取防滑、防摩擦和防止产生火花等安全措施。转运炸药时，应保持清洁、干净，及时清扫药渣，装药高度不应超过人力车厢的高度，摆放药箱面积不得超出人力车厢底部面积，药箱须单层摆放。

火工品铁路运输、水路运输、航空运输时应符合相关规定要求。

第六节　现场使用作业安全要求和措施

为加强现场火工品使用的管理，确保射孔施工人员及设备财产安全，结合国家民爆物品行业管理规定，制定了射孔作业、井壁取心、工程射孔与爆破施工的安全要求与措施。

一、射孔作业安全措施

（1）射孔作业人员必须经过专业知识教育取得相应合格证后才能上岗工作。

（2）雷雨天不准进行射孔作业、夜间不进行射孔作业。

（3）必须满足以下条件才能施工：

①双方核对射孔通知单准确无误。

②井场无漏电（井架、油管等不漏电）。

③满足施工条件，如有电源、照明好、井口牢固、井场能停放车辆、井口防喷设施齐全等。

（4）施工用火工品的质量，必须达到产品说明书上设计的指标，井内条件（温度压力等）不准超出火工品的技术性能范围。

（5）油管输送射孔、水平井射孔应使用安全枪；电缆输送射孔推荐使用安全雷管或安全枪头等。

（6）施工所用的各种电雷管的测试工作应由专人、专用仪器进行测试，不允许小队在施工现场测量已装配好的射孔器。

（7）领用各种电雷管时，必须交接清楚，签名登记，轻拿轻放，放入防爆的电管保险箱内，上锁后放在安全位置。

（8）上井途中绞车在前，工程车在后，车距不大于500m，中速行驶。长途每50km停车检查一次。

（9）工作人员乘坐工程车，不准与火工品同车。

（10）装炮区选择安全的地方（避开高压电线，距井口、施工车辆、电源大于10m），区内设有标志牌，设立警戒区，严禁各种明火，禁止吸烟，非工作人员不准入内。

（11）小队设专职的护炮操作手，火工品由护炮操作手负责看管。

（12）雷管等火工品轻拿轻放，雷管用后及时上锁。

（13）安装电雷管时，必须清理好枪头，电雷管安装严禁敲击。

（14）射孔弹装入弹架时，应轻轻地放入弹孔，用手指将射孔弹鼻环压紧导爆索，严禁敲击。

（15）装好的枪身轻轻运到井口，井口只允许存放一支枪。

（16）下井枪身顶孔下入井口内，再接点火线，接线前必须把点火线对电缆外皮短路放电。接好点火线后才可接通仪器电源。

（17）油管输送射孔、水平井射孔必须在井口安装起爆器。

（18）射孔枪在井内时不准用仪表检查枪身点火电阻值。

（19）下井未响的射孔器（点火未响、遇阻、遇卡等）应先切断仪器电源后再上提，枪身起到井口时断开点火线，并将雷管引线绝缘好然后再提出井口，妥善处理。

（20）下过井的雷管不准再使用，且单独存放及时销毁。

（21）进水受潮的射孔弹、导爆索不准再使用。

（22）施工剩余的火工品应及时交还装炮班，不允许放在车上过夜。

二、井壁取心安全施工措施

（1）从事本工种的人员，必须经过该工种的安全知识教育，取得合格证后方能上岗。

（2）装配取心器的地方，应选择安全地带（距井口、电源、施工车辆大于10m）。

（3）装取心器的区域，设立警示牌和警戒带，非工作人员禁止入内；禁止吸烟，禁止明火。

（4）取心药盒应放在保险箱内，随用随取及时上锁。

（5）装配药盒时，严禁用金属物敲击药盒。

（6）装配好的取心器应朝向地面。

（7）装好取心药盒的取心器严禁通电检验，但允许空枪通电校验取心器。

（8）连接点火线，换挡线时，必须将电缆芯先对地短路放电。

（9）取心深度的间隔一般应大于0.5m，不允许打排炮，更不允许在同一深度连续点火。

（10）取心过程中，取心器在井内停留时间不准超过3min。

（11）排除取心哑炮时，应选择在安全地方进行，取心筒朝向地面，操作人员离取心器10m以外，按操作规程通电，换挡点火；地面仍未引发时，应用专用工具卸开取心药室，取出药盒，严禁用金属工具砸击。

（12）未用完的火药盒及废药盒应保管好，返回基地后及时交付危险品库发放人员，填好相应表格，交接完后签字。

（13）暴风雷雨天气不能施工。

三、工程射孔与爆破施工安全措施

（1）井下爆破用的切割弹、爆松弹必须经过地面试压方可使用。

（2）进行井下爆炸施工时，应先不装药试下一次，证实能下到目的深度后再下切割弹。

（3）切割弹装配地点应在离井口50m外的安全地带，最多两人操作。

（4）装配好的切割弹（爆松弹）严禁用仪表测量雷管，最好选用安全雷管和安全炮头。

（5）装配好的切割弹（爆松弹）下井前，井场应断掉一切电源，下过井口50m后再接通仪器电源。

（6）下井未响的切割弹（爆松弹）应先切断井场一切电源后，再慢慢上起，当提到井口时，先断开点火线，并将雷管线绝缘好后提到地面，轻轻放到安全地带，拆卸处理。

（7）进行井下切割、高能气体压裂等工艺时，火工品下井等应先模拟通井，证明能下到目的层深度方可施工。

第七节　射孔器材销毁要求与方法

石油射孔行业所使用的射孔弹、导爆索、起爆器、雷管等都是易燃易爆品，具有较大的危险性和伤害性。国内射孔行业发生过多起地面爆炸事故，造成从业人员的人身伤害和国家财产的重大损失，因此射孔器材对安全要求是极为严格的。

下面针对射孔器材销毁的原则、销毁方法、场地要求、人员要求及销毁后安全检查等几个方面进行简述。

一、销毁原则

必须在专用场地进行销毁作业。在夜间、大风、雷电、雨、雪、雾天严禁销毁作业。销毁时应少量多次，即限量处理，销毁时应及时、彻底，分类进行。

二、销毁方法

1. 射孔弹销毁方法

（1）爆炸法：爆炸法适用于能确保爆炸完全的射孔弹。

（2）燃烧法：主要是将射孔弹药柱分离后，采用燃烧法进行炸药销毁。

2. 导爆索销毁方法

一般采用燃烧法销毁，烧毁药量一次不超过200kg。应按平行风向铺设导爆索，将索团松开铺成宽度不超1m，厚度不超过10cm的条状，每次不超过两条，条距不少于5m，严禁堆成大堆引燃。铺设导爆索的地面和燃烧物中不允许有爆炸物或可能引起爆炸的物品，如炸药块、药柱等。由末端逆风向用蜡纸引燃后，人员立即撤离至150m以外的安全区，需在同一地点分多次烧毁时，每次烧毁后应待地面降至常温后，方可再次进行烧毁。

3. 雷管销毁方法

只允许使用爆炸法销毁。销毁雷管时，不得散堆零放；一次销毁雷管最大量不得超过20g（雷管1g/发）。取雷管前，应先释放静电，将雷管从防爆安全箱内轻轻取出，将未接电源的电缆线的一端打开，与单发雷管线连接，用绝缘胶布将接头包好；在联接好一发雷管且确认安全后，再与其他雷管捆绑联接，连接完毕人员撤离到安全地带；由起爆器引爆10min后，且飞散物全部落地后，切断电源，方可进入场地。

三、销毁场地选择

销毁场地应选择在安全偏僻地带。销毁场地距周围建筑物不应小于200m，距铁路、公路不应小于50m；销毁场地周围应设围墙或铁丝网且完整无损，销毁场内应设置掩体或其他安全屏障，位置于上风向，出入口应背向销毁作业场地，距离作业场地不小于50m，掩体作为操作及少量材料储存和避爆之用；作业场地周围半径50m范围内，所有的草丝应全部除净。为了保证在销毁作业中不危及行人和车辆，必须设置安全警戒区且标志明显，其范围大小可根据销毁爆炸物品的规模来确定，一般距离作业场地不小于800m。销毁场地应设置警戒人员，在爆破时禁止非操作人员进入危险区，销毁场地不应设有储存仓库。

四、人员要求

销毁人员应不少于2人。销毁人员应经过相关培训，熟知销毁产品的危险性能、安全操作规程和销毁方法等必备知识，具备知险、避险和应急能力，持有爆破操作合格证。销毁人员应按要求穿戴好劳保、防护用品。销毁作业不应单人进行，可分为主要操作人员、操作人员或配合人员。

五、销毁作业前安全检查

销毁物摆放符合《安全操作规程》要求，销毁物周围无砖、石等块状物；要及时发出警戒信号，应确认操作人员进入掩体或其他安全屏障，车辆和无关人员撤出警戒区。

六、销毁作业后安全检查

确认有无盲炮；如发现盲炮或其他险情时应及时上报或处理；处理前应在现场设立危险标志，并采取相应的安全措施，无关人员不得接近，起爆后必须等待 5min 后再检查，燃烧后必须等完全熄灭再检查，残药应清理干净，余火应完全熄灭，清理现场，不留隐患，销毁记录应完整、准确。

参考文献

蔡瑞娇, 1997. 火工品设计原理 [M]. 北京: 北京理工出版社.

陈勇江, 2008. 射孔弹药型罩旋压设备的设计 [D]. 大连: 大连理工大学.

程呈, 2022. 炸药及火工品的储存与安全管理分析 [J]. 化工管理, 621（6）: 84-86.

董修志, 1982. 聚能射孔弹药柱装药量的计算 [J]. 大庆油田, (Z1): 240-247.

郭红军, 石健, 白军理, 2002. 粉末药型罩成形工艺的最新进展 [C]. 中国兵器工业第204研究所.

郭红军, 石健, 汪长栓, 等, 2005, 粉末药型罩的试验研究 [J]. 测井技术, (S1): 71-73, 84.

黄培云, 1988. 粉末冶金原理 [M]. 北京: 冶金工业出版社.

巨栋, 2017. 射孔弹粉末药型罩材料选取标准及工艺探索 [J]. 中国石油和化工标准与质量, 37(21): 5-6.

李庆鑫, 王志军, 陈莉, 等, 2016. 一种超聚能装药结构的仿真 [J]. 兵器装备工程学报, 37（6）:35-38.

卢德唐, 郭冀义, 郑新权, 1998. 试井分析理论及方法 [M]. 北京: 石油工业出版社.

吕万会, 2008. 射孔弹压药控制系统与关键工艺研究 [D]. 大连: 大连理工大学.

陆大卫, 2012. 油气井射孔技术 [M]. 北京: 石油工业出版社.

钱俊松, 2015. 超聚能装药结构优化设计及其形成机理的数值模拟研究 [D]. 北京: 北京理工大学.

松全才, 1997. 炸药理论 [M]. 北京: 兵器工业出版社.

孙国祥, 梁永贞, 党兰, 1996. 油气井射孔弹药炸药 [J]. 测井技术, 20（4）: 297-302.

孙国祥, 王晓峰, 孙富根, 等, 2002. 油气井射孔器用炸药及其安全性 [J]. 爆破器材, 31（2）: 4-10.

王成, 钱俊松, 王万军, 2014. 超聚能射流形成的数值模拟 [C]. 北京力学会第20届学术年会.

王海福, 冯顺山, 2004. 防爆学原理 [M]. 北京: 北京理工大学出版社.

王杰祥, 2009. 油水井增产增注技术 [M]. 东营: 中国石油大学出版社.

王树山, 2019. 终点效应学（第二版）[M]. 北京: 科学出版社.

王彦明, 2011. 民用爆破技术 [C]. 中国兵器工业第二一三所.

王泽山, 1991. 火药装药设计原理 [M]. 北京: 兵器工业出版社.

王志军, 尹建平, 2005. 弹药学 [M]. 北京: 北京理工大学出版社.

张守中, 1993. 爆炸与冲击动力学 [M]. 北京: 兵器工业出版社.

中国石油测井简史编委会, 2022. 中国石油测井简史 [M]. 北京: 石油工业出版社.

Л П. 奥尔连科, 2011. 爆炸物理学（第3版）[M]. 孙承纬, 译. 北京: 科学出版社.

Birkhoff G, MacDougall D. Pugh E, et al., 1948. Explosive with Lined Cavities[J]. Appl. Phys, 19（6）.

Chou P C, Carleone J, 1977. The Stability of Shaped Charge Jets [M]. J. Appl. Phys, 48（10）: 4187-4195.

Kennedy D, 1983. The First 100 Years: the History of the Shaped Charge Effect [M]. Germany, Schrobenhausen: MBB.

Minin V F, Minin O V, Minin I V, 2013. Physics Hypercumulation and Combined Shaped Charges[C]. IEEE International Conference on Actual Problems of Electronics Instrument Engineering.

Mohaupt H, 1966. Shaped Charges and Warheads [J]. Aerospace Ordnance Handbook: 66-78.

Mortimer J Kamlet, S J Jacobs, 1968. Chemistry of Detonations. I. A Simple Method for Calculating Detonation Properties of C—H—N—O Explosives [J]. Journal of chemical physics, 48（1）: 23-35.

Pugh E, Eichelberger R, Rostoker N, 1952. Theory of Jet Formation by Charges with Lined Concical

Cavities[J]. Appl.Phys, 23（5）: 532-536.

Schumann E, 1941.Wirkungssteigerung Beim Hohlsprengkorper（Improvement of the Effect of Hollow charges）[C]. Ordnance Thechnical Intelligence Bulletin, 1249: 17.

Seely L B, Clark J C, 1943. High Speed Radiographic Studies of Controlled Fragmention [R]. Ballistic Research Laboratory Report: 368.

Thomanek F R, 1942.OTIB1468, Substantiating Material in Support of Evaluation of Compensation in Favor of Explosive-Experimental Company and Diploma-Engineer [C]. Ordnance Technical Intelligence Bulletin:411.

《地球物理测井学》

编辑出版组

总 策 划：	雷 平　庞奇伟
组　　长：	庞奇伟
副 组 长：	李 中　金平阳　潘玉全
责任编辑：	葛智军　林庆咸　沈曈曈　刘俊妍　钟思源
	张 贺　王长会　王鹤楠　王 瑞　陈子丹
	孙 宇　邹杨格　王金凤　何丽萍　冉毅凤
	常泽军　张旭东　吴英敏　马晓萱　张 瑞
	崔 悦　白云雪　饶 远　陈 荟